Langmann

Medizinische Embryologie

Taschenlehrbuch der gesamten Anatomie

mit Schlüssel zum Gegenstandskatalog

Band 4

Band 1: Allgemeine Anatomie
Spezielle Anatomie I
von H. Frick, H. Leonhardt, D. Starck

Band 2: Spezielle Anatomie II
von H. Frick, H. Leonhardt, D. Starck

Band 3: Histologie, Zytologie und
Mikroanatomie des Menschen, 5. Aufl.
von H. Leonhardt

Georg Thieme Verlag Stuttgart

Jan Langman

Medizinische Embryologie

Die normale menschliche Entwicklung und ihre Fehlbildungen

Deutsche Übersetzung von Ulrich Drews

5., unveränderte Auflage

283 Abbildungen

Zeichnungen von Jill Leland

Georg Thieme Verlag Stuttgart 1977

Titel der Originalausgabe: Medical Embryology. Third edition.

Autor:

Jan Langman, M. D., Ph. D., Professor of Anatomy, University of Virginia, School of Medicine, Charlottesville, Va.

Übersetzer:

Prof. Dr. med. Ulrich Drews, Anatomisches Institut der Universität Münster

CIP-Kurztitelaufnahme der Deutschen Bibliothek

Taschenlehrbuch der gesamten Anatomie : mit Schlüssel zum Gegenstandskatalog. – Stuttgart : Thieme.
Bd. 4. – Langman, Jan: Medizinische Embryologie

Langman, Jan
Medizinische Embryologie : d. normale menschl. Entwicklung u. ihre Fehlbildungen. – 5., unveränd. Aufl. – Stuttgart : Thieme, 1977.
(Taschenlehrbuch der gesamten Anatomie ; Bd. 4)
Einheitssacht.: Medical embryology ⟨dt.⟩
ISBN 3-13-446605-8

1. Auflage 1970
2. Auflage 1972
2. Auflage, 1. Nachdruck 1973
3. Auflage 1974
4. Auflage 1976

Satz und Druck: Druckhaus Dörr, Inhaber Adam Götz, Ludwigsburg

ISBN 3 13 446605 8 5 4 3 2

Vorwort des Übersetzers zur 4. deutschen Auflage

Der Übersetzung liegt die dritte neubearbeitete und erweiterte Auflage der „Medical Embryology" von J. Langman zugrunde. Neu in dieser Auflage sind die photographischen Abbildungen von Embryonen und Feten, die zu den Zeichnungen hinzugekommen sind. Die Halbtonabbildungen im Taschenbuch sollen nicht die großen Embryologiebücher ersetzen, sondern zu ihnen hinführen. Die angeborenen Mißbildungen sind jetzt ebenfalls durch eine große Zahl von Originalabbildungen dokumentiert, die besonders deutlich auf die Beziehung des Stoffes zur Klinik hinweisen.

In einigen Punkten weicht die vorliegende deutsche Übersetzung diesmal von der englischen Originalausgabe ab: Um im Rahmen des Taschenbuchs zu bleiben, wurde auf die Literatur im Anschluß an die Kapitel verzichtet. Der Leser muß daher in dieser Beziehung auf die englische Originalausgabe verwiesen werden. Aus dem gleichen Grund wurde auch die teilweise Kolorierung der Abbildungen nicht übernommen. Das Kapitel „Experimentelle Embryologie", das in der dritten englischen Auflage nicht mehr enthalten ist, wurde von mir neu bearbeitet und in der deutschen Ausgabe beibehalten.

Die an der ersten deutschen Übersetzung von Kollegen und Studenten geübte Kritik habe ich fast überall berücksichtigt. Sie hat zur Verbesserung des Textes wesentlich beigetragen. Ich möchte daher allen, die ihre Kritik geäußert haben, an dieser Stelle danken.

Um das Prüfungslernen zu erleichtern, wurden Stichworte und Merksätze fett herausgehoben. Speziell zur Vorbereitung auf die ärztliche Vorprüfung habe ich den Stoff nach dem Gegenstandskatalog in der neuesten Fassung von 1976 in einem Register zusammengefaßt.

Für die spontane Zustimmung zu den Veränderungen in der deutschen Ausgabe gegenüber der Originalfassung möchte ich Herrn Professor LANGMAN herzlich danken.

Münster, September 1976 ULRICH DREWS

Aus dem Vorwort der 3. englischen Auflage

Die gute Aufnahme, die die erste und besonders die zweite Auflage der „Medizinischen Embryologie“ weltweit gefunden hat, und die vielen Übersetzungen, die im Anschluß an die ursprüngliche englische Fassung erschienen sind, zeigen, daß das Buch den Bedürfnissen der Studenten, die sich auf den ärztlichen Beruf vorbereiten, gerecht wird.

Schon in den beiden vorausgehenden Auflagen folgte auf jedes Kapitel die Darstellung der wichtigsten Mißbildungen. In der neuen Auflage habe ich die Beziehungen zur Klinik noch mehr betont und Abbildungen von Patienten mit angeborenen Erkrankungen an vielen Stellen eingefügt. Aufgrund der großen Fortschritte in der Genetik, der Pädiatrie und der Chirurgie werden die Studenten heute mit derartigen Krankheitsbildern in der Klinik häufiger konfrontiert als noch vor 10 Jahren. Neu sind auch die photographischen Abbildungen von menschlichen Embryonen und Feten. Sie sollen der Tatsache Rechnung tragen, daß durch die liberalisierte Gesetzgebung bei der Schwangerschaftsunterbrechung die Medizinstudenten häufiger auch die frühen Stadien der menschlichen Entwicklung zu Gesicht bekommen. Wie in den vorherigen Auflagen hat Frl. JILL LELAND die Zeichnungen in hervorragender Weise ausgeführt. Für einige der neuen Zeichnungen möchte ich Herrn MIKE SCHENK an dieser Stelle vielmals danken.

Mein Dank gilt auch den vielen Kollegen, die aus allen Teilen der Welt an mich geschrieben haben. Viele ihrer Verbesserungsvorschläge für den Text und die Abbildungen sind in der neuen Auflage berücksichtigt worden.

JAN LANGMAN

Inhaltsverzeichnis

Kapitel 12

Kapitel 13

ALLGEMEINE EMBRYOLOGIE

Kapitel 1

Gametogenese

Die Entwicklung eines Menschen beginnt mit der Befruchtung. Dabei vereinigen sich zwei hochspezialisierte Zellen, das männliche **Spermatozoon** und die weibliche **Oozyte,** und bilden einen neuen Organismus, die **Zygote.** Bei der Vorbereitung auf die Befruchtung durchlaufen die männlichen und die weiblichen Keimzellen eine Reihe von Entwicklungsstadien, in denen nicht nur die Chromosomen, sondern auch das Zytoplasma verändert werden. In dieser Entwicklung wird zweierlei erreicht:

1. Die Zahl der Chromosomen wird im Vergleich zur normalen somatischen Zelle auf die Hälfte reduziert, das heißt von 46 auf 23. Dies geschieht in zwei spezialisierten Zellteilungen, den **Reifeteilungen.** Die Reduktion der Chromosomenzahl ist notwendig, weil ohne sie die Verschmelzung einer männlichen und einer weiblichen Keimzelle ein Individuum ergeben würde, das doppelt so viele Chromosomen besitzt wie die Zellen der Eltern.

2. Die äußere Form der Keimzellen wird für die Befruchtung verändert. Die zunächst große und runde männliche Keimzelle verliert praktisch ihr ganzes Zytoplasma und entwickelt einen Kopf, einen Hals und einen Schwanz. Die weibliche Keimzelle dagegen vermehrt ihr Zytoplasma und wird dadurch immer größer. Die reife Eizelle hat schließlich einen Durchmesser von etwa 120 µm.

Obwohl bei der Keimzellenreifung die Reduktion der Chromosomenzahl und die Veränderungen des Zytoplasmas miteinander verknüpfte Vorgänge sind, sollen sie in den folgenden Abschnitten getrennt behandelt werden.

Die Chromosomen bei der Keimzellenreifung

Die Zellen des menschlichen Körpers enthalten 46 Chromosomen. 44 davon sind **Autosomen** und zwei sind **Geschlechtschromosomen.** Die weiblichen Geschlechtschromosomen bestehen aus zwei X-Chromosomen, die männlichen aus einem X- und einem sehr viel kürzeren Y-Chromosom. Jedes Autosom besitzt ein Partnerchromo-

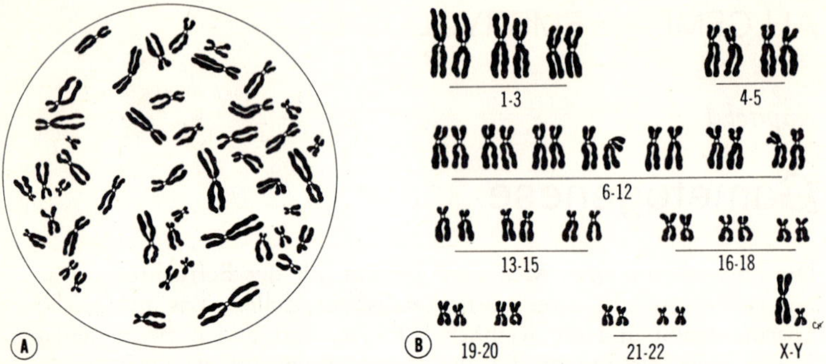

Abb. 1–**1** A, Karyotyp einer normalen menschlichen Zelle. Die Chromosomen werden dargestellt, indem man Zellen in einem künstlichen Medium kultiviert und anschließend mit einer Kolchizin-Lösung behandelt, um die Mitosen in der Metaphase zu blockieren. Im Anschluß an eine kurze Behandlung mit einer hypotonen Salzlösung werden die Zellen fixiert, auf einem Objektträger ausgestrichen, gefärbt und fotografiert. B, Anordnung der in A dargestellten Chromosomen im Karyogramm. Die Chromosomen sind nach dem Denver-System geordnet und klassifiziert.

som mit den gleichen morphologischen Merkmalen. Zusammen bilden sie ein **Paar von Homologen.** Obwohl das X- und das Y-Chromosom beim Mann morphologisch nicht identisch sind, spricht man beim Menschen von 23 Paaren oder von einem **diploiden** Chromosomensatz (δίπλους = doppelt). **Ein Chromosom von jedem Paar stammt von der Mutter, das andere vom Vater.**

Die Chromosomen werden nach ihrer Gesamtlänge, der Lage ihres Zentromers und nach der Länge der vom Zentromer ausgehenden Arme klassifiziert (Abb. 1–1 A, B). Bei dieser Anordnung gleicht das X-Chromosom den Autosomen der 6–12-Gruppe, während das sehr viel kleinere Y-Chromosom eher wie die der 21–22-Gruppe aussieht. Diese Klassifikation und Anordnung in Paaren ist eine geeignete Methode, um Chromosomenmuster miteinander zu vergleichen. In Wirklichkeit liegen die Glieder eines homologen Paares weder in der Ruhezelle noch während der Mitose nebeneinander.

DNS-Reduplikation und Mitose

In einer normalen, nicht in Teilung begriffenen Zelle, sind die Chromosomen lang ausgezogen und diffus verteilt. Sie lassen sich mit dem Lichtmikroskop nicht erkennen. Kurz vor der Mitose verdop-

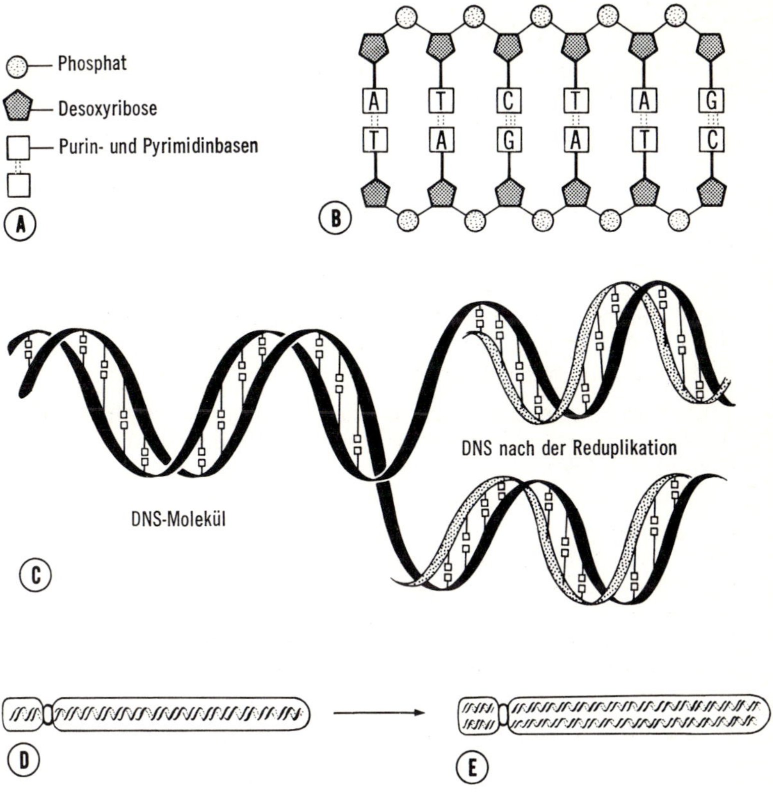

Abb. 1–**2** A, Verbindungen, aus denen die Desoxyribonukleinsäure (DNS) zusammengesetzt ist: Phosphat, Desoxyribose, Purinbasen (Adenin und Guanin) und Pyrimidinbasen (Thymin und Zytosin). B, Schematische Darstellung des DNS-Moleküls. Zwei Polynukleotide sind über Seitenketten aus Basen derart miteinander verbunden, daß das Adenin (A) dem Thymin (T) und das Guanin (G) dem Zytosin (C) gegenüberstehen. C, Reduplikation des DNS-Moleküls. Links das ursprüngliche Molekül mit den komplementären Helices, die über Basenseitenketten miteinander verbunden sind. Auf der rechten Seite ist die Verdoppelung der Helices dargestellt. Zuerst lösen sich die Wasserstoffbrücken zwischen den basischen Gruppen, dann werden zwei neue DNS-Stränge synthetisiert. Die Anordnung der Basen in den neuen Strängen ist in bezug auf den ursprünglichen DNS-Strang komplementär. D, E, Schematische Darstellung eines Chromosoms vor und nach der DNS-Reduplikation.

pelt jedes Chromosom seine Bestandteile. Unter diesen ist das DNS-Molekül, das aus zwei Fäden besteht, das wichtigste. Die Chromosomenverdoppelung beruht beim Menschen auf dem gleichen Prinzip wie die DNS-Reduplikation beim Bakterium.

Das DNS-Molekül besteht aus einer komplementär aufgebauten Doppelhelix, deren Fäden durch Seitenketten aus Purin- und Pyrimidinbasen miteinander verbunden sind (Abb. 1–2 A, B). Nach WATSON u. CRICK werden bei der Reduplikation die Seitenketten wie bei einem Reißverschluß voneinander gelöst. Nach einem Prägemechanismus werden zwei neue Fäden gebildet (Abb. 1–2 C). Als Ergebnis der Reduplikation entstehen zwei identische DNS-Helices (Abb. 1–2 C). Bevor eine Zelle in die Mitose eintritt, haben auf diese Weise alle Chromosomen ihren DNS-Gehalt verdoppelt und jedes Chromosom ist in Wirklichkeit schon doppelt vorhanden (Abb. 1–2 D, E). Die Tochterchromosomen selbst werden allerdings erst in der Prometaphase sichtbar.

Wenn die Mitose beginnt, rollen sich die Chromosomen ein, ziehen sich zusammen und verdichten sich. In der **Prophase** sind sie im Lichtmikroskop als schlanke Fäden sichtbar. Die beiden paarigen Untereinheiten (**Chromatide**) lassen sich jedoch noch nicht als ein-

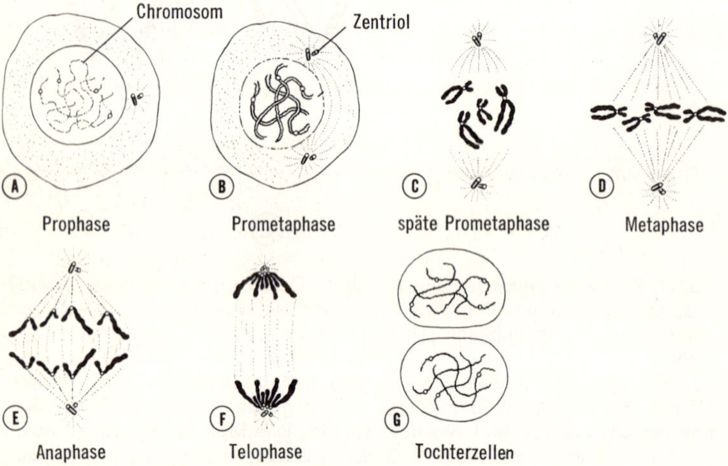

Abb. 1–**3** Schematische Darstellung der einzelnen Mitose-Schritte. In der Prophase sind die Chromosomen als schlanke Fäden sichtbar. Die paarigen Chromatide sind nicht als getrennte Einheiten zu erkennen. In der Prometaphase dagegen lassen sich die paarigen Chromatide gut unterscheiden.

zelne Einheiten unterscheiden (Abb. 1–3 A). Während der **Prometaphase** kontrahieren sich die Chromosomen zu kompakten Stäbchen. Jedes Chromosom besteht aus zwei Chromatiden, die am Zentromer zusammengehalten werden (Abb. 1–3 B, C). Während der **Metaphase** ordnen sich die Chromosomen in der **Äquatorialplatte** an (Abb. 1–3 D). Anschließend teilt sich jedes Chromosom auch am Zentromer in der Längsrichtung und die Tochterchromosomen wandern auf die einander entgegengesetzten Zellpole zu (Abb. 1–3 E, F). Jede Tochterzelle erhält eine Hälfte des gesamten verdoppelten Chromosomenmaterials. Sie besitzt dann die gleiche Chromosomenzahl wie die Mutterzelle. Eine derartige Zellteilung ist eine typische Mitose.

Die erste Reifeteilung

Die Keimzellen durchlaufen zwei besondere Teilungen, die **Reifeteilungen** (Meiose), durch die ihre Chromosomenzahl auf die Hälfte reduziert wird. Die Tochterzellen enthalten dann 23 Chromosomen, das heißt einen **haploiden** Chromosomensatz (ἁπλους = einfach). Kurz vor Beginn der ersten Reifeteilung verdoppeln die weiblichen und die männlichen Keimzellen ihre DNS in genau der gleichen Weise, wie es für die Mitose beschrieben wurde. Wenn die Teilung beginnt, enthalten also die Zellen die doppelte Menge an DNS (4n), und jedes der 46 Chromosomen ist in seiner Struktur verdoppelt (Abb. 1–4).

Die Prophase der ersten Reifeteilung ist beträchtlich länger als in der Mitose. Im Unterschied zur Mitose paaren sich in der ersten Reifeteilung die homologen Chromosomen (Abb. 1–4 A, B). Die Paarung erfolgt an genau einander entsprechenden Punkten. Nur die XY-Kombination bildet eine Ausnahme. Die ungleichen Geschlechtschromosomen lagern sich in einer Tandemformation hintereinander. Die Zentromerabschnitte der homologen Chromosomen verbinden sich nicht miteinander. Da jedes einzelne Chromosom zwei Chromatide enthält, bestehen die homologen Chromosomenpaare aus vier Chromatiden (Abb. 1–4 C).

Ein weiteres wesentliches Merkmal der ersten Reifeteilung ist der Austausch von Chromatidabschnitten zwischen gepaarten homologen Chromosomen (Abb. 1–4 D, E). Die parallel nebeneinanderliegenden Chromatide zerbrechen an einer oder an mehreren Stellen, und es kommt zu einem Austausch von Chromatidabschnitten. Anschließend weichen die homologen Chromosomen auseinander. Nur an den Punkten, an denen ein Austausch stattgefunden hat, bleiben

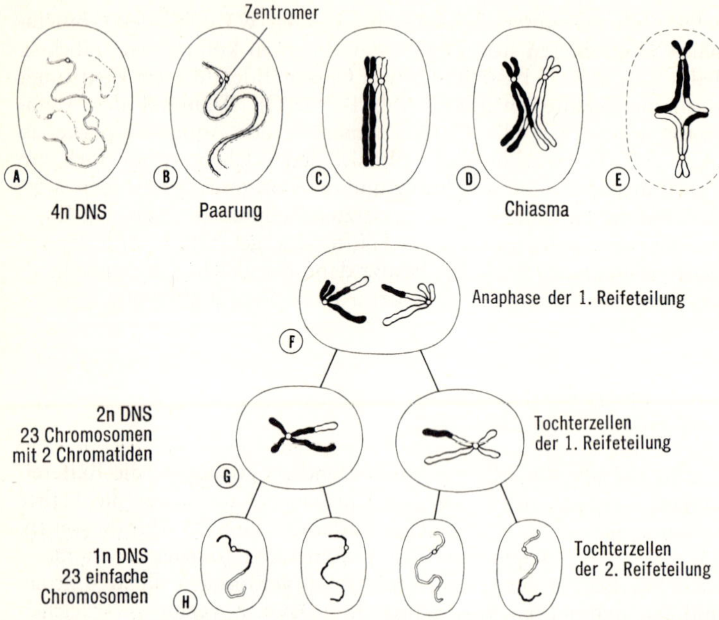

Abb. 1–**4** Schematische Darstellung zweier homologer Chromosomen in der ersten und zweiten Reifeteilung. A, Die Chromosomen werden im Zellkern sichtbar. B, Anders als in der Mitose legen sich die homologen Chromosomen aneinander. C, In den Chromatiden der eng gepaarten Chromosomen kommt es zu Brüchen und zum Austausch von Chromatidabschnitten. D, Die Chromosomen treten auseinander. Dort wo ein Austausch stattgefunden hat, überkreuzen sich die entsprechenden Chromatide (Chiasma). E, Mit dem Auseinanderrücken der Chromosomen auf der Spindel verlagern sich die durch Chiasmata entstandenen Haftpunkte zwischen den Chromosomen nach distal, um sich dann aufzulösen. F, Die Chromosomen wandern auf der Teilungsspindel auseinander. Die Zelle teilt sich. G, Jede Tochterzelle enthält 23 doppelfädige Chromosomen. H, Ohne DNS-Synthese schließt sich die 2. Reifeteilung an. Jede Tochterzelle erhält 23 einfache Chromosomen, die aufgrund des Austausches von Chromatidabschnitten weder untereinander noch mit den ursprünglichen Chromosomen identisch sind.

sie noch vorübergehend aneinander haften. Dadurch entsteht eine X-förmige Struktur, die als **Chiasma** bezeichnet wird (Abb. 1–**4** D). Das Chiasma ist der morphologische Ausdruck für ein genetisches Phänomen, das **Crossing over** heißt. Dabei findet ein Austausch von Gengruppen zwischen den homologen Chromosomen statt. Mit dem

Fortschreiten der Zellteilung lassen sich die teilweise voneinander getrennten Chromosomen gut unterscheiden (Abb. 1–4 E). In der Metaphase sind die Glieder eines jeden Paares auf der Teilungsspindel orientiert. In den folgenden Stadien wandern sie an die einander entgegengesetzten Zellpole (Abb. 1–4 F).

Wenn die erste Reifeteilung abgeschlossen ist, enthält jede Tochterzelle eine Hälfte von jedem Chromosomenpaar und besitzt damit einen haploiden Chromosomensatz (Abb. 1–4 G). Jedes Chromosom besteht jedoch noch aus zwei Chromatiden, so daß der Gesamtgehalt an DNS in jeder Tochterzelle dem in den übrigen Somazellen entspricht (2n).

Die zweite Reifeteilung

Im Anschluß an die erste Reifeteilung treten die Zellen sofort in die zweite Reifeteilung ein. **Der zweiten Reifeteilung geht keine DNS-Synthese voraus.** Die 23 doppelfädigen Chromosomen spalten sich am Zentromer auf und jede der neugebildeten Tochterzellen erhält 23 einzelne Chromosomen (Abb. 1–4 H). Der DNS-Gehalt in den neugebildeten Zellen ist nun halb so groß wie in den normalen Somazellen. Es wird also zweierlei durch die Reifeteilungen erreicht:

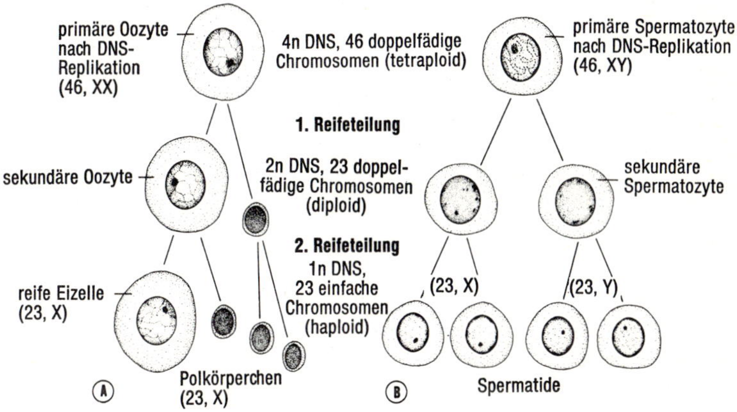

Abb. 1–**5** Schematische Darstellung der Vorgänge während der ersten und zweiten Reifeteilung. A, Die weibliche Keimzelle (primäre Oozyte) bildet nur eine reife Zelle, die reife Eizelle. B, Die männliche Keimzelle (primärer Spermatozyt) bildet vier Spermatide, die sich alle zu Spermatozoen entwickeln.

a) die Glieder der homologen Chromosomenpaare haben die Möglichkeit, Abschnitte mit genetischem Material auszutauschen (bei der ersten Reifeteilung); b) jede Keimzelle wird mit einem Chromosomensatz und der halben DNS-Menge einer normalen Somazelle versehen (in der zweiten Reifeteilung).

Bei den Reifeteilungen entstehen aus einer weiblichen Keimzelle (44 plus 2 X-Chromosomen) vier Tochterzellen, die jede 22 Autosomen und 1 X-Chromosom besitzen. Nur eine davon entwickelt sich zu einer reifen Eizelle. Die anderen drei, die **Polkörperchen,** erhalten kaum Zytoplasma und degenerieren in der weiteren Entwicklung (Abb. 1–5 A). Aus der männlichen Keimzelle entstehen zwei Tochterzellen mit 22 Autosomen plus 1 X-Chromosom und zwei mit 22 Autosomen plus 1 Y-Chromosom (Abb. 1–5 B).

Störungen bei den Reifeteilungen

Die komplizierten Vorgänge während der Reifeteilungen verlaufen offensichtlich nicht immer ohne Störungen. Gleichzeitig mit der Aufklärung des normalen Chromosomenmusters beim Menschen entdeckte man, daß einige Menschen eine anomale Chromosomenzahl besitzen. Diese Abweichungen betreffen entweder die Autosomen (Fehlen eines Chromosoms oder Vorhandensein eines zusätzlichen) oder die Geschlechtschromosomen (zumeist ist ein überzähliges vorhanden). Bei einem überzähligen Chromosom ist in dem Organismus ein bestimmtes Chromosom dreifach vorhanden. Es liegt dann eine **Trisomie** vor. Wenn ein Glied eines Chromosomenpaares fehlt, spricht man von **Monosomie.**

Die Störungen im Chromosomenmuster entstehen bei den Reifeteilungen. Normalerweise trennen sich die beiden Glieder eines homologen Chromosomenpaares bei der ersten Reifeteilung, so daß jede Tochterzelle die Hälfte eines jeden Paares erhält (Abb. 1–6 A). Manchmal bleibt jedoch die Trennung aus (**Non-disjunction**) und beide Glieder eines Paares wandern in eine Zelle. Durch Non-disjunction erhält eine Zelle 24 Chromosomen und die andere nur 22 anstatt, wie normal, 23 Chromosomen. Wenn bei der Befruchtung ein Gamet mit 23 Chromosomen mit einem Gameten verschmilzt, der 24 oder 22 Chromosomen besitzt, entsteht ein Organismus mit 47 Chromosomen (Trisomie) oder mit 45 Chromosomen (Monosomie). Non-disjunction kommt in der Regel nur bei der Eizellenreifung vor und nicht in der Spermiogenese. Non-disjunction kann in der ersten und in der zweiten Reifeteilung auftreten (Abb. 1–6 B, C).

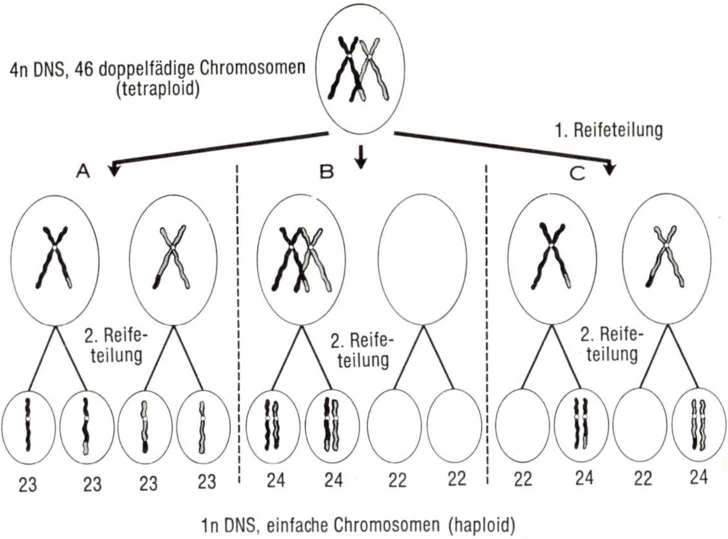

Abb. 1–**6** A, Normale Reifeteilungen. B, Non-disjunction in der ersten Reifeteilung, C, Non-disjunction in der zweiten Reifeteilung.

Die **autosomale Trisomie** ist relativ häufig. Sie kommt bei drei Chromosomen vor: (1) Als **Trisomie 21.** Dabei ist das Chromosom 21 dreifach vorhanden. Es entsteht ein **Mongolismus (Down-Syndrom).** (2) Als **Trisomie 18** und (3) als **Trisomie 13–15,** bei der eines der Chromosomen aus der Gruppe D dreifach vorhanden ist (vgl. Abb. 1–1). Die Kinder mit Trisomie 18 und Trisomie 13–15 sterben kurz nach der Geburt. Die Trisomien für die übrigen Autosomen entstehen wahrscheinlich ebenso häufig wie die drei oben genannten. Sie sind jedoch bereits für die Zygote oder den Embryo letal. Die **Trisomie der Geschlechtschromosomen** kommt als XXX, XXY und als XYY Kombination vor. Sie wird häufig erst in der Pubertät entdeckt.

Die **autosomale Monosomie,** das Fehlen eines Autosoms, ist sehr selten. Das Fehlen eines Geschlechtschromosoms ist dagegen mit dem Leben vereinbar. Es entsteht das **Turner-Syndrom** (XO).

Gelegentlich werden Patienten mit 48 Chromosomen angetroffen. Zumeist sind dann vier Geschlechtschromosomen vorhanden. Man nimmt an, daß diese Störung durch Non-disjunction der Geschlechtschromosomen in den Gameten beider Eltern entsteht oder, was noch wahrscheinlicher ist, durch Non-disjunction der X-Chromosomen in der weiblichen Keimzelle bei der ersten und bei der zweiten Reifeteilung. (Näheres über die Abweichungen bei den Autosomen und Geschlechtschromosomen s. Kapitel 7, S. 105).

Morphologie der Keimzellenreifung

Auftreten und Wanderung der Urkeimzellen

Die reifen männlichen und weiblichen Keimzellen sind direkte Abkömmlinge der **Urkeimzellen,** die beim menschlichen Embryo am Ende der dritten Woche sichtbar werden. Sie sitzen in der Wand des Dottersackes (Abb. 1–7). Von dort wandern sie mit amöboiden Bewegungen in die Gonadenanlage ein. Sie kommen dort gegen Ende der vierten oder Anfang der fünften Woche an.

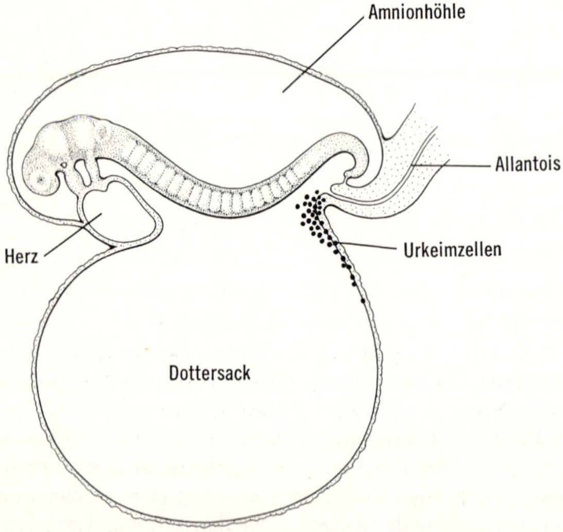

Abb. 1–**7** Bei einem drei Wochen alten Embryo ist die Lage der Urkeimzellen in der Wand des Dottersackes eingezeichnet. Sie liegen in der Nähe des Allantoisabganges (nach Witschi).

Oogenese

Pränatale Entwicklung

Wenn die Urkeimzellen in der Gonadenanlage eines genetisch weiblichen Organismus angekommen sind, differenzieren sie sich zu **Oogonien** (Abb. 1–8 A, B). Die Zellen durchlaufen eine Reihe von mitotischen Teilungen. Am Ende des dritten Monats bilden sie Zell-

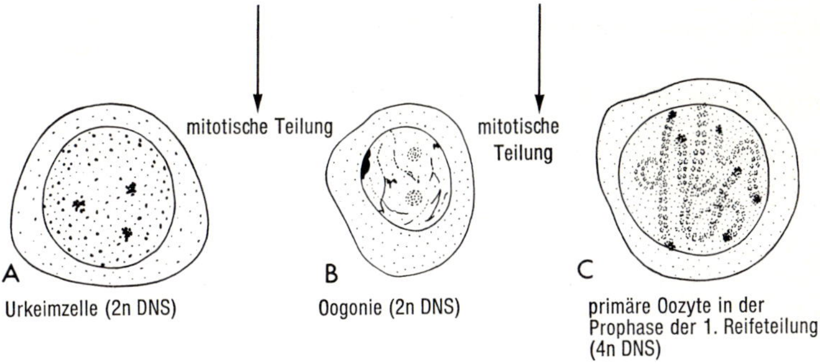

Abb. 1–**8** Die Differenzierung der Urkeimzellen zu Oogonien beginnt kurz nach ihrer Ankunft im Ovar. Im dritten Monat der Schwangerschaft treten die primären Oozyten in die Prophase der ersten Reifeteilung ein. Die Prophase kann sich über 40 Jahre erstrecken. In dieser Zeit enthält die Eizelle 46 doppelfädige Chromosomen und 4n DNS.

ballen, die von einer Schicht aus flachen Epithelzellen umgeben sind (Abb. 1–9 A). Alle Oogonien in einem Zellballen stammen wahrscheinlich von einer einzelnen Urkeimzelle ab. Die flachen epithelartigen Zellen sollen vom Oberflächenepithel, das die Keimdrüse bedeckt, abstammen.

Während sich die Mehrzahl der Oogonien weiter teilt, differenzieren sich einige zu den sehr viel größeren **primären Oozyten,** die im dritten Entwicklungsmonat zumeist im Inneren der Gonade angetroffen werden. Nach Replikation ihrer DNS treten die primären Oozyten in die Prophase der ersten Reifeteilung ein (Abb. 1–9 A). In den folgenden Monaten vermehren sich die Oogonien rasch. Im fünften Entwicklungsmonat erreicht die Gesamtzahl der Keimzellen im Ovar ihr Maximum. Sie wird auf 6 Millionen geschätzt. Zu diesem Zeitpunkt setzt eine Zelldegeneration ein. Viele Oogonien und primäre Oozyten werden atretisch. Im siebten Monat ist die Mehrzahl der Oogonien zugrunde gegangen mit Ausnahme weniger Zellen in der Nähe der Oberfläche. Alle überlebenden primären Oozyten haben dann bereits die erste Reifeteilung begonnen. Die meisten sind jetzt einzeln von einer Schicht aus flachen Epithelzellen umgeben (Abb. 1–9 B). Eine primäre Oozyte heißt zusammen mit den sie umgebenden Epithelzellen **Primärfollikel.**

Postnatale Entwicklung

Bei der Geburt haben die primären Oozyten die Prophase der ersten Reifeteilung beendet. Anstatt nun in die Metaphase einzutreten,

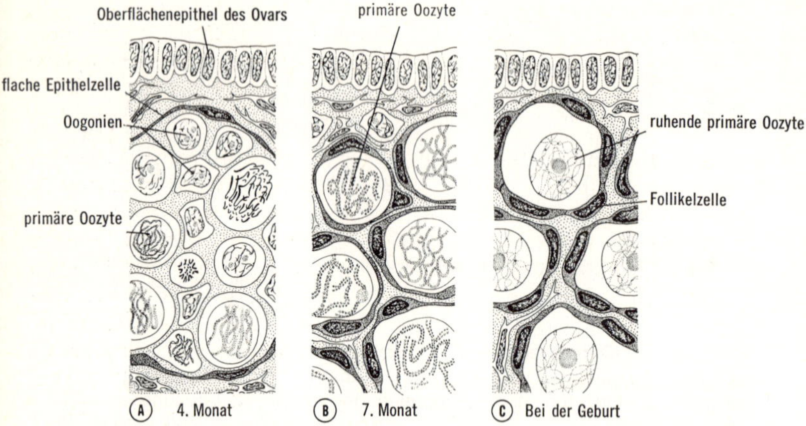

Abb. 1–**9** Schematische Darstellung eines Ovarialsegmentes in verschiedenen Entwicklungsstadien. A, Im vierten Monat. Eiballen in der Rindenzone des Ovars. Einige Oogonien befinden sich in der Mitose, andere haben sich bereits zu primären Oozyten differenziert und sind in die Prophase der ersten Reifeteilung eingetreten. B, Im siebten Monat. Fast alle Oogonien haben sich zu primären Oozyten umgewandelt und befinden sich in der Prophase der ersten Reifeteilung. C, Bei der Geburt. Es sind keine Oogonien mehr vorhanden. Jede primäre Oozyte ist von einer einschichtigen Lage aus Follikelzellen umgeben und bildet einen Primärfollikel. Die Oozyten sind in das Diktyotänstadium eingetreten, in dem sie bis kurz vor der Ovulation verharren. Erst dann treten sie in die Metaphase der ersten Reifeteilung ein (modifiziert nach Ohno u. Mitarb.).

kommen sie in das **Diktyotänstadium,** ein Ruhestadium zwischen Prophase und Metaphase, das durch ein fädiges Chromatinnetzwerk charakterisiert ist (Abb. 1–9 C). **Die primären Oozyten beenden die erste Reifeteilung erst nach der Pubertät.** Die Gesamtzahl der primären Oozyten wird bei der Geburt auf etwa 700 000 bis 2 Millionen geschätzt. Da in den Jahren vor der Geschlechtsreife die Mehrzahl der Oozyten atretisch wird, sind zu Beginn der Pubertät nur noch etwa 40 000 vorhanden. Jetzt erst entwickeln sich die Primärfollikel zu reifen Graaf-Follikeln weiter. Die primären Oozyten vollenden ihre erste Reifeteilung.

Man muß sich an dieser Stelle klarmachen, daß einige der Oozyten, die im Leben erst später zur Reife gelangen, für 40 Jahre oder auch mehr im Diktyotänstadium der ersten Reifeteilung schlummern. Man weiß heute noch nicht, ob das Diktyotänstadium besonders geeignet ist, um die Oozyte gegen Umwelteinflüsse, die auf das Ovar während des Lebens einwirken, zu schützen. Wenn man bedenkt, daß die Zahl von Kindern mit chromosomalen Defekten mit dem Alter der Mutter zunimmt, muß man sich fragen, ob nicht die lang hingezogene Reifeteilung die primäre Oozyte gerade gegen schädigende Einflüsse empfindlich macht.

Mit dem Einsetzen der Pubertät beginnt eine Reihe von Primärfollikeln mit jedem Ovarialzyklus zu reifen. Die primäre Oozyte, die sich noch im Diktyotänstadium befindet, nimmt an Größe zu, während die sie umgebenden Epithelzellen, die **Follikelzellen,** kubisch werden (Abb. 1–10 A, B). Anfänglich sitzen die Follikelzellen der Oozyte dicht auf. Schon bald aber wird eine Schicht aus extrazellulärem, aus Glykoproteinen bestehendem Material auf der Oberfläche der Oozyte abgelagert. Diese Schicht wird allmählich dicker und bildet die **Zona pellucida** (Abb. 1–10 C). Kleine fingerartige Fortsätze der Follikelzellen ziehen durch die Zona pellucida und bleiben mit der Zellmembran der Oozyte in Verbindung. Diese Fortsätze sollen für den Stofftransport von den Follikelzellen zu der Oozyte von Bedeutung sein.

Im weiteren Verlauf der Entwicklung vermehren sich die Follikelzellen und bilden dadurch eine dicke Zellschicht um die Oozyte (Abb. 1–10 C). Anschließend entstehen flüssigkeitsgefüllte Räume zwischen den Follikelzellen. Diese Hohlräume fließen zusammen

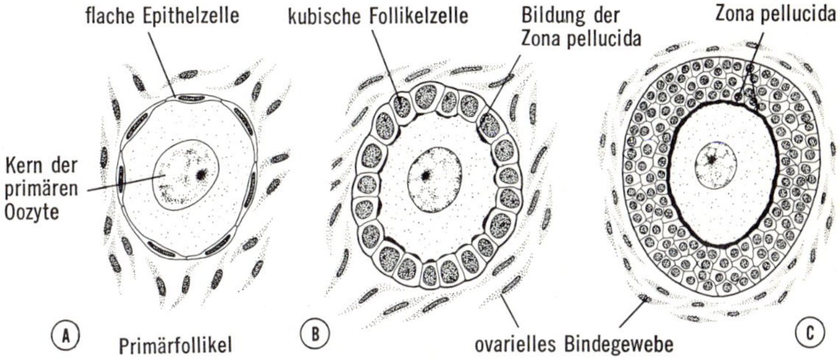

Abb. 1–**10** A, Schematische Darstellung eines Primärfollikels, der aus einer primären Oozyte besteht, die von einer flachen Epithelschicht umgeben ist. B, Mit der weiteren Reifung des Follikels werden die Follikelzellen kubisch. Sie beginnen jetzt die Zona pellucida abzuscheiden, die als unregelmäßige Verdichtung an der Oberfläche der Oozyte sichtbar wird. C, Mit fortschreitender Reife bilden die Follikelzellen eine immer dickere Schicht um die Oozyte. Die Zona pellucida ist gut zu erkennen (modifiziert nach Shettles).

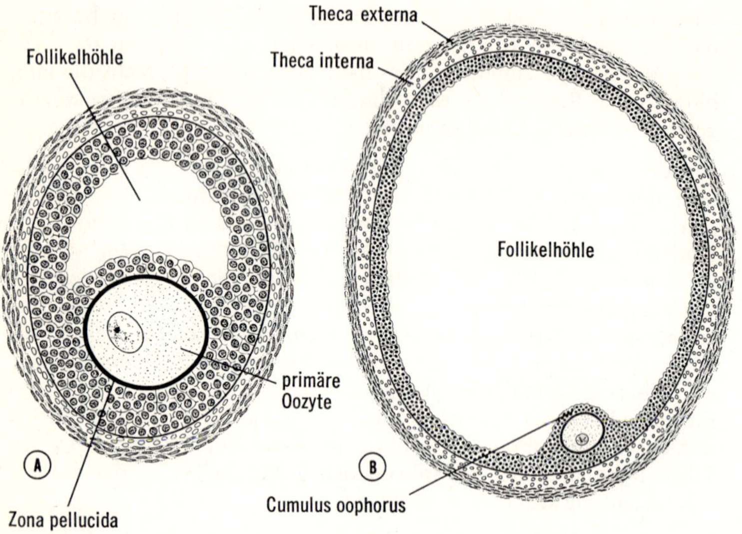

Abb. 1–**11** Schematische Darstellung der Follikelreifung. A, Die von der Zona pellucida umgebene Oozyte liegt exzentrisch. Durch Zusammenfließen von Interzellularspalten hat sich eine Follikelhöhle entwickelt. Beachte die Anordnung der Zellen in der Theca interna und externa. B, Reifer Graaf-Follikel. Die Höhle hat sich beträchtlich vergrößert und mit Follikelflüssigkeit gefüllt. Sie wird von der Follikelschicht begrenzt. Die Oozyte ist in einer Anhäufung von Follikelzellen eingebettet, die als Cumulus oophorus bezeichnet wird.

und bilden die **Follikelhöhle.** Anfangs erscheint die Höhle halbmondförmig, weitet sich aber dann stark aus (Abb. 1–**11** A, B). Die Follikelzellen, die die Oozyte umgeben, bleiben erhalten und bilden den **Cumulus oophorus.** Der reife Follikel heißt **Graaf-Follikel** und wird von zwei Bindegewebsschichten umgeben: einer inneren gefäßreichen Zellschicht, der **Theca interna,** und einer äußeren fibrösen Schicht, der **Theca externa,** die allmählich in das Ovarialstroma übergeht (Abb. 1–**11**). Der Follikel hat jetzt einen Durchmesser zwischen 6 und 12 mm.

Die Theca interna besteht aus endokrinem Gewebe und ist die wichtigste Quelle für Östrogene. Obwohl bei jedem Ovarialzyklus eine Reihe von Follikeln mit der Entwicklung beginnen, erreicht normalerweise nur einer die volle Reife. Die übrigen degenerieren und werden atretisch. Sobald der Follikel reif ist, verläßt die primäre Oozyte das Diktyotänstadium und setzt ihre erste Reifeteilung fort.

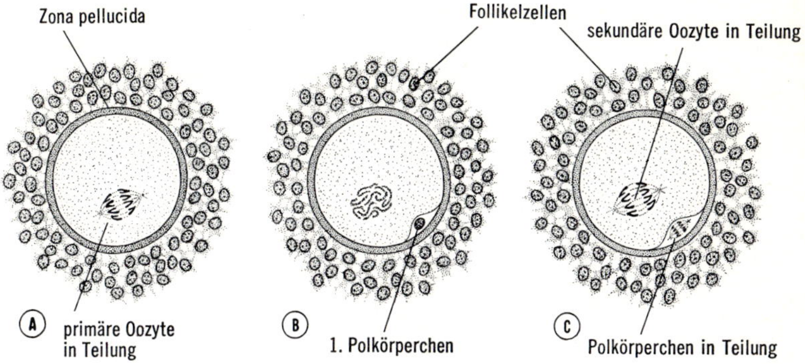

Abb. 1–**12** Reifung der Oozyte. A, Primäre Oozyte mit der Spindel der ersten Reifeteilung. B, Sekundäre Oozyte und erstes Polkörperchen. Beachte, daß die Kernmembran fehlt. C, Sekundäre Oozyte mit der Spindel der zweiten Reifeteilung. Das erste Polkörperchen befindet sich ebenfalls in Teilung (modifiziert nach verschiedenen Vorlagen).

Aus dieser Teilung gehen zwei unterschiedlich große Tochterzellen hervor, die je 23 Chromosomen besitzen. In jedem Chromosom ist der DNS-Faden bereits repliziert, so daß wie in den somatischen Zellen 2n DNS vorhanden ist (Abb. 1–**12** A, B). Eine der beiden Zellen ist die **sekundäre Oozyte;** sie erhält das gesamte Zytoplasma. Die andere wird zum **ersten Polkörperchen.** Sie kommt zwischen die Zona pellucida und die Zellmembran der sekundären Oozyte zu liegen (Abb. **1–12** B).

Die **zweite Reifeteilung** schließt sich ohne DNS-Replikation direkt an die erste Reifeteilung an, bevor der Kern der sekundären Oozyte in die Ruhephase zurückgekehrt ist. Wenn die Spindel der zweiten Reifeteilung sichtbar wird, tritt die Ovulation ein, und die Oozyte wird aus dem Ovar ausgestoßen (Abb. 1–**12** C). Die zweite Reifeteilung wird nur vollendet, wenn die Oozyte befruchtet wird. Im anderen Fall degeneriert die Zelle ungefähr 24 Stunden nach der Ovulation. Ob das erste Polkörperchen regelmäßig eine zweite Teilung durchläuft, ist nicht sicher. Es wurden jedoch befruchtete Eizellen beobachtet, die drei Polkörperchen besaßen.

In letzter Zeit wurden Experimente angestellt, bei denen primäre Oozyten des Menschen aus ihrem Follikel herauspräpariert und in künstlichen Nährmedien kultiviert wurden. Unter diesen Bedingungen gingen die Oozyten aus dem Diktyotänstadium 25 bis 28 Stunden nach Kulturbeginn in die Diakinese über. 36 bis 43 Stunden nach Beginn des Experimentes wurden das Ausstoßen des ersten

Polkörperchens und die Metaphase der zweiten Reifeteilung beobachtet. In einigen Fällen trat die Teilungsspindel der zweiten Reifeteilung innerhalb von 30 Minuten nach der Telophase der ersten Reifeteilung auf.

Spermatogenese

Im männlichen Geschlecht setzt die weitere Differenzierung der Urkeimzellen erst mit der Pubertät ein. Zum Zeitpunkt der Geburt sitzen sie noch als große, helle Zellen in den soliden Keimsträngen, umgeben von Zellen, die sich später zu **Sertoli-Zellen** differenzieren (Abb. 1–13 A).

Kurz vor der Pubertät erhalten die Keimstränge ein Lumen und wandeln sich damit in Samenkanälchen um. Die Urkeimzellen werden zu **Spermatogonien,** aus denen durch Teilung **primäre Spermatozyten** hervorgehen (Abb. 1–13 B, C). Erst jetzt beginnt die Meiose. Nach Replikation ihrer DNS treten die primären Spermatozyten in die Prophase der ersten Reifeteilung ein. Sie dauert etwa 16 Tage. Anschließend beenden sie sehr schnell die erste Reifeteilung, aus der zwei **sekundäre Spermatozyten** hervorgehen (Abb. 1–5 B,

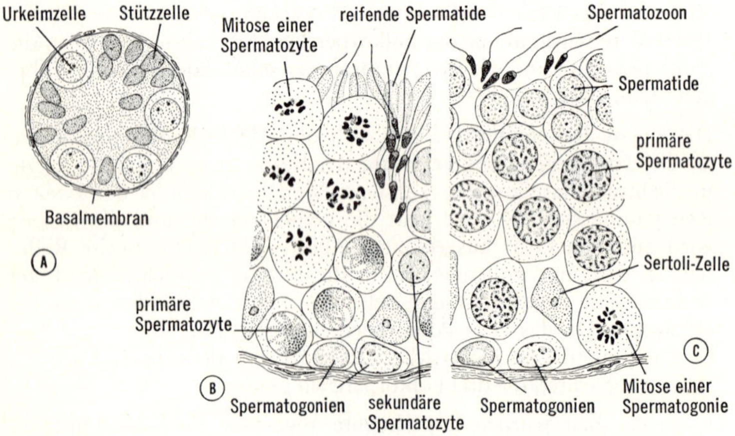

Abb. 1–**13** A, Querschnitt durch einen Hodenstrang eines Neugeborenen mit Urkeimzellen und Stützzellen, die von der Basalmembran umgeben sind. B und C, Zwei verschiedene Abschnitte eines Hodenkanälchens beim Erwachsenen im Querschnitt. Die beiden Abschnitte zeigen verschiedene Phasen in der Reifung der männlichen Keimzellen.

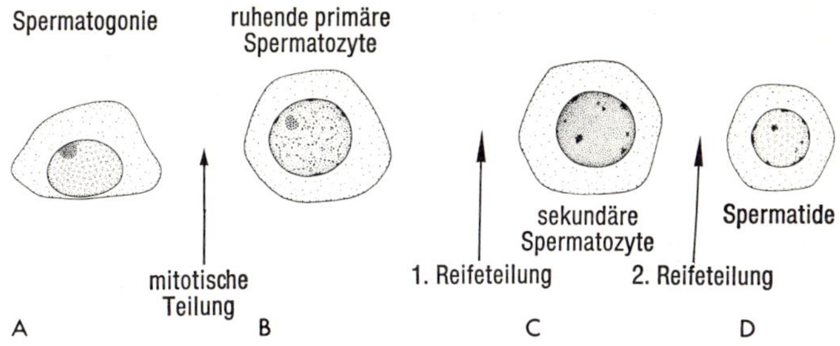

Abb. 1–**14** Schematische Darstellung der Spermatogenese beim Mann.

1–13 C und 1–14). Die sekundären Spermatozyten schließen direkt die **zweite Reifeteilung** an, bei der zwei **Spermatide** entstehen (Abb. 1–5 B). Eine Spermatide enthält jetzt 23 Chromosomen und eine DNS-Menge von 1n (Abb. 1–5 B und 1–14).

Spermiogenese

Die Spermatide entwickelt sich zu einem **Spermatozoon** und erfährt dabei folgende Veränderungen (Abb. 1–15 A–D): 1. Ausgehend vom Golgi-Apparat entwickelt sich ein Lysosom, das sich als Akrosom über den vorderen Pol des Zellkerns stülpt. 2. Das Kernchromatin kondensiert auf engstem Raum. 3. Die Mitochondrien ordnen

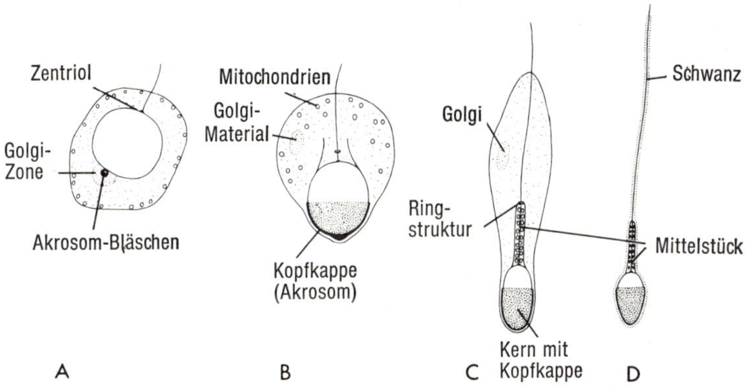

Abb. 1–**15** Die wichtigsten Stadien im Verlauf der Entwicklung einer menschlichen Spermatide zum reifen Spermatozoon (nach Clermont u. Leblond).

sich im Mittelstück ringförmig um den vom Zentriol ausgehenden Schwanzfaden an. 4. Das restliche Zytoplasma wird abgestoßen. Beim Menschen dauert die Entwicklung eines Spermatozoons aus einer Spermatogonie 61 Tage.

Wenn die Spermatozoen vollständig differenziert sind, treten sie in das Lumen der Samenkanälchen ein. Von dort werden sie zum Nebenhoden transportiert, möglicherweise unter dem Einfluß kontraktiler Elemente in der Wand der Tubuli seminiferi. Zuerst sind die Spermatozoen nur wenig beweglich. Ihre volle Beweglichkeit erhalten sie im Nebenhoden.

Mißgebildete Gameten

Beim Menschen sowie bei den meisten Säugetieren enthält ein Ovarialfollikel manchmal zwei oder drei deutlich voneinander zu unterscheidende primäre Oozyten (Abb. 1–**16** A). Aus diesen Oozyten können Zwillinge oder Drillinge entstehen. Normalerweise gehen sie aber vor dem Erreichen der Reife zugrunde. In seltenen Fällen besitzt eine primäre Oozyte zwei oder sogar drei Kerne (Abb. 1–**16** B). Solche zwei- oder dreikernigen Oozyten sterben jedoch immer ab, bevor es zur Bildung eines reifen Follikels kommt.

Im Gegensatz zu atypischen Oozyten lassen sich mißgebildete Spermatozoen häufig beobachten. Dabei können sowohl der Kopf als auch der Schwanz mißgebildet sein. Sie können zu groß oder zu klein sein. Manchmal sind sie miteinander verwachsen (Abb. 1–**16** C). 10 % der Spermatozoen können fehlgebildet sein, ohne daß die Fertilität beeinträchtigt wird. Wenn jedoch ein Viertel oder mehr mißgebildet sind, ist die Fruchtbarkeit zumeist gestört.

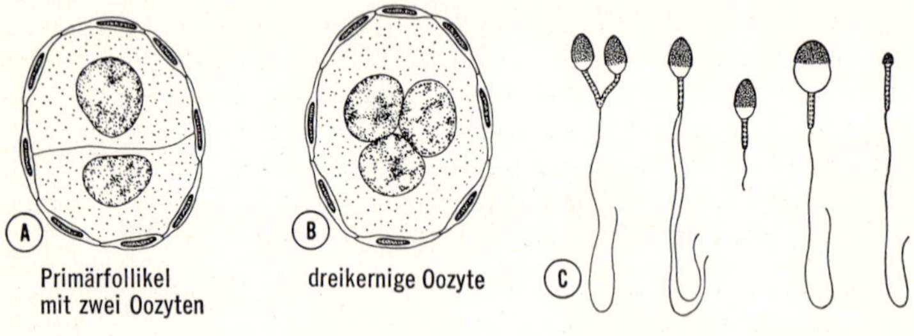

Abb. 1–**16** Abnorme weibliche und männliche Keimzellen. A, Primärfollikel mit zwei Oozyten. B, Dreikernige Oozyte. C, Verschiedene Mißbildungsformen von Spermatozoen.

Kapitel 2

Von der Ovulation bis zur Implantation

(Erste Entwicklungswoche)

Normale Entwicklung

Ovulation und Ovarialzyklus

Mit der Pubertät beginnt bei der Frau der monatliche Zyklus. Die zyklischen Veränderungen gehen vom Hypothalamus aus. Die Nervenzellen im Hypothalamus produzieren Releasing-Faktoren, die die Sekretion von **Gonadotropinen** im Hypophysenvorderlappen kontrollieren. Die Gonadotropine, das **Follikel-stimulierende Hormon** (FSH) und das **luteinisierende Hormon** (LH) steuern die zyklischen Veränderungen im Ovar.

In den ersten Tagen eines jeden Ovarialzyklus beginnen mehrere Primärfollikel unter dem Einfluß von FSH zu wachsen (vgl. Oogenese, Abb. 1–10 und 1–11). Nur einer von diesen Follikeln erreicht die volle Reife und nur eine Oozyte wird ausgestoßen. Die übrigen gehen zugrunde und werden atretisch. Im nächsten Zyklus beginnt eine andere Follikelgruppe mit dem Wachstum, und wieder erreicht nur einer das Stadium der Reife. Infolgedessen geht die Mehrzahl der Follikel zugrunde, ohne die volle Reife zu erreichen. Die atretischen Follikel werden durch Bindegewebe ersetzt. Es entsteht ein **Corpus atreticum.** In der Wachstumsphase des Follikels vermehren sich die Follikel- und die Thekazellen. Die Follikelzellen produzieren als **Granulosazellen** Progesteron, das bei intaktem Follikel in die Follikelhöhle ausgeschieden wird und die Reifung der Eizelle unterstützt. Die Zellen der **Theca interna** produzieren Östrogene, die in den Blutkreislauf sezerniert werden. Kurz vor der Ovulation kommt es zu einem steilen Östrogenanstieg. Dadurch wird die Hypophyse zur Ausschüttung von luteinisierendem Hormon (LH) angeregt, das seinerseits die Ovulation auslöst.

In den unmittelbar der **Ovulation** vorangehenden Tagen vergrößert sich der Graaf-Follikel schnell und wächst auf einen Durchmesser von etwa 15 mm an. Die Oberfläche des Ovars wölbt sich an der entsprechenden Stelle vor. An der am weitesten vorgewölbten Stelle erscheint ein gefäßloser Fleck, das **Stigma.** Auf Grund der Ausziehung der Ovarialoberfläche an dieser Stelle sickert Follikelflüssigkeit durch das Stigma und eröffnet es allmählich. Dann – mit zunehmendem Austritt von Flüssigkeit – läßt der Druck im Follikel nach. Die Oozyte löst sich zusammen mit den Cumulus-oophorus-Zellen los und treibt mit der Follikelflüssigkeit aus dem Ovar heraus (Abb. 2–**1**). In dem Augenblick, in dem die Oozyte das Ovar verläßt, tritt sie in die zweite Reifeteilung ein (Abb. 1–**12** und 2–**2**).

Der Ausstoß einer Oozyte in periodischen Abständen und die regelmäßige Reifung einer Reihe von Primärfollikeln ist die Grundlage für die zyklischen Vorgänge im Ovar, die als **Ovarialzyklus** bezeichnet werden. Die Ovulation findet einmal in einem Zyklus etwa 14 Tage ± 1 Tag vor dem Einsetzen der nächsten Periodenblutung statt. Die Zeitspanne zwischen der Ovulation und der folgenden Periodenblutung ist recht konstant. Die Zeitspanne zwischen der Ovulation und der vorhergehenden Menstruation dagegen ist sehr variabel und hängt von der Zeit ab, die der Follikel bis zur Reifung benötigt.

Mit der Ovulation werden die in der Wand des geplatzten Follikels sitzenden Granulosazellen von den umgebenden Gefäßen aus vaskularisiert. Dadurch kommt es zu einem Progesteronanstieg im Blut. Unter dem Einfluß von LH wandeln sich die Granulosazellen zum **Corpus luteum** um. Die Umwandlung besteht in einer Zellvermehrung und einer Gelbfärbung als Ausdruck eines gesteigerten Lipidstoffwechsels (Abb. 2–**1** C). Das im Corpus luteum gebildete

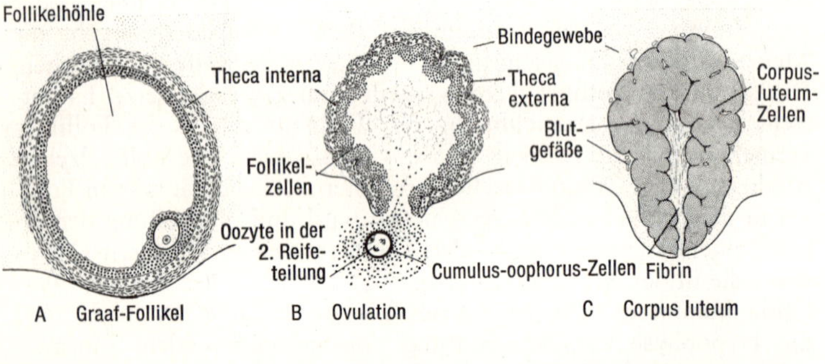

Abb. 2–**1** A, Graaf-Follikel kurz vor der Ruptur. Die Follikelzellen produzieren als Granulosazellen Progesteron. B, Ovulation. Die Oozyte, die gerade die zweite Reifeteilung durchläuft, wird aus dem Ovar zusammen mit einer großen Zahl von Cumulus-oophorus-Zellen ausgestoßen. Die im Follikel zurückbleibenden Follikelzellen entwickeln sich zu Corpus-luteum-Zellen. C, Corpus luteum. Beachte die starke Vermehrung der Corpus-luteum-Zellen. Die Resthöhle des Follikels ist nun mit Fibrin ausgefüllt.

Progesteron versetzt im Zusammenspiel mit den Östrogenen aus der Theca interna die Uterusschleimhaut in die **Sekretionsphase** (Abb. 2–10).

Kurz vor der Ovulation legen sich die Fimbrien des Eileiters auf die Oberfläche des Ovars. Der Eileiter kontrahiert sich rhythmisch. Die von den Cumuluszellen umgebene Oozyte wird durch wischende Bewegungen der Fimbrien und durch den Flimmerschlag der Epithelauskleidung in die Tube transportiert (Abb. 2–2). In der Tube lösen sich die Cumuluszellen von der Oozyte ab, indem sie ihre Zytoplasmafortsätze aus der Zona pellucida zurückziehen.

Im Eileiter selbst wird die Oozyte durch die Kontraktionen der Wandmuskulatur in Richtung auf die Uterushöhle weiterbefördert. Die Transportgeschwindigkeit wird etwas durch die hormonalen Verhältnisse während und nach der Ovulation bestimmt. Beim Menschen erreicht die befruchtete Oozyte jedoch in etwa 3 bis 4 Tagen das Uteruslumen.

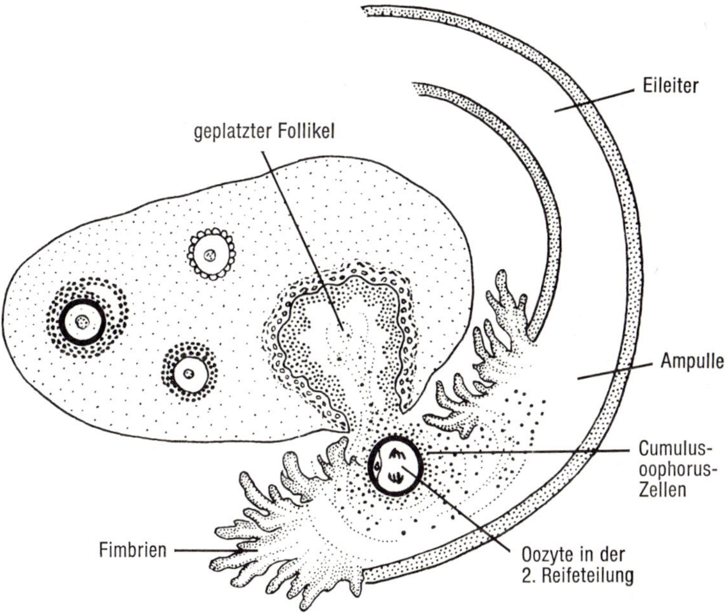

Abb. 2–**2** Die Beziehung zwischen Eileiter und Ovar. Vor dem Follikelsprung führen die Fimbrien wischende Bewegungen an der Oberfläche des Ovars über dem reifen Follikel aus.

Wenn die Befruchtung ausbleibt, erreicht das Corpus luteum den Höhepunkt seiner Entwicklung etwa 9 Tage nach der Ovulation. Man kann es gut als gelbliche Vorwölbung an der Oberfläche des Ovars erkennen. Anschließend nimmt das Corpus luteum an Größe ab. Die Corpus-luteum-Zellen degenerieren und wandeln sich in fibröses Narbengewebe, das **Corpus albicans,** um. Gleichzeitig fällt der Progesteronspiegel ab und löst so die Periodenblutung aus.

Wenn dagegen die Oozyte befruchtet worden ist, wird die Degeneration des Corpus luteum durch gonadotropes Hormon verhindert, das im Trophoblast des Embryo gebildet wird. Das Corpus luteum wächst dann weiter und wandelt sich in das **Corpus luteum graviditatis** um. Am Ende des dritten Monats nimmt dieses etwa ein Drittel bis die Hälfte des gesamten Ovars ein. Die Corpus-luteum-Zellen sezernieren weiterhin bis zum Ende des 4. Monats Progesteron. Anschließend bilden sie sich langsam zurück. Die Entfernung des Corpus luteum graviditatis vor dem 4. Monat führt normalerweise zur Fehlgeburt.

Die Ovulation kann durch progesteronartige Verbindungen („die Pille“) verhindert werden. Diese Beobachtung machte eine orale Antikonzeption möglich. Das Progestin, ein 19-Nortestosteron, hemmt die Ovulation in fast 100 % der Fälle, wenn es vom 5. bis 25. Zyklustag gegeben wird. Die meisten Ovulationshemmer, die heute im Handel sind, enthalten neben den Progestinverbindungen eine kleine Menge an Östrogenen (etwa 0,1 mg Mestranol). An sich kann mit jeder der beiden Verbindungen die Ovulation verhindert werden. In dieser Zusammensetzung soll jedoch das Östrogen die Ovulation hemmen und das Progestin eine normale Menstrualblutung nach Absetzen des Präparates am 25. Zyklustag gewährleisten. Die Follikelreifung wird wahrscheinlich durch die hemmende Wirkung beider Hormone auf den Hypothalamus unterdrückt (Feedback-Mechanismus).

Befruchtung

Die Befruchtung, das heißt die Verschmelzung der männlichen und weiblichen Gameten, findet in der Pars ampullaris des Eileiters statt. Bei einigen Säugetieren sollen sich die Oozyte und die Spermatozoen chemotaktisch beeinflussen. Diese Annahme ist jedoch nicht hinreichend bewiesen. Bei menschlichen Spermatozoen haben *in-vitro*-Untersuchungen gezeigt, daß sie dicht an der Oozyte vorbeischwimmen können, ohne daß sich ein anziehender Einfluß bemerkbar macht.

Die Spermien gelangen sehr schnell aus der Vagina in den Uterus und von dort in die Tube. Das rasche Aufsteigen im weiblichen Genitaltrakt kommt durch die Kontraktionen der Uterus- und Eileitermuskulatur zustande und wird vom Schlagen der Spermienschwänze nur unterstützt. Die Spermien sind zunächst noch nicht in der Lage, Eizellen zu befruchten. Sie müssen erst einen Prozeß durchmachen, bei dem wahrscheinlich ein schützender Überzug vom Kopf des Spermiums entfernt wird. Außerdem kommt es zu einer **Akrosomreaktion,** bei der kleine Perforationen in der Wand des Akrosoms sichtbar werden (Abb. 2–3). Dabei treten Enzyme aus dem Akrosom aus, die für die Auflösung der die Eizelle schützenden Hüllen notwendig sind.

Durchdringen der Corona radiata

Von den 200 bis 300 Millionen Spermien, die im weiblichen Genitaltrakt deponiert werden, erreichen nur 300 bis 500 den Ort der Befruchtung. Nur eines von ihnen ist zur Befruchtung notwendig. Die übrigen helfen möglicherweise beim Durchdringen der **Corona**

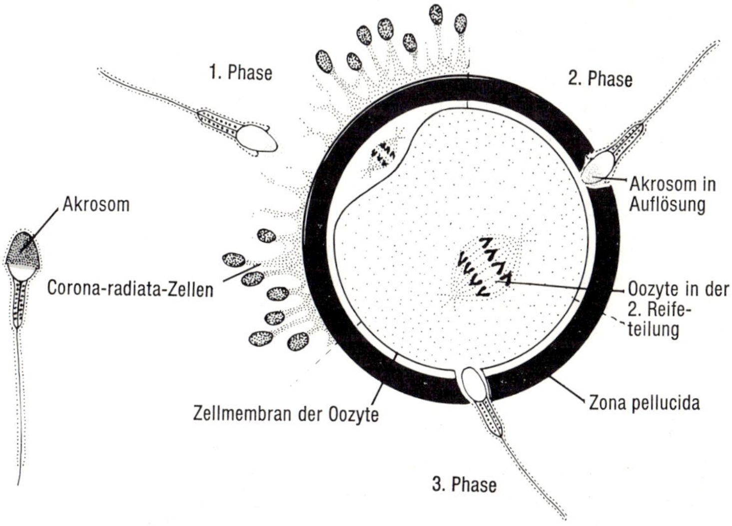

Abb. 2–**3** Schematische Darstellung der drei Phasen bei der Befruchtung In der 1. Phase durchdringt das Spermatozoon die Corona radiata. In der 2. Phase dringt es unter Auflösung des Akrosoms in die Zona pellucida ein. In der 3. Phase vereinigen sich die Zellmembranen beider Gameten miteinander. Rechts ein Spermatozoon mit dem kappenartig über den Zellkern gestülpten Akrosom.

radiata. Die Corona radiata wird von Zellen des Cumulus oophorus gebildet, die noch an der Zona pellucida haften, wenn die Befruchtung erfolgt (Abb. 2–3). Das Enzym Hyaluronidase soll für die Auflösung der Coronazellen von Bedeutung sein. Die Behandlung der Spermien mit Hyaluronidasehemmern setzt ihre Befruchtungsfähigkeit jedoch nicht herab.

Durchdringen der Zona pellucida

Die Zona pellucida wird vom Spermium mit Hilfe von Enzymen durchdrungen, die aus dem Akrosom freigesetzt werden (Abb. 2–3). Wenn ein Spermium die Zona pellucida berührt, bleibt es fest an ihr haften und beginnt in sie einzudringen. Dabei ändert sich die Permeabilität der Zona pellucida schlagartig. Diese **Reaktion der Zona pellucida** wird durch den Kontakt zwischen dem Kopf des Spermiums und der Oberfläche der Eizelle ausgelöst. In der Rindenzone der Eizelle wird aus präformierten zytoplasmatischen Vesikeln eine Substanz freigesetzt, die die Eigenschaften der Zona pellucida verändert. Dadurch kann von mehreren Spermatozoen, die an der Zona pellucida haften, nur das erste in die Eizelle eindringen (Abb. 2–4 B). Ganz selten dringen zwei Spermatozoen gleichzeitig ein, so daß Embryonen mit 69 Chromosomen entstehen. Diese triploiden Embryonen sterben in der Regel in einem frühen Entwicklungsstadium ab. In Ausnahmefällen kann es jedoch zur Geburt eines triploiden Kindes kommen.

Durchdringen der Zellmembran

Wenn das Spermatozoon die Zellmembran der Eizelle berührt, verschmelzen die Zellmembranen beider Gameten miteinander (Abb. 2–3). Obwohl die Zellmembran des Spermatozoons so an der Oberfläche der Eizelle zurückbleibt, dringen beim Menschen der Kopf und der Schwanz des Samenfadens noch vollständig in das Zytoplasma der Eizelle ein.

Anschließend beendet die Oozyte ihre zweite Reifeteilung. Ihre Chromosomen (22 + X) liegen dann im **weiblichen Vorkern,** der wie ein Bläschen aussieht (Abb. 2–4 B). Das Ooplasma schrumpft, so daß ein **perivitelliner Raum** zwischen Oozyte und Zona pellucida sichtbar wird. Wie bei der ersten Reifeteilung erhält eine der beiden Tochterzellen fast alles Zytoplasma und die andere (das **zweite Polkörperchen**) so gut wie nichts.

Das Spermatozoon dringt inzwischen weiter vor, bis es in die Nähe des weiblichen Vorkernes zu liegen kommt. Sein Kern schwillt an

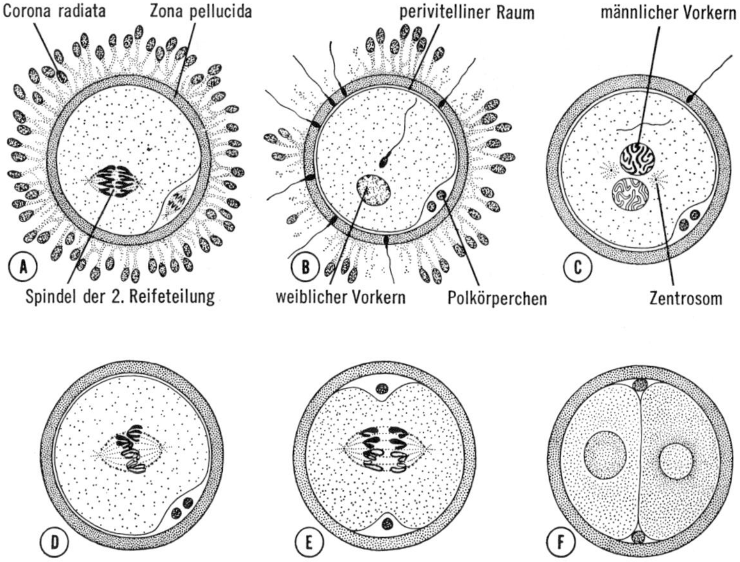

Abb. 2–**4** A, Schematische Zeichnung der Oozyte direkt nach der Ovulation mit der Teilungsspindel der zweiten Reifeteilung, der Zona pellucida und den Cumulus-oophorus-Zellen, die die Corona radiata bilden (modifiziert nach Hamilton). B, Ein Spermatozoon ist in die Oozyte eingedrungen, die ihre zweite Reifeteilung vollendet und das zweite Polkörperchen ausgestoßen hat. Die Chromosomen liegen in einem bläschenförmigen Kern, dem weiblichen Vorkern. Die Zellen der Corona radiata sind teilweise abgelöst. Mehrere Spermatozoenköpfe sitzen in der Zona pellucida. C, Stadium mit männlichem und weiblichem Vorkern. D und E, Die Chromosomen ordnen sich auf der Spindel an, spalten sich in der Längsrichtung und wandern an die einander gegenüberliegenden Zellpole. F, Zweizellenstadium.

und bildet den **männlichen Vorkern** (Abb. 2–4 C). Morphologisch lassen sich weiblicher und männlicher Vorkern nicht voneinander unterscheiden (Abb. 2–5 A). Der Schwanz des Spermatozoons hat sich vom Kopf getrennt und geht zugrunde.

Vor der Verschmelzung der beiden haploiden Vorkerne reduplizieren sie ihre DNS. Nach der Verschmelzung ordnen sich die reduplizierten 23 mütterlichen und 23 väterlichen Chromosomen auf einer Teilungsspindel an und werden wie bei einer mitotischen Teilung am Zentromer aufgespalten. Die Tochterzellen erhalten so je 46 Chromosomen mit einer DNS-Menge von 2n (Abb. 2–4 E, F).

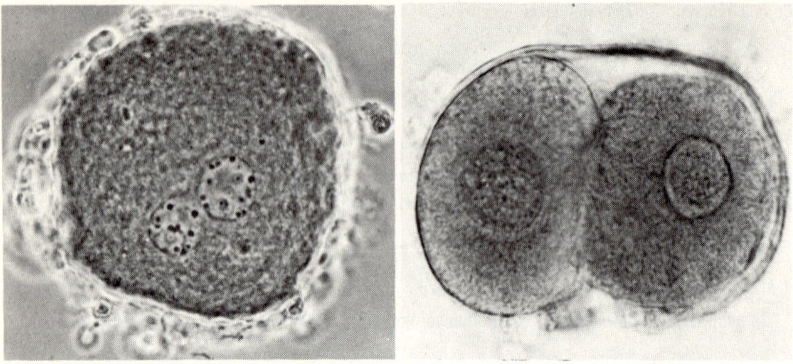

A B

Abb. 2–**5** A, Befruchtetes menschliches Ei mit weiblichem und männlichem Vorkern, umgeben von Corona-radiata-Zellen. Phasenkontrast. (Dr. L. Dickmann und Dr. R. Noyes, Vanderbilt University). B, Menschliche Zygote aus dem Eileiter im Zwei-Zellen-Stadium mit zwei Polkörperchen. (Mit freundlicher Genehmigung der Carnegie Institution of Washington).

Die wichtigsten Vorgänge bei der Befruchtung sind: 1. Die **Wiederherstellung eines diploiden Chromosomensatzes,** der sich durch die Kombination je eines homologen Chromosoms vom Vater und von der Mutter von dem beider Eltern unterscheidet. 2. Die **Determination des genetischen Geschlechtes** des neuen Organismus. Ein ein X-Chromosom enthaltendes Spermium führt zur Entwicklung eines weiblichen (XX) und ein ein Y-Chromosom enthaltendes Spermium zur Entwicklung eines männlichen (XY) Embryo. 3. Die **Induktion von Furchungsteilungen.** Ohne Befruchtung geht die Eizelle normalerweise 24 Stunden nach der Ovulation zugrunde.

Die Befruchtung menschlicher Eizellen *in vitro* ist in den letzten Jahren an mehreren Orten gelungen. Die Zygoten konnten jedoch nicht über das Blastozystenstadium hinaus gezüchtet werden.

Furchung

Wenn die Zygote das Zweizellen-Stadium erreicht hat, durchläuft sie eine Reihe weiterer Mitosen, so daß die Zellzahl schnell ansteigt. Die Zellen werden mit jeder Furchungsteilung kleiner und heißen **Blastomeren** (Abb. 2–6). Wenn sich die Zygote eine Zeitlang geteilt hat, sieht sie schließlich wie eine Maulbeere aus und heißt **Morula.**

Bisher sind nur wenige Furchungsstadien beim Menschen untersucht worden. HERTIG u. Mitarb. konnten ein Zweizellen-Stadium mit zwei Polkörperchen und einer Zona pellucida aus dem Eileiter isolieren (Abb. 2–6 B). Sein Alter ist unbekannt. Experimente *in vitro* haben jedoch gezeigt, daß die menschliche Zygote das Zweizellen-Stadium etwa 30 Stunden nach der Befruchtung erreicht. Dies scheint mit dem Zweizellen-Stadium beim Affen übereinzustimmen, das aus dem Eileiter 29$^1/_2$ Stunden nach der Ovulation gewonnen wurde. In diesem Stadium ist eine der Zellen gewöhnlich größer und teilt sich vermutlich zuerst, so daß ein Dreizellen-Stadium entsteht. Anschließend teilt sich die kleine Zelle und die Zygote besteht dann aus zwei großen und zwei kleinen Zellen (Abb. 2–6). *In vitro* wird das Vierzellen-Stadium 40 bis 50 Stunden nach der Befruchtung erreicht.

Während die Furchung fortschreitet, wandert die Zygote den Eileiter hinunter. Wenn sie das 12- bis 16-Zellen-Stadium erreicht hat, besteht sie aus einer zentral liegenden **inneren Zellmasse** und aus einer diese umgebenden **äußeren Zellschicht.** In diesem Stadium sehen alle Morulazellen noch gleich aus. Auf Grund der weiteren Entwicklung weiß man jedoch, daß die innere Zellmasse die Gewebe für den eigentlichen Embryo liefert, während die äußere Zellschicht den **Trophoblasten** bildet, der sich später zur **Plazenta** entwickelt. Die Morula soll die Gebärmutterhöhle etwa im 12- bis 16-Zellen-Stadium erreichen. *In vitro* tritt dieses Stadium annähernd 60 Stunden nach der Befruchtung auf.

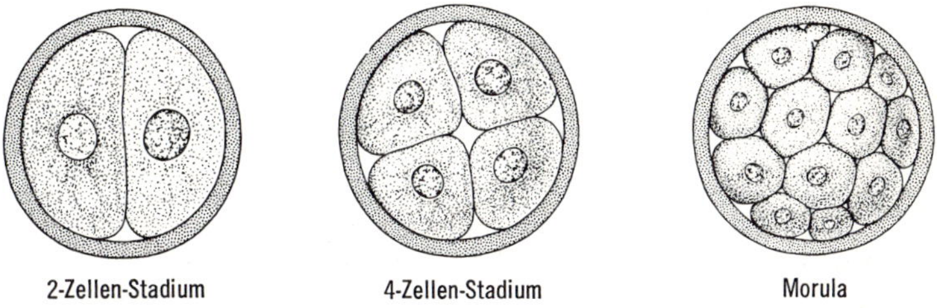

Abb. 2–**6** Schematische Darstellung der Zygotenentwicklung vom Zweizellenstadium bis zur späten Morula. Das Zweizellenstadium wird etwa 30 Stunden nach der Befruchtung erreicht, das Vierzellenstadium etwa 40 Stunden danach, das Zwölf- und Sechzehnzellenstadium etwa nach 3 Tagen und die späte Morula etwa nach 4 Tagen. Während dieser Entwicklung sind die Blastomeren noch von der Zona pellucida umgeben. Diese verschwindet erst am Ende des vierten Tages.

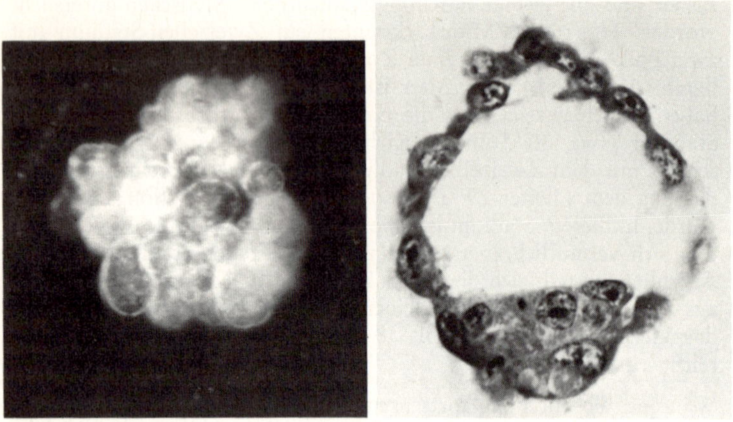

A B

Abb. 2–**7** **A,** Menschliche Zygote im Morula-Stadium (32 Zellen) nach In-vitro-Kultivation von 32 Stunden. Beachte die unterschiedliche Größe der Blastomeren und den weiten Spaltraum unter der Zona pellucida. (Prof. L. B. Shettles, Columbia Presbyterian Medical Center, New York.) B, Schnitt durch eine menschliche Blastozyste aus 107 Zellen mit abgrenzbarem Embryoblast und Trophoblast. (Mit freundl. Genehmigung der Carnegie Institution of Washington).

Entwicklung der Blastozyste

Etwa um die Zeit, wenn die Morula in die Gebärmutterhöhle gelangt, beginnt Flüssigkeit in die Interzellularspalten der inneren Zellmasse einzudringen. Die Interzellularräume konfluieren allmählich miteinander und bilden schließlich eine einheitliche Höhle, die **Blastozystenhöhle** (Abb. 2–7 B und 2–8 A). Jetzt löst sich auch die Zona pellucida innerhalb kurzer Zeit auf und die Zygote heißt nun **Blastozyste.** Die Zellen der inneren Zellmasse, die jetzt als **Embryoblast** bezeichnet werden, kommen auf einer Seite zu liegen, während die der äußeren Zellschicht oder des **Trophoblast** sich abflachen und die epitheliale Wand der Blastozyste bilden (Abb. 2–8 A).

Zwei menschliche Blastozysten, die aus 58 und 107 Zellen bestanden und deren Alter auf etwa 4 bzw. 4½ Tage geschätzt wurde, konnten aus der Uterushöhle isoliert werden (Abb. 2–7 B). *In vitro* wurde

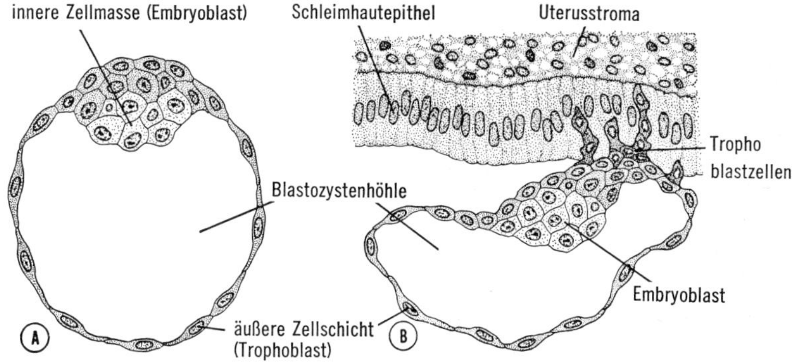

Abb. 2–**8** A, Schematisches Schnittbild durch eine menschliche Blastozyste, die im Alter von etwa 4½ Tagen aus der Uterushöhle isoliert wurde. Die hell gezeichneten Zellen gehören zur inneren Zellmasse (Embryoblast), die dunkel gezeichneten zur äußeren Zellschicht (Trophoblast) (modifiziert nach Hertig u. Rock). B, Schematisches Schnittbild durch die Blastozyste eines Rhesusaffen am 9. Entwicklungstage. Die Trophoblastzellen am embryonalen Pol der Blastozyste beginnen in die Unterusschleimhaut einzudringen (modifiziert nach Wislocki u. Streeter). Die menschliche Blastozyste beginnt wahrscheinlich am 5. oder 6. Entwicklungstag in die Uterusschleimhaut einzudringen.

eine Blastozyste in fortgeschrittenem Stadium etwa 100 und 140 Stunden nach der Befruchtung beobachtet. Die aus 107 Zellen bestehende Blastozyste enthielt einen Embryoblasten aus acht großen, vakuolisierten Zellen, während die übrigen 99 zum Trophoblast gehörten. Von diesen bildeten 69 die Wand der Blastozystenhöhle und 30 lagen über dem Embryoblasten. Über die erste Phase der Einnistung der Blastozyste in die Uterusschleimhaut liegen für den Menschen noch keine Beobachtungen vor. Aller Wahrscheinlichkeit nach tritt sie jedoch 5½ bis 6 Tage nach der Ovulation ein. Man nimmt an, daß der Vorgang der Implantation mit dem beim Rhesusäffchen vergleichbar ist, bei dem die Einnistung 9 Tage nach der Ovulation stattfindet. Zu diesem Zeitpunkt beginnen die Trophoblastzellen an dem Pol der Blastozyste, an dem der Embryoblast liegt, zwischen die Epithelzellen der Uterusschleimhaut einzudringen (Abb. 2–8 B). Wahrscheinlich sind das Eindringen und die anschließende Erosion des Schleimhautepithels der Wirkung proteolytischer Enzyme aus dem Trophoblast zuzuschreiben. Zweifellos unterstützt aber auch die Uterusschleimhaut die Trophoblasttätigkeit, so daß die Einnistung das Ergebnis einer gegenseitigen Beeinflussung darstellt. Die menschliche Zygote hat also am Ende der

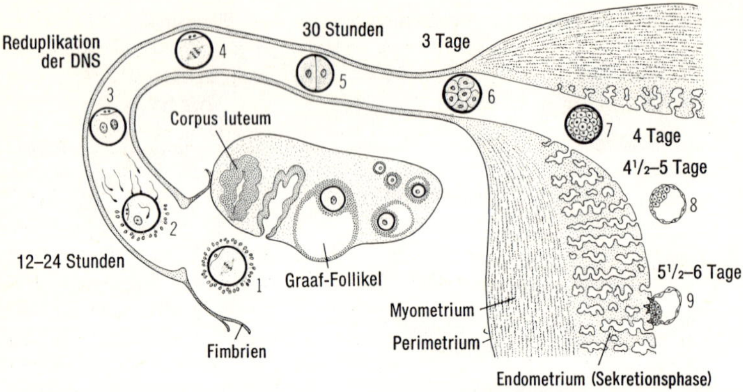

Abb. 2–**9** Schematische Darstellung der Entwicklungsvorgänge beim Menschen in der ersten Woche. (1) Oozyte direkt nach der Ovulation. (2) Befruchtung etwa 12 bis 24 Stunden nach der Ovulation. (3) Stadium mit männlichem und weiblichem Vorkern (4) Teilungsspindel der 1. Furchungsteilung. (5) Zweizellenstadium (etwa 30 Stunden alt). (6) Morula mit 12 bis 16 Blastomeren (etwa 3 Tage alt). (7) Älteres Morulastadium beim Eintritt in das Uteruslumen (etwa 4 Tage alt). (8) Junge Blastozyste (etwa 4½ Tage alt). Die Zona pellucida ist verschwunden. (9) Frühes Stadium der Implantation (etwa 6 Tage alte Blastozyste). Im Ovar sind Entwicklungsstadien vom Primärfollikel bis zum Graaf-Follikel eingezeichnet sowie ein Corpus luteum. Das Endometrium befindet sich in der Sekretionsphase.

ersten Entwicklungswoche das Morula- und das Blastozystenstadium durchlaufen und damit begonnen, sich in der Uterusschleimhaut einzunisten (Abb. 2–9).

Der Uterus bei der Implantation

Die Uteruswand wird von drei Schichten gebildet: 1. der inneren Schleimhautauskleidung, dem **Endometrium,** 2. einer dicken Schicht aus glatter Muskulatur, dem **Myometrium** und 3. dem Peritonealüberzug auf der Außenfläche, dem **Perimetrium** (Abb. 2–9).

Zum Zeitpunkt der Implantation befindet sich die Uterusschleimhaut in der **Sekretionsphase** (Abb. 2–10). Die Sekretionsphase wird durch das Progesteron hervorgerufen, das vom Corpus luteum gebildet wird. Die ersten Anzeichen einer Progesteronwirkung lassen sich zwei oder drei Tage nach der Ovulation erkennen. Die Schleimhautdrüsen und die Arterien beginnen sich zu schlängeln, das

Stroma wird saftiger. Im Endometrium lassen sich schließlich drei Schichten gegeneinander abgrenzen: eine oberflächliche **Zona compacta,** eine lockere Zwischenschicht, die **Zona spongiosa** und eine dünne **Zona basalis** (Abb. 2–10).

Wenn die Oozyte befruchtet worden ist, zeigen die Drüsen des Endometriums eine ständig wachsende sekretorische Aktivität. Sie geben ihr Sekret aus Muzin und Glykogen ins Lumen ab. Die Arterien, die die Zona spongiosa und Zona compacta versorgen, schlängeln sich und bilden ein dichtes Kapillarnetz direkt unter dem Uterusepithel. Das Endometrium wird hochgradig ödematös und sieht gewöhnlich blaß aus. Die Uterusschleimhaut ist nun für die Blastozyste vorbereitet. Die Blastozyste nistet sich beim Menschen normalerweise im Endometrium an der hinteren oder vorderen Wand des Uteruskörpers ein. Dort setzt sie sich zwischen den Drüsenöffnungen des Endometriums oder gelegentlich in der Mündung einer der Drüsengänge fest.

Wenn die Oozyte nicht befruchtet wird, füllen sich die Venolen und sinusoidalen Zwischenräume immer mehr mit Blutzellen an. Vor der Menstruation setzt eine vermehrte Diapedese roter und weißer

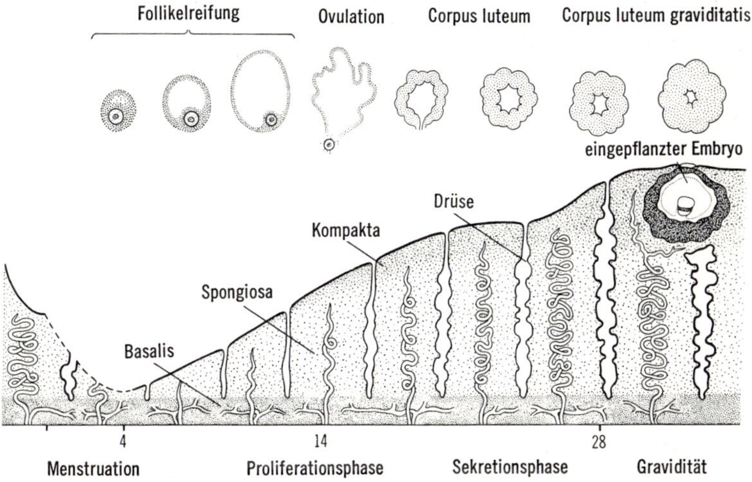

Abb. 2–**10** Schematische Darstellung der Veränderungen in der Uterusschleimhaut bezogen auf die Verhältnisse im Ovar. Die Implantation der Blastozyste führt zur Entwicklung eines großen Corpus luteum graviditatis. Die sekretorische Aktivität des Endometriums nimmt infolge der großen Progesteronmengen, die vom Corpus luteum graviditatis ausgeschüttet werden, ständig zu.

Blutkörperchen in das Stroma ein. Mit dem Einsetzen der **Menstruation** tritt wahrscheinlich infolge einer vorübergehenden Konstriktion der Spiralarterien Blut aus den oberflächlichen Arterien aus. Kleine Stroma- und Drüsenstückchen lösen sich ab. In den folgenden drei oder vier Tagen werden die Zona compacta und Zona spongiosa aus dem Uterus ausgestoßen. Die Basalschicht bleibt als einziger Teil des Endometriums zurück (Abb. 2–10).

Gegen Ende der Menstruation ist das Endometrium auf $^1/_5$ bis $^1/_{10}$ seiner ursprünglichen Dicke reduziert. Der Ausfluß besteht aus Blut, Epithelzellen und Zerfallsprodukten von abgestorbenen Zellen. Es kommt zu keiner normalen Blutgerinnung, weil die für die Koagulation notwendigen Eiweißkörper von Enzymen abgebaut werden. Der Blutverlust während der Menstruation beträgt im Durchschnitt 50–60 ml. Die Zona basalis mit den kontrahierten Stümpfen der **Spiralarterien** stellt die Regenerationsschicht dar, aus der heraus die Drüsen und Arterien in der **Proliferationsphase** wieder aufgebaut werden (Abb. 2–10).

Störungen der Entwicklung

Abweichungen bei der Befruchtung

Superfetatio

Als Superfetatio wird eine Ovulation und Befruchtung während einer bestehenden Schwangerschaft bezeichnet. Normalerweise ist im Anschluß an eine Implantation die Ovulation blockiert. Superfetatio wurde trotzdem als äußerst seltenes Ereignis beschrieben.

Superfecundatio

Superfecundatio kann vorkommen, wenn in einem Zyklus mehrere Eizellen ovuliert und von Spermatozoen verschiedener Männchen befruchtet werden. Sie kommt bei verschiedenen Säugern vor, wurde beim Menschen jedoch nicht beobachtet.

Parthenogenese

Aus einem weiblichen Gameten kann kein Embryo entstehen ohne die Mitwirkung eines männlichen Gameten. Gelegentlich wird jedoch eine Oozyte aktiviert, ohne daß ein Spermium eingedrungen ist, und beginnt mit der Entwicklung. Eine derartige Entwicklungsanregung heißt **Parthenogenese.** Eine parthenogenetische Entwicklung der frühen Stadien von Säuger-Oozyten läßt sich durch Abkühlung, lokale Hitzeeinwirkung, durch Hyperthermie und andere Stimuli anregen. Über die Geburt eines lebensfähigen Organismus, der auf diese Weise erzeugt worden ist, wurde allerdings bisher noch nichts berichtet. In einigen Fällen wurden Furchungsstadien von Oozyten im Ovar beobachtet, die sich möglicherweise zu einem Ovarialteratom entwickeln können.

Fehlgebildete Zygoten

Von mehreren Autoren wurden fehlgebildete Zygoten im Vorimplantationsstadium beschrieben. Von insgesamt acht Zygoten, die von HERTIG u. Mitarb. aus dem Eileiter gewonnen wurden, schienen vier normal zu sein, während die übrigen vier fehlgebildet waren. In den fehlgebildeten Zygoten im Alter zwischen drei und fünf Tagen fanden sich vielkernige Blastomeren und in verschiedenem Ausmaß die Zeichen der Zelldegeneration. Es ist zweifelhaft, ob diese Zygoten zur Implantation fähig gewesen wären. Alle vier stammten jedoch von Patientinnen mit normaler Fruchtbarkeit. Aus derartigen Untersuchungen geht hervor, daß 16 % aller Eizellen nicht mit der Furchung beginnen, obwohl sie Kontakt mit Spermien gehabt haben. Entweder kann kein Spermium eindringen, oder der Mechanismus der Zellteilung ist defekt. Weitere 15 % gehen in der ersten Woche während der Furchung oder im Blastozystenstadium zugrunde.

Abweichende Einnistungsorte

Beim Menschen nistet sich die Blastozyste normalerweise an der hinteren oder vorderen Wand des Uterus ein. Aber selbst die Implantation innerhalb des Uterus kann gelegentlich zu schweren Komplikationen führen. Dies ist besonders der Fall, wenn sich die Blastozyste in der Nähe des inneren Muttermundes einnistet. Die Plazenta legt sich dann über den inneren Muttermund (**Placenta praevia**) und verursacht starke Blutungen in der zweiten Hälfte der Schwangerschaft und bei der Geburt.

Nicht selten findet die Implantation außerhalb des Uterus statt und führt so zu einer **ektopischen** oder **extrauterinen Gravidität.** Dies kann überall in der Bauchhöhle, dem Ovar oder dem Eileiter der Fall sein (Abb. 2–11). Eine ektopische Schwangerschaft führt gewöhnlich zum Absterben des Keimes und zu einer schweren mütterlichen

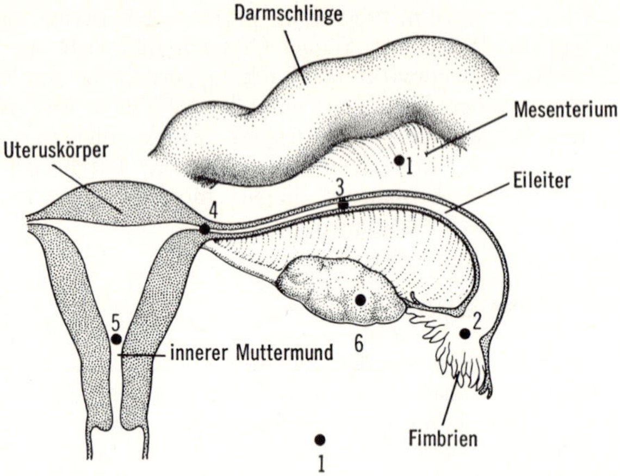

Abb. 2–**11** Abweichende Einnistungsorte der Blastozyste. (1) Implantation in der Leibeshöhle. Das Ei setzt sich am häufigsten in der Excavatio rectouterina (Douglas-Raum) fest. Es kann sich jedoch grundsätzlich überall im Peritoneum implantieren. (2) Implantation in der Ampulle des Eileiters. (3) Implantation im Eileiter. (4) Intramurale Implantation, das heißt, im engen Abschnitt der Tuba uterina. (5) Implantation im Bereich des inneren Muttermundes, die häufig zur Placenta praevia führt. (6) Implantation im Ovar (modifiziert nach Hamilton, Boyd u. Mossman).

Blutung im zweiten Schwangerschaftsmonat. Innerhalb der Bauchhöhle setzt sich die Blastozyste zumeist im Peritoneum der Excavatio rectouterina (**Douglas-Raum**) fest (Abb. 2–**12**). Die Blastozyste kann sich aber auch im Peritonealüberzug des Verdauungstraktes oder im Omentum implantieren. Eine extrauterine Schwangerschaft kann nur in den seltensten Fällen ausgetragen werden.

Manchmal entwickelt sich die Blastozyste im Ovarium selbst und verursacht eine **primäre Ovarialschwangerschaft.** In den meisten Fällen sitzt die ektopische Schwangerschaft im Eileiter (**Tubargravidität**). Bei einer Tubargravidität platzt der Eileiter in der Regel im zweiten Schwangerschaftsmonat. Bedingt durch die starke Vaskularisation am Einnistungsort kommt es dann bei der Mutter zu einer schweren inneren Blutung (Abb. 2–**13**).

Abb. 2–**12** Extrauterine Gravidität. Der Embryo hat sich in der Excavatio rectouterina (Douglas-Raum) zwischen Rektum und Uterus eingenistet. Da das Ovar auf der Dorsalseite des Lig. latum sitzt, kommen befruchtete Eier, die zwischen Ovar und Fimbrienkranz herausrutschen, bevorzugt an diese Stelle zu liegen.

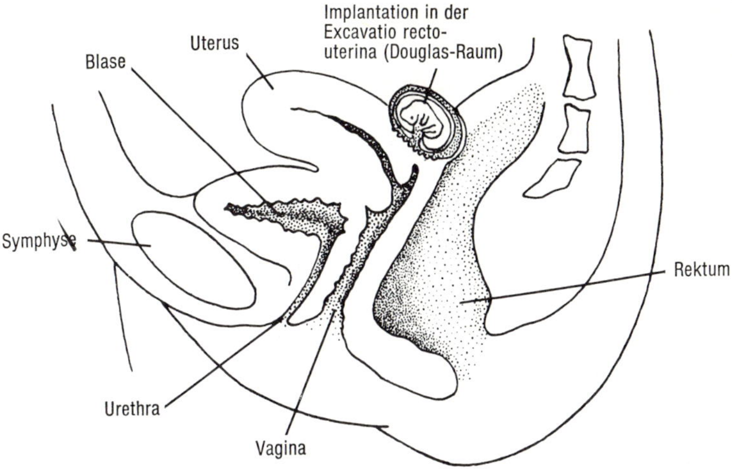

Abb. 2–**12** Fortsetzung siehe Seite 34

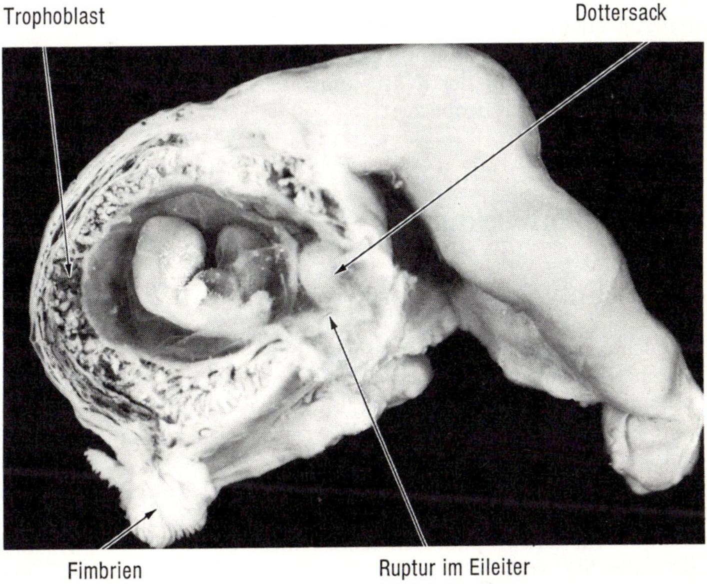

Abb. 2–**13** Eileiter mit Tubargravidität im Bereich der Ampulle. Der Embryo ist etwa 2 Monate alt. Die Infiltration der Eileiterwand durch den Trophoblast hat zur Eileiterruptur mit nachfolgender schwerer Blutung geführt.

Kapitel 3

Die Entwicklung zur zweiblättrigen Keimscheibe

(Zweite Entwicklungswoche)

In der zweiten Entwicklungswoche verankert sich beim Menschen die Blastozyste fest in der Uterusschleimhaut. Der Trophoblast und der Embryoblast beginnen sich in unterschiedlicher Weise zu entwickeln. Der **Trophoblast** dringt immer tiefer in das Endometrium ein. Er entwickelt dabei zwei Schichten, den **Synzytiotrophoblast** und den **Zytotrophoblast.** Die Zellen des Embryoblast bilden **Ektoderm** und **Entoderm,** die beiden Schichten der **zweiblättrigen Keimscheibe.**

In den folgenden Abschnitten werden die wichtigsten Entwicklungsvorgänge, die in der zweiten Woche ablaufen, für die einzelnen Tage dargestellt. Man muß sich dabei jedoch vor Augen halten, daß in bezug auf die Befruchtung gleich alte Keime sich nicht notwendigerweise gleich schnell entwickeln. Tatsächlich wurden beträchtliche Unterschiede in der Wachstumsrate schon bei diesen frühen Entwicklungsstadien beobachtet.

Normale Entwicklung

Achter Entwicklungstag

Am achten Entwicklungstag ist die Blastozyste teilweise in das Endometriumstroma eingebettet. Am embryonalen Pol, das heißt im Bereich über dem Embryoblast, bildet der Trophoblast eine kompakte Scheibe, die aus einer inneren Schicht mit einkernigen Zellen, dem **Zytotrophoblast,** und einer äußeren, vielkernigen Schicht ohne klare Zellgrenzen, dem **Synzytiotrophoblast** oder dem **Synzytium** zusammengesetzt ist (Abb. 3–1 und 3–2). Mitosen findet man gewöhnlich im Zytotrophoblast, jedoch nicht im Synzytium. Da die Dicke des Synzytiums aber beträchtlich zunimmt, liegt die Vermutung nahe, daß die Trophoblastzellen sich im Zytotrophoblast teilen und anschließend in den Synzytiotrophoblast wandern. Am abembryonalen Pol bleibt der Trophoblast zunächst undifferenziert

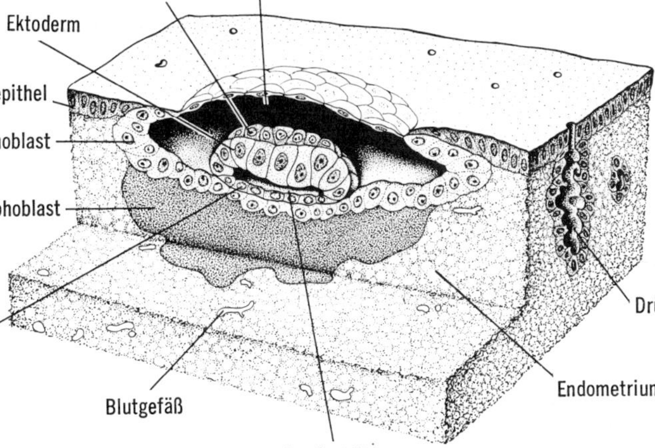

Abb. 3–**1** Die Zeichnung zeigt eine 7½ Tage alte menschliche Blastozyste, die teilweise in das Endometriumstroma eingebettet ist. Der Trophoblast besteht aus einer äußeren Schicht mit hellen einkernigen Zellen, dem Zytotrophoblast, und einer äußeren Schicht ohne klare Zellgrenzen, dem Synzytiotrophoblast. Der Embryoblast besteht aus einer Ektoderm- und einer Entodermschicht. Die Amnionhöhle erscheint als schmaler Spaltraum.

und bildet eine dünne Schicht aus flachen Zellen (Abb. 3–**1** und 3–2).

Die Zellen des Embryoblast bilden zwei gegeneinander abgesetzte Keimblätter: 1. eine Schicht aus kleinen polyedrischen Zellen, das **Entoderm** und 2. eine Schicht aus hochzylindrischen Zellen, das **Ektoderm** (Abb. 3–**1** und 3–**2**). Beide Keimblätter zusammen bilden die **zweiblättrige Keimscheibe.**

Die Ektodermzellen haften anfangs fest am Zytotrophoblast. Im Laufe der Entwicklung treten dann jedoch schmale Spalträume zwischen diesen beiden Schichten auf. Die Spalträume fließen schließlich zusammen und lassen so die **Amnionhöhle** entstehen (Abb. 3–**1** und 3–**2**). Auf der Seite des Trophoblast wird der neugebildete Hohlraum von großen flachen Zellen ausgekleidet, den **Amnioblasten,** die wahrscheinlich vom Trophoblast abstammen. Die Schicht der Amnioblasten geht in das Ektoderm über und begrenzt so mit diesem zusammen die Amnionhöhle.

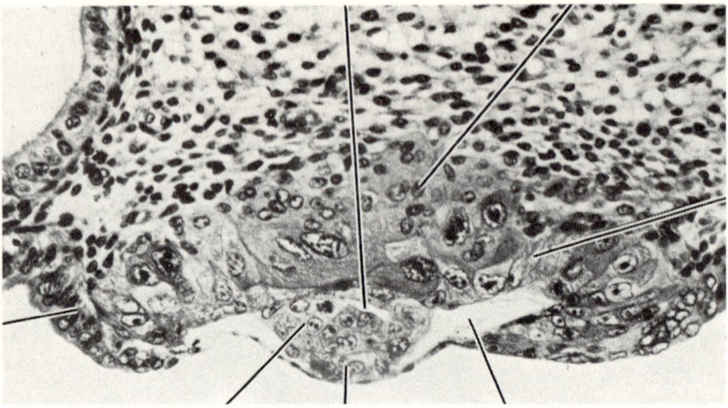

Abb. 3–**2** Histologischer Schnitt durch eine menschliche 7½ Tage alte Blastozyste (100 x). Der Synzytiotrophlast erscheint als Anschnitt durch eine vielkernige Zelle. Der Zytotrophoblast ist am embryonalen Pol dick, am abembryonalen Pol gegen das Uteruslumen zu dagegen dünn ausgezogen. Über dem Ektoderm entsteht als Spaltraum die Amnionhöhle. (Mit freundl. Genehmigung der Carnegie Institution of Washington).

Das Endometriumstroma ist in der Nähe der Implantationsstelle ödematös und stark vaskularisiert. Die langen gewundenen Drüsen sezernieren reichlich Glykogen und Schleim.

Neunter Entwicklungstag

Die Blastozyste ist noch tiefer in das Endometrium eingebettet. Der durch das Eindringen im Oberflächenepithel entstandene Defekt hat sich mit einem Fibrinkoagulum verschlossen (Abb. 3–3). Der Trophoblast hat sich besonders am embryonalen Pol beträchtlich weiterentwickelt. Dort erscheinen einzelne Vakuolen im Synzytium. Diese Vakuolen fließen zusammen und bilden weite Lakunen. Daher heißt diese Phase in der Trophoblastentwicklung **lakunäres Stadium** (Abb. 3–3). In der Umgebung des Trophoblasten sind die Gefäße gestaut. Die Zellen im Endometriumstroma sind reich an Glykogen.

Am abembryonalen Pol heben sich inzwischen flache Zellen von der Innenfläche des Zytotrophoblasten ab und bilden eine dünne Membran, die **Heuser-Membran** (Abb. 3–3). Diese Membran geht in die Entodermschicht über und bildet so mit dem Entoderm zusammen die Auskleidung des **primären Dottersackes.**

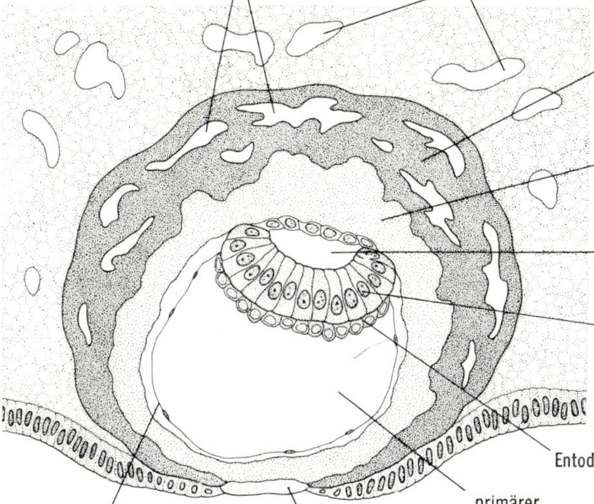

Abb. 3–**3** Schematische Darstellung einer 9 Tage alten menschlichen Blastozyste. Im Synzytiotrophoblast sind Lakunen vorhanden. Beachte die flachen mesothelartigen Zellen, die sich an der Innenfläche des Zytotrophoblast abgespalten haben, um die Heuser-Membran zu bilden. Die zweiblättrige Keimscheibe setzt sich aus einer Schicht von hochzylindrischen Ektodermzellen und einer Schicht kleiner polyedrischer Entodermzellen zusammen. Die Amnionhöhle ist gut abgegrenzt. Der ursprüngliche Oberflächendefekt wird von einem Fibrinkoagulum verschlossen.

Elfter bis zwölfter Entwicklungstag

Am elften bis zwölften Entwicklungstag ist die Blastozyste vollständig im Endometriumstroma eingebettet und das umgebende Oberflächenepithel wächst über den ursprünglichen Defekt im Schleimhautepithel hinweg (Abb. 3–4 und 3–5). Die Blastozyste verursacht nur noch eine leichte Vorwölbung der inneren Uterusoberfläche.

Die Entwicklung des Trophoblasten hat gegenüber dem neunten Tag bedeutende Fortschritte gemacht. Die lakunären Zwischenräume im Synzytium bilden ein kommunizierendes Netz. Besonders deutlich ist dies am embryonalen Pol ausgeprägt. Am abembryona-

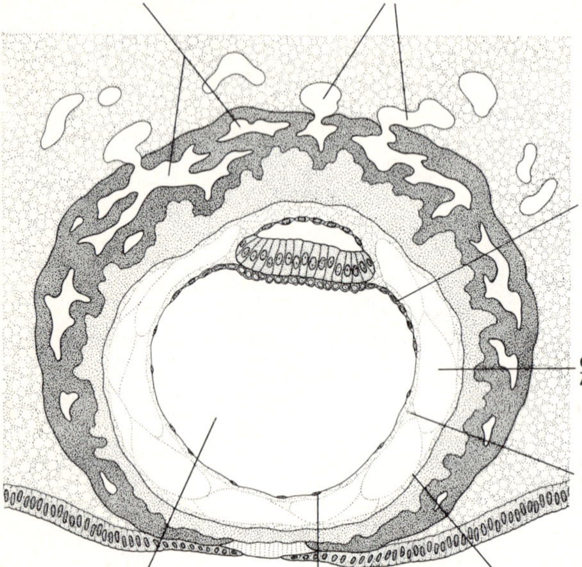

Abb. 3–**4** Schematische Darstellung einer etwa 12 Tage alten menschlichen Blastozyste. Die Trophoblastlakunen am embryonalen Pol stehen mit den mütterlichen Sinusoiden des Endometriumstromas in offener Verbindung. Am abembryonalen Pol ist der Trophoblast wenig differenziert. Vom Zytotrophoblast sondern sich weiterhin Zellen ab, die extraembryonales Mesoderm bilden. Auf der Innenfläche des Trophoblast entsteht das extraembryonale parietale Mesoderm und auf dem primären Dottersack das extraembryonale viszerale Mesoderm. Auf der Innenseite der Heuser-Membran breiten sich Entodermzellen aus.

len Pol besteht der Trophoblast hauptsächlich aus Zytotrophoblastzellen und weist nur wenig Lakunen auf (Abb. 3–4 und 3–5).

Um die Einnistungsstelle herum sind die mütterlichen Kapillargefäße gestaut und erweitert. Es bilden sich **Sinusoide** aus. Man nimmt an, daß der Trophoblast einen Stoff produziert, der imstande ist, die Blutgefäße zu erweitern und auf diese Weise die Bildung von Sinusoiden zu fördern.

Die Synzytiumzellen dringen tiefer in das Stroma ein und beginnen, die endotheliale Auskleidung der mütterlichen Sinusoide zu zerstören. Mütterliches Blut tritt in das Lakunensystem über (Abb. 3–4).

Mit dem weiteren Eindringen des Trophoblast in das Stroma werden mehr und mehr Bluträume eröffnet, und an vielen Stellen entwickeln sich Verbindungen zwischen den Lakunen und dem arteriellen oder venösen Schenkel des mütterlichen Kreislaufsystems. Infolge der Druckdifferenz zwischen arteriellen und venösen Kapillaren beginnt das mütterliche Blut durch die Trophoblastlakunen zu fließen. Damit ist der **uteroplazentare Kreislauf** entstanden.

Die Differenzierung des Trophoblast betrifft nicht nur seinen synzytialen Anteil, sondern bezieht auch den Zytotrophoblast mit ein. An der inneren Oberfläche des Zytotrophoblast entstehen mesenchymale Zellen. Sie bilden ein lockeres Netzwerk und füllen als **extraembryonales Mesoderm** den immer größer werdenden Raum zwischen dem Synzytium außen und dem Amnion und dem primären Dottersack innen aus (Abb. 3–4 und 3–5). Bald entstehen große Hohlräume im extraembryonalen Mesoderm. Sie vereinigen sich zu

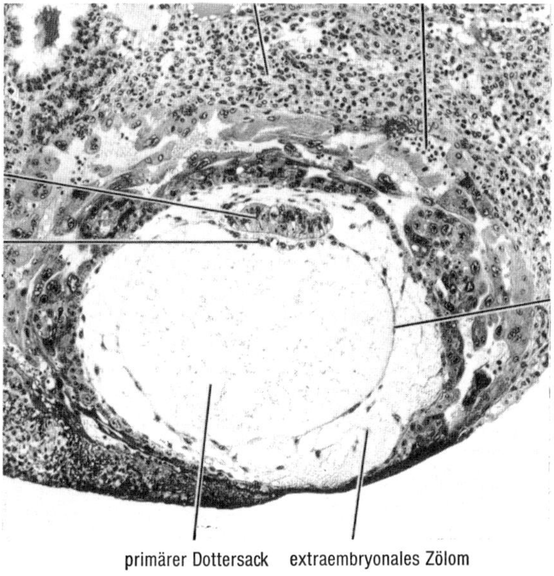

Abb. 3–**5** Histologischer Schnitt durch eine 12 Tage alte menschliche Blastozyste (100 x). Sie ist vollständig in die Uterusschleimhaut eingebettet. Die Trophoblastlakunen füllen sich mit mütterlichem Blut. (Mit freundl. Genehmigung der Carnegie Institution of Washington).

einer neuen Höhle, dem **extraembryonalen Zölom.** Das extraembryonale Zölom umgibt den primären Dottersack und die Amnionhöhle mit Ausnahme der Region, in der das extraembryonale Mesoderm die spätere Verbindung zwischen der Keimscheibe und dem Trophoblast bildet (Abb. 3–4 und 3–6). Das extraembryonale Mesoderm, das an den Zytotrophoblast und das Amnion angrenzt, wird **extraembryonales parietales Mesoderm** genannt; das, welches den Dottersack bedeckt, heißt **extraembryonales viszerales Mesoderm.**

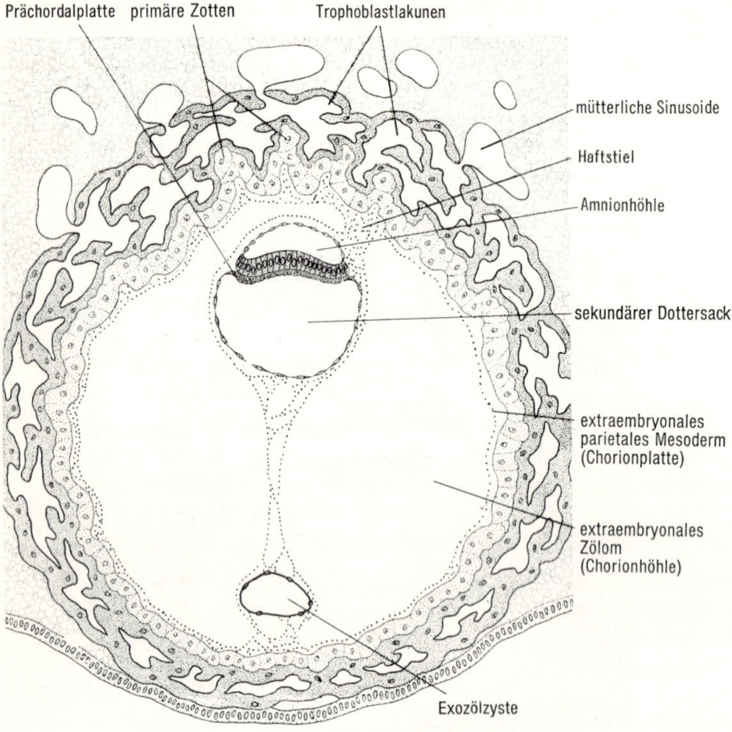

Abb. 3–**6** Schematische Zeichnung einer 13 Tage alten menschlichen Blastozyste, die vollständig in das Endometrium eingebettet ist. Die Trophoblastlakunen sind jetzt sowohl am embryonalen als auch am abembryonalen Pol vorhanden. Der uteroplazentale Kreislauf hat begonnen. Beachte die Entstehung der primären Stammzotten und des extraembryonalen Zöloms. Der sekundäre Dottersack wird vollständig von Entoderm ausgekleidet. Die Exozölzyste innerhalb des extraembryonalen Zöloms stellt ein Überbleibsel des primären Dottersackes dar.

Im Vergleich zum Trophoblast wächst die zweiblättrige Keimscheibe relativ langsam. Etwa am Ende des zwölften Tages beginnen Zellen aus dem Entoderm sich über die Innenseite der Heuser-Membran auszubreiten (Abb. 3–4).

Die Zellen im Endometrium werden nun polyedrisch und beladen sich mit Glykogen und Lipiden; die Interzellularräume füllen sich mit Flüssigkeit und das Gewebe wird ödematös. Diese Umwandlung, die **deziduale Reaktion,** beschränkt sich zunächst auf die unmittelbare Nachbarschaft des Einnistungsortes, breitet sich jedoch bald auf das gesamte Endometrium aus.

Dreizehnter Entwicklungstag

Am dreizehnten Entwicklungstag ist der Oberflächendefekt im Endometrium gewöhnlich abgeheilt. Manchmal kann es jedoch zu einer Blutung an der Einnistungsstelle kommen, die durch einen vermehrten Bluteinstrom in die lakunären Räume am abembryonalen Pol verursacht wird. Da diese Blutung ungefähr am 28. Tag des Menstruationszyklus eintritt, kann sie mit einer normalen Menstruationsblutung verwechselt werden und so zu einem Fehler bei der Berechnung des erwarteten Geburtstermins führen.

Der Trophoblast entwickelt sich besonders am embryonalen Pol weiter. Die Trabekel des Synzytiums richten sich so aus, daß sie vom Zytotrophoblast strahlenförmig ausgehen (Abb. 3–6). In die Trabekel wachsen Zytotrophoblastzellen hinein. Diese werden damit zu **Primärzotten** (Abb. 3–6 und 4–7 A).

Das Entoderm, das im zwölf Tage alten Keim eine Schicht von flachen Epithelzellen auf der Innenseite der Heuser-Membran zu bilden begonnen hat, proliferiert weiter. Die neu gebildeten Zellen kleiden dann einen neuen Hohlraum, den **sekundären** oder **definitiven Dottersack,** aus (Abb. 3–6). Der neue Dottersack ist viel kleiner als der ursprüngliche primäre Dottersack. Man nimmt an, daß während seiner Ausbildung große Anteile des primären Dottersacks abgeschnürt werden. Diese Anteile sollen die sogenannten **Exozölzysten** sein, die oft im extraembryonalen Zölom (Chorionhöhle) gefunden werden (Abb. 3–6). Andere Untersucher glauben jedoch, daß der sekundäre Dottersack sich durch Abspaltung aus dem Entoderm entwickelt, und daß der primäre Dottersack *in toto* abgeschnürt wird und an der Bildung des sekundären Dottersackes überhaupt keinen Anteil hat.

Das extraembryonale Zölom hat sich inzwischen zur **Chorionhöhle** ausgeweitet. Entsprechend wird das extraembryonale parietale Mesoderm an der Innenseite des Zytotrophoblast nun als **Chorionplatte** bezeichnet. Das extraembryonale Mesoderm überbrückt nur an einer Stelle die Chorionhöhle. Dieser Bezirk wird als **Haftstiel** bezeichnet. Der Haftstiel ist die einzige Verbindung zwischen dem Embryo und seinem Trophoblast (Abb. 3–6). Er ist der Ausgangspunkt für die spätere Entwicklung der Nabelschnur.

Am Ende der zweiten Woche besteht die Keimscheibe aus zwei aufeinanderliegenden Zellschichten: dem Ektoderm, das den Boden der sich ständig ausweitenden Amnionhöhle bildet, und dem Entoderm, das das Dach des sekundären Dottersackes bildet. In seinem kranialen Abschnitt weist das Entoderm eine leichte Verdickung auf, die **Prächordalplatte.** Dabei handelt es sich um einen Bezirk aus zylindrischen Zellen, die dem darüberliegenden Ektoderm fest anliegen (Abb. 3–6).

Störungen der Entwicklung

1956 beschrieben Hertig, Rock u. Adams 26 implantierte Blastozysten, die 7½ bis 17 Tage alt waren. Alle Keime stammten von Patientinnen mit normaler Fruchtbarkeit. Überraschenderweise waren neun (34,6 %) von ihnen fehlgebildet. Einige bestanden nur aus Synzytium, während andere eine mehr oder weniger ausgeprägte Hypoplasie des Trophoblast aufwiesen. Bei zweien fehlte der Embryoblast und bei einigen anderen lag eine abnorme Orientierung der Keimscheibe vor (Abb. 3–7 und 3–8).

Wahrscheinlich hätten die meisten der fehlgebildeten Blastozysten überhaupt keine Schwangerschaftszeichen hervorgerufen, da der Trophoblast so schlecht ausgebildet war, daß das Corpus luteum nicht erhalten geblieben wäre. Diese Eier wären höchstwahrscheinlich bei der nächsten Menstruation abgegangen. Andere hätten vielleicht noch einige Zeit überlebt, um dann zu einem späteren Zeitpunkt abortiert zu werden.

Hertig hat seine im Verlauf vieler Jahre gewonnenen Zahlen über den Anteil fehlerhaft verlaufender Schwangerschaften 1967 zusammengefaßt. Unter optimalen Bedingungen für eine Schwangerschaft werden 15 % der Eizellen nicht befruchtet. Bei weiteren 10–15 % beginnt zwar die Furchung, es kommt aber nicht zu einer Implantation. Von den restlichen 70–75 % überleben nur 58 % bis zum Ende

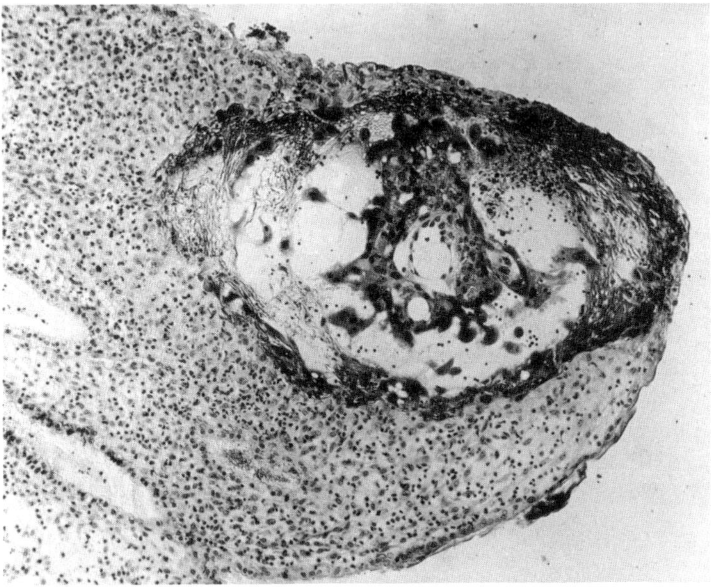

Abb. 3–7 Histologischer Schnitt durch die Implantationsstelle eines 12 Tage alten menschlichen Eies (100 x). Der Trophoblast ist mißgebildet und zeigt abnorm große Lakunen. Eine Keimscheibe ist nicht zu erkennen. In der weiteren Entwicklung wäre dieses Ei spontan abgegangen. (Mit freundlicher Genehmigung der Carnegie Institution of Washington).

der zweiten Woche. Von ihnen sind wiederum 16 % fehlgebildet. Infolgedessen überleben nur 42 % der mit Sperma in Berührung gekommenen Eier bis zum Zeitpunkt der ersten bei einer Schwangerschaft ausbleibenden Menstruation. Von diesen geht ein Teil noch in den folgenden Wochen ab oder wird schließlich mißgebildet geboren.

Bei einigen der mißgebildeten Blastozysten zeichnet sich der Trophoblast durch eine gesteigerte Proliferation aus. Es entsteht ein vom kindlichen Gewebe ausgehender Tumor. Die gutartige, nichtinvasive Form wird als **Blasenmole** (Mola hydatidosa) bezeichnet. Der Embryo stirbt ab, die Uterushöhle ist von Wucherungen des Trophoblast mit blasenförmig erweiterten Zotten ausgefüllt. Die bösartige, invasive und metastasierende Form ist das **Chorionepitheliom.**

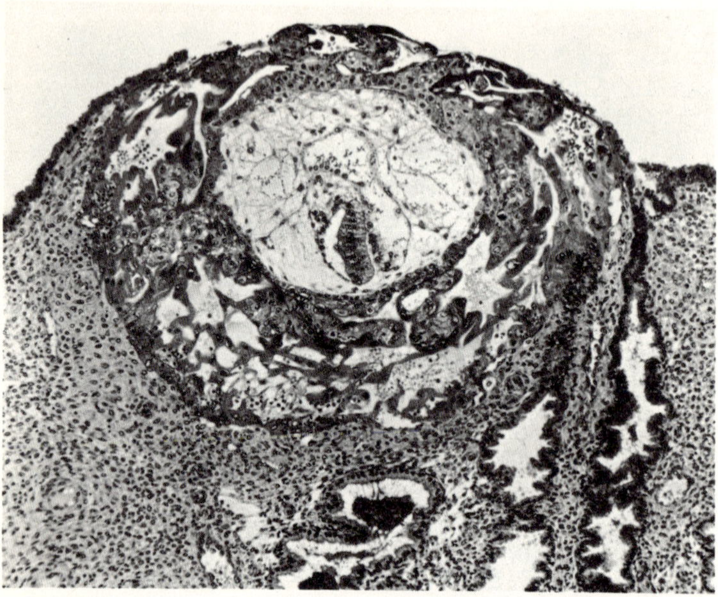

Abb. 3–**8** Histologischer Schnitt durch eine fehlgebildete, 12 Tage alte menschliche Blastozyste. Die Orientierung der Keimscheibe und die Lage und Größe des Dottersackes sind abnorm. Es ist nicht sicher, ob diese Frucht abortiert worden wäre. (Mit freundl. Genehmigung der Carnegie Institution of Washington).

Kapitel 4

Entstehung der dreiblättrigen Keimscheibe

(Dritte Entwicklungswoche)

Normale Entwicklung

Die dreiblättrige Keimscheibe

In der dritten Entwicklungswoche bildet sich der **Primitivstreifen** aus. Er wird auf der Oberfläche des Ektoderms am Boden der Amnionhöhle als unscharf begrenzter Streifen sichtbar (Abb. 4–1, 4–2 A und 4–6). Bei einem 15 bis 16 Tage alten Embryo ist er bereits deutlich als eine Rinne mit beiderseits erhöhten Rändern zu erkennen. Kranial endet der Primitivstreifen im **Primitivknoten,** einem leicht erhöhten Bezirk mit einer kleinen Grube (Abb. 4–2). Auf einem Querschnitt durch die Keimscheibe im Bereich des Primitivstreifens nehmen die Zellen eine birnenförmige Gestalt an und stehen mit einer neuen lockeren Zellschicht in Verbindung, die sich zwischen Ektoderm und Entoderm entwickelt (Abb. 4–2 B).

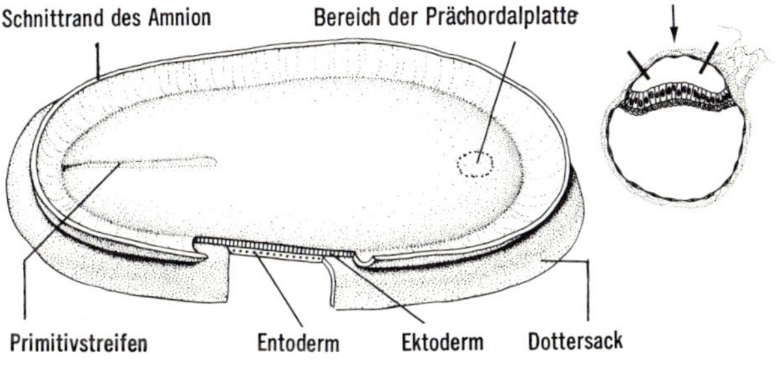

Abb. 4–**1** Darstellung der Keimscheibe am Ende der zweiten Entwicklungswoche. Die Amnionhöhle ist eröffnet, so daß man von dorsal her auf das Ektoderm herabsieht (s. Ausschnitt rechts oben). An einer Stelle sind Amnion und Dottersackwand entfernt, um den engen Kontakt zwischen dem Entoderm und dem Ektoderm zu zeigen. Beachte die Bildung des Primitivstreifens.

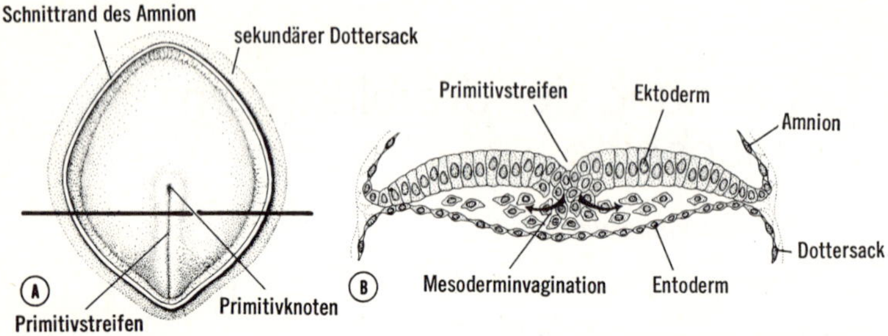

Abb. 4–**2** A, Schematische Zeichnung eines 16 Tage alten Embryos kurz vor der Somitenbildung in der Ansicht von dorsal (modifiziert nach Streeter.) Primitivstreifen und -knoten sind gut zu erkennen. B, Querschnitt im Bereich des Primitivstreifens wie in A eingezeichnet. Die invaginierten Mesodermzellen wandern nach lateral.

In Analogie zu Beobachtungen bei anderen Wirbeltieren nimmt man an, daß auch beim Menschen Ektodermzellen an der Oberfläche der Keimscheibe auf den Primitivstreifen zuwandern (Abb. 4–3). Im Bereich des Streifens runden sich die Zellen ab und wandern in die Primitivrinne hinein. Diese Bewegung heißt **Invagination.** Die invaginierten Zellen wandern zwischen Ektoderm und Entoderm nach lateral und bilden so ein mittleres Keimblatt, das **Mesoderm** (Abb. 4–**2** B).

Immer mehr Zellen schieben sich zwischen Ektoderm und Entoderm ein und wandern als intraembryonales Mesoderm in lateraler und kranialer Richtung (Abb. 4–3). Am Rand der Keimscheibe verschmilzt das intraembryonale mit dem extraembryonalen Mesoderm (Abb. 4–**4** B). Die Zellen, die nach kranial noch an der Prächordalplatte vorbeiwandern, bilden den Ausgangspunkt für das spätere Herzblastem (Abb. 4–3).

Die im Bereich des Primitivknotens invaginierten Zellen wandern direkt nach kranial. Sie bilden einen röhrenförmigen Fortsatz, der als **Chordafortsatz** bezeichnet wird (Abb. 4–**4** A). Der Chordafortsatz ist die Anlage des primitiven Achsenorgans, der **Chorda dorsalis.** Der kleine Zentralkanal im Chordafortsatz kann als Aussackung der Primitivgrube im Primitivknoten aufgefaßt werden.

Am **17. Entwicklungstag** trennt die Mesodermschicht zusammen mit dem Chordafortsatz das Entoderm und das Ektoderm vollständig voneinander. Eine Ausnahme bildet in dieser Beziehung kranial der Bereich der Prächordalplatte. Hier liegen Entoderm und Ektoderm

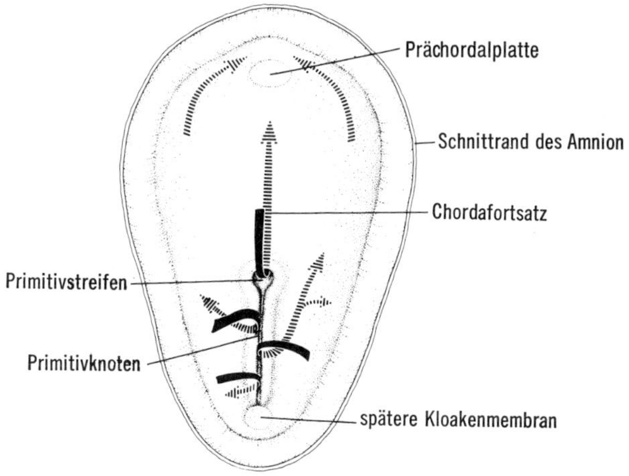

Abb. 4–**3** Schematische Darstellung einer Keimscheibe von dorsal. Die schwarzen Pfeilabschnitte veranschaulichen die Bewegung der Oberflächenzellen auf den Primitivstreifen und -knoten zu. Die durchbrochenen Pfeilabschnitte zeigen die anschließende Wanderung der Mesodermzellen zwischen Ektoderm und Entoderm. Der Chordafortsatz erstreckt sich in der Mittellinie vom Primitivknoten bis zur Prächordalplatte.

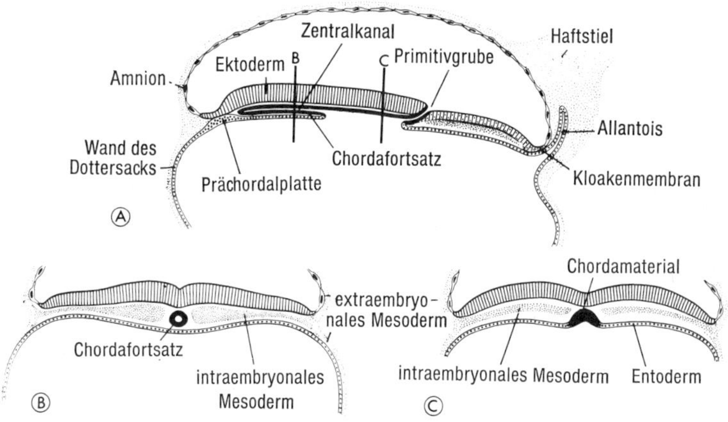

Abb. 4–**4** A, Schematischer Längsschnitt durch einen 17 Tage alten Embryo, der die Lage des Chordafortsatzes zeigt. Der Zentralkanal im Chordafortsatz geht von der Primitivgrube aus. B, Querschnitt im vorderen Bereich, in dem der Chordafortsatz in seiner ursprünglichen Form mit einem Zentralkanal noch vorhanden ist. C, Querschnitt durch den Bereich, in dem das Material des Chordafortsatzes vorübergehend in das Entoderm eingeschaltet ist.

noch direkt aufeinander. Das Entoderm ist verdickt, da es Mesodermmaterial für den Kopfbereich enthält, das erst mit der Ausbildung der Mundbucht als Teil des unabhängig vom Primitivstreifen gebildeten Kopfmesenchyms aus der Entodermschicht auswandert (vgl. Abb. 13–1). Kaudal befindet sich ebenfalls ein Bezirk, in dem Ektoderm und Entoderm direkt aufeinanderliegen. Dies ist der Bereich der späteren **Kloakenmembran** (Abb. 4–4 A).

Am **18. Entwicklungstag** wird der Chordafortsatz vorübergehend in die Entodermschicht inkorporiert. Die Einschaltung der Chorda in das Entoderm kommt nur beim Menschen und nicht bei den übrigen höheren Säugern vor. Es handelt sich um einen Entwicklungsvorgang, der an die Verhältnisse bei niederen Wirbeltieren erinnert und offenbar ohne funktionelle Bedeutung ist. Der Boden des Chordafortsatzes verschmilzt mit dem darunterliegenden Entoderm. Das Lumen des Chordafortsatzes verschwindet. Als Rest bleibt ein kleiner Kanal zurück, der vorübergehend den Dottersack mit der Amnionhöhle verbindet (Canalis neurentericus) (Abb. 4–5 A). Das Zellmaterial des Chordafortsatzes ist damit als längliche Zellplatte in das Entoderm eingeschaltet. Anschließend löst sich die Anlage der

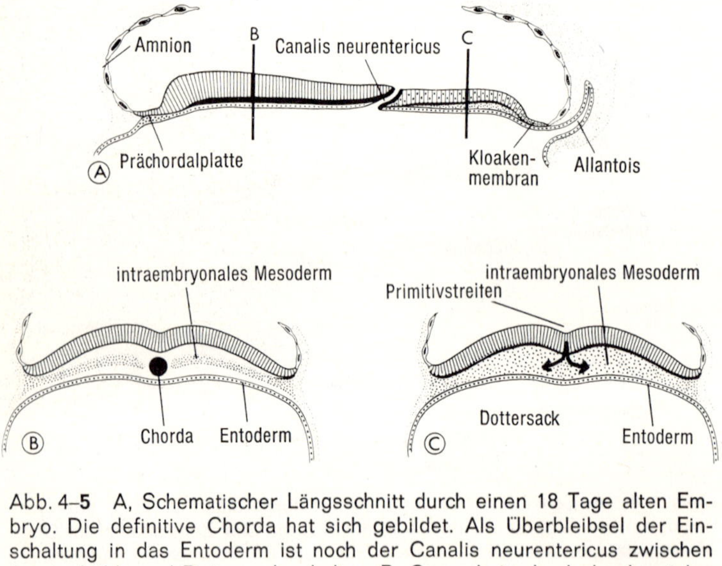

Abb. 4–**5** A, Schematischer Längsschnitt durch einen 18 Tage alten Embryo. Die definitive Chorda hat sich gebildet. Als Überbleibsel der Einschaltung in das Entoderm ist noch der Canalis neurentericus zwischen Amnionhöhle und Dottersack erhalten. B, Querschnitt durch den kranialen Teil der Keimscheibe mit Chorda und intraembryonalem Mesoderm. C, Querschnitt durch den kaudalen Teil. Hier ist der Primitivstreifen noch vorhanden. Die Invagination von Mesoderm hält bis in die vierte Woche an.

Chorda als solider Strang wieder aus dem Entoderm heraus. Das Entoderm bildet unter der Chorda wie zuvor eine ununterbrochene Zellschicht als Dach des Dottersackes (Abb. 4–5 C).

Parallel zur Bildung der Kloakenmembran entsteht an der Hinterwand des Dottersackes ein kleines Divertikel, das sich in den Haftstiel hinein erstreckt. Dieses Divertikel, das **Allantois-Divertikel** oder die **Allantois** tritt etwa am 16. Entwicklungstag auf (Abb. 4–4 und 4–5). Bei einigen niederen Wirbeltieren dient die Allantois als Speicher für die Ausscheidungsprodukte des Nierensystems. Beim Menschen bleibt sie rudimentär und spielt in der Entwicklung keine Rolle.

Die ursprünglich flache, runde Keimscheibe zieht sich allmählich in die Länge und besteht am 18. Tag aus einem breiten kranialen und einem schmalen kaudalen Abschnitt (Abb. 4–6 A, B). Ein Vergleich

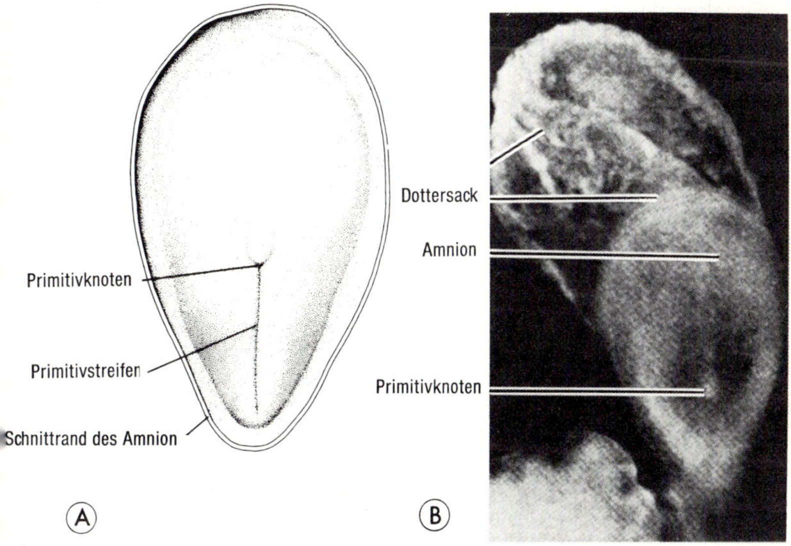

Abb. 4–**6** A, Zeichnung einer 18 Tage alten Keimscheibe eines menschlichen Embryos von dorsal. Die Keimscheibe hat einen pantoffelförmigen Umriß. Kaudal sind der Primitivstreifen und der Primitivknoten zu erkennen. B. Photographie eines 18 Tage alten menschlichen Embryos in Dorsalansicht. Vor dem Primitivknoten ist als Streifen die Anlage der Chorda zu erkennen, die durch das Ektoderm hindurchschimmert. Der Dottersack sieht etwas fleckig aus. Der Embryo ist 1,25 mm lang und 0,68 mm breit. (Aus C. H. Heuser: Contrib. Embryol. 23, [1932], 253 – mit freundl. Genehmigung der Carnegie Institution of Washington).

mit jüngeren Stadien zeigt deutlich, daß sich die Keimscheibe besonders kranial vergrößert, während sie im Bereich des Primitivstreifens in ihrer Größe mehr oder weniger gleich bleibt. Man muß sich hier klarmachen, daß die Vergrößerung und Verlängerung des kranialen Keimscheibenabschnittes zum großen Teil auf die andauernde Wanderung von Zellen aus dem Primitivstreifen in kranialer Richtung zurückzuführen ist. Dabei handelt es sich zum Teil um eine relative Bewegung, da die Primitivknotenstruktur sich ständig nach kaudal zurückzieht, während sich gleichzeitig die Chordaanlage verlängert. Im kaudalen Bereich der Keimscheibe soll die Invagination von Mesodermmaterial bis zur vierten Woche andauern.

Von da ab treten im Primitivstreifen regressive Veränderungen auf. Er wird kleiner und verschwindet bald ganz. Es kommt jedoch vor, daß Reste des Primitivstreifens zurückbleiben und bei der Geburt große Tumoren in der Kreuz- und Steißbeinregion hervorrufen. Sie enthalten dann von allen drei Keimblättern abstammende Gewebe. Die spezifische Differenzierung der drei Keimblätter beginnt kranial in der Mitte der dritten Woche, im kaudalen Abschnitt dagegen erst am Ende der vierten Woche. Sie soll insgesamt im nächsten Kapitel beschrieben werden.

Die weitere Entwicklung des Trophoblast

Zu Beginn der 3. Woche besitzt der Trophoblast eine große Anzahl von **Primärzotten,** die aus einem Zytotrophoblastkern bestehen, der von einer Synzytiumschicht überzogen ist (Abb. 4–7 A und 3–6). In der weiteren Entwicklung dringen Mesodermzellen, die entweder aus dem extraembryonalen Somatopleuramesoderm oder aus dem Zytotrophoblast selbst stammen, in den Zottenkern ein. Die auf diese Weise entstandene **Sekundärzotte** besteht also aus einem lockeren Bindegewebskern, der von einer Schicht aus Zytotrophoblastzellen bedeckt ist, welche ihrerseits von einer dünnen Synzytiumschicht überzogen werden (Abb. 4–7 B).

Am Ende der dritten Woche beginnen die Mesodermzellen im Zottenkern sich zu differenzieren; es entstehen Blutzellen und Kapillaren (Abb. 4–7 C). Mit dem Auftreten von Gefäßen wird die Sekundärzotte zur **Tertiärzotte.** Das Kapillarsystem in den Zotten gewinnt bald Anschluß an Gefäße, die sich in der Chorionplatte und im Haftstiel entwickeln (Abb. 4–8 und 4–9). Diese Gefäße gewinnen ihrerseits Anschluß an das intraembryonale Kreislaufsystem und stellen damit eine Verbindung zwischen der Plazenta und dem Embryo her

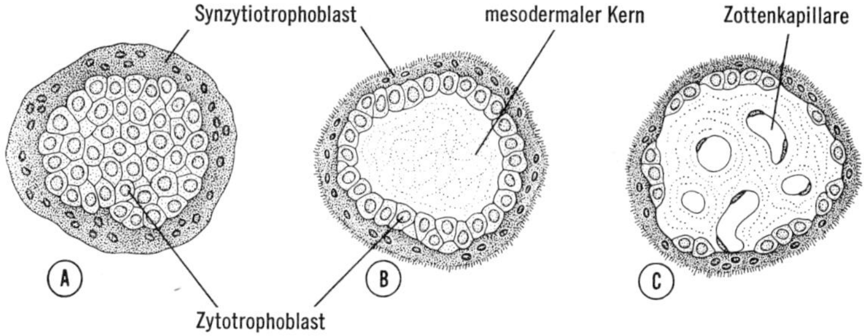

Abb. 4–**7** Schematische Darstellung der Zottenentwicklung. A, Querschnitt durch eine Primärzotte mit einem Kern aus Zytotrophoblastzellen, bedeckt von einer Synzytiumschicht. B, Querschnitt einer Sekundärzotte. Der mesodermale Kern ist von einer einschichtigen Lage aus Zytotrophoblastzellen umgeben, die ihrerseits wieder vom Synzytium bedeckt werden. C, Tertiärzotte. Im Mesoderm treten Kapillaren auf.

(s. Kapitel 5, S. 63, und 12, S. 209). Wenn in der vierten Entwicklungswoche das Herz zu schlagen beginnt, sind die Zotten bereits in der Lage, den Embryo mit den notwendigen Nahrungsstoffen und mit Sauerstoff zu versorgen. Bis dahin erfolgt die Versorgung des Embryo nur durch Diffusion.

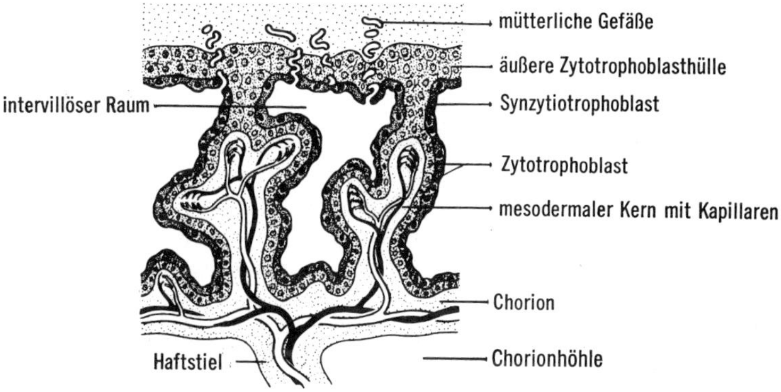

Abb. 4–**8** Schematische Darstellung einer Zotte am Ende der dritten Entwicklungswoche. Die mütterlichen Gefäße durchdringen die Zytotrophoblasthülle und gelangen in die intervillösen Räume, die die Zotten umgeben. Die Zottenkapillaren stehen mit den Gefäßen im Haftstiel in Verbindung, die ihrerseits an den intraembryonalen Kreislauf angeschlossen sind.

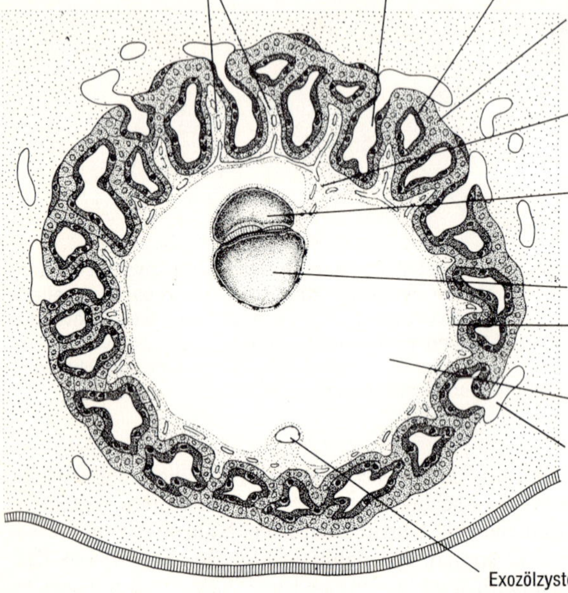

Abb. 4–**9** Embryo kurz vor der Somitenbildung mit Trophoblast am Ende der dritten Woche. Die Sekundärzotten geben dem Trophoblast eine charakteristische Radspeichenstruktur. Überall im Trophoblast sind intervillöse Räume vorhanden, die von Synzytium ausgekleidet sind. Die Zytotrophoblastzellen umgeben den Trophoblast vollständig und stehen mit dem Endometrium direkt in Verbindung. Der Embryo ist an seinem Haftstiel im extraembryonalen Zölom aufgehängt.

Zur gleichen Zeit dringen die Zytotrophoblastzellen aus den Zotten in das Synzytium ein. Sie durchbrechen die Synzytiumschicht und bilden zwischen ihr und dem mütterlichen Endometrium eine neue Schicht aus Zytotrophoblastzellen. Sie umgibt schließlich den gesamten Keim als äußere **Zytotrophoblasthülle** (Abb. 4–8). Die Chorionblase wird so fest im Endometrium verankert (Abb. 4–9).

Kapitel 5

Differenzierung der Keimblätter und Ausbildung der Körperform

(Vierte bis achte Entwicklungswoche)

Der Zeitraum zwischen der 4. und 8. Entwicklungswoche heißt **Embryonalperiode.** In dieser Zeit entwickeln sich aus den drei Keimblättern eine Reihe von spezifischen Organanlagen. Man kann ganz allgemein sagen, daß am Ende der Embryonalperiode die wichtigsten Organsysteme bereits angelegt sind. Die Anlage der Organe führt zu einem tiefgreifenden Wandel in der äußeren Gestalt des Embryos. Am Ende des 2. Monats wird die endgültige Körperform dann in ihren Hauptzügen sichtbar.

In diesem Kapitel wird kurz beschrieben, wie sich die wichtigsten Organanlagen aus den drei Keimblättern entwickeln. Im zweiten Teil des Buches soll dann die Entwicklung der einzelnen Organsysteme im einzelnen dargestellt werden. Die äußere Gestalt des Embryos hängt von der Entwicklung seiner Organanlagen ab. Die Beschreibung der Entwicklung der Körperform hängt daher notwendigerweise mit der Entwicklung der Keimblätter zusammen.

Derivate des Ektoderms

Am Anfang der 3. Woche ähnelt das Ektoderm einer flachen Scheibe, die kranial etwas breiter ist als kaudal (Abb. **4–1** und **4–2**). Aus dem Ektoderm geht die Anlage des **Zentralnervensystems** und das **Oberflächenektoderm** hervor. Die Anlage des Zentralnervensystems wird als **Neuralplatte** vom Chorda-Mesoderm-Komplex im Ektoderm induziert. Die Neuralplatte bildet sich während der Entwicklung des Chordafortsatzes vor dem Primitivknoten als Verdickung im darüberliegenden Ektoderm aus.

Am Ende der 3. Woche stellt die Neuralanlage eine pantoffelförmige Platte dar, die sich auf den Primitivstreifen zu ausbreitet (Abb. 5–**1** B). Innerhalb der nächsten Tage stellen sich die lateralen Ränder der Neuralplatte zu den **Neuralfalten** auf. Zwischen den Neuralfalten liegt die **Neuralrinne** (Abb. 5–**2** A, B). Die Neuralfalten wandern aufeinander zu und verschmelzen in der Mittellinie. Auf diese Weise entsteht das **Neuralrohr** (Abb. 5–**2** C).

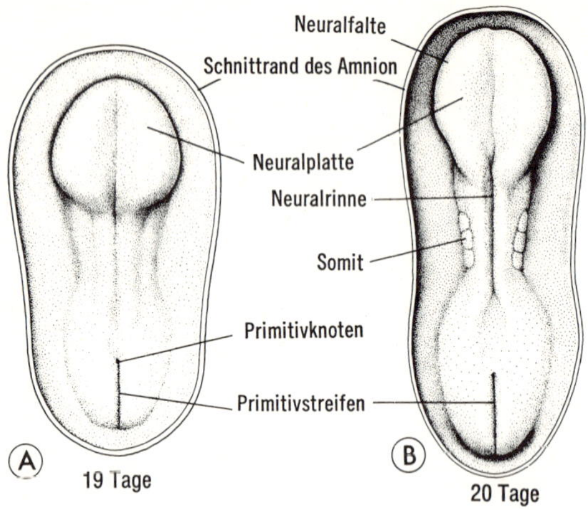

Abb. 5–**1** A, Dorsalansicht eines Embryos kurz vor der Somitenbildung (etwa 19 Tage alt) (modifiziert nach Davis). Das Amnion wurde entfernt. Die Neuralplatte ist gut zu erkennen. B, Dorsalansicht eines etwa 20 Tage alten menschlichen Embryos (modifiziert nach Ingales). Beachte die Entwicklung der Somiten und die Entstehung der Neuralrinne sowie der Neuralfalten.

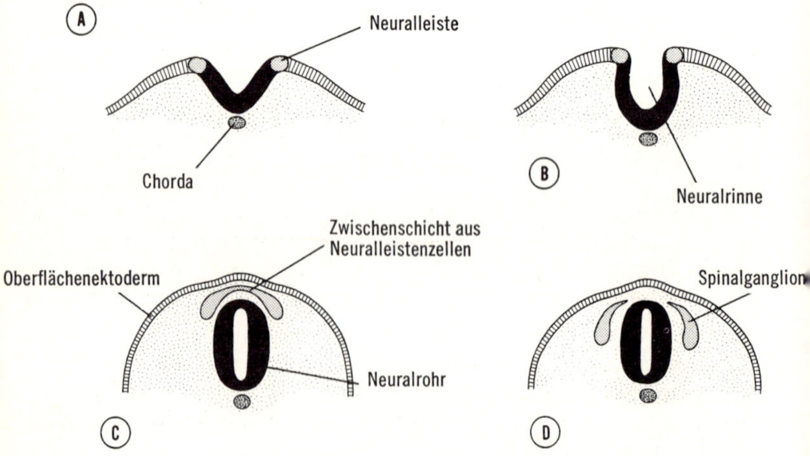

Abb. 5–**2** Schematische Querschnitte in aufeinanderfolgenden Stadien bei der Bildung der Neuralfalten, der Neuralrinne und des Neuralrohres. Die Neuralleistenzellen sitzen zuerst in einem Bezirk zwischen Neuralrohr und Oberflächenektoderm (C) und entwickeln sich dann zu den Spinalganglien und den sensiblen Kopfganglien (D).

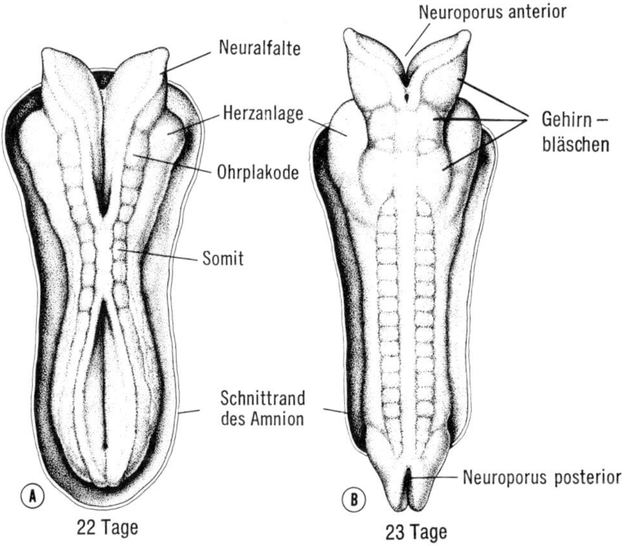

Abb. 5–**3** A, Dorsalansicht eines menschlichen Embryos im Alter von etwa 22 Tagen (modifiziert nach Payne). Beiderseits vom Neuralrohr lassen sich sieben Somiten erkennen. B, Etwa 23 Tage alter menschlicher Embryo in Dorsalansicht (modifiziert nach Corner). Beachte im kranialen Abschnitt des Embryos die Vorwölbung der paarigen Herzanlage.

Die Verschmelzung der Neuralfalten beginnt in der späteren Halsregion (im Bereich des 4. Somiten) und schreitet von dort in kranialer und kaudaler Richtung fort (Abb. 5–**3** A, B). Am kranialen und kaudalen Ende des Embryo steht das Neuralrohr vorübergehend mit der Amnionhöhle über den **Neuroporus anterior** bzw. **posterior** in offener Verbindung (Abb. 5–**3** B und 5–**4** A). Der Neuroporus anterior schließt sich etwa am 25. Tag (18–20 Somiten), der Neuroporus posterior dagegen erst am 27. Tag (25 Somiten).

Das Neuralrohr bildet in seinem unteren schmalen Abschnitt die Anlage des Rückenmarkes. In seinem kranialen breiten Anteil entwickeln sich als Anlage des Gehirns die Gehirnbläschen (Abb. 5–**6** B) (s. Kap. 15, S. 316).

Nachdem sich das Neuralrohr geschlossen hat, werden im Oberflächenektoderm der Kopfanlage zwei Verdickungen sichtbar, die **Ohrplakode und die Linsenplakode** (Abb. 5–**4** B). Die Ohrplakode liegt dorsal von der zweiten Kiemenfurche. In der weiteren Entwicklung

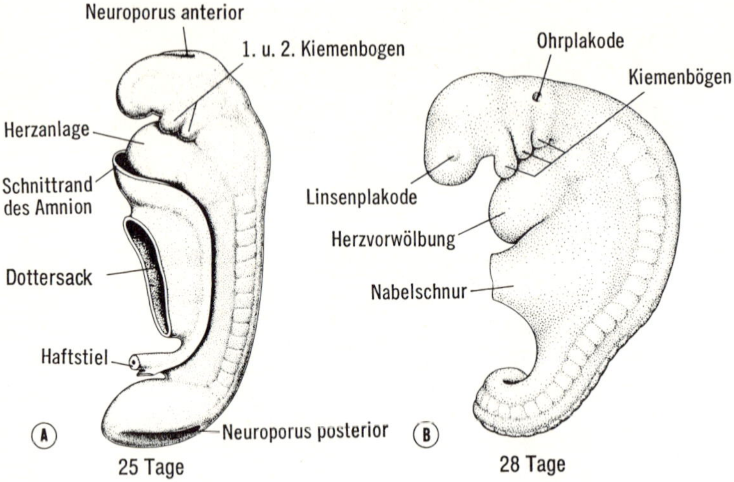

Abb. 5-**4** A, Lateralansicht eines 14-Somiten-Embryos (Alter etwa 25 Tage). Beachte die Vorwölbung der Herzanlage und den ersten und zweiten Kiemenbogen, die durch die erste Kiemenfurche voneinander getrennt sind (modifiziert nach Heuser). B, Schematische Zeichnung eines etwa 28 Tage alten Embryos mit 25 Somiten. Die ersten drei Kiemenbögen sowie die Linsen- und Ohrplakode sind sichtbar (modifiziert nach Streeter).

stülpt sie sich zum **Ohrgrübchen** ein. Am Ende der 4. Woche schiebt sich das Oberflächenektoderm über das Grübchen, so daß ein **Ohrbläschen** entsteht (s. Kap. 17, S. 369). Die Linsenplakode wird durch das **Augenbläschen** induziert, das seinerseits eine Aussackung des 1. Gehirnbläschens darstellt. Die Linsenplakode stülpt sich ebenfalls ein und verliert im Laufe der 5. Woche ihre Verbindung zum Oberflächenektoderm. Sie wird so zum **Linsenbläschen** (s. Kap. 16, S. 359).

Ganz allgemein kann man sagen, daß aus dem Ektoderm die Organe und Strukturen entstehen, die den Kontakt zur Umwelt herstellen: 1. das Zentralnervensystem, 2. das periphere Nervensystem, 3. das Sinnesepithel von Ohr, Nase und Auge und 4. die Epidermis einschließlich der Haare und Nägel. Außerdem leiten sich noch folgende Strukturen vom Ektoderm ab: die subkutanen Drüsen, die Milchdrüse, die Hypophyse und der Zahnschmelz.

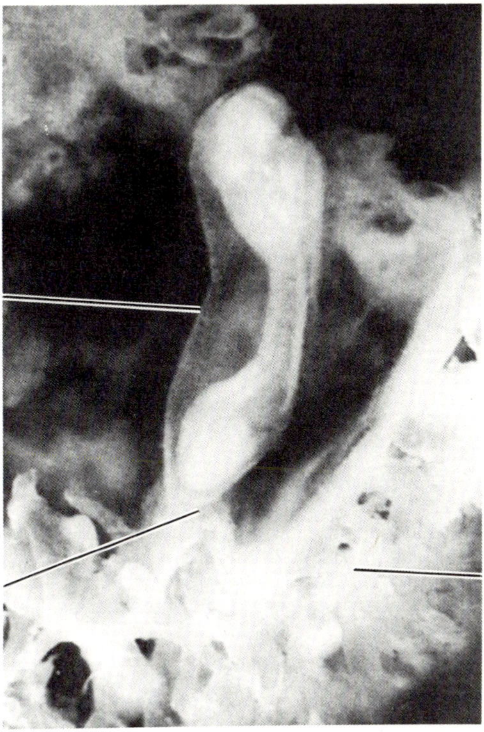

Abb. 5–**5** Photographische Aufnahme eines menschlichen Embryos mit 12–13 Somiten (etwa 23 Tage alt). Der vom Amnion umgebene Embryo ist über den Haftstiel mit dem Chorion verbunden. Beachte die gut entwickelten Chorionzotten. (Aus E. Blechschmidt: Die pränatalen Organsysteme des Menschen. Hippokrates-Verlag, Stuttgart 1973).

Derivate des Mesoderms

Da die äußere Gestalt des Embryo durch die Ausbildung der **Somiten** stark beeinflußt wird, soll ihre Entwicklung und Differenzierung kurz dargestellt werden. Die Somiten sind Blöcke aus mesodermalem Gewebe, die in zwei Reihen beiderseits der Mittellinie angelegt werden.

Anfangs besteht das Mesoderm aus einer dünnen Schicht von beiderseits der Mittellinie locker angeordneten Zellen (Abb. 5–**6** A). Etwa am 17. Tag proliferiert der mediale Abschnitt und bildet eine

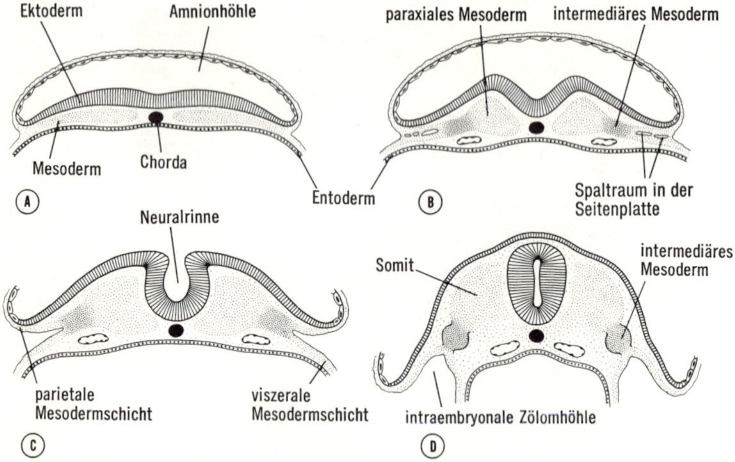

Abb. 5–**6** Die Querschnitte zeigen die Entwicklung des mittleren Keimblattes. A, Am 17. Tag; B, Am 19. Tag; C, Am 20. Tag; D, Am 21. Tag. Aus dem dünnen Mesodermblatt entstehen das paraxiale Mesoderm (Material für die Somiten), das intermediäre Mesoderm (Material für die exkretorischen Einheiten) und die Seitenplatte, die sich in die parietale und die viszerale Mesodermschicht aufspaltet, die ihrerseits die intraembryonale Zölomhöhle begrenzen.

dickere Gewebsplatte, die als **paraxiales Mesoderm** bezeichnet wird (Abb. 5–**6** B). Weiter lateral bleibt die Mesodermschicht dünn und heißt dort **Seitenplatte.** Die Seitenplatte teilt sich in zwei Schichten (Abb. 5–**6** B, C): 1. in die **parietale Mesodermschicht,** die in das extraembryonale Mesoderm, welches das Amnion bedeckt, übergeht und 2. in die **viszerale Mesodermschicht**, die in das Mesoderm, das den Dottersack bedeckt, übergeht (Abb. 5–**6** C, D). Gemeinsam begrenzen beide Schichten die neugebildete **intraembryonale Zölomhöhle,** die beiderseits mit dem extraembryonalen Zölom in Verbindung steht. Das Gewebe zwischen dem paraxialen Mesoderm und den früheren Seitenplatten heißt **intermediäres Mesoderm** (Somitenstiel) (Abb. 5–**6** B, D).

Gegen Ende der 3. Woche gliedert sich das paraxiale Mesoderm beiderseits vom Neuralrohr in einzelne Segmente, die als **Somiten** bezeichnet werden. Innerhalb der Somiten bilden die Mesodermzellen vorübergehend einen epithelialen Zellverband (Abb. 5–7 A). Die Funktion der Somiten besteht in der Ausbildung der Grundform des embryonalen Körpers und in der segmentalen Gliederung des mesodermalen Anlagematerials. Das erste Somitenpaar entsteht im kranialen Abschnitt des Embryos. Daran anschließend werden in kraniokaudaler Richtung etwa 3 weitere Somitenpaare pro Tag gebildet. Am Ende der 5. Woche sind etwa 42 bis 44 Paare vorhanden (Abb. 5–3 und 5–4). Es entstehen 4 okzipitale, 8 zervikale, 12 thorakale, 5 lumbale, 5 sakrale und 8 bis 10 kokzygeale Somitenpaare. Das erste okzipitale und die letzten 5 bis 7 kokzygealen Paare bilden sich später wieder zurück. Während dieser Entwicklungsstadien wird das Alter des Embryos normalerweise durch die Zahl der Somiten angegeben, da sie eines der charakteristischsten äußeren Merkmale darstellen. Die Tab. 5–**1** wurde nach den Embryonenbeschreibungen verschiedener Autoren zusammengestellt und gibt das ungefähre Alter eines Embryos an, bezogen auf seine Somitenzahl.

Tabelle 5–**1** Somitenzahl bezogen auf das ungefähre Alter in Tagen

Alter	Somitenzahl	Alter	Somitenzahl
Tage		Tage	
20	1–4	25	17–20
21	4–7	26	20–23
22	7–10	27	23–26
23	10–13	28	26–29
24	13–17	30	34–35

Auflösung der Somiten. Am Anfang der 4. Woche beginnen die Somiten sich wieder aufzulösen. Als erstes löst sich der epitheliale Zellverband in der ventralen und medialen Wand der Somiten auf. Dieser Abschnitt des Somiten wird als **Sklerotom** bezeichnet (Abb. 5–7 B). Die Sklerotomzellen bilden einen lockeren netzartigen Gewebeverband, der in dieser Form als embryonales Bindegewebe oder **Mesenchym** bezeichnet wird. Die Mesenchymzellen können sich in verschiedene Richtungen differenzieren. Sie können zu **Fibroblasten** werden, wie sie z. B. im Bindegewebe bei der Bildung von retikulären, kollagenen und elastischen Fasern vorkommen; oder zu **Chondroblasten,** die bei der Entstehung von Knorpel auftreten; oder zu Osteoblasten bei der Knochenbildung (s. Kap. 9, S. 147). Die aus dem Sklerotom stammenden Mesenchymzellen wandern nach ventromedial auf die Chorda zu und bilden dort das Anlagematerial für die **Wirbelsäule** (Abb. 5–7 D).

Nach der Auswanderung des Sklerotoms bleibt die epitheliale dorsale Wand des Somiten als **Dermatom** zurück. Unter dem Dermatom vereinigen sich die freien Enden der Somitenwand zu einer neuen Zellplatte, die als **Myotom** bezeichnet wird (Abb. 5–7 B, C). Jedes

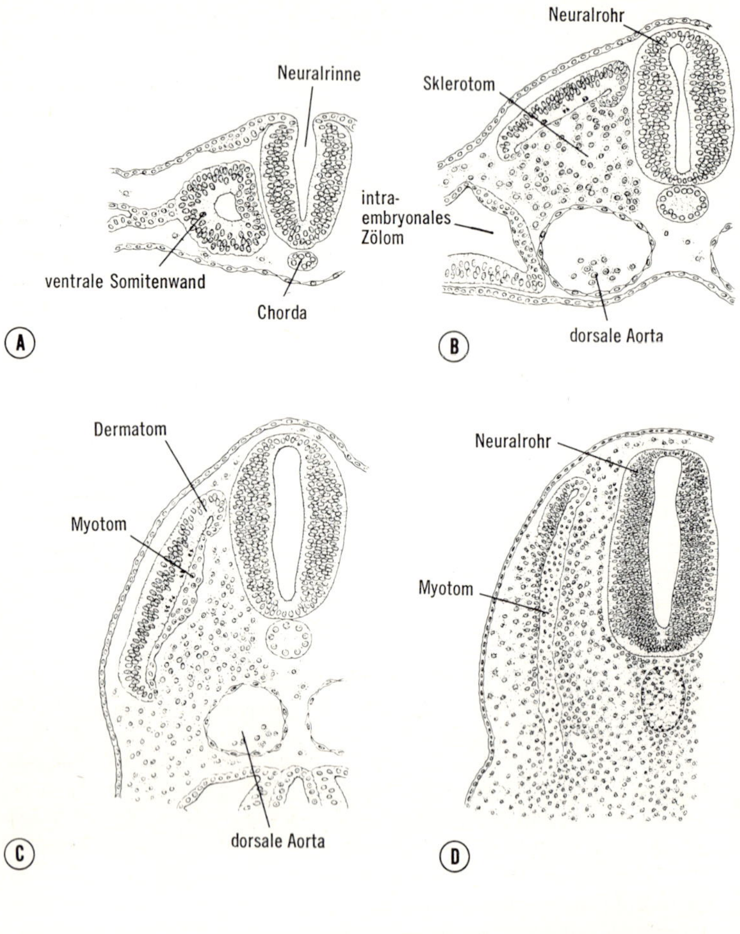

Abb. 5–**7** Aufeinanderfolgende Stadien bei der Entwicklung der Somiten. A, Die Mesodermzellen ordnen sich epithelartig um eine kleine Höhle an. B, Infolge der Proliferation der ventralen und medialen Somitenwand verlieren die Zellen ihre epitheliale Anordnung und wandern auf die Chorda zu. Diese Zellen werden als Sklerotom bezeichnet. C, Aus der dorsalen Somitenwand entsteht eine neue Zellschicht, das Myotom. D, Das Myotom zieht sich nach ventral aus. Die Dermatomzellen verlieren ihre epitheliale Anordnung und breiten sich unter dem Ektoderm aus, um die Dermis zu bilden.

Myotom enthält das Anlagematerial für die Muskulatur des entsprechenden Segmentes (s. Kap. 10, S. 162). Die Myoblasten innerhalb des Myotoms zeichnen sich durch blasse Kerne und dunkel gefärbte Nukleoli aus. Sie teilen sich nicht mehr.

Nachdem sich das Myotom unter dem **Dermatom** gebildet hat, verlieren die Dermatomzellen ebenfalls ihren epithelialen Charakter und breiten sich unter dem darüberliegenden Ektoderm aus (Abb. 5–7 D). Sie entwickeln sich später zur **Dermis** und zum **subkutanen Gewebe** (s. Kap. 19, S. 391). Jeder Somit bildet also ein **Sklerotom** als Ausgangspunkt für die knorpelige und später knöcherne Anlage der Wirbelsäule, ein **Myotom** mit der entsprechenden segmentalen Muskulatur und ein **Dermatom,** das sich über den dazugehörigen Hautbezirk erstreckt. Zu jedem Myotom und Dermatom entwickelt sich außerdem ein segmentaler Spinalnerv.

Intermediäres Mesoderm. Dieser Abschnitt des mittleren Keimblattes enthält das Anlagematerial für die Harnorgane. Das intermediäre Mesoderm verbindet vorübergehend das paraxiale Mesoderm mit der Seitenplatte (Abb. 5–6 D). In der Zervikal- und oberen Thorakalregion entstehen segmental angeordnete Blasteme für jeweils eine exkretorische Einheit. Sie werden als **Nephrotome** bezeichnet. Weiter kaudal entsteht ein unsegmentiertes Blastem, der **nephrogene Strang.** Aus dem intermediären Mesoderm entstehen von kranial nach kaudal aufeinanderfolgend die Vorniere, die Urniere und die Nachniere (s. Kap. 11, S. 196).

Parietales und viszerales Mesoderm. Aus dem parietalen Mesoderm entstehen das Bindegewebe und die Muskulatur der Leibeswand sowie die Rippen. Aus dem viszeralen Mesoderm entstehen die Bindegewebs- und Muskelschichten des Magen-Darm-Kanals. Als ursprüngliche Begrenzung der embryonalen Zölomhöhle bilden sie außerdem die dünnen mesothelialen Zellschichten, die später als Peritoneum, Pleura sowie Peri- und Epikard die großen Leibeshöhlen auskleiden (s. Kap. 14, S. 301).

Beide Mesodermschichten stammen aus der Seitenplatte und kleiden das intraembryonale Zölom aus (Abb. 5–6 C, D und 5–8 A).

Blut, Blutgefäße und Herzschlauch. Etwa in der Mitte der 3. Woche differenzieren sich im Mesoderm die ersten Blutgefäße. Sie werden als **Blutinseln** in einem halbmondförmigen Bereich vor der Prächordalplatte sichtbar (Abb. 12–3). Die Blutinseln bestehen aus Zellnestern, die sich außen zu Endothelzellen (**Angioblasten**) und innen zu **primitiven Blutzellen** differenzieren (Abb. 5–9). Durch Aussprossen der Endothelzellen verbinden sich die Blutinseln mit-

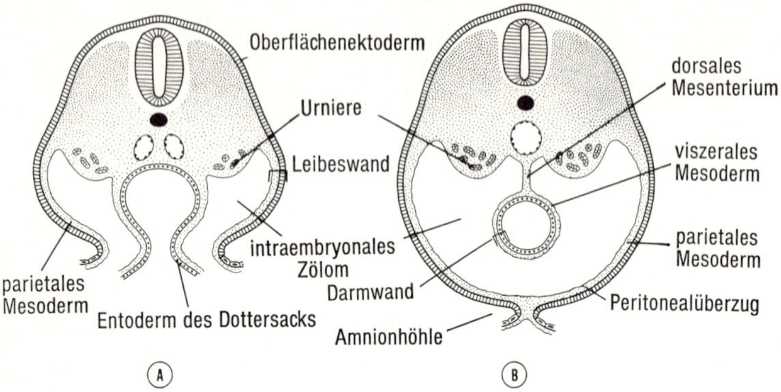

Abb. 5–**8** A, Schematischer Querschnitt durch einen etwa 21 Tage alten Embryo in Höhe der Urniere. Das intraembryonale Zölom geht in die extraembryonale Chorionhöhle und die Darmrinne in den Dottersack über. B, Nach der Abfaltung gegen Ende der 4. Woche. Das parietale Mesoderm bildet zusammen mit dem Oberflächenektoderm die Leibeswand; das viszerale Mesoderm bildet zusammen mit dem Entoderm die Darmwand.

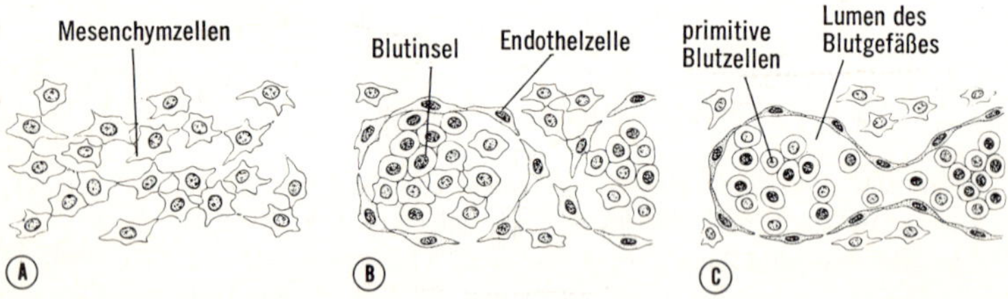

Abb. 5–**9** Verschiedene Stadien der Blutgefäßbildung. A, Undifferenzierte Mesenchymzellen. B, Bildung von Blutinseln. C, Primitive Kapillare. Die Mesenchymzellen differenzieren sich zu primitiven Blutzellen und Endothelzellen.

einander. Mit dem Einsetzen eines Blutstromes entsteht daraus entsprechend den hämodynamischen Gegebenheiten ein Gefäßnetz.

Die Bildung von Blutzellen und Blutgefäßen ist nicht auf den eigentlichen Embryo beschränkt, sondern findet auch im extraembryonalen Mesoderm der Zotten, des Haftstieles und in der Wand des Dottersackes statt (Abb. 12–1). Durch weiteres Aussprossen treten die extraembryonalen Gefäße mit denen innerhalb des Embryos in Kontakt und verbinden so den Embryo mit der Plazenta.

Die Gefäße, die den **Herzschlauch** bilden, entstehen auf die gleiche Weise, wie es für die übrigen Gefäße innerhalb des Embryos beschrieben wurde. Die kraniokaudale Krümmung und die Abfaltung des Embryos von der Keimscheibe machen die Entwicklung und die Lage des Herzens jedoch für das Verständnis etwas komplizierter (s. Kap. 12, S. 211).

Neben den Abkömmlingen des Mesoderms, die oben beschrieben wurden, stammen die folgenden Gewebe und Organe ebenfalls vom Mesoderm ab: 1. Bindegewebe, Knorpel und Knochen; 2. quergestreifte und glatte Muskulatur; 3. die Zellen des Blutes und der Lymphe, sowie die Wandungen des Herzens, der Blut- und der Lymphgefäße; 4. die Nieren und Keimdrüsen mit den dazugehörigen Ausführungsgängen; 5. der Rindenanteil der Nebenniere; 6. die Milz.

Die Derivate des Entoderms und die Abfaltung des Embryos

Aus dem Entoderm entwickelt sich im Wesentlichen der Magen-Darm-Kanal. Die Bildung des Darmrohres ist dabei eng mit der **kraniokaudalen Krümmung** der Embryonalanlage und mit ihrer **lateralen Abfaltung** verbunden. Die kraniokaudale Krümmung ist durch das rasche Wachstum des Neuralrohrs bedingt. Die laterale Abfaltung kommt durch die Bildung der Somiten und durch das Einschwenken der parietalen Mesodermschicht bei der Bildung der Leibeswand zustande. Gleichzeitig mit diesen Bewegungen schnürt sich das Darmrohr vom Dottersack ab und verlagert sich in die Leibeshöhle. Die ursprünglich weite Öffnung zwischen Dottersack und Darmrinne wird dabei zum engen **Dottergang** (Abb. **5–10** und **5–11**).

Im Stadium der Keimscheibe besteht das Entoderm aus einer flachen Zellschicht, die das Dach des Dottersackes bildet (Abb. **5–10** A). Mit der Entwicklung und dem Wachstum der Neuralanlage wölbt sich die Embryonalanlage immer mehr in die Amnionhöhle vor und krümmt sich in kraniokaudaler Richtung. Die Krümmung tritt am stärksten im Kopf- und Schwanzbereich hervor. Dort bilden sich eine Kopffalte und eine Schwanzfalte aus (Abb. **5–10**).

Infolge der kraniokaudalen Krümmung wird ein immer größerer Teil des entodermalen Dottersackes in den eigentlichen Embryonalkörper miteinbezogen (Abb. **5–10** C). Im kranialen Abschnitt des

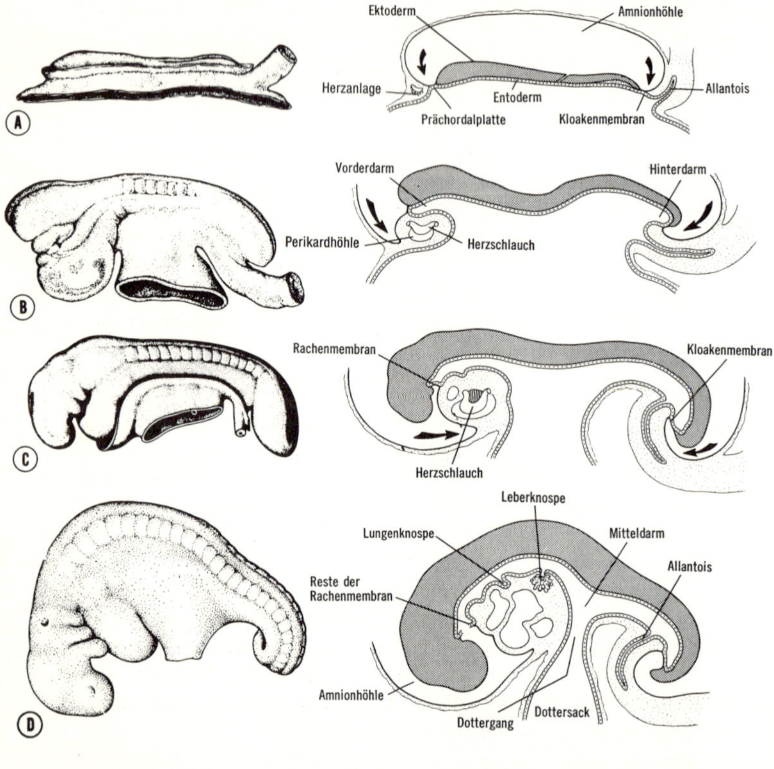

Abb. 5–**10** Menschliche Embryonen in verschiedenen Entwicklungsstadien mit den entsprechenden schematischen Längsschnitten, die die kraniokaudale Krümmung und ihre Auswirkung auf die Gestalt des Darmrohres und die Lage des Herzens zu zeigen. A, Embryo vor der Somitenbildung; B, Embryo mit sieben Somiten; C, Embryo mit 14 Somiten; D, am Ende des ersten Monats. Durch die Krümmung und Abfaltung grenzt sich der Embryo am Nabel gegen seine extraembryonalen Anteile ab. Durch den Nabelring treten der Dottergang mit seinen Mesodermschichten und Gefäßen und der Haftstiel mit dem Allantoisdivertikel.

Embryos bildet das Entoderm den **Vorderdarm,** im Schwanzbereich dagegen den **Hinterdarm.** Der intraembryonale Teil des Dottersackes zwischen Vorder- und Hinterdarm heißt **Mitteldarm.** Die etwas unscharfe Grenze zwischen Mitteldarm und Vorderdarm wird die **vordere Darmpforte** genannt. Entsprechend heißt der Übergang

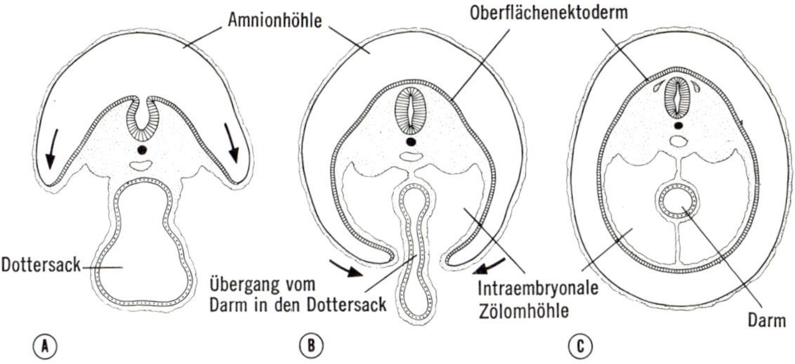

Abb. 5–**11** Schematische Querschnitte in verschiedenen Entwicklungsstadien, die die Auswirkung der lateralen Abfaltung zeigen. A. Die parietale Mesodermschicht und das Oberflächenektoderm falten sich ein, um die Leibeswand zu bilden. Die viszerale Mesodermschicht und das Entoderm falten sich ein, um das Darmrohr zu bilden. B, Durch von kranial und von kaudal her erfolgende Verschmelzung in der Mittellinie wird die Verbindung zwischen intraembryonalem Zölom und Chorionhöhle sowie zwischen Darmrohr und Dottersack auf den Nabelbereich eingeengt. C, Grundform des Körpers oberhalb des Nabels. Das Darmrohr ist über ein dorsales und ein ventrales Mesenterium mit der Leibeswand verbunden.

in den Hinterdarm **hintere Darmpforte.** Der Mitteldarm steht vorübergehend mit dem Dottersack über den weiten **Dottergang (Ductus omphaloentericus)** in offener Verbindung (Abb. 5–10 D). Dieser Gang ist ursprünglich sehr breit, wird aber mit dem weiteren Wachstum des Embryos schmal und lang.

Das kraniale Ende des Vorderdarms wird vorübergehend durch die **Rachenmembran** (Buccopharyngealmembran) verschlossen (Abb. 5–10 C). In der Rachenmembran liegen Ektoderm und Entoderm direkt aufeinander. Am Ende der 3. Woche reißt die Rachenmembran auf. Dadurch wird eine offene Verbindung zwischen der Amnionhöhle und dem primitiven Darm hergestellt (Abb. 5–10 D). Der Hinterdarm endet entsprechend an der Kloakenmembran (Abb. 5–10 C). Die **Kloakenmembran** wird später in die **Anal-** und die **Urogenitalmembran** unterteilt, die beide erst in einem späteren Entwicklungsstadium einreißen.

Gleichzeitig mit der kraniokaudalen Krümmung erfolgt die laterale Abfaltung des Embryo. Oberflächenektoderm und parietales Mesoderm schlagen sich von lateral her ein, um die ventrale Leibeswand zu bilden. In entsprechender Weise falten Entoderm und viszerales Mesoderm sich von lateral her ein und verwandeln so die Darmrinne in ein Darmrohr, das nur im Bereich des Nabels noch über den engen Dottergang mit dem jetzt extraembryonal gelegenen Dottersack in Verbindung steht (Abb. 5–**11**).

Bei der Ausbildung der Schwanzfalte wird die **Allantois** teilweise in den Embryonalkörper einverleibt und wird dort zur Kloake. Der distale Anteil der Allantois verbleibt im Haftstiel (Abb. 5–**10** D).

Beim Menschen ist der Dottersack nur wenig ausgebildet und spielt aller Wahrscheinlichkeit nach nur in den frühen Entwicklungsstadien eine Rolle bei der Ernährung. Er wird nicht größer als 5 mm im Durchmesser. Im zweiten Entwicklungsmonat liegt er ganz in der Chorionhöhle.

Das Entoderm bildet also ursprünglich die epitheliale Auskleidung des primitiven Darmes, der Allantois und des Dottersackes (Abb. 13–3 A, B). In der weiteren Entwicklung liefert es: 1. die epitheliale Auskleidung des Respirationstraktes; 2. das Parenchym der Tonsillen, der Schilddrüse, der Nebenschilddrüse, des Thymus, der Leber und des Pankreas (s. Kap. 13, S. 261); 3. die epitheliale Auskleidung der Harnblase und der Harnröhre (s. Kap. 11, S. 176); und 4. die epitheliale Auskleidung der Paukenhöhle und der Eustachi-Röhre (s. Kap. 17, S. 374).

Die äußere Körperform während des zweiten Monats

Gegen Ende des 1. Monats besitzt der menschliche Embryo etwa 28 Somiten. Die ventrale Leibeswand ist geschlossen. Die äußere Gestalt wird durch die Somiten und die Kiemenbögen bestimmt (Abb. 5–**12**). Das Alter wird durch die Zahl der Somiten angegeben. Im Verlauf des 2. Monats wird das Auszählen der Somiten jedoch zunehmend schwieriger. Man geht daher zur Angabe der **Scheitel-Steiß-Länge** (SSL) über.

Die SSL ist das Maß vom Scheitel bis zum Mittelpunkt zwischen den beiden Gesäßerhebungen. Da bei den einzelnen Embryonen die Rumpfbeugung verschieden stark ausgeprägt ist, erscheint es verständlich, daß die Maße, die in Tab. 5–**2** wiedergegeben sind, nur

Tabelle 5–**2** Scheitel-Steiß-Länge (SSL) und ungefähres Alter in Wochen

SSL in mm	Alter in Wochen	SSL in mm	Alter in Wochen
5–8	5	17–22	7
10–14	6	28–30	8

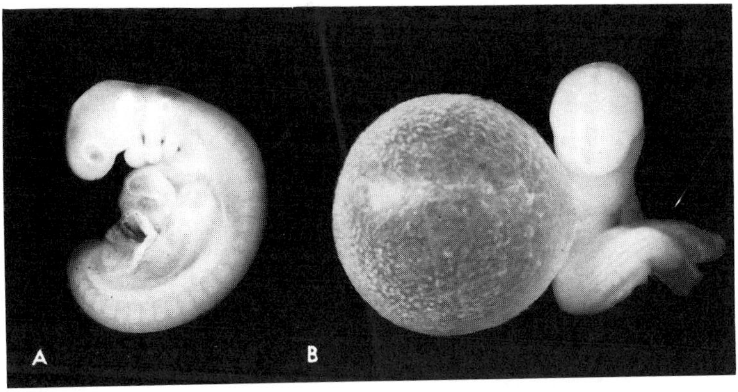

Abb. 5–**12** Menschlicher Embryo mit 28 Somiten: A, von lateral; B, von frontal. Der große Dottersack (B) wurde in A entfernt, um das Augenbläschen, die Kiemenbögen, die Ohrplakode und die Herzvorwölbung sichtbar zu machen. (Mit freundl. Genehmigung der Carnegie Institution of Washington).

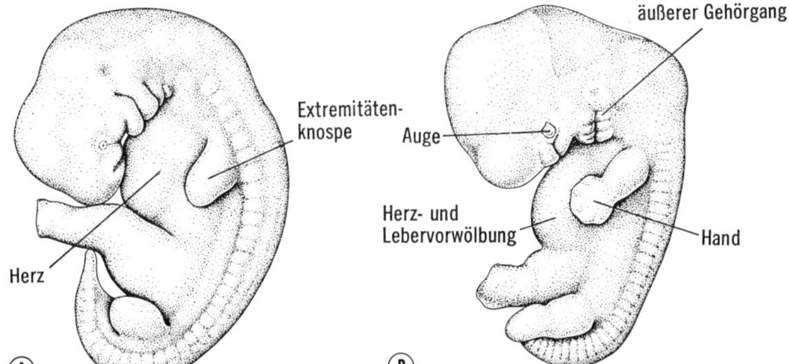

Abb. 5–**13** A, Schematische Darstellung eines 5 Wochen alten Embryos von der linken Seite gesehen. Die Scheitel-Steiß-Länge beträgt etwa 7 mm. Beachte die paddelförmigen Extremitätenknospen und die Kiemenbögen (modifiziert nach Streeter). B, Schematische Zeichnung eines 6 Wochen alten menschlichen Embryos von links. Scheitel-Steiß-Länge etwa 13 mm. Die obere Extremitätenknospe besitzt einen abgeflachten Terminalabschnitt mit vier radiär verlaufenden Furchen. Beachte die Entwicklung des Auges und des äußeren Gehörganges, an dem von jeder Seite her drei Höcker zu sehen sind, die vom Mandibular- und Hyoidbogen abstammen. Sie sind die Anlage der Ohrmuschel (modifiziert nach Streeter).

eine annähernde Angabe für das wirkliche Alter der Embryonen darstellen.

Während des 2. Monats verändert sich das Aussehen des Embryos besonders durch das Wachstum des Kopfes und durch die Ausformung der Gliedmaßen und des Gesichtes. Zu Beginn der 5. Woche treten die oberen und unteren Gliedmaßen als paddelförmige Knospen auf (Abb. 5–13 A). Die oberen liegen dorsal zur Herzvorwölbung und reichen vom vierten zervikalen bis zum ersten thorakalen Somiten, woraus sich ihre spätere Innervation durch den Plexus brachialis erklärt. Die Knospen der unteren Extremitäten treten etwas später auf, und zwar etwas kaudal von der Nabeleintritts-

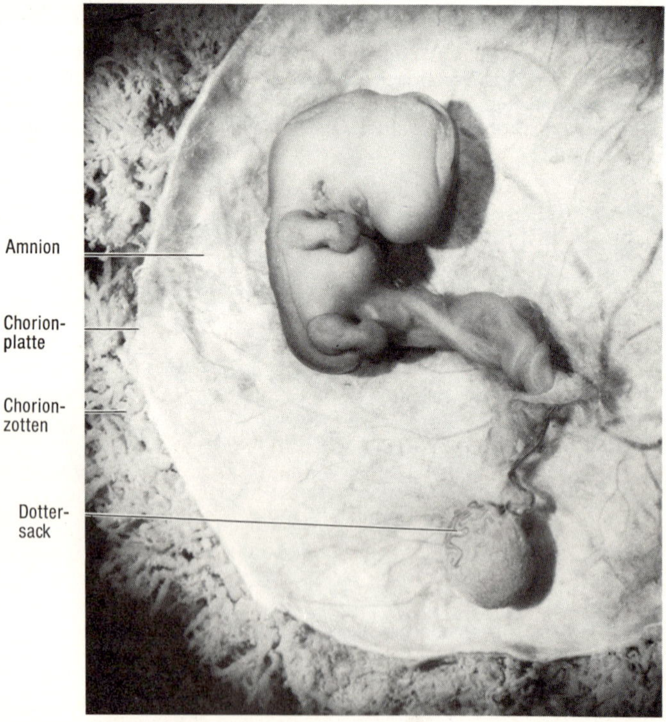

Abb. 5–**14** Menschlicher Embryo (SSL 11,5 mm, 6. Woche) mit eröffnetem Amnion und Chorion (1,8 x). Der Dottersack liegt in der Chorionhöhle. Das gesamte Chorion ist noch von Zotten bedeckt. (Aus E. Blechschmidt: Die vorgeburtlichen Entwicklungsstadien des Menschen. Karger, Basel, N. Y. 1960).

stelle in der Höhe der lumbalen und oberen sakralen Somiten. Mit dem weiteren Wachstum flacht sich die Endpartie der Knospen ab und wird durch eine zirkuläre Einschnürung gegen den proximalen, mehr zylindrisch geformten Anteil der Knospen abgesetzt. Bald treten am distalen Abschnitt vier radiär verlaufende Furchen auf, die fünf etwas dickere Felder gegeneinander abgrenzen. Sie sind die Anlagen für die Finger und Zehen (Abb. 5–**13** B und 5–**16**). Während sich Finger und Zehen bilden, trennt eine zweite Einschnürung den proximalen Anteil der Knospen in zwei weitere Abschnitte, wodurch die drei für die Extremitäten beim Erwachsenen charakteristischen Glieder erkennbar werden (Abb. 5–**15** A, B).

Aus der bisherigen Beschreibung geht hervor, daß alle größeren Organe oder Organsysteme zwischen der 4. und 8. Woche angelegt werden. Dies ist die Zeit der **Organogenese.** Während der Organogenese ist der Embryo gegenüber schädigenden Faktoren besonders anfällig. Die meisten kongenitalen Mißbildungen entstehen in dieser kritischen Entwicklungsperiode. Aufgrund dieser Zusammenhänge kann der Zeitpunkt, zu dem eine Mißbildung entstanden ist, nachträglich bestimmt werden. Bei einem Kind mit einer schweren Mißbildung des Gehirns, z. B. einer Anenzephalie, muß die Schädi-

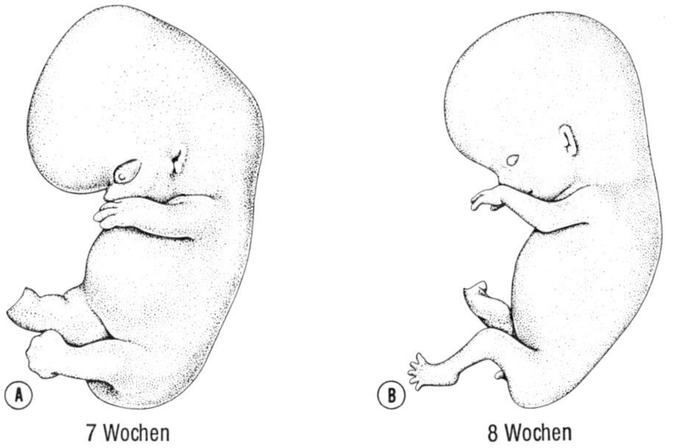

Abb. 5–**15** A, Schematische Zeichnung eines 7 Wochen alten menschlichen Embryos von links. Die Scheitel-Steiß-Länge beträgt etwa 18 mm. Die oberen Extremitäten sind weiter entwickelt als die unteren (modifiziert nach Streeter). B, Zeichnung eines 8 Wochen alten menschlichen Embryos von links. Scheitel-Steiß-Länge etwa 30 mm. Beachte die Größenverhältnisse zwischen Kopf und Rumpf. Die Augenlider sind noch nicht vorhanden, die Augen sind weit geöffnet (modifiziert nach Streeter).

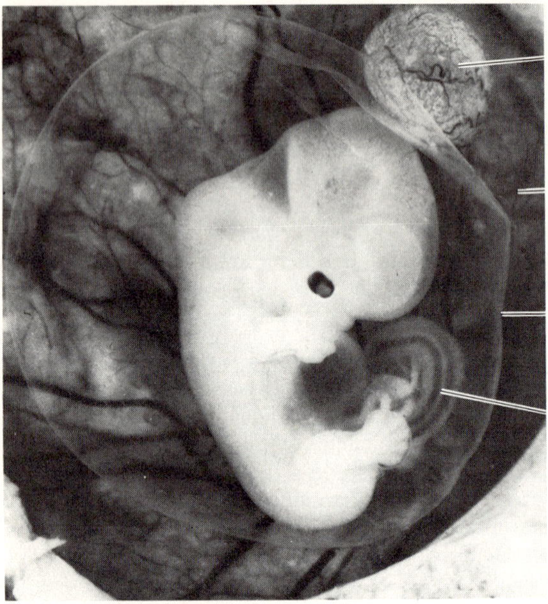

Abb. 5–**16** Menschlicher Embryo (SSL 21 mm, 7. Woche) (4 x). Die Chorionhöhle ist eröffnet, das Amnion noch intakt. Da der Embryo unfixiert ist, scheint die Gehirnanlage und der pigmentierte Augenbecher durch. Man erkennt die Rautengrube, den Bogen des Mittelhirnbläschens und über dem Auge die Anlage der rechten Großhirnhemisphäre. (Aus W. J. Hamilton, H. W. Mossman: Human Embryology. Williams & Wilkins, Baltimore 1972)

gung am 23. bis 25. Tag der Entwicklung erfolgt sein. Entsprechend müssen bei einem Kind ohne Gliedmaßen (Amelie) die Extremitätenknospen in der 5. Woche geschädigt worden sein.

Kapitel 6

Entwicklung des Fetus, der Eihäute und der Plazenta

(Dritter bis zehnter Monat)

Entwicklung des Fetus

Der Zeitraum vom Beginn des dritten Monats bis zur Geburt heißt **Fetalperiode.** Sie zeichnet sich durch schnelles Wachstum des Körpers aus. In der Fetalperiode tritt die Differenzierung hinter der Zellvermehrung zurück. Es entstehen daher kaum noch Mißbildungen, obwohl zytotoxische Faktoren zu Zelluntergang und späteren funktionellen Einbußen führen können.

Das Alter des Fetus wird in der Fetalperiode durch die Scheitel-Steiß-Länge (SSL) oder durch die Scheitel-Fersen-Länge (SFL), dem Maß vom Scheitel bis zur Ferse (Stehhöhe), ausgedrückt. Die SSL oder SFL werden zum Alter des Fetus in Wochen oder Lunarmonaten in Beziehung gesetzt. Die Tabelle 6–1 gibt das Alter des Fetus in Lunarmonaten und die entsprechenden Scheitel-Steiß- und Scheitel-Fersen-Längen wieder. Die angegebenen Maße und Durchschnittsgewichte sind aus verschiedenen Quellen zusammengestellt. **Gerechnet vom 1. Tag der letzten Regel beträgt die Schwangersaftsdauer 280 Tage oder 40 Wochen. Gerechnet vom Zeitpunkt der Befruchtung beträgt sie 266 Tage oder 38 Wochen.** Ein Lunarmonat wird mit 28 Tagen gerechnet. Die Schwangerschaftsdauer beträgt dann 280 Tage = 10 Lunarmonate = rund 9 Kalendermonate.

Das Längenwachstum und die Gewichtsentwicklung zeigen eine beträchtliche Variabilität und stimmen manchmal nicht mit dem errechneten Alter des Fetus überein. Größe und Gewicht sind im wesentlichen genetisch determiniert. Umweltfaktoren können jedoch ebenfalls eine Rolle spielen. Hochgradige Unterernährung und starkes Rauchen führen zu einer Wachstumshemmung. Eine andere Ursache ist die Plazentainsuffizienz. Ausgetragene Kinder mit einem Geburtsgewicht von 2500 g werden häufig irrtümlich für eine Frühgeburt gehalten. Eine **Frühgeburt** liegt jedoch nur bei einem Gewicht von 2500 g oder mehr und einer auf 28 bis 38 Wochen verkürzten Schwangerschaftsdauer vor. Das ausgetragene aber untergewichtige Neugeborene ist ein Sonderfall, der als „small for date“

bezeichnet wird und einer besonderen Behandlung bedarf. Es zeigt häufig eine runzelige Haut, die durch das Fehlen von subkutanem Fettgewebe zustande kommt. Die Ursache für das „small for date"-Syndrom ist unbekannt. Wahrscheinlich liegt eine Störung der Plazentafunktion vor.

Manchmal sind ausgetragene Kinder größer und schwerer als normal. Dies kommt besonders bei diabetischen Müttern vor. Man nimmt an, daß die hyperglykämischen Episoden bei der Mutter zu einer kompensatorischen Ausschüttung von Insulin beim Fetus führen, die ihrerseits eine Wachstumssteigerung auslösen. Die in Tab. 6–1 aufgeführten Durchschnittswerte sind zwar für die Altersbestimmung eines Fetus unentbehrlich, die große Variabilität muß dabei jedoch immer berücksichtigt werden.

Tabelle 6–1 Längenwachstum und Gewichtsentwicklung in der Fetalperiode

Alter		Scheitel-Steiß-Länge	Gewicht
Wochen	Lunarmonate	cm	g
9–12	3	5–8	10–45
13–16	4	9–14	60–200
17–20	5	15–19	250–450
21–24	6	20–23	500– 820
25–28	7	24–27	900–1300
29–32	8	28–30	1400–2100
33–36	9	31–34	2200–2900
37–40	10	35–36	3000–3400

Eine der auffälligsten Veränderungen während des Fetallebens ist die relative Verlangsamung des Kopfwachstums verglichen mit dem des übrigen Körpers. Zu Beginn des dritten Monats nimmt der Kopf etwa die Hälfte der Scheitel-Steiß-Länge ein, zu Beginn des fünften Monats etwa ein Drittel und zum Zeitpunkt der Geburt etwa ein Viertel (Abb. 6–2).

Äußere Veränderungen während des 3. bis 10. Monats

Während des **dritten Monats** wird das Gesicht immer menschenähnlicher. Die anfangs nach lateral gerichteten Augen verlagern sich auf die Ventralseite des Gesichtes (Abb. 6–3). Die Ohren nehmen

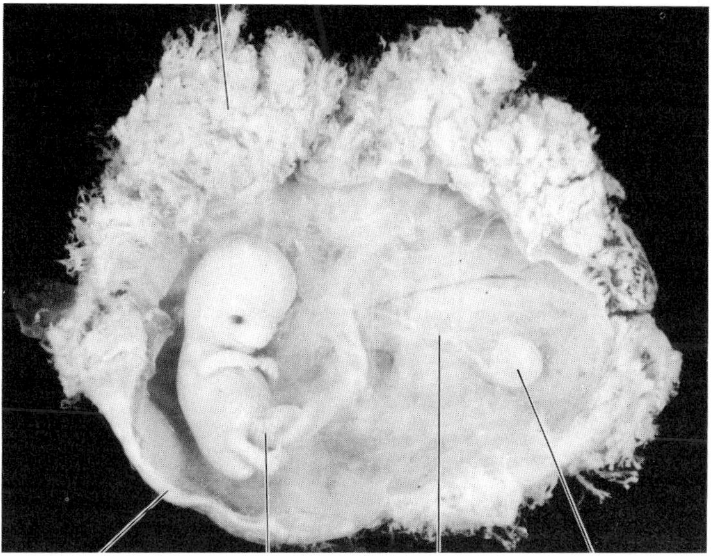

Abb. 6–**1** Fetus in der 9. Woche. Der Kopf ist groß im Verhältnis zum Körper. Dottersack und Dottergang liegen in der Chorionhöhle. In der Nabelschnur sind Darmschlingen zu erkennen (physiologischer Nabelbruch). Das Chorion besitzt auf der Seite der Nabelschnur viele buschige Zotten (Chorion frondosum), während es am gegenüberliegenden Pol bereits glatt ist (Chorion laeve, Chorionglatze).

allmählich ihre endgültige Lage an der Seite des Kopfes ein. Die Gliedmaßen erreichen ihre relative Länge im Vergleich zum übrigen Körper, wenn auch die unteren Gliedmaßen immer noch ein wenig kürzer und weniger entwickelt sind als die oberen. Die äußeren Genitalien entwickeln sich so weit, daß das Geschlecht des Fetus durch äußere Untersuchung bestimmt werden kann.

Zunächst ist die Nabelschnur noch durch den physiologischen Nabelbruch aufgetrieben (Abb. 6–1). In der 11. Woche ziehen sich die Darmschlingen in die Leibeshöhle zurück. Am Ende des 3. Monats lassen sich bei abortierten Feten als Zeichen der Muskelaktivität bereits Reflexe auslösen. In utero sind die Bewegungen jedoch noch zu schwach um von der Mutter wahrgenommen zu werden.

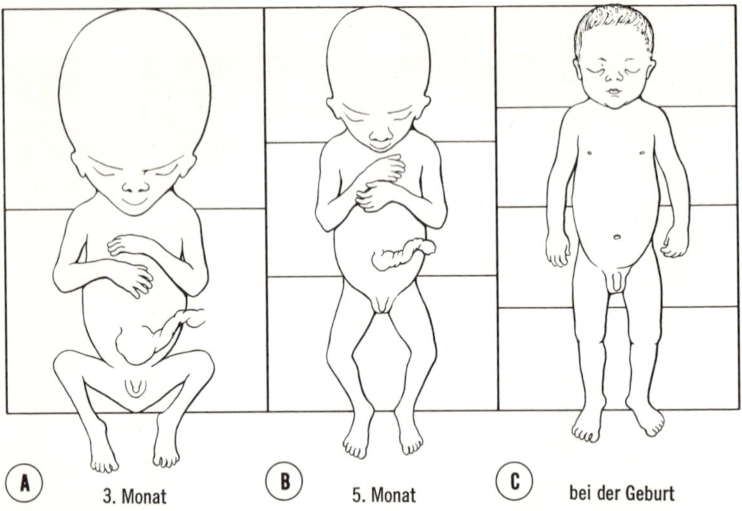

Abb. 6–**2** Schematische Zeichnungen, die das Größenverhältnis des Kopfes zum Rumpf in verschiedenen Entwicklungsstadien zeigen. A, Beachte die Vorwölbung der Nabelschnur an ihrem Abgang von der Leibeswand. Sie wird durch die Darmschlingen verursacht, die in das extraembryonale Zölom innerhalb der Nabelschnur vorragen (s. Abb. 6–**1**).

Im **vierten** und **fünften Monat** wächst der Fetus rasch in die Länge, so daß seine Scheitel-Steiß-Länge (SSL) am Ende der ersten Hälfte des intrauterinen Lebens etwa 15 cm beträgt, also die Hälfte der Länge des Neugeborenen. Die Gewichtszunahme ist dagegen in diesem Zeitraum sehr gering. Am Ende des 5. Monats wiegt der Fetus noch weniger als 500 g.

An der Körperoberfläche ist die **Lanugo-Behaarung** ausgebildet. Augenbrauen und Haupthaar sind ebenfalls sichtbar. **Im fünften Monat werden die Kindsbewegungen von der Mutter in der Regel deutlich wahrgenommen.**

In der zweiten Hälfte der Schwangerschaft nimmt das Gewicht beträchtlich zu, vor allem während der letzten 2½ Monate, in denen 50 % des Geburtsgewichtes (etwa 3200 g) hinzukommen. Im **sechsten Monat** hat der Fetus noch eine runzelige Haut, da das Unterhautfettgewebe noch fehlt. In den letzten Monaten runden sich dann seine Formen durch die Ablagerung von subkutanem Fett ab (Abb. 6–5). Gegen Ende der Schwangerschaft ist die Haut von einer

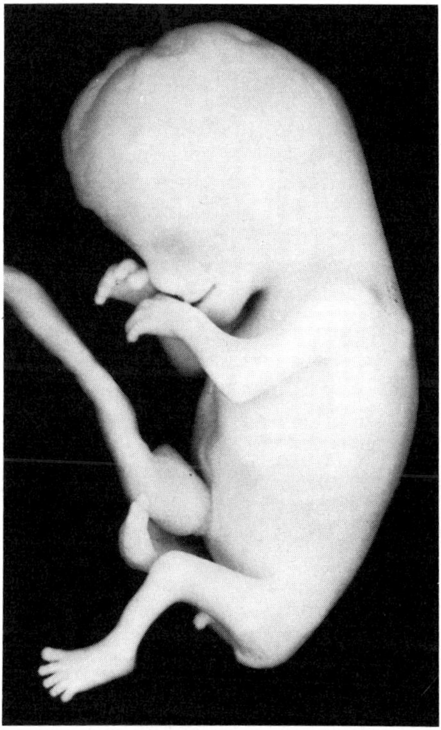

Abb. 6–**3** Fetus in der 12. Woche. Der Ansatz der Nabelschnur ist noch durch Darmschlingen aufgetrieben. Normalerweise ziehen sich die Darmschlingen in der 11. Woche in die Leibeshöhle zurück. Das Geschlecht des Embryos läßt sich erkennen. Normalerweise sind die Konturen des Schädels glatt.

weißlichen, fettigen Substanz, der **Vernix caseosa,** bedeckt, einem Ausscheidungsprodukt der Talgdrüsen. Mit **28 Wochen** ist der Fetus im Prinzip lebensfähig (**Frühgeburt**).

Am Ende des **zehnten Lunarmonats** übertrifft der Schädel die übrigen Körperpartien an Umfang und bestimmt damit den Durchtritt der Frucht durch den Geburtskanal. Bei der Geburt wiegt der Fetus 3000–3500 g. Die SSL beträgt etwa 36 cm, die SFL etwa 50 cm. Die Geschlechtsmerkmale sind voll ausgebildet. Die Hoden befinden sich normalerweise im Skrotum.

Berechnung des Geburtstermins

Die Berechnung des Geburtstermins ist am genauesten, wenn man vom Tag der Befruchtung ausgeht und 266 Tage oder 38 Wochen hinzurechnet. Die Eizelle wird normalerweise 12 Stunden nach der Ovulation befruchtet. Der Koitus muß innerhalb von 24 Stunden vor der Befruchtung stattgefunden haben. Eine Schwangere sucht in der Regel den Frauenarzt auf, wenn die Regel zweimal hintereinander ausgeblieben ist. Nach so langer Zeit kann sie sich meistens an den Koitus nicht mehr genau erinnern, so daß der genaue Zeitpunkt der Befruchtung schwer zu bestimmen ist.

Der Gynäkologe geht bei der Berechnung des Geburtstermins vom 1. Tag der letzten Regel aus und rechnet 280 Tage oder 40 Wochen hinzu. Die letzte Regel wird meistens genau angegeben. Bei Frauen mit regelmäßigem 28tägigem Zyklus ist diese Berechnung sehr ge-

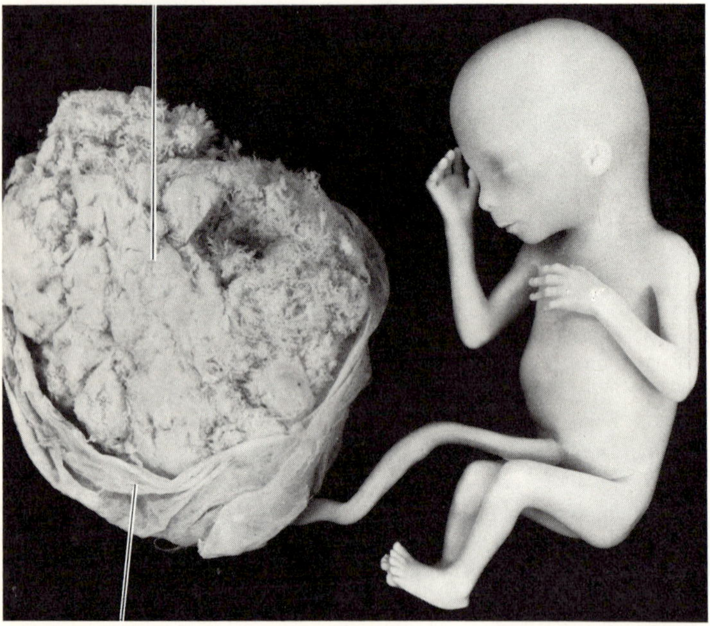

Abb. 6–**4** Fetus in der 18. Woche, durch die Nabelschnur mit seiner Plazenta verbunden. Die Haut ist durchscheinend, da das subkutane Fett noch fehlt. Auf der mütterlichen Seite der Plazenta sind die Kotyledonen zu erkennen, die kindliche Seite wird vom Amnion bedeckt.

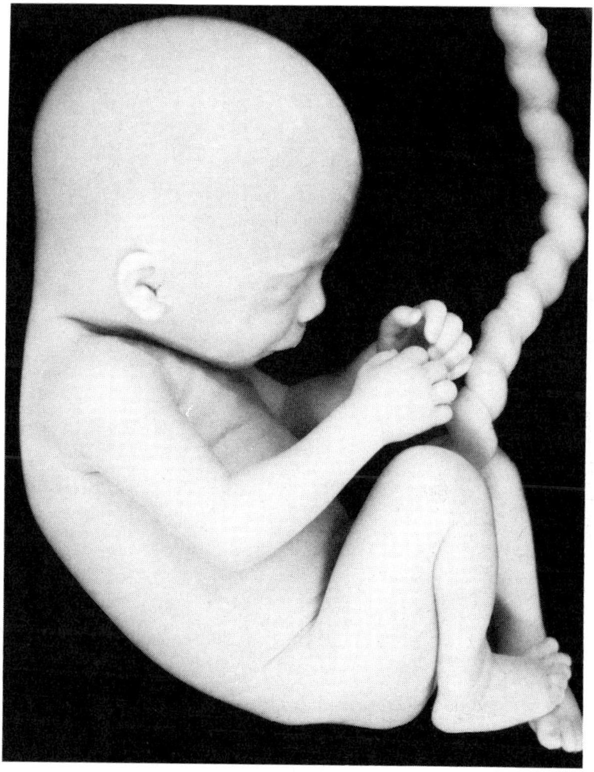

Abb. 6–**5** Fetus im 7. Monat. Dieser Fetus ist im Prinzip lebensfähig. Er zeigt durch subkutane Fettablagerung bedingte rundliche Konturen. Die Nabelschnur ist spiralig gewunden.

nau. Bei unregelmäßigem Zyklus sind jedoch Fehler möglich. Der Zeitraum zwischen Ovulation und darauffolgender Menstruation ist zwar konstant (14 ± 1 Tage), der Abstand zwischen Ovulation und der vorhergehenden Menstruation dagegen sehr variabel. Eine zusätzliche Fehlerquelle entsteht, wenn die Frau etwa 14 Tage nach der Befruchtung eine kleine Blutung hat, die durch das invasive Wachstum des Trophoblast bei der Implantation bedingt ist (s. Kap. 3, S. 43). Trotz der möglichen Fehlerquellen bei der Bestimmung des Geburtstermins, werden doch die meisten Kinder in einer Zeitspanne von 10–14 Tagen um den errechneten Termin herum geboren.

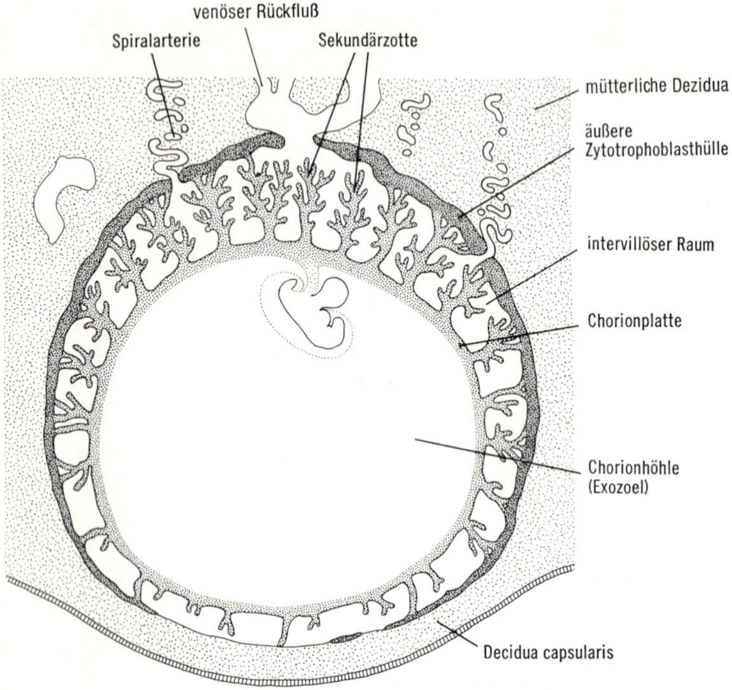

Abb. 6–**6** Schematische Darstellung eines menschlichen Embryos zu Beginn des zweiten Monats. Am embryonalen Pol sind die Zotten zahlreich und gut ausgebildet, am abembryonalen Pol sind sie selten und nur wenig entwickelt (modifiziert nach Ortmann).

Entwicklung der Eihäute und der Plazenta

Zu Beginn des zweiten Monats besitzt der **Trophoblast** eine große Zahl von sekundären Zotten, die in charakteristischer Weise radiär angeordnet sind (Abb. 6–6). Die Zotten sind im Mesoderm der **Chorionplatte** verankert und peripher über die äußere **Zytotrophoblasthülle** mit der mütterlichen Dezidua verbunden. Die Oberfläche der Zotten besteht aus dem Synzytium, das auf einer Schicht aus Zytotrophoblastzellen ruht, die ihrerseits einen gefäßreichen mesodermalen Kern umschließt (Abb. 6–7 A). Zuerst findet sich das gefäßreiche Mesoderm nur an der Chorionseite der Zotten und dringt dann allmählich gegen die Dezidua vor. Das Kapillarsystem im Kern der Zotten nimmt bald Verbindung mit den Kapillaren des Chorion und des Haftstieles auf. Auf diese Weise entsteht das extraembryo-

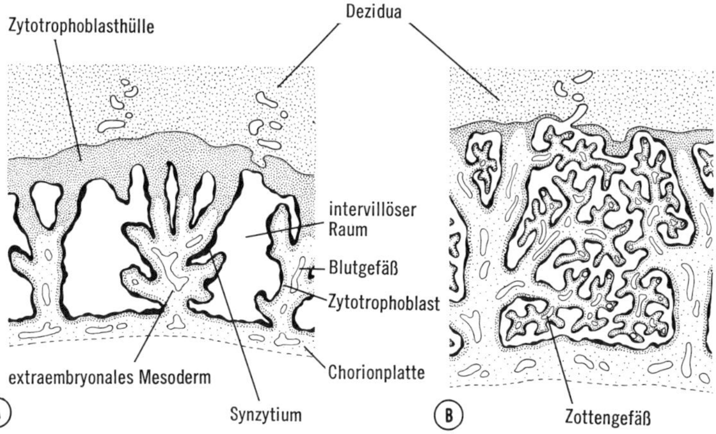

Abb. 6–**7** Schematische Darstellung des Zottenaufbaues in verschiedenen Entwicklungsstadien. A, In der vierten Woche. Das extraembryonale Mesoderm wächst in den sekundären Stammzotten auf die Deziduaplatte zu. B, Während des vierten Monats. In vielen kleinen Zotten liegt die Kapillarwand direkt dem Synzytium an (modifiziert nach Starck).

nale Gefäßsystem (Abb. 12–**1** und 12–**34**), das sich seinerseits mit den intraembryonalen Blutgefäßen verbindet.

In den folgenden Monaten sprossen zahlreiche kleine Ausläufer aus den vorhandenen Zottenstämmen in die umgebenden **lakunären** oder **intervillösen Räume** aus. Diese neugebildeten Zotten haben zuerst die gleichen Schichten wie die Stammzotten. Zu Beginn des vierten Monats verschwinden jedoch die Zytotrophoblastzellen und ein Teil der Bindegewebszellen. Von nun an trennen nur noch das Synzytium und das Endothel der Blutgefäße den mütterlichen von dem fetalen Kreislauf (Abb. 6–7 B). Die Zytotrophoblastzellen verschwinden zuerst in den kleinen und anschließend in den größeren Zotten. In den Stammzotten bleiben jedoch immer einige Zytotrophoblastzellen erhalten. Die Blutgefäße, die im Inneren der Stammzotten verlaufen, sind auch am Stoffaustausch zwischen den beiden Kreisläufen nicht direkt beteiligt (Abb. 6–7 B).

Da das Synzytium im Verlauf dieser Entwicklung sehr dünn wird, wölben sich die zellkernhaltigen Bezirke als Knoten vor. Derartige mehrkernige **Synzytiumknoten** können sich ablösen und in den Blutkreislauf der Mutter ausgeschwemmt werden. Sie können sich irgendwo im Kapillarsystem der Mutter festsetzen. Meistens lösen sie sich dort auf, ohne krankhafte Symptome hervorzurufen.

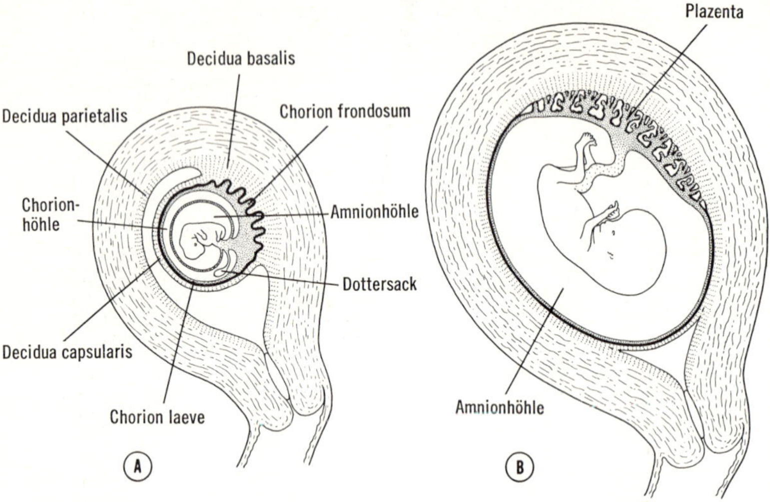

Abb. 6–**8** Schematische Darstellung der Beziehung zwischen den Eihäuten und der Uteruswand. A, Am Ende des zweiten Monats. Beachte den Dottersack in der Chorionhöhle zwischen Amnion und Chorion. Am abembryonalen Pol sind die Zotten verschwunden (Chorion laeve). B, Am Ende des dritten Monats. Amnion und Chorion sind miteinander verwachsen. Die Uterushöhle ist nach der Verschmelzung des Chorion laeve mit der Decidua parietalis obliteriert.

In den ersten Entwicklungswochen bedecken die Zotten die gesamte Oberfläche des Chorions (Abb. 6–6). Mit dem Fortschreiten der Schwangerschaft ändert sich dies jedoch. Die Zotten am embryonalen Pol wachsen weiterhin und breiten sich aus. Sie werden zum **Chorion frondosum** (buschig); die Zotten am abembryonalen Pol dagegen gehen zugrunde. Im dritten Monat ist diese Chorionseite glatt und wird als **Chorion laeve** („Chorionglatze“) bezeichnet (Abb. 6–8 A).

Dieser Unterschied zwischen embryonalem und abembryonalem Pol des Chorions spiegelt sich auch im Aufbau der Dezidua wider. Die Dezidua über dem Chorion frondosum, die **Decidua basalis,** bildet eine kompakte Schicht, die fest mit dem Chorion verbunden ist. Diese Schicht wird als **Deziduaplatte** (Basalplatte) bezeichnet. Die Deziduaschicht über dem abembryonalen Pol heißt **Decidua capsularis** (Abb. 6–8 A). Zuerst ähnelt diese Schicht der Decidua basalis. Mit dem weiteren Wachstum der Fruchtblase wird sie dünn ausgezogen und beginnt zu degenerieren. Das Chorion laeve trifft dann

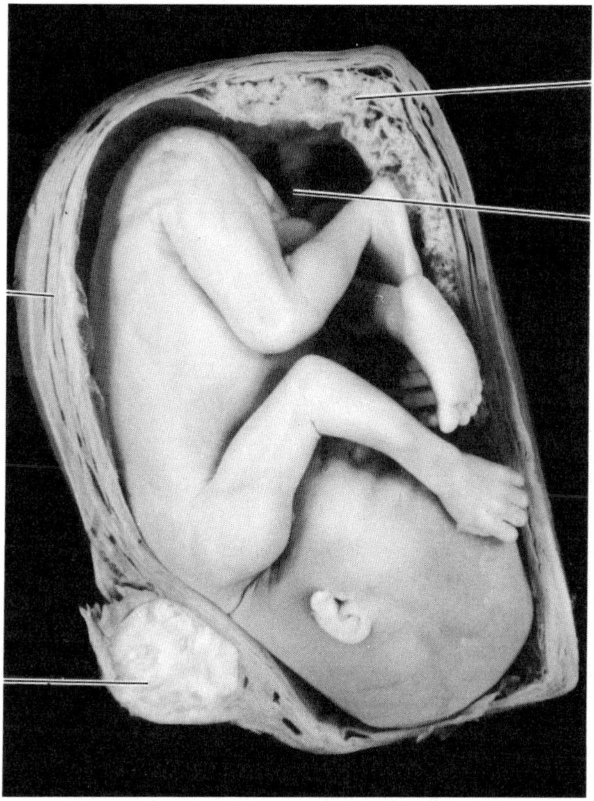

Abb. 6–**9** Fetus in der 19. Woche in seiner natürlichen Position im Uterus. Das Uteruslumen ist obliteriert. In der Uteruswand sitzt ein Myofibrom.

auf die **Decidua parietalis** auf der gegenüberliegenden Uterusseite und verschmilzt mit ihr (Abb. 6–8 und 6–9). Damit ist das Uteruslumen vollständig ausgefüllt. Es bleibt also als einziges funktionstüchtiges Choriongewebe das Chorion frondosum zurück, das zusammen mit der Decidua basalis die **Plazenta** bildet.

Aufbau der Plazenta

Die Plazenta besteht zu Beginn des vierten Monats aus zwei Anteilen: 1. einem **fetalen Anteil,** der vom Chorion frondosum gebildet wird, und 2. einem **mütterlichen Anteil,** der Decidua basalis. Auf der fetalen Seite wird die Plazenta durch die **Chorionplatte** begrenzt,

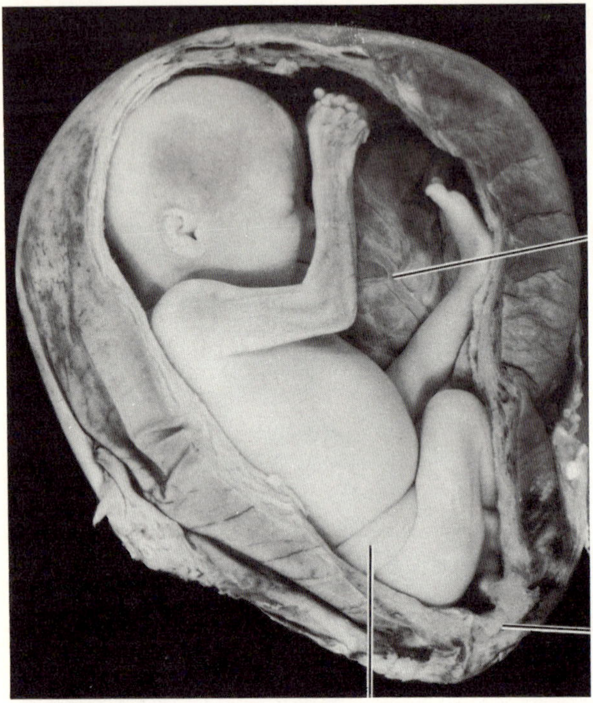

Abb. 6–**10** Fetus in der 23. Woche im Uterus in Steißlage. Ein Teil der Uteruswand und der Eihäute wurde entfernt. Die unter dem Amnion hervortretenden Choriongefäße laufen auf die nicht sichtbare Plazenta zu. Die Nabelschnur hat sich eng um den Unterleib des Fetus gelegt und ist wahrscheinlich die Ursache für die Steißlage.

auf der mütterlichen Seite durch die Decidua basalis, deren kompakte Schicht **Deziduaplatte** heißt und fest mit der Plazenta verwachsen ist. In der **Verbindungszone** vermischen sich Trophoblast- und Deziduazellen. Diese Zone bildet den Bereich, in dem die Trophoblastzellen in das uterine Gewebe eindringen. Sie zeichnet sich durch Riesenzellen aus, die aus der Dezidua und vom Synzytium stammen, und enthält reichlich amorphe Mukopolysacharide. Zwischen Chorion und Basalplatte befinden sich die intervillösen Räume, die mit mütterlichem Blut gefüllt und vom Synzytium fetalen Ursprungs ausgekleidet sind. In die intervillösen Blutseen ragen die Zottenbäume hinein (Abb. 6–7).

Während des vierten und fünften Monats bildet die Dezidua eine Reihe von Septen, die **Deziduasepten** (Plazentasepten), die in die intervillösen Räume hineinragen, aber nicht bis zur Chorionplatte reichen (Abb. 6–**11**). Diese Septen haben einen Kern aus mütter-

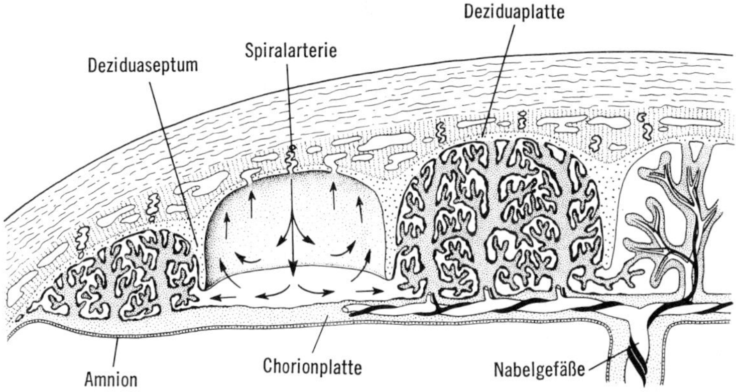

Abb. 6–**11** Die Plazenta in der zweiten Hälfte der Schwangerschaft. Die Kotyledonen sind teilweise durch die Deziduasepten aus mütterlichem Gewebe voneinander getrennt. Beachte, daß der größte Teil des intervillösen Blutstroms in den mütterlichen Kreislauf über die Endometriumvenen in der Deziduaplatte zurückkehrt. Nur ein geringer Anteil tritt in benachbarte Kotyledonen ein. Die intervillösen Räume sind von Synzytium ausgekleidet (modifiziert nach Ramsey sowie nach Hamilton u. Boyd).

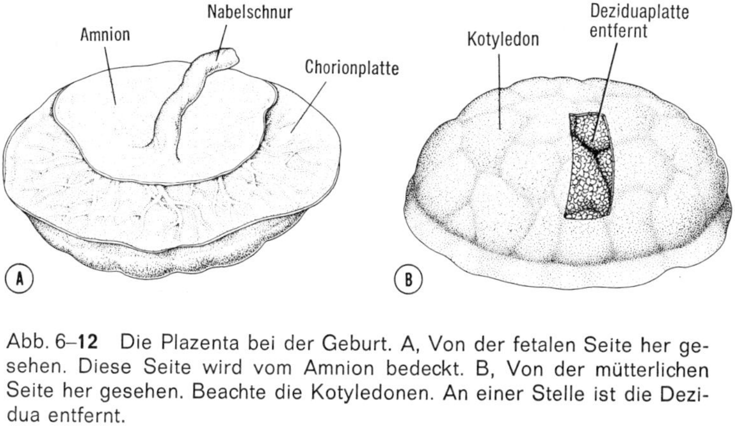

Abb. 6–**12** Die Plazenta bei der Geburt. A, Von der fetalen Seite her gesehen. Diese Seite wird vom Amnion bedeckt. B, Von der mütterlichen Seite her gesehen. Beachte die Kotyledonen. An einer Stelle ist die Dezidua entfernt.

lichem Gewebe; ihre Oberfläche ist jedoch von einer Schicht aus Trophoblastzellen überzogen. Infolge dieser Septenbildung wird die Plazenta in einer Reihe von Arealen oder **Kotyledonen** unterteilt (Abb. 6–**12**). Da die Deziduasepten nicht ganz bis zur Chorionplatte reichen, bleibt die Verbindung zwischen den intervillösen Räumen benachbarter Kotyledonen bestehen.

Am Ende der Schwangerschaft hat die Plazenta die Form einer Scheibe von 15 bis 25 cm Durchmesser und etwa 3 cm Dicke. Sie wiegt 500–600 g. Bei der Geburt löst sie sich von der Utruswand und wird etwa 30 Minuten nach Geburt des Kindes aus dem Uterus ausgestoßen. Bei der Betrachtung der dezidualen, mütterlichen Seite lassen sich 15 bis 20 leicht erhabene Areale, die **Kotyledonen,** unterscheiden. Sie sind von einer dünnen Schicht aus Decidua basalis und Zytotrophoblasthülle bedeckt (Abb. 6–**12** B). Die Furchen zwischen den Kotyledonen werden durch die Deziduasepten hervorgerufen.

Die fetale Oberfläche der Plazenta hat keine Kotyledonenstruktur und wird ganz von der Chorionplatte bedeckt. Man sieht eine große Anzahl von Arterien und Venen, die **Choriongefäße,** welche gegen die Nabelschnur hin konvergieren (Abb. 6–**12** A). Das Chorion wiederum ist von Amnion überzogen. Die Nabelschnur inseriert gewöhnlich exzentrisch und gelegentlich sogar marginal. Selten inseriert sie in der Chorionmembran außerhalb der Plazenta (**Insertio velamentosa**).

Blutzirkulation in der Plazenta

Die Blutversorgung der Kotyledonen ist lange Zeit umstritten gewesen. Ursprünglich wurde angenommen, daß die Spiralarterien aus der Dezidua die intervillösen Räume der Kotyledonen über die mütterlichen Septen erreichen und daß das venöse Blut von einem der intervillösen Räume zum anderen fließt, um schließlich in einen Randsinus an der Peripherie der Plazenta abgeleitet zu werden. Diese Vorstellung ist nicht richtig. Die Füllung der Spiralarterien mit Röntgenkontrastmittel zeigt deutlich, daß der Bereich eines Kotyledons die **funktionelle Einheit der Plazenta** ist. Am Boden eines jeden Kotyledons tritt eine Spiralarterie aus. Beim Durchtritt durch die Deziduaplatte ist das Lumen der Spiralarterie eng. Dadurch wird der Blutdruck vor dem Eintritt in den intervillösen Raum erhöht. Der Strahl des sauerstoffreichen arteriellen Blutes ergießt sich zunächst in einen zottenfreien Raum im Zentrum des Kotyledons. Von dort wird es nach seitwärts durch das dichte Netzwerk der Zotten gedrückt, die den zentralen Raum umgeben. Es fließt in der Peripherie des Kotyledons durch die zu kapillären Spalträumen verengten Maschen der Zottenbäumchen zur Deziduaplatte zurück. Dort wird es von den überall unregelmäßig verteilten venösen Öffnungen wieder aufgenommen und in den mütterlichen Kreislauf zurückgeleitet (Abb. 6–**11**).

Auf der fetalen Seite wird – angetrieben vom kindlichen Herzen – das sauerstoffarme Blut durch zwei Nabelarterien herangeführt. Es durchströmt die Kapillaren der Zottenbäumchen. Dort wird durch das Diffusionsgefälle gegenüber dem mütterlichen Blut im intervillösen Raum Sauerstoff aufgenommen. Lösliche Abfallstoffe werden ausgeschieden. Das Sauerstoffreiche Blut kehrt dann durch die Nabelvene zum Embryo zurück (Abb. 6–**11**).

Mit dem fortschreitenden Wachstum des Fetus und der Vergrößerung des Uterus wächst auch die Plazenta. Ihre Oberflächenzunahme entspricht ungefähr dem Wachstum des Uterus und beträgt während der ganzen Schwangerschaft etwa 25 bis 30 % der inneren Oberfläche des Uterus. Ihre Dickenzunahme kommt durch die Verzweigung der bestehenden Zotten und nicht durch weiteres Eindringen in die mütterlichen Gewebe zustande.

Unter normalen Bedingungen enthalten die intervillösen Räume ungefähr 150 ml Blut, das sich etwa 3- bis 4mal pro Minute erneuert. Dieses Blut umspült die Chorionzotten, deren Oberfläche etwa 4 bis 14 qm beträgt. Dabei muß man jedoch berücksichtigen, daß der plazentare Austausch nicht über alle Zotten stattfindet, sondern nur über diejenigen, bei denen die fetalen Blutgefäße in engem Kontakt mit der sie überziehenden Synzytiumschicht stehen. Bei diesen Zotten besitzt das Synzytium oft einen Bürstensaum aus zahlreichen Mikrozotten, die den Stoffaustausch zwischen mütterlichem und kindlichem Kreislauf intensivieren.

Funktion der Plazenta

Die Hauptfunktionen der Plazenta sind: 1. der Austausch von Stoffwechselprodukten und Gasen zwischen mütterlichem und fetalem Blut bei vollständiger Trennung der beiden Kreisläufe, und 2. die Hormonbildung. Die trennende Schicht zwischen beiden Kreislaufsystemen wird oft als **Plazentaschranke** bezeichnet und besteht ausschließlich aus fetalem Gewebe. In den Frühstadien besteht sie aus vier Schichten: 1. der endothelialen Innenauskleidung der fetalen Blutgefäße, 2. dem Bindegewebe im Zottenkern, 3. der Zytotrophoblastschicht und 4. dem synzytialen Überzug (Abb. 6–7).

Vom vierten Monat an wird die Plazentaschranke wesentlich dünner, da die meisten Zotten ihre Zytotrophoblastschicht und das die fetalen Kapillaren umgebende Bindegewebe verlieren. Das Endothel der Kapillaren legt sich dann direkt an die Synzytiumschicht an, wodurch der Stoffaustausch wesentlich verbessert wird. In der Endphase der Schwangerschaft besitzen die kleinen Zotten also nur noch eine extrem dünne, doppelschichtige Trennwand zwischen mütterlichem und fetalem Blut. Diese beiden Schichten bleiben immer erhalten.

Da das mütterliche Blut in den intervillösen Räumen vom fetalen Blut durch eine Plazentaschranke aus Choriongewebe getrennt ist, wird die menschliche Plazenta als **Placenta haemochorialis** bezeichnet.

Neben dem Austausch von gasförmigen Produkten, Elektrolyten, Aminosäuren, Kohlehydraten, Fetten und anderen Stoffwechselprodukten ist die Plazenta für die **Übertragung von Antikörpern** von Bedeutung. Früher wurde angenommen, daß Stoffe von hohem Molekulargewicht, wie die mütterlichen Gammaglobuline, nur durch eine Verletzung die Plazentaschranke passieren könnten. Die Übertragung von mütterlichen Antikörpern auf den Fetus ist jedoch eine reguläre Funktion der Plazenta. Es handelt sich um Antikörper vom Typ IgG aus der Gruppe der γ-Globuline des Serums. Sie werden wahrscheinlich selektiv vom Synzytium durch **Pinozytose** aufgenommen und an die fetalen Kapillaren abgegeben. Auf diese Weise erhält das Kind Antikörper gegen Diphtherie, Pocken, Masern und andere Infektionskrankheiten. Gegen Windpocken und Keuchhusten werden dagegen keine Antikörper übertragen. Der transplazentare Antikörpertransfer entspricht einer passiven Immunisierung.

Bei der **Rh-Inkompatibilität** führt der Übertritt mütterlicher Antikörper, die gegen die roten Blutkörperchen des Fetus gerichtet sind, zum Blutzerfall beim Fetus. Wenn die Erythrozyten des Fetus das **Rh-Antigen** tragen (Rh-positiv), und die der Mutter nicht (rh-negativ), kann die Mutter Antikörper gegen die kindlichen Erythrozyten bilden. Die Sensibilisierung erfolgt wahrscheinlich durch kleine Blutungen an der Oberfläche der Zotten. Die von der Mutter gebildeten Antikörper gegen die fetalen Erythrozyten gelangen über die Plazenta in den Fetus und lösen dort eine Hämolyse aus. Der Zerfall der kindlichen Erythrozyten kann zum Fruchttod führen. Durch die Bestimmung des Bilirubins (als Abbauprodukt aus den zerfallenden Erythrozyten) in der Amnionflüssigkeit kann das Ausmaß der Hämolyse festgestellt und, wenn notwendig, eine intrauterine Bluttransfusion in die Leibeshöhle des Fetus eingeleitet werden. Wenn die Mutter nach der Schwangerschaft nicht desensibilisiert wird, ist ein weiteres Rh-positives Kind extrem gefährdet, da die Antikörper in der Mutter bereits vorhanden sind.

Viele **Viren** können die Plazentaschranke ebenfalls passieren. Hierzu gehören das Röteln-, das Pocken-, das Windpocken-, das Masern-, das Poliomyelitis-Virus und die Coxsackie-Viren. Die fetale Infektion mit einigen dieser Viren führt zu Zelluntergang und zur Entwicklung von Mißbildungen.

Viele **Medikamente** passieren auch die Plazentaschranke und können den Embryo schädigen. Das bekannteste Beispiel ist **Thalidomid,** eine Sedativum, das schwere Mißbildungen der Extremitäten erzeugt. In neuerer Zeit ist das Problem einer Schädigung des Fetus durch Drogen aufgetaucht, wenn die Mutter während der Schwangerschaft regelmäßig Opiate einnimmt. Auch die Psychopharmaka Chlorpromazin, Reserpin und Meprobamat sind plazentagängig. Alle drei werden als Tranquilize benutzt. Ob sie das fetale Zentralnervensystem beeinflussen und spätere Lern- oder Verhaltensstörungen erzeugen, ist unbekannt. Ebenso erreichen alle Sedativa und Barbiturate den Fetus. Darüber, ob sie zu bleibenden Schäden führen, können ebenfalls nur Vermutungen angestellt werden (s. Kap. 7, S. 101 ff.).

Am Ende des vierten Monats bildet die Plazenta soviel **Progesteron,** daß es für die Erhaltung der Schwangerschaft ausreicht, auch wenn das Corpus luteum entfernt wird oder in seiner Funktion gestört ist. Das Steroidhormon wird wahrscheinlich im Zytoplasma des Synzytiums synthetisiert. Neben dem Progesteron bildet die Plazenta in zunehmendem Maße **östrogene Hormone.** Die Östrogenbildung erreicht kurz vor Beendigung der Schwangerschaft ihr Maximum. Der dann auftretende plötzliche Abfall des Östrogenspiegels ist jedoch nicht für die Einleitung der Geburt verantwortlich. Untersuchungen an Schafen haben gezeigt, daß der Geburtsvorgang vom Fetus selbst durch eine massive Ausschüttung von Nebennierenrindenhormonen ausgelöst wird.

Der Synzytiotrophoblast erzeugt außerdem Gonadotropine (HCG = **Human Chorionic Gonadotropin**), die ähnlich wie die luteinisierenden Hormone des Hypophysenvorderlappens wirken. HCG wird von der Mutter über den Urin ausgeschieden. Es wird in der frühen Schwangerschaft zum Schwangerschaftsnachweis benutzt.

Gegen Ende der Schwangerschaft treten eine Reihe von Veränderungen in der Plazenta auf, die als Anzeichen für einen verminderten Stoffaustausch aufgefaßt werden können. Diese Veränderungen umfassen: 1. eine Vermehrung des fibrösen Bindegewebes im Zottenkern; 2. die Verstärkung der Basalmembran der fetalen Kapillaren; 3. die Obliteration kleinerer Zottenkapillaren; und 4. die Ablagerung von Fibrinoid auf der Zottenoberfläche in der Verbindungszone und der Chorionplatte. Die gesteigerte Fibrinoidbildung führt häufig zur Infarzierung von einzelnen intervillösen Blutseen oder sogar ganzer Kotyledonen. Der Kotyledon erhält dann ein weißliches Aussehen.

Amnion und Nabelschnur

Infolge der kraniokaudalen Krümmung des Embryos kommt die Umschlagsfalte zwischen Amnion und Oberflächenektoderm auf die Ventralseite des Embryos zu liegen (Abb. 5–**10** und 5–**11**). Die **amnioektodermale Umschlagsfalte** bildet dann ein Oval, das als **primitiver Nabelring** bezeichnet wird. In der Mitte des zweiten Mo-

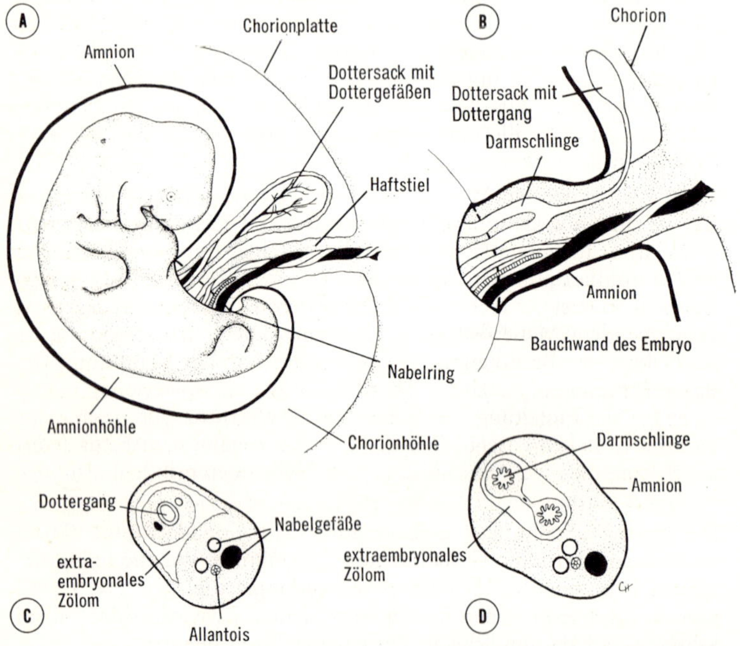

Abb. 6–**13** A, Schematische Darstellung eines fünf Wochen alten Embryos mit den Gebilden, die durch den primitiven Nabelring treten. C, Querschnitt durch die Gebilde im primitiven Nabelring. Der Dottersack mit den Dottergefäßen wird zusammen mit dem Haftstiel vom Amnion eingefaßt. B, Schematische Darstellung der Nabelschnur beim 10 Wochen alten Embryo. D, Entsprechender Querschnitt. Dem Dottergang folgend tritt eine Darmschlinge in das extraembryonale Zölom der Nabelschnur aus.

nats laufen folgende Gebilde durch diesen Ring (Abb. 6–**13** A, C): 1. der Haftstiel mit der Allantois und den Nabelgefäßen, bestehend aus zwei Arterien und einer Vene; 2. der Stiel des Dottersackes (Dottergang), begleitet von den Dottergefäßen (Vasa omphalomesenterica); und 3. der Kanal, der die intra- und extraembryonale Zölomhöhle miteinander verbindet (Abb. 6–**13** C). Der Dottersack selbst liegt in der **Chorionhöhle,** das heißt in dem Raum zwischen Amnion und Chorion.

Im Laufe der weiteren Entwicklung verengt sich der primitive Nabelring. Dadurch werden die in ihm verlaufenden Gebilde dicht zusammengedrängt. Gleichzeitig vergrößert sich die Amnionhöhle auf Kosten der Chorionhöhle. Im Verlauf dieser Entwicklung schlägt sich das Amnion auf den aus dem Nabel austretenden Dottersack und auf den Haftstiel über und umhüllt sie. Dadurch entsteht die **Nabelschnur.** Die Nabelschnur enthält dann den Dottergang mit den Dottergefäßen sowie den ehemaligen Haftstiel mit Allantoisdivertikel und Nabelgefäßen (Abb. 6–**13**). Der Dottersack selbst liegt in der Chorionhöhle. Am Ende des dritten Monats hat sich die Amnionhöhle auf Kosten der Chorionhöhle so sehr vergrößert, daß sich Amnion und Chorion aneinanderlegen. **Die Chorionhöhle obliteriert.**

Die Leibeshöhle ist vorübergehend zu klein, um die sich rasch entwickelnden Darmschlingen aufzunehmen, so daß einige von ihnen in das extraembryonale Zölom innerhalb der Nabelschnur hinausgedrängt werden. Auf diese Weise kommt es zum sogenannten **physiologischen Nabelbruch** (s. Kap. 13, S. 293). Etwa gegen Ende des dritten Monats werden die Darmschlingen in den Embryonalkörper zurückgezogen und die Zölomhöhle in der Nabelschnur obliteriert. Nachdem dann außerdem die Allantois, der Dottergang und die Dottergefäße obliteriert sind, bleiben nur die Nabelgefäße in der Nabelschnur zurück. Sie sind von einem sulzigen Gewebe umgeben, das wenig mesenchymale Zellen und viele Mucopolysaccharide enthält. Es wird als **Wharton-Sulze** bezeichnet und dient als prallelastische Schutzschicht für die Blutgefäße. Die Media der Arterienwände besteht aus vielen Muskelzellen und elastischen Fasern. Beide Komponenten bewirken zusammen mit den spiralenförmigen Verdickungen der endothelialen Auskleidung die rasche Konstriktion und Kontraktion der Nabelgefäße direkt nach der Geburt. Ganz selten bleibt der Dottersack bis zur Geburt erhalten. Er liegt dann zwischen Amnion und Chorion im Bereich des Nabelschnuransatzes an der Plazenta.

Die Amnionhöhle ist mit einer klaren, wäßrigen, von den Amnionzellen erzeugten Flüssigkeit gefüllt. In den ersten Schwangerschaftsmonaten ist der Embryo mit seiner Nabelschnur in dieser als Schutzkissen dienenden Flüssigkeit aufgehängt. Die **Amnionflüssigkeit** erfüllt folgende Aufgaben: 1. Sie fängt Stöße auf. 2. Sie verhindert Verwachsungen des Embryos mit dem Amnion. 3. Sie ermöglicht fetale Bewegungen. 4. Während des Geburtsvorganges bildet sie bei intakten Eihäuten einen hydrostatischen Keil, der die Eröffnung des Zervikalkanals unterstützt.

Die Amnionflüssigkeit wird etwa alle drei Stunden einmal ausgetauscht. Dies weist auf die großen Flüssigkeitsverschiebungen hin, die zwischen Amnionhöhle und mütterlichem Kreislauf stattfinden. Der Fetus schluckt vom 5. Monat an seine eigene Amnionflüssigkeit. Er trinkt pro Tag etwa 400 ml. Das ist ungefähr die Hälfte der Gesamtmenge. Feten, die entweder infolge einer Ösophagusatresie oder durch das Fehlen der nervösen Steuerung des Schluckmechanismus nicht schlucken können, wie es bei einem Anenzephalus der Fall ist, zeichnen sich gewöhnlich durch eine Vermehrung der Amnionflüssigkeit aus (**Hydramnion**). Normalerweise wird die Amnionflüssigkeit über den Darm des Fetus resorbiert und gelangt durch das Blut über die Plazenta in den mütterlichen Kreislauf. Gegen Ende der Schwangerschaft wird täglich Urin in die Amnionflüssigkeit ausgeschieden. Der Urin ist wenig konzentriert, da die Plazenta noch als Ausscheidungsorgan fungiert.

Eihäute bei Zwillingen

Der Aufbau der Eihäute bei Zwillingen ist von der Art der Zwillingsbildung und bei eineiigen Zwillingen vom Zeitpunkt der Trennung der beiden Anlagen abhängig.

Die meisten Zwillinge sind **zweieiige Zwillinge.** Sie kommen dadurch zustande, daß zwei Oozyten gleichzeitig ausgestoßen und von zwei verschiedenen Spermatozoen befruchtet werden. Da die Genzusammensetzung bei beiden Zygoten ganz unterschiedlich ist, besteht zwischen den Zwillingen keine größere Ähnlichkeit als bei Geschwistern, die nicht gleich alt sind. Sie können das gleiche oder das entgegengesetzte Geschlecht haben. Beide Zygoten nisten sich getrennt im Uterus ein und jede bildet ihre eigene Plazenta, ihr eigenes Amnion und ihre eigene Chorionhülle.

Wenn die beiden Plazenten jedoch dicht nebeneinander sitzen, können sie miteinander verschmelzen. Durch die Verschmelzung der beiden Plazenten kann es zur Bildung einer Anastomose zwischen den Choriongefäßen und zu einem Austausch von roten Blutkörperchen zwischen beiden Zwillingen kommen. Da die zweieiigen Zwillinge genetisch nicht identisch sind, besitzt dann einer oder beide

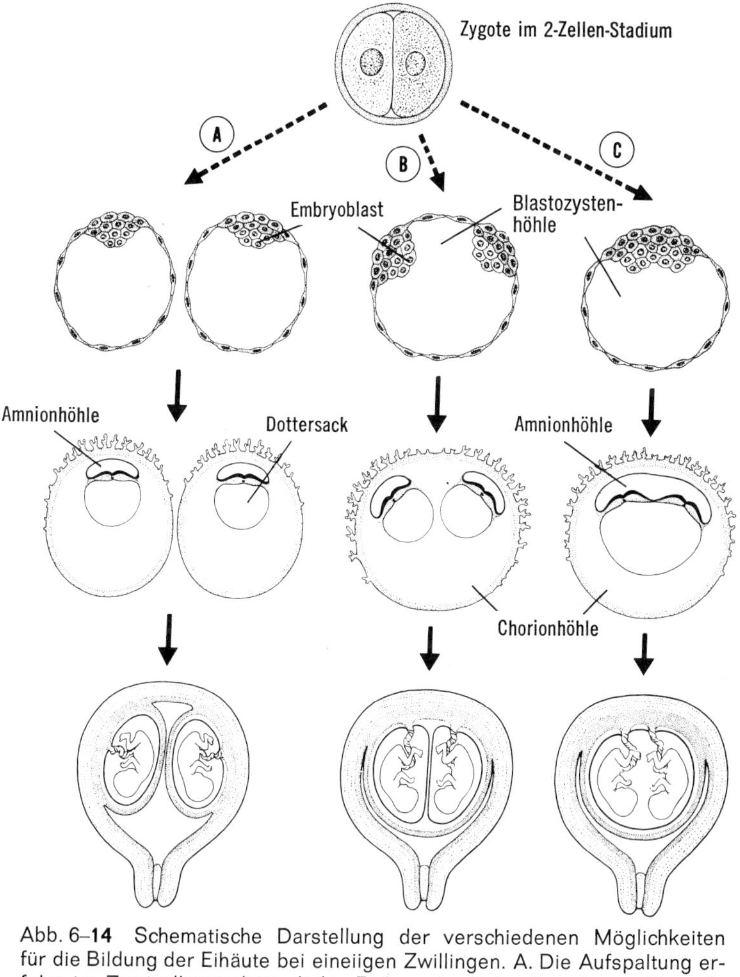

Abb. 6–**14** Schematische Darstellung der verschiedenen Möglichkeiten für die Bildung der Eihäute bei eineiigen Zwillingen. A. Die Aufspaltung erfolgt im Zweizellenstadium. Jeder Embryo besitzt seine eigene Plazenta sowie sein eigenes Amnion und Chorion. Nach der Implantation können die Plazenten und die Chorionhüllen miteinander verwachsen, wie bei zweieiigen Zwillingen auch. Die beiden Amnionhüllen sind jedoch immer durch Choriongewebe getrennt. B, Aufspaltung des Embryoblasten in zwei vollständig getrennte Zellhaufen. Beide Embryonen haben eine gemeinsame Plazenta und eine gemeinsame Chorionhülle, jedoch zwei getrennte Amnionhöhlen. C, Aufspaltung des Embryoblasten in einem späteren Entwicklungsstadium. Die Embryonen besitzen eine gemeinsame Plazenta, eine gemeinsame Amnion- und eine gemeinsame Chorionhöhle.

Zwillinge zwei Sorten von Erythrozyten, die sich z. B. in ihren Blutgruppen voneinander unterscheiden (**Erythrozytenmosaizismus**). Beim Rind kann durch eine Anastomose der Choriongefäße von zwei Früchten mit entgegengesetztem Geschlecht die Geschlechtsentwicklung der weiblichen Frucht gestört werden (**Zwicke** oder **freemartin**). Die Ovaranlage wird im indifferenten Stadium durch den männlichen Zwilling teilweise in einen Hoden verwandelt. Es handelt sich interessanterweise nicht um eine Hormonwirkung, sondern um den Übertritt eines Hoden-induzierenden embryonalen Induktors (s. Kap. 11, S. 198).

Die zweite Art der Zwillingsbildung besteht darin, daß beide sich aus einer einzelnen befruchteten Eizelle entwickeln. Es handelt sich dann um **eineiige (identische) Zwillinge.** Sie entstehen dadurch, daß sich die Zygote im Lauf ihrer Entwicklung durchschnürt. Die früheste Trennung soll im Zweizellenstadium vorkommen. In diesem Fall entwickeln sich zwei getrennte Zygoten innerhalb einer Zona pellucida. Wenn sich die Zona pellucida aufgelöst hat, nisten sich beide Blastozysten getrennt ein und jeder Embryo entwickelt seine eigene Plazenta und Chorionhülle (Abb. 6–**14** A). Bei diesen Zwillingen sind die Eihäute wie bei zweieiigen Zwillingen angelegt. Man kann dann jedoch noch aufgrund der genauen Übereinstimmung der Blutgruppen, der Fingerabdrücke, des Geschlechtes und der äußeren Merkmale, wie der Augen- und Haarfarbe, nachweisen, daß es sich um eineiige Zwillinge handelt.

In den meisten Fällen tritt die Durchschnürung der Zygote im frühen Blastozystenstadium auf. Innerhalb der gleichen Blastozyste spaltet sich der innen gelegene Embryoblast in zwei getrennte Zellhaufen (Abb. 6–**14** B). Die beiden Embryonen besitzen dann eine gemeinsame Plazenta und eine gemeinsame Chorionhülle, jedoch getrennte Amnionhöhlen (Abb. 6–**14** B). In seltenen Fällen tritt die Trennung im Stadium der zweiblättrigen Keimscheibe kurz vor dem Erscheinen des Primitivstreifens ein (Abb. 6–**14** C). Auf diese Weise entstehen Zwillinge mit einer einzigen Plazenta und einer gemeinsamen Chorion- und Amnionhülle.

Ein gemeinsames Chorion kommt nur bei eineiigen Zwillingen vor. Die Verschmelzung beider Plazenten und in entsprechender Weise die Aneinanderlagerung und Verschmelzung der Chorionhüllen kann dagegen auch bei zweieiigen Zwillingen vorkommen. In diesem Fall findet sich zwischen den beiden Amnionhäuten immer noch Choriongewebe.

Die Blutversorgung der Zwillinge ist in der Regel ausgewogen. Große Anastomosen können jedoch auch zu einer ungleichen Durchblutung und dadurch zur Entwicklung eines sehr kleinen und eines großen Zwillings führen.

Die Zwillingshäufigkeit weist von Land zu Land große Unterschiede auf und liegt zwischen 0,65 % aller Geburten in Japan und 1,45 % in Norwegen. In den Vereinigten Staaten beträgt die Zwillingshäufigkeit unter der weißen Bevölkerung 1,08 %, in der schwarzen Bevölkerung 1,36 %. Etwa 70 % davon sind zweieiige und 30 % eineiige Zwillinge. Die Häufigkeit von eineiigen Zwillingen ist vom Alter der Mutter unabhängig, während der Anteil von zweieiigen Zwillingen mit dem Alter der Mutter ansteigt. Wenn bei der ersten Schwangerschaft Zwillinge zur Welt kamen, ist die Wahrscheinlichkeit für weitere Zwillingsgeburten um das drei- bis fünffache erhöht.

Die Häufigkeit von Zwillingen hängt im wesentlichen von der genetischen Konstitution der Mutter ab. Drillinge kommen in einer Häufigkeit von 1 auf 7600 Schwangerschaften vor. Vierlinge und Fünflinge sind sehr selten. In letzter Zeit sind Mehrlingsgeburten häufiger vorgekommen. In den meisten Fällen ging der Mehrlingsgeburt eine Behandlung mit Gonadotropinen bei Ovulationsstörungen voraus.

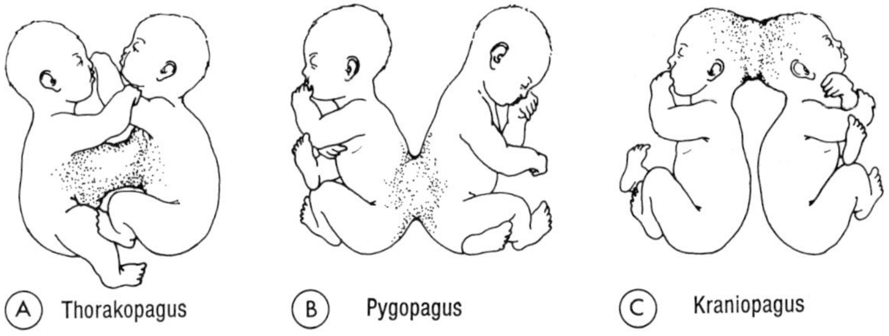

Abb. 6–**15** Doppelmißbildungen nach unvollständiger Durchschnürung einer Zygote in einem späteren Stadium. Sie können operativ getrennt werden, sofern nicht lebenswichtige Organe nur einfach angelegt sind.

Wenn sich die Zygote in einem späteren Entwicklungsstadium spaltet, kann es zu einer unvollständigen Durchschnürung im Axialbereich der Keimscheibe kommen. Solche unvollständig getrennten Keimscheiben können sich zu **Mehrfachbildungen** oder **Doppelmißbildungen** entwickeln. Je nach der Art und dem Ausmaß der Verwachsung werden sie als **Thorakopagus** (πήγνυμι = ich verbinde), als **Pygopagus** und als **Kraniopagus** bezeichnet (Abb. 6–**15**). In einigen Fällen sind eineiige Zwillinge nur durch eine gemeinsame Hautbrücke oder durch eine gemeinsame Leberbrücke miteinander verbunden (**Siamesische Zwillinge**). Einige dieser Mehrfachbildungen konnten erfolgreich operativ voneinander getrennt werden.

Kapitel 7

Angeborene Mißbildungen und ihre Ursachen

Definition und Häufigkeit

Angeborene Mißbildungen sind als „auffallende morphologische Defekte" definiert, die zum Zeitpunkt der Geburt vorliegen. Obwohl viele Anomalien auf zellulärer und molekularer Ebene ebenfalls angeboren sind, d. h. zum Zeitpunkt der Geburt bereits vorliegen, werden sie nicht in die obige Definition einbezogen. Die Zahlenangaben über die Häufigkeit von angeborenen Mißbildungen differieren stark. In Untersuchungen, die auf amtlichen Statistiken beruhen, schwankt der Prozentsatz der Kinder mit Mißbildungen zwischen 0,75 und 1,98 %. Diese Angaben erscheinen sehr niedrig, wenn man sie mit den Statistiken aus Krankenhäusern und Kliniken vergleicht, aus denen sich eine Schwankungsbreite zwischen 1,43 und 3,3 % errechnen läßt. Die zuletzt genannten Zahlen sind vermutlich die exakteren, doch sind auch bei ihnen die großen Unterschiede auffällig. Das kann auf tatsächlichen Häufigkeitsunterschieden in den verschiedenen Ländern beruhen oder mit einer unterschiedlichen Auslegung des Begriffes Mißbildung zusammenhängen. Die Rassenzusammensetzung mag ebenfalls die Häufigkeitszahlen beeinflussen, da Häufigkeit und Mißbildungsformen von Rasse zu Rasse verschieden sind.

In einer kürzlich erschienenen weltweiten Übersicht über die Häufigkeit von angeborenen Mißbildungen, die etwa 20 Millionen Geburten umfaßt, zeigte sich, daß der Anteil an angeborenen Mißbildungen aufgrund von Geburtsurkunden 0,83 % beträgt. Wenn man die Daten aus Krankenhäusern und Kliniken zugrunde legt, beträgt er 1,26 und nach einer gründlicheren Untersuchung durch eine Gruppe von Pädiatern 4,50 %. In der letzten Gruppe ist die Häufigkeit in den Vereinigten Staaten am höchsten (8,76 %) und in Deutschland am niedrigsten (2,20 %). Wenn die Zahlenangaben auf Untersuchungen von Kindern im Alter zwischen 6 und 12 Monaten beruhen, ist der Prozentsatz zumeist doppelt so hoch. An einer Stelle wurde dann eine Häufigkeit von 7,5 % angegeben.

Man kann also davon ausgehen, daß 2 bis 3 % aller lebend Geborenen bei der Geburt eine oder mehrere charakteristische Mißbildungen aufweisen, und daß sich dieser Anteil am Ende des ersten Lebensjahres durch die Aufdeckung von Mißbildungen verdoppelt, die bei der Geburt noch nicht bemerkt wurden.

Ätiologie der Mißbildungen

Der menschliche Embryo ist gegen äußere mechanische Schädigungen durch den Uterus, die Eihäute und das Fruchtwasser gut geschützt. Gegen schädliche Stoffe innerhalb des mütterlichen Organismus schirmt ihn die Plazenta ab, die lange Zeit als fast undurchdringbare Schranke galt. So wurde bis in die frühen 1940er Jahre angenommen, daß angeborene Fehlbildungen hauptsächlich durch Erbfaktoren hervorgerufen würden. Mit der Entdeckung von GREGG, daß Röteln in der Frühschwangerschaft Mißbildungen beim Embryo verursachen, wurde dann plötzlich klar, daß angeborene Mißbildungen beim Menschen auch durch Umwelteinflüsse entstehen können. Die bahnbrechende Arbeit von WARKANY u. KALTER, die zeigen konnten, daß eine spezifische Mangelernährung bei der schwangeren Ratte teratogen wirkt, hat seither zu zahlreichen Untersuchungen angeregt und zur Entdeckung einer großen Zahl von teratogenen Umweltfaktoren für den sich entwickelnden Säugetierembryo geführt.

Trotz der raschen Entwicklung auf dem Gebiet der **Teratologie** hat unser Wissen über die kongenitalen Mißbildungen beim Menschen nur wenig zugenommen. Heute schätzt man, daß ungefähr 10 % aller bekannten Mißbildungen beim Menschen auf Umweltfaktoren zurückzuführen sind und weitere 10 % auf genetische und chromosomale Faktoren. Die verbleibenden 80 % werden wahrscheinlich durch das komplexe Zusammenspiel von verschiedenen genetischen Faktoren und Umwelteinflüssen verursacht.

Umweltfaktoren

Infektiöse Ursachen

Röteln (Rubeola). GREGG hat 1941 als erster darauf hingewiesen, daß Röteln, wenn sie bei Frauen im Frühstadium einer Schwangerschaft auftreten, zu angeborenen Mißbildungen beim Kind führen können. Es ist heute erwiesen, daß das Rubeola-Virus Mißbildungen des Auges (Katarakt und Mikrophthalmie), des Innenohres (angeborene Taubheit infolge Zerstörung des Corti-Organs), des Herzens (Persistenz des Ductus arteriosus und Vorhof- und Kammerseptumdefekte), und gelegentlich der Zähne (Zahnschmelz) hervorrufen kann. Das Virus soll in einigen Fällen auch für Gehirnmißbildungen und Schwachsinn verantwortlich sein. In letzter Zeit wurde bekannt, daß das Virus auch einen intrauterinen Wachstumsrückstand, Myokardschäden und Gefäßmißbildungen verursacht.

Die Art der Mißbildung hängt vom embryonalen Entwicklungsstadium ab, in welchem die Infektion stattfindet. Katarakte z. B. entstehen durch Infektion in der 6. Schwangerschaftswoche, Taubheit durch Infektion in der 9. Woche. Herzmißbildungen treten nach einer Infektion in der 5. bis 10. Woche, Zahndeformitäten nach einer Infektion in der 6. bis 9. Woche auf. Eine funktionelle Schädigung des Zentralnervensytems (z. B. zentrale Taubheit) kann noch nach einer Infektion im zweiten Trimester auftreten.

Über das Ausmaß der Mißbildungen von Kindern infizierter Mütter Voraussagen zu machen ist aber außerordentlich schwierig, da Röteln einen milden Verlauf haben und übersehen werden können oder von ungewöhnlichen klinischen Symptomen begleitet sind und deshalb unerkannt bleiben. Ferner gibt es, worauf bereits hingewiesen wurde, angeborene Fehlbildungen, die erst entdeckt werden, wenn das Kind ein Alter von 2 bis 4 Jahren erreicht hat. Andererseits können Hautausschläge, die von anderen Viren verursacht werden, fälschlicherweise für Röteln gehalten werden. In einer sorgfältigen Untersuchung wurde das Risiko von Mißbildungen bei Säuglingen, die unmittelbar nach der Geburt untersucht werden, mit 47 % angegeben, wenn die Infektion während der ersten vier Schwangerschaftswochen eintrat. Bei einer Infektion in der 5. bis 8. Woche sind es 22 %, bei einer Infektion in der 9. bis 12. Woche 7 % und bei einer Infektion in der 13. bis 16. Woche 6 %.

Wenn man Fehlentwicklungen wie Schwachsinn und Zahndefekte, die oft erst im späteren Leben zutage treten, mit einbezieht, werden die eben genannten Prozentzahlen wahrscheinlich höher sein. (65 % der Fälle von angeborener Taubheit aufgrund einer Rubeola-Infektion werden erst im 4. Lebensjahr entdeckt.)

In den letzten zehn Jahren sind zwei wesentliche Fortschritte erzielt worden, die für die Rubeola-Embryopathie von Bedeutung sind. Es stehen jetzt Labormethoden zur Verfügung, mit denen bei den Patienten das Virus nachgewiesen und der Antikörperspiegel im Blut bestimmt werden kann. Ein wichtiger Anwendungsbereich dieser Nachweismethoden besteht darin, daß man bei einer Patientin die Immunität nachweisen und damit das Auftreten von Rubeola während der Schwangerschaft nicht fürchten muß. Eine epidemiologische Untersuchung von 600 Frauen hat ergeben, daß sie in 85 % der Fälle immun waren. Ein zweiter bedeutender Fortschritt besteht in der Entdeckung, daß das Virus in den Feten über die Plazenta eindringt, und daß die Infektion beim Kind nach der Geburt noch für eine Reihe von Monaten oder Jahren fortbestehen kann. Diese Kinder zeigen gewöhnlich keine Krankheitssymptome und können das Virus auf das Krankenhauspersonal, das heißt auf Schwestern, Ärzte und andere Pflegepersonen übertragen. Heute steht ein sicherer und wirksamer Impfstoff zur Verfügung, mit dem in den USA über 35 Mill. Frauen aktiv immunisiert worden sind.

Zytomegalie-Virus. Nur für drei Viren, das Röteln-Virus, das Zytomegalie-Virus und das Herpes-simplex-Virus, ist mit Sicherheit nachgewiesen, daß sie Mißbildungen und fetale chronische Infektionen, die nach der Geburt fortbestehen, erzeugen. Die kongenitale Zytomegalie beruht aller Wahrscheinlichkeit nach auf einer intrauterinen Infektion mit einem beim Menschen vorkommenden Zytomegalie-Virus durch die symptomlos erkrankte Mutter. Durch die Infektion kommt es unter anderem zur Mikrozephalie, zu zerebralen Verkalkungen, zu Blindheit und Chorioretinitis, sowie zu Hepatosplenomegalie. Bei einigen Kindern finden sich ein Kernikterus und multiple Hautblutungen. Früher wurde das Krankheitsbild nur nach Autopsie aufgrund von Riesenzellen mit großen Kernen und Einschlußkörperchen diagnostiziert. Die Einschlußkörperchen treten besonders in den Nierenepithelien auf und können in den Urin übertreten. Eine Infektion des Embryos oder Fetus führt oft zum Fruchttod. Beim Überlebenden kann durch die zerstörende Meningoenzephalitis eine schwere zerebrale Schädigung zurückbleiben. Da das Krankheitsbild bei der Schwangeren zumeist nicht diagnostiziert wird, weiß man nicht, welche Schäden durch eine Infektion in einem frühen Entwicklungsstadium und welche durch eine spätere Infektion entstehen. Es ist nicht unwahrscheinlich, daß eine Infektion des Embryos in einem frühen Entwicklungsstadium zu einer so schweren Schädigung führt, daß ein Überleben nicht möglich ist. In den Fällen, die diagnostiziert werden können, handelt es sich wahrscheinlich nur um Feten, die in der Spätschwangerschaft infiziert worden sind.

Herpes-simplex-Virus. Es gibt einige Berichte über eine intrauterine Infektion mit Herpes simplex. Die Infektion erfolgt in der späten Schwangerschaft. Als Schädigungen wurden Mikrozephalie, Hepatosplenomegalie und Schwachsinn beschrieben. Meistens wird das Kind wie bei Geschlechtskrankheiten bei der Geburt infiziert. Die Krankheitssymptome entwickeln sich dann als typische entzündliche Reaktionen während der ersten drei Lebenswochen.

Asiatische Grippe. Die Berichte über mögliche teratogene Wirkungen der asiatischen Grippe sind bisher ziemlich widerspruchsvoll. Einige Untersucher können keine Anzeichen für solche Wirkungen finden, andere berichten, daß die Häufigkeit von Anenzephalie in der Nachkommenschaft von Müttern, die mit diesem Virus während der Frühschwangerschaft infiziert waren, höher ist als in einer Kontrollbevölkerung. Es wurde daraus der Schluß gezogen, daß die Anenzephalie gelegentlich nach einer Infektion der Mutter vorkommen kann. Das Risiko scheint jedoch niedrig zu sein.

Andere Virusinfektionen. Mißbildungen nach einer Infektion der Schwangeren mit Masern, Mumps, Hepatitis, Poliomyelitis, Windpocken,Echo-Viren und Coxsackie-Viren sind beschrieben worden, Neuere statistische Untersuchungen lassen jedoch erkennen, daß wahrscheinlich keine von ihnen Mißbildungen verursacht. Bei den Masern sprechen ein Teil der Daten dagegen, während andere die Möglichkeit offen lassen.

Toxoplasmose. Es ist nachgewiesen worden, daß eine Infektion der Mutter durch das Protozoon **Toxoplasma gondii** angeborene Mißbildungen verursacht. Das betroffene Kind kann zerebrale Verkalkung, Hydrozephalus oder Schwachsinn aufweisen. Auch über Chorioretinitis, Mikrophthalmus und andere Augenmißbildungen ist berichtet worden. Genaue Zahlen über die Häufigkeit von Mißbildungen infolge einer Toxoplasmoseinfektion sind nicht zu erhalten, da die Erkrankung der Schwangeren wie bei der Zytomegalie gewöhnlich unentdeckt bleibt.

Syphilis. Früher wurde die Syphilis für die wichtigste Ursache von Mißbildungen gehalten. Inzwischen stellte sich jedoch heraus, daß dies nicht ganz richtig ist. Als die Syphilis noch eine weitverbreitete Krankheit war, wurden angeborene Mißbildungen, wie Lippen- und Gaumenspalte, Spina bifida und andere, oft dieser Krankheit zugeschrieben. Als die Krankheit jedoch seltener wurde, wurde auch die Verbindung zwischen ihr und den angeborenen Mißbildungen seltener. Es steht jedoch außer Frage, daß die Syphilis bei der Nachkommenschaft zu angeborener Taubheit und zu Schwachsinn führen kann. Außerdem tritt in vielen anderen Organen, z. B. in der Lunge und in der Leber, eine charakteristische diffuse Fibrose auf.

Strahlen

Die teratogene Wirkung von Röntgenbestrahlung ist seit vielen Jahren bekannt, und man weiß, daß Mikrozephalie, Schädelmißbildungen, Spina bifida, Blindheit, Gaumenspalte und Mißbildungen der Extremitäten nach der Behandlung schwangerer Frauen mit großen Dosen von Röntgenstrahlen oder mit Radium auftreten. Beim Menschen ist die Dosis, die noch als ungefährlich angesehen werden kann, nicht bekannt. Bei Mäusen ist es jedoch möglich, den Fetus schon mit so kleinen Dosen wie 5 R zu schädigen. Dabei hängt die Art der Mißbildung von der Strahlendosis ab und von dem Entwicklungsstadium, in dem die Bestrahlung stattfindet.

Untersuchungen der Nachkommenschaft von japanischen Frauen, die zur Zeit der Atomexplosion über Hiroshima und Nagasaki schwanger waren, zeigten, daß von den Überlebenden 28 % eine Fehlgeburt hatten, 25 % Kinder zur Welt brachten, die innerhalb des ersten Lebensjahres starben und 25 % der überlebenden Kinder Mißbildungen des Zentralnervensystems wie Mikrozephalie und Schwachsinn aufwiesen.

Außer der direkten Strahlenwirkung auf den Embryo müssen auch die indirekten Wirkungen auf die Keimzellen in Betracht gezogen werden. Tatsächlich konnte nachgewiesen werden, daß relativ kleine Strahlungsdosen bei Mäusen Mutationen verursachen, die ihrerseits zum Auftreten von angeborenen Mißbildungen in den folgenden Generationen führen.

Es gibt Untersuchungen, in denen gezeigt wurde, daß bei Kindern strahlenexponierter Eltern keine Mißbildungen auftraten. Andere vertreten jedoch die Auffassung, daß eine wiederholte Strahlendosis zwischen 30 und 80 R pro Generation beim Menschen das spontane Auftreten von Mutationen verdoppeln kann. Trotz bruchstückhafter und oft widersprüchlicher Befunde muß man sich der durch Strahlen entstehenden Gefährdung des Menschen bewußt sein.

Chemische Stoffe

Arzneimittel. Die Rolle der Arzneimittel bei der Entstehung von Fehlbildungen beim Menschen ist schwer zu beurteilen, da die auf diesem Gebiet durchgeführten Untersuchungen zwangsläufig retrospektiv sind. Von den vielen während der Schwangerschaft eingenommenen Arzneimitteln haben sich nur wenige tatsächlich als teratogen für das Kind erwiesen. Das beste Beispiel ist **Thalidomid,** ein zur Behandlung von allgemeiner Übelkeit und Schlaflosigkeit angewandtes Medikament. 1962 beobachtete man in Westdeutschland, das **Amelie** und **Meromelie** (völliges oder partielles Fehlen der Extremitäten), die bis dahin für seltene hereditäre Mißbildungen gehalten wurden, plötzlich häufiger auftraten. Die Durchsicht der vorgeburtlichen Krankengeschichten der betreffenden Kinder führte daraufhin zu der Entdeckung, daß viele der Mütter in der frühen Schwangerschaft Thalidomid eingenommen hatten. Die Aufdeckung des kausalen Zusammenhanges zwischen Thalidomid und Meromelie war nur deshalb möglich, weil das Medikament eine so ungewöhnliche Art der Mißbildung hervorrief. Bei einem häufiger auftretenden Defekt, wie der Hasenscharte oder einer Herzmißbildung, hätte der Zusammenhang mit dem Arzneimittel leicht übersehen werden können.

Die durch Thalidomid hervorgerufenen Schäden sind: Fehlen oder schwere Deformitäten der langen Röhrenknochen, intestinale Atresie und Herzmißbildungen. Nachdem die direkte Beziehung zwischen Thalidomid und Meromelie bekannt geworden war, wurde das Medikament sofort aus dem Handel gezogen. Die Häufigkeit der Meromelie hat danach schlagartig abgenommen.

Ein ebenfalls gefährliches Arzneimittel ist **Aminopterin.** Diese Verbindung gehört zu der Gruppe der Antimetaboliten und ist ein Folsäureantagonist. In Dosen, die höher als die teratogenen liegen, ist das Präparat imstande, die Schwangerschaft zu unterbrechen. Bei an Tuberkulose leidenden Frauen ist es deshalb in der Frühschwangerschaft zur therapeutischen Schwangerschaftsunterbrechung benutzt worden. In vier Fällen, in denen es nicht zum Abort kam, wurden Mißbildungen bei der Nachkommenschaft gefunden. Die festgestellten Defekte waren Anenzephalie, Meningozele, Mikrozephalus, Lippen- und Gaumenspalte. Da das Mittel jedoch in einer Reihe von Fällen während der Schwangerschaft benutzt worden ist, ohne teratogene Wirkungen zu erzeugen, kann von einer befriedigenden Beweisführung über seine teratogenen Eigenschaften beim Menschen noch nicht gesprochen werden.

Ein altes Arzneimittel, das lange für teratogen gehalten wurde, ist **Chinin.** In hohen Dosen ist es oft als Abtreibungsmittel benutzt worden, und man glaubte, daß es nach einer derartigen Anwendung angeborene Taubheit verursacht. Tierversuche scheinen diese Auffassung zu stützen. Beim Menschen konnte jedoch ein Beweis nicht erbracht werden.

Neben Thalidomid, Aminopterin und Chinin sind eine Reihe anderer Medikamente möglicherweise ebenfalls teratogen. Hierzu gehören **Antiepileptika,** die von Epileptikerinnen während der Schwangerschaft eingenommen werden. In einer retrospektiven Studie über 427 Schwangerschaften bei 186 Epileptikerinnen war die Häufigkeit von auffälligen Mißbildungen, wie Herzfehlern, Kiefer-Gaumen-Spalten und Mikrozephalie, doppelt so hoch wie erwartet. In einer vergleichbaren Studie aus Holland waren angeborene Mißbildungen 8mal so häufig wie in der Kontrollgruppe. Kiefer-Gaumen-Spalten kamen sogar 29mal häufiger vor. Phenobarbital, Trimethadion und Diphenylhydantoin einzeln oder in Kombinationen waren dabei die am häufigsten angewandten Verbindungen. Auf der anderen Seite gibt es Untersuchungen, in denen keine sichere Erhöhung der Mißbildungsrate bei Epileptikerinnen nachgewiesen werden konnte.

Obwohl nur für wenige Medikamente eine teratogene Wirkung beim Menschen eindeutig nachgewiesen worden ist, wurde auch vor einer Reihe von anderen Verbindungen gewarnt, da sie den Embryo oder Fetus möglicherweise schädigen können. Die wichtigsten davon sind: Propylthiourazil und Kaliumjodid (Struma und Schwachsinn), Streptomyzin (zum Teil Taubheit), Sulfonamide (Kernikterus), Tetrazyklin (Hemmung des Knochenwachstums), Rauchen (Geburt kleiner Kinder), Sulfonylharnstoffe (multiple Mißbildungen?), Meprobamat (Entwicklungsrückstand?), und Antihistamine (Unfruchtbarkeit?, Mißbildungen?). Es sind jedoch noch sehr viel mehr Untersuchungen erforderlich, bis diese Verbindungen mit Sicherheit als teratogen bezeichnet werden können.

Über die teratogene Wirkung von LSD (Lysergsäure-Diäthylamid) ist in den letzten Jahren viel diskutiert worden. Es sollen Mißbildungen der Gliedmaßen und des Zentralnervensystems entstehen. Die zusammenfassende Auswertung von mehr als 100 Publikationen ergab jedoch, daß LSD in geringen Dosen für den Menschen nicht teratogen ist. In einer anderen Untersuchung wird über 161 Kinder berichtet, deren Eltern LSD eingenommen hatten. In dieser Gruppe befanden sich 5 Kinder mit Mißbildungen der Extremitäten. Die Schwierigkeit bei derartigen Untersuchungen besteht darin, daß häufig noch andere Drogen benutzt wurden, daß über Dosis und Zeitpunkt der Einnahme nur ungenaue Angaben zu erhalten sind, und daß ein typisches Schädigungsmuster noch nicht bekannt ist.

Hormone

Gestagene. Synthetische Gestagene wurden vor einigen Jahren zur Abortprophylaxe angewandt. Aus der Gruppe der Gestagene haben Ethisteron und Norethisteron eine deutliche androgene Wirkungskomponente, die in vielen Fällen zur Maskulinisierung der Genitalien in weiblichen Embryonen geführt hat. Die Klitoris war vergrößert und die Labioskrotalfalten waren teilweise miteinander verschmolzen. Entsprechende Anomalien lassen sich bei der Ratte durch synthetische Gestagene ebenfalls experimentell erzeugen.

Östrogene. Das synthetische Östrogen Diäthylstilböstrol wurde ebenfalls bei drohendem Abort während der ersten drei Schwangerschaftsmonate gegeben. Die Kinder aus diesen Schwangerschaften sind größtenteils bereits erwachsen. Jetzt wurde bei jungen Frauen im Alter von 16–22 Jahren, die *in utero* einer Stilböstrolbehandlung ausgesetzt waren, gehäuft ein adenomatöser Tumor der Vagina gefunden. Diese Tumoren sind offenbar bereits in der embryonalen Anlage der Vagina erzeugt worden.

Kortison. Experimentelle Untersuchungen haben wiederholt gezeigt, daß Kortison, wenn es Mäusen und Kaninchen in bestimmten Schwangerschaftsstadien injiziert wird, einen hohen Prozentsatz von Gaumenspalten bei der Nachkommenschaft erzeugen kann. Obwohl in einigen Arbeiten berichtet wird, daß Kortison, wenn es in der Frühschwangerschaft gegeben wird, eine Gaumenspalte beim Kind hervorrufen kann, wurde eine Reihe von Fällen beschrieben, in denen die Mutter während der gesamten Schwangerschaft Kortison erhielt und das Kind trotzdem normal zur Welt kam. Die bisherigen Untersuchungen berechtigen jedenfalls nicht zu der Annahme, daß Kortison zu den Umweltfaktoren gehört, die beim Menschen Gaumenspalten erzeugen.

Diabetes der Mutter. Störungen im Kohlenhydratstoffwechsel während der Schwangerschaft aufgrund eines mütterlichen Diabetes oder Prädiabetes sind die Ursache für ein gehäuftes Auftreten von Totgeburten, perinatalen Todesfällen und überdurchschnittlich großen Kindern. Aus einer Großstudie, die in Dänemark durchgeführt wurde, geht hervor, daß von diabetischen Müttern dreimal so häufig mißgebildete Kinder geboren werden wie von nicht diabetischen Müttern. Bei vielen der betroffenen Kinder läßt sich ein „kaudales Defekt-Syndrom" abgrenzen. Bei etwa zwei Drittel der Kinder fehlen einer oder mehrere sakrale oder lumbale Wirbel. Außerdem sind Mißbildungen des Muskel- und Skelettsystems der unteren Gliedmaßen vorhanden. Insulin selbst ist nicht teratogen, mit Ausnahme der beim Insulinkoma therapeutisch angewandten Dosen. Die erhöhte Sterblichkeit und Mißbildungsrate bei Neugeborenen von diabetischen und prädiabetischen Müttern sind daher auf den gestörten Blutzuckerspiegel bei der Mutter zurückzuführen.

Es wurde berichtet, daß Frauen, die in ihrer Vorgeschichte mißgebildete Kinder und Anzeichen von gestörtem Kohlenhydratstoffwechsel aufwiesen, weniger Fehlgeburten, Totgeburten und Kinder mit angeborenen Mißbildungen hatten, wenn sie mit Insulin oder Thyreoideapräparaten oder beidem behandelt wurden. Leider läßt sich nicht beweisen, daß diese Frauen ohne die genannte Behandlung keine normalen Kinder auf die Welt gebracht hätten.

Mangelernährung

Obgleich sich viele Ernährungsstörungen, insbesondere Avitaminosen, in der experimentellen Forschung als teratogen erwiesen haben, gibt es noch keinen endgültigen Beweis, daß sie beim Menschen teratogen sind. Mit Ausnahme des endemischen Kretinismus, der mit mütterlichem Jodmangel zusammenhängt, sind beim Menschen keine Analogien zu den Tierexperimenten beobachtet worden.

Hypoxie

Bei vielen Versuchstieren erzeugt Hypoxie Mißbildungen. Ob das gleiche für den Menschen gilt, muß noch abgewartet werden. Kinder, die in relativ großen Höhen geboren werden, sind gewöhnlich leichter und kleiner, als Kinder, die nahe dem Meeresspiegel auf die Welt kommen. Die Häufigkeit kongenitaler Mißbildungen ist jedoch die gleiche. Frauen mit zyanotischen Herzkrankheiten bringen deshalb oft kleine Kinder zur Welt, die aber gewöhnlich keine schweren Mißbildungen zeigen.

Chromosomale und genetische Faktoren

Die normale Somazelle enthält beim Menschen 46 Chromosomen, die sich in 23 Paaren ordnen lassen. Die Geschlechtschromosomen sind in der weiblichen Zelle durch zwei X-Chromosomen vertreten, die in ihrer Größe den Autosomen der 6–12-Gruppe entsprechen (Abb. 1–1 B). In der männlichen Zelle bestehen sie aus einem X-Chromosom und einem sehr viel kürzeren Y-Chromosom, das in seiner Größe etwa den Autosomen der 21–22-Gruppe entspricht.

Nachdem das normale Chromosomenmuster bekannt war, stellte sich bald heraus, daß eine Reihe von Patienten eine **abnorme Chromosomenzahl** besitzen. Einige dieser Anomalien betreffen die Autosomen, – in den meisten Fällen ist ein Extrachromosom vorhanden –, andere die Geschlechtschromosomen, insbesondere das X-Chromosom. Ist ein zusätzliches Chromosom vorhanden, also drei statt der üblichen zwei, besteht bei dem Individuum eine Trisomie für dieses Chromosom; das Krankheitsbild heißt **Trisomie** (vgl. Kap. 1, S. 9). Durch die Anfärbung der für jedes Chromosom charakteristischen Banden können heute überzählige Chromosomen oder Chromosomenbruchstücke bereits vor der Geburt mit Sicherheit identifiziert werden (vgl. Kap. 8, S. 142).

Autosomenaberrationen

Trisomie 21. Diese Anomalie findet sich in den Somazellen beim Mongolismus (Down-Syndrom) (Abb. 7–1). Während der Meiose trennen sich die beiden Homologen eines Chromosomenpaares, so

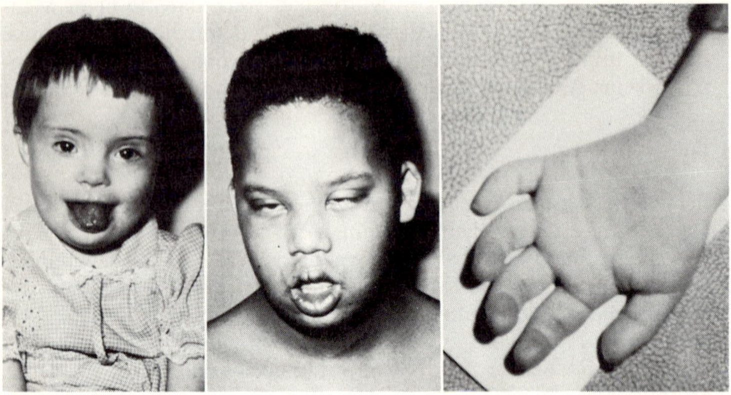

A B C

Abb. 7–**1** A und B, Kinder mit Mongolismus. Das Syndrom zeigt folgende Symptome: breites Gesicht, große Zunge, wülstige Unterlippe, breite Hände mit einer einzelnen querverlaufenden Furche (Affenhand [C]). Der charakteristische Ausdruck der Augen entsteht durch den Epikanthus, einer sichelförmigen Hautfalte am inneren Rand des oberen Augenlides. Die Kinder sind in der Regel schwachsinnig und haben häufig angeborene Herzmißbildugen. (Dr. J. Miller, Department of Neurology, University of Virginia.)

daß jede Tochterzelle nur halb so viele Chromosomen enthält wie die Mutterzelle (s. Kapitel 1, S. 8). Wenn, anstatt sich zu trennen, beide Glieder eines Paares in eine einzige Zelle wandern (**Non-disjunction**), enthält diese Zelle nicht wie es normalerweise der Fall ist 23, sondern 24 Chromosomen. Bei der Befruchtung verschmilzt ein Gamet mit der normalen Chromosomenzahl von 23 mit dem abnormen Gameten, so daß eine Zygote mit 47 Chromosomen entsteht, von denen drei identisch sind (Trisomie). Da der Mongolismus mit zunehmendem Alter der Mutter häufiger wird, nimmt man an, daß die „Non-disjunction" während der Oogenese und nicht während der Spermatogenese auftritt.

Bei Müttern im Alter bis zu 25 Jahren kommt Mongolismus mit einer Häufigkeit von 1 auf 2000 Geburten vor, bei Müttern über 40 dagegen mit einer Häufigkeit von 1 auf 100 Geburten.

In einigen Fällen von Mongolismus ist das Extrachromosom 21 an ein anderes Chromosom angeheftet, meistens an eines der 13–15 oder 21–22 Gruppe. Es besteht eine **Translokation** eines Chromosoms 21. Die Zellen enthalten dann 46 Chromosomen. Eines von ihnen ist jedoch außergewöhnlich groß, da es eigentlich aus zweien besteht.

In einigen Fällen findet man eine Translokation des Chromosoms 21 bei einem Elternteil eines Kindes mit Trisomie 21. Dieser Elternteil besitzt dann 45 Chromosomen, ist aber klinisch normal, da alles normale Chromosomenmaterial vorhanden ist. Die Träger eines solchen Chromosomenmusters werden als **Überträger** bezeichnet. Die Paarung und Trennung des translozierten Chromosoms und der zwei einzelnen normalen Homologe (21 und 13–15) in der Meiose bestimmt die Zusammensetzung der Chromosomen in den Gameten. Viele der möglichen Kombinationen sind wahrscheinlich in der weiteren Entwicklung des Embryos Letalfaktoren. Wenn jedoch ein normaler Gamet mit einer Chromosomenkombination 13–15 plus 21 sich mit einem translozierten Chromosom 13–15–21 plus einem freien 21 kombiniert, entsteht die für den Mongolismus charakteristische Trisomie 21.

Eine zytogenetische Untersuchung ist in diesem Fall besonders wichtig. Wenn die Eltern eines mongoloiden Kindes normale Chromosomen besitzen, beträgt die Wahrscheinlichkeit für ein zweites mongoloides Kind 1–2 %. Ist jedoch einer der Elternteile Träger eines translozierten Chromosoms 21, ist die Wahrscheinlichkeit, daß ihnen ein zweites mongoloides Kind geboren wird, sehr viel größer. Sie soll dann auf etwa 1 : 3 ansteigen.

Trisomie 18. Kinder mit dieser Chromosomenanordnung zeigen folgende, auf ein einheitliches Krankheitsbild hinweisende Sym-

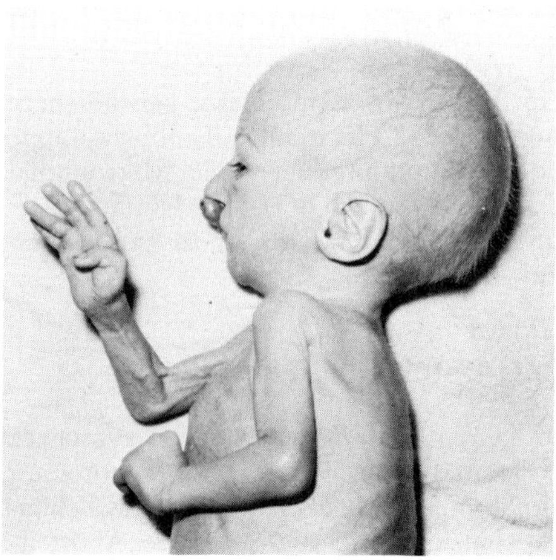

Abb. 7–**2** Kind mit Trisomie 18. Charakteristisch ist das vorstehende Hinterhaupt, Vorliegen einer Lippenspalte, fliehender Unterkiefer, tiefer Ohrenansatz und einer oder mehrere spastisch gebeugte Finger. (Dr. J. Miller, Department of Neurology, University of Virginia.)

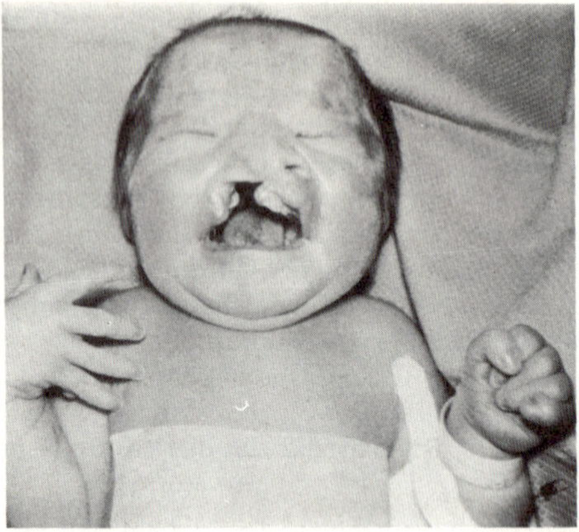

Abb. 7–3 Kind mit Trisomie 13–15. Es zeigt eine Kiefer-Gaumen-Spalte, fliehende Stirnpartie und Mikrophthalmie. Häufig ist das Syndrom auch mit Polydaktylie verbunden. (Dr. J. Miller, Department of Neurology, University of Virginia.)

ptome: Schwachsinn, angeborene Herzfehler, tiefsitzende Ohren und Abknickung der Finger und Hände (Abb. 7–2). Oft findet man noch zusätzlich Mikrognathie, Nierenfehlbildungen, Syndaktylie und Mißbildungen am Skelettsystem. Die Häufigkeit beträgt 0,3 auf 1000 Geburten. Die Kinder sterben in den meisten Fällen im Alter von 2 Monaten.

Trisomie 13–15. Die wichtigsten Defekte bei diesem Syndrom sind: Schwachsinn, angeborene Herzfehler, Taubheit, Lippen- und Gaumenspalte und Augenmißbildungen wie Mikrophthalmie, Anophthalamie und Kolobom (Abb. 7–3). Die Häufigkeit der Aberration beträgt 0,2 auf 1000 Geburten. Die Kinder sterben zumeist im Alter von 3 Monaten.

Chromosomale Defekte bei Fehlgeburten

In den letzten Jahren sind eine Reihe von zytogenetischen Untersuchungen bei Spontanaborten durchgeführt worden, um die Beziehung zwischen Chromosomenaberrationen und Fehlgeburten aufzuklären. Chromosomenaberrationen sollen bei Aborten in einer Häufigkeit von 10 bis 64 % vorkommen. Wenn man auch den genauen Prozentsatz nicht kennt, so kann man doch sagen, daß Chromosomenaberrationen bei Fehlgeburten etwa 50mal häufiger sind als bei ausgetragenen Kindern. Die Chromosomenaberrationen betreffen sowohl die Autosomen als auch die Geschlechtschromosomen. Die Monosomie für das X-Chromosom scheint dabei eine der häufigsten Anomalien zu sein.

Aberrationen der Geschlechtschromosomen

Eine wesentliche Anregung zur Erforschung der Aberrationen bei den Geschlechtschromosomen ging von BARR, BERTRAM und MOORE aus, die ein wesentliches morphologisches Merkmal an den Zellkernen beobachteten. Sie fanden in 40 bis 80 % der Zellen einer normalen Frau ein kleines, dunkel gefärbtes Körperchen, das in den meisten Fällen an der Kernmembran sitzt. Dieses Körperchen läßt sich in normalen männlichen Zellen nur sehr selten oder gar nicht nachweisen. Es stellte sich bald heraus, daß es sich um eines der beiden X-Chromosomen der weiblichen Zelle handelt. Das Körperchen heißt daher heute **Geschlechtschromatin-Körperchen;** die weiblichen Zellen werden chromatin-positiv, die männlichen chromatin-negativ genannt.

Aufgrund von Kerngeschlechtsbestimmung in Kombination mit der Chromosomenanalyse stellte sich heraus, daß eine Infertilität durch eine abnorme Geschlechtschromosomenkonstitution bedingt sein kann. Wie im Falle der Autosomenaberration ist anzunehmen, daß sie auch durch Non-disjunction entsteht. Wenn während der Meiose sich die beiden homologen X-Chromosomen nicht trennen und gemeinsam in eine Tochterzelle wandern, hat die Oozyte entweder zwei X-Chromosomen oder gar keines. Wenn eine Oozyte mit zwei X-Chromosomen sich mit einem Y-enthaltenden Sperma kombiniert, entsteht eine Zygote mit einem XXY-Geschlechtschromosomensatz. Verschmilzt dagegen die XX-Oozyte mit einem X-enthaltenden Sperma, entsteht eine XXX-Zygote. Wird die Oozyte ohne Geschlechtschromosomen mit einem X-Sperma befruchtet, entsteht eine Zygote mit einer XO-Chromosomenkombination. Bei der Befruchtung mit einem Y-Sperma entsteht eine YO-Zygote. Durch die andere Möglichkeit, Non-disjunction während der Spermatogenese, können sich Spermien ohne Geschlechtschromosomen, Spermien, die ein X *und* ein Y enthalten, und sogar Spermien mit zwei Y bilden. Die Befruchtung einer normalen Oozyte wird eine XO-, ein XXY- oder ein XYY-Geschlechtschromosomenkombination ergeben. Alle diese Kombinationen der Geschlechtschromosomen konnten bei Patienten beobachtet werden.

Klinefelter-Syndrom. Das Syndrom, das nur bei Männern auftritt, ist charakterisiert durch Sterilität, Hodenatrophie, hyaline Degeneration der Samenkanälchen und Gynäkomastie. Die Zellen weisen

47 Chromosomen auf mit einer Geschlechtschromosomenkombination vom Typus XXY. In 80 % der Fälle ist ein Geschlechtschromatin-Körperchen nachweisbar. In der Gesamtbevölkerung beträgt die Häufigkeit 1 auf 500 Männer. Unter Schwachsinnigen steigt die Häufigkeit auf 1 zu 100 an. Die häufigste Ursache scheint Non-disjunction der XX-Homologen zu sein.

Gelegentlich weisen Patienten mit Klinefelter-Syndrom 48 Chromosomen auf, das heißt 44 Autosomen und 4 Geschlechtschromosomen (XXXY). Dieser Geschlechtschromosomensatz entsteht entweder durch Non-disjunction der Geschlechtschromosomen bei den Gameten beider Eltern oder durch Non-disjunction der X-Chromosomen in der Eizelle, sowohl in der ersten als auch in der zweiten Reifetei-

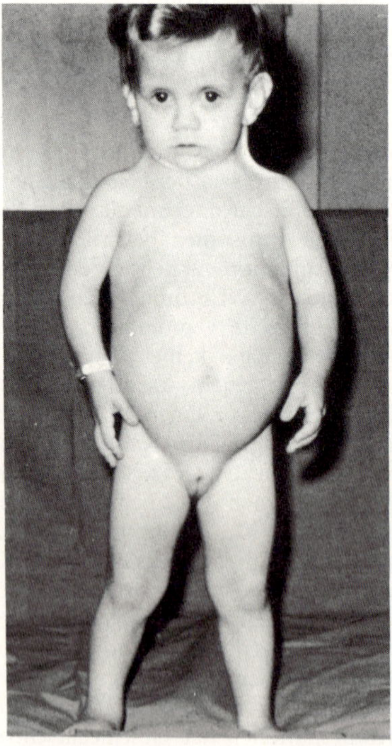

Abb. 7–**4** Kind mit Turner-Syndrom. Die auffälligen Zeichen sind die Hautfalten zwischen Warzenfortsatz und Akromion (Pterygium colli), gedrungener Körperbau, rechteckiger Brustkorb und das Ausbleiben der Pubertät. (Dr. J. Miller, Department of Neurology, University of Virginia.)

lung (Abb. 1–6). Die zweite Möglichkeit ist am wahrscheinlichsten. Wenn bei einem Patienten in verschiedenen Organen unterschiedliche Kombinationen von Geschlechtschromosomen vorhanden sind, wird dies als **Mosaizismus** bezeichnet Mosaizismus entsteht wahrscheinlich durch Non-disjunction der Geschlechtschromosomen während der mitotischen Furchungsteilungen.

Turner-Syndrom. Bei diesem Krankheitsbild ist nur ein X-Chromosom vorhanden. Es liegt also der Chromosomensatz 45, XO vor. Es handelt sich um Frauen mit zweifelsfrei weiblichem Äußeren. Weitere häufig auftretende Symptome sind Pterygium colli (Abb. 7–4), Lymphödem der Extremitäten und Mißbildungen des Skelettsystems. Die Intelligenz ist jedoch normal. Da kein Y-Chromosom vorhanden ist, entwickeln sich keine Hoden. Es entsteht konstitutiv ein Ovar. Nach der Geburt sind von den Ovarien jedoch nur noch bindegewebige Stränge vorhanden. Die Degeneration der Ovarien kommt wahrscheinlich durch das Absterben der XO-Oozyten zustande. Ohne Oozyten können keine Follikel induziert und damit keine weiblichen Sexualhormone gebildet werden.

Die genetische Analyse hat ergeben, daß dieses Syndrom zumeist durch „Non-disjunction" im männlichen Gameten während der Meiose hervorgerufen wird. Wie im Fall des Klinefelter-Syndroms zeigen auch die Patientinnen mit Turner-Syndrom gelegentlich Mosaizismus (XO/XX; XO/XY; oder XO/XYY-Kombinationen werden beobachtet). Die Häufigkeit von XO-Frauen wird zur Zeit mit 1 auf 3900 in der normalen Bevölkerung angegeben.

Triple-X-Syndrom. Patientinnen mit Triple-X-Syndrom sind infantil, mehr oder weniger schwachsinnig und haben schwache Menses. Sie besitzen in ihren Zellen zwei Geschlechtschromatin-Körperchen und werden deshalb manchmal als „superfemale" bezeichnet. Das Triple-X-Syndrom entsteht durch die Befruchtung einer XX-Oozyte mit einem X-enthaltenden Spermium. Einige der Patientinnen sind sicher fortpflanzungsfähig und haben erstaunlicherweise ohne Ausnahme normale Kinder. Rein theoretisch sollten die Triple-X-Patientinnen Oozyten mit einem und Oozyten mit zwei X-Chromosomen in gleicher Anzahl hervorbringen. Die Befruchtung der abnormen XX-Oozyten sollte dann zur Bildung von XXX- und XXY-Zygoten führen.

Strukturanomalien der Chromosomen

Außer der Vermehrung oder Verminderung der Chromosomenzahl gibt es Veränderungen in der Struktur der Chromosomen. Sie entstehen nach Chromosomenbrüchen. Chromosomenbrüche können durch Viren, durch Strahlung oder durch Medikamente verursacht werden.

Wenn ein chromosomales Bruchstück sich an ein anderes Chromosom anlagert, entsteht eine **Translokation.** Der Träger einer Translokation besitzt einen normalen Phänotyp, wenn trotz der abnormen Verteilung auf die einzelnen Chromosomen die Gesamtmenge des Genmaterials normal ist. Als **balancierter Überträger** kann er das Chromosom mit der Translokation vererben. Wenn das zu lange und das zu kurze Chromosom zufällig in einen haploiden Gameten gelangen, entwickelt sich wieder ein balancierter Überträger. Wird jedoch eines der abnormen Chromosomen zusammen mit dem normalen Homologen des anderen vererbt, entsteht ein nicht balancierter Chromosomensatz. Bei den Überträgern kommt es während der Reifeteilungen häufig zur Non-disjunction der abnormen Chromosomen.

Häufig geht das kleinere Bruchstück eines Chromosoms verloren. Es entsteht eine **partielle Deletion.** Ein bekanntes Beispiel ist das „cri du chat“-Syndrom, bei dem eine partielle Deletion am Chromosom 5 (5p–) besteht. Das Weinen der Kinder erinnert an das Schreien von Katzen. Das Syndrom geht mit Mikrozephalie, Schwachsinn und Herzfehlern einher. Es sind viele relativ seltene Syndrome bekannt, die durch das Fehlen kleiner Chromosomenstücke entstehen. Manchmal vereinigen sich die durch Chromosomenbrüche entstandenen Enden zu einem Ringchromosom. Ringchromosomen wurden beim Turner-Syndrom und bei Trisomie 18 beobachtet.

Gen-Defekte

Es ist seit langem bekannt, daß viele angeborene Mißbildungen beim Menschen erblich sind und daß einige eindeutig nach den MENDEL-Regeln vererbt werden. In vielen Fällen kann man die Fehlbildung direkt einer Veränderung eines einzelnen Gens zuordnen, so daß man von einer **Einzel-Gen-Mutation** spricht. Diese Art der Fehlbildung macht schätzungsweise 10 % aller Mißbildungen beim Menschen aus.

Gen-Defekte führen allerdings nicht nur zu angeborenen Mißbildungen, das heißt zu bei der Geburt vorhandenen, groben morphologischen Defekten, sondern auch zu einer großen Zahl von angeborenen Stoffwechselanomalien. Diese Krankheiten, unter denen die

Phenylketonurie, die Homozystinurie und die Galaktosämie am besten bekannt sind, führen in den meisten Fällen zu einem mehr oder weniger ausgeprägten Schwachsinn oder sind mit ihm verbunden. Eine ausführliche Darstellung der betroffenen Stoffwechselwege und Enzymdefekte würde jedoch über den Rahmen dieses Buches hinausgehen. Daher sollen in den folgenden Absätzen nur die schweren angeborenen Mißbildungen erwähnt werden.

Autosomale dominante Vererbung. Bei dominanter Vererbung verursacht das betreffende Gen Mißbildungen ohne Rücksicht darauf, ob es nur von einem Elternteil (heterozygot) oder von beiden (homozygot) stammt. Gewöhnlich ist die Fehlbildung heterozygoten Ursprungs, denn es ist ein seltener Zufall, wenn beide Eltern Träger gleichartig veränderter Gene sind. Bei Mißbildungen mit autosomaler dominanter Vererbung ist die Wahrscheinlichkeit, daß das Kind des betreffenden (heterozygoten) Genträgers befallen wird, 50 %. Die folgenden Mißbildungen sind Beispiele für eine derartige Vererbung: Chondrodystrophie; Dysostosis cleidocranialis; Hummerscherendefekte der Hände und Füße; Osteogenesis imperfecta.

Geschlechtsgebundene Vererbung. In diesem Fall werden die abnormen Gene mit dem X-Chromosom übertragen (Krankheiten, die durch Gene auf dem Y-Chromosom hervorgerufen werden, sind bisher nicht bekannt). Infolge der X-Inaktivierung entsteht bei heterozygoten weiblichen Individuen in bezug auf das betreffende Gen ein zelluläres Mosaik. Bei Strukturgenen läßt sich der Mosaikzustand in den Zellen des Blutes nachweisen. Bei den X-gebundenen vererbten Mißbildungen fungieren die Frauen als Überträger. Die Mißbildung selbst tritt dann bei der Hälfte ihrer Söhne in Erscheinung. Dies ist der Fall bei der X-gebundenen Form des Hydrozephalus, einer Form der Dysostosis multiplex (Pfaundler-Hurler), beim Syndrom der testikulären Feminisierung und anderen schwerwiegenden Leiden.

Autosomale rezessive Vererbung. Ein rezessives Gen manifestiert sich nur dann, wenn es homozygot, das heißt sowohl vom Vater als auch von der Mutter vererbt worden ist. Mißbildungen durch rezessive Gene werden selten beobachtet. Die betroffenen Kinder stammen fast immer von heterozygoten Eltern ab, die selbst keine Defekte aufweisen. Für Geschwister ist die Wahrscheinlichkeit, daß sie ebenfalls betroffen werden, eins zu vier. Im Vergleich zum Bevölkerungsdurchschnitt liegt bei Eltern von Kindern mit rezessiv vererbten Erkrankungen eine Blutsverwandtschaft häufiger vor. Beispiele von rezessiv vererbten Mißbildungen sind: Chondroektodermale Dysplasie, einige Fälle von Mikrozephalie und die Chondrodystrophia calcificans congenita.

Sporadische Fälle. Treten Mißbildungen plötzlich in Familien auf, in denen es keine anderen Mitglieder mit angeborenen Defekten gibt, werden sie gewöhnlich als sporadische Fälle bezeichnet. Da solche Patienten oft zur genetischen Beratung an den Arzt verwiesen werden, soll ein kurzer Überblick über die in Betracht kommenden Möglichkeiten gegeben werden:

Rezessive Gene. Wie bereits erwähnt, hat ein Kind von Eltern, die Träger eines rezessiven Gens sind, mit der Wahrscheinlichkeit von einem in vier Fällen damit zu rechnen, eine Mißbildung davonzutragen. Diese Tatsache, zusammen mit der relativ kleinen modernen Familie bedeutet, daß die meisten Fälle von rezessiv vererbten Mißbildungen nur sporadisch in Erscheinung treten. Im Falle der Chondrodystrophie mag dies zu Schwierigkeiten führen, da sowohl eine dominante als auch eine rezessive Variante der Mißbildung existiert.

Mutation. Eine Mutation ist eine plötzliche und irreversible Veränderung in der Wirkungsweise eines Gens. Ist die Mutation dominant, wird die Nachkommenschaft der betreffenden Person sie mit einer 50 %igen Wahrscheinlichkeit aufweisen.

Verminderte Penetranz. Normalerweise äußert sich ein dominantes Gen bei Individuen, die entweder homozygot oder heterozygot für dieses Gen sind, in gleicher Weise. Wenn jedoch die Merkmale für ein dominantes Gen in bestimmten Individuen nicht auftreten, spricht man von verminderter Penetranz dieses Gens. In ähnlicher Weise spricht man bei einem rezessiven Gen von verminderter Penetranz, wenn es sich im homozygoten Individuum nicht manifestiert. Bei dominanten Genen mit verminderter Penetranz scheint die Erkrankung Generationen zu überspringen. Manchmal läßt sich eine verminderte Penetranz dadurch erklären, daß eines der befallenen Individuen vor Manifestwerden der Erkrankung stirbt.

Phänokopie. Wenn der Phänotyp einer bekannten erblichen Mißbildung durch spezifische Umweltfaktoren erzeugt werden kann, bezeichnet man dies als Phänokopie. So kann z. B. ein aus einer pränatalen Rötelninfektion herrührender Katarakt als Phänokopie des erblichen, durch ein mutiertes Gen verursachten Kataraktes aufgefaßt werden. Liegt einer sporadisch auftretenden Abnormität ein Gen-Defekt zugrunde, so ist die Wahrscheinlichkeit des Wiederauftretens der Mißbildung innerhalb der gleichen Familie recht hoch. Wenn es sich jedoch bei dieser Mißbildung um eine Phänokopie handelt, ist die Gefahr eines Wiederauftretens gering. Wenn ein pränataler Faktor, wie z. B. Röteln, nicht nachgewiesen werden kann, ist es oft unmöglich, eine Phänokopie von anderen Ursachen für eine negative Familienanamnese zu unterscheiden.

Allgemeines über die Wirkung von Teratogenen

Aus dem, was bisher über die Wirkungsweise von teratogenen Faktoren bei Säugetieren bekannt geworden ist, zeichnen sich einige allgemeine Regeln ab. Es ist noch zu früh, sie als „Gesetze" zu bezeichnen. Man muß sie jedoch berücksichtigen, wenn man bei Kindern, die von speziellen teratogenen Faktoren geschädigt worden sind, eine Prognose stellen will.

1. Das Entwicklungsstadium des Embryos ist für die Empfindlichkeit gegenüber teratogenen Faktoren maßgebend. Die Säugetierentwicklung beginnt mit einer raschen Vermehrung von Zellen, die wenig oder gar keine Differenzierung zeigen. Diese Periode erstreckt sich von der Befruchtung bis zur Ausbildung der Keimblätter und wird als **Vorkeimblatt-Stadium** bezeichnet. Der folgende Entwicklungsabschnitt heißt **Embryonalperiode.** In der Embryonalperiode werden die einzelnen Organe angelegt. Im Anschluß an eine Phase der Zellvermehrung im Bereich der Anlage und nach der morphologischen Ausgestaltung der Organstruktur setzt die spezifische Differenzierung der Zellen ein. Der letzte Entwicklungsabschnitt, die **Fetalperiode,** zeichnet sich durch das Wachstum der einzelnen Organsysteme aus.

Für die Wirkungsweise eines Teratogens im **Vorkeimblatt-Stadium** gibt es nach allgemeiner Auffassung zwei Möglichkeiten: das Teratogen schädigt alle oder den größten Teil der Zellen und führt auf diese Weise zum Absterben des Embryos. Im zweiten Fall zerstört das Teratogen nur wenige Zellen. Die Regulationsfähigkeit des Embryos kann dann den Schaden kompensieren und es kommt zu keiner Mißbildung. Einige teratogene Faktoren, z. B. die Vitamin-A-Hypervitaminose und die Bestrahlung, die in späteren Entwicklungsstadien hochgradige Mißbildungen erzeugen, haben in der ersten Entwicklungsphase keine Wirkung auf den Embryo. Zur Zeit sind nur wenige Fälle bekannt, in denen Teratogene, die im ersten Entwicklungsabschnitt verabreicht wurden, Mißbildungen erzeugt haben. Es ist möglich, daß diese Teratogene im mütterlichen Gewebe gespeichert wurden und erst im zweiten Entwicklungsabschnitt wirksam wurden, in dem die Empfindlichkeit des Keimes ansteigt.

In der **Embryonalperiode,** das heißt im Stadium der intensiven Differenzierung, sind die meisten teratogenen Stoffe hoch wirksam und erzeugen zahlreiche Mißbildungen. Die Art der erzeugten Mißbildung hängt davon ab, welche Organanlage zum Zeitpunkt der Teratogenwirkung am empfindlichsten war. Jede Organanlage scheint in den frühen Differenzierungsstadien die größte Empfindlichkeit zu besitzen. Die einzelnen Organsysteme durchlaufen nacheinander ihre empfindlichen Phasen. Dies konnte eindeutig an Ratten gezeigt werden, die mit einer folsäurefreien Diät ernährt wurden. Bei diesen Ratten konnten Mißbildungen am Zentralnervensystem und am Herzen vom 7. bis zum 9. Tag, am Skelett, an den Nieren und am übrigen Gefäßsystem vom 9. bis zum 11. Tag und Knochendefekte zwischen dem 11. und 14. Tag erzeugt werden. Die gleichen Verhältnisse scheinen bei Mißbildungen des Menschen vorzuliegen, die durch das Rötelnvirus verursacht werden. In Abhängigkeit vom Entwicklungstag greift das Virus eine Organanlage nach der anderen jeweils in der kritischen Phase an.

In den dritten Entwicklungsabschnitt, das heißt, in die **Fetalperiode,** fällt das Größenwachstum der Organsysteme. Die Empfindlichkeit gegenüber teratogenen Substanzen nimmt in dieser Phase rasch ab. Nur wenige Organe, wie das Kleinhirn, die Großhirnrinde und einige Abschnitte des Urogenitalsystems, setzen noch ihre Differenzierung fort. Es ist deshalb nicht unwahrscheinlich, daß diese Organanlagen gegen Teratogene bis in die späte Schwangerschaft hinein empfindlich bleiben. Für diese Möglichkeit sprechen auch Experimente mit Ratten, bei denen durch eine Behandlung mit Teratogenen in den späten Schwangerschaftsstadien eine schwere Schädigung der Großhirnrinde erzeugt werden kann. Es ist daher nicht auszuschließen, daß auch beim Menschen Umweltfaktoren die Gehirnentwicklung in der zweiten Hälfte der Schwangerschaft und im Säuglingsalter stören und dadurch zerebrale Defekte verursachen können.

2. Die Wirkung eines teratogenen Faktors hängt vom Genotyp ab. Eine Reihe von Experimenten weist darauf hin, daß ein teratogener Stoff das Auftreten jener Mißbildungen fördert, die bereits spontan, also ohne Behandlung, auftreten, und daß Mißbildungen in dieser Form letztlich auf eine zugrunde liegende genetische Labilität zurückzuführen sind. Wenn ein bestimmter Mäusestamm, dessen Nachkommenschaft regelmäßig zwei Prozent Skelettmißbildungen aufweist, 24 Stunden ohne Futter gehalten wird, führt dies zu einer Vermehrung der Skelettdefekte um 22 %.

Ein weiteres Beispiel für die Bedeutung des Genotyps wird in der Tatsache gesehen, daß nicht nur verschiedene Spezies, sondern auch verschiedene Stämme und Unterstämme unterschiedlich auf gleichartige teratogene Stoffe reagieren. Diese Unterschiede sind hauptsächlich quantitativer Art mit Schwankungen bis zu 70 %.

Wenn eine geeignete Dosis von Kortison trächtigen Mäusen vom Stamm A und vom Stamm C 57 injiziert wird, kommt es zur Bildung von Gaumenspalten in der gesamten Nachkommenschaft des

Stammes A und in 19 % des Stammes C 57. Wenn Männchen des Stammes C 57 mit Weibchen vom Stamm A gekreuzt werden, haben 43 % der Jungen Gaumenspalten. Kreuzt man jedoch ein C 57-Weibchen mit einem Männchen des Stammes A, sinkt die Häufigkeit auf 4 % ab; diese Beobachtung zeigt, daß sowohl die Gene der Mutter als auch die des Embryos die Empfindlichkeit gegen ein Teratogen beeinflussen können.

3. Eine teratogene Substanz wirkt in spezifischer Weise auf einen bestimmten Stoffwechselschritt. Viele teratogene Substanzen verursachen ein charakteristisches Muster von Mißbildungen, wenn sie einer bestimmten Tierart zu einem bestimmten Entwicklungszeitpunkt verabreicht werden. Wenn zwei teratogene Faktoren ganz verschiedene Mißbildungen hervorrufen, läßt dies darauf schließen, daß sie in völlig verschiedene biochemische Reaktionen des embryonalen Stoffwechselgeschehens eingreifen. Wenn die Mißbildungsmuster sich überlappen, greifen die beiden teratogenen Faktoren wahrscheinlich nur teilweise in die gleichen Entwicklungsschritte ein. Ist das Mißbildungsmuster gleich oder ähnlich, kann angenommen werden, daß beide Faktoren auf gleiche Weise wirken.

Ein teratogener Stoff muß durchaus nicht nur auf einen einzigen spezifischen Stoffwechselvorgang einwirken, sondern kann in verschiedene biochemische Reaktionen in ganz verschiedenen Entwicklungsstadien eingreifen. So ist es z. B. möglich, die teratogene Wirkung von Insulin auf den Hühnerembryo in den frühen Entwicklungsphasen durch Brenztraubensäure zu neutralisieren. Zu einem späteren Entwicklungszeitpunkt jedoch kann der teratogenen Insulinwirkung nur durch Nikotinsäureamid vorgebeugt werden.

Kapitel 8

Experimentelle Embryologie

Determination und Induktion

Historischer Rückblick

Seit Jahrhunderten durchzieht die Embryologie eine Kontroverse, die sich erst heute zu lösen beginnt. Die einander gegenüberstehenden Meinungen wurden zum erstenmal von Aristoteles klar formuliert. Aristoteles schreibt, daß ein Embryo entweder vollständig präformiert ist und in der weiteren Entwicklung nur noch zu wachsen braucht, oder daß er sich aus einer undifferenzierten Zelle entwickelt, die fortwährend neue spezifische Eigenschaften ausbildet. Etwa bis zum Beginn des 19. Jahrhunderts wurde allgemein angenommen, daß in der Eizelle ein voll ausgebildetes, winziges Individuum vorhanden ist und daß dieses Miniaturindividuum nur noch vom Samen zum Wachstum stimuliert werden müsse. Andere glaubten, daß das Spermium das Miniaturindividuum enthielte, und daß die Entwicklung einsetze, sobald das Spermium in die dotterreiche Eizelle eingedrungen sei. Beide, die „Ovisten" und die „Spermisten", waren Vertreter der **Präformationstheorie.**

Im Laufe des 19. Jahrhunderts kamen viele Zweifel an der Richtigkeit der Präformationstheorie auf, da viele Forscher beobachteten, wie beim Wachstum des Embryos ganz neue Strukturen und Organanlagen auftraten, die in den vorhergehenden Stadien nicht vorhanden waren. Unter der Annahme, daß beim Embryo eine progressive Entwicklung von der einfachen zu der komplexen Form abläuft, sprach man von **Epigenese.** Aufgrund dieser Theorie analysierten viele Forscher die Entwicklung der einzelnen Organe von ihrer ersten Anlage bis zu ihrer definitiven Form. In dieser Zeit wurden daher die Grundlagen für unsere Kenntnisse in der deskriptiven Entwicklungsgeschichte gelegt.

Durch die in letzter Zeit erzielten Fortschritte auf dem Gebiet der molekularen Genetik scheint der alte Gegensatz zwischen Präformation und Epigenese wieder aufzuleben. Die Konstitution eines Individuums wird durch seine Gene bestimmt und die Entwicklung besteht grundsätzlich im Abruf der in den Genen gespeicherten Information. Vom genetischen Standpunkt aus muß die Entwicklung daher nach den Gesetzen der Präformationstheorie ablaufen. Vom morphologischen Standpunkt aus scheint sie dagegen den Gesetzen der Epigenese zu folgen. Der scheinbare Gegensatz entsteht durch unsere noch sehr unvollständigen Kenntnisse darüber, wie die Gene im Verlauf der Entwicklung aktiviert werden.

Primäre und sekundäre Induktion

Bald nachdem die wichtigsten morphologischen Strukturen des Embryos beschrieben worden waren, stellte sich die Frage, wie embryonale Zellen, die ursprünglich alle gleich aussehen, sich zu der Vielfalt von Zellen und Organen des Erwachsenen differenzieren können. Diese Frage kann nicht durch die Beschreibung der normalen Entwicklung beantwortet werden, sondern erfordert die Durchführung von Experimenten. Die grundlegenden Experimente wurden an den Eiern von Amphibien durchgeführt. Die 1–2 mm großen befruchteten Eier von Molchen und Fröschen werden als Laich unter Wasser abgelegt und entwickeln sich innerhalb einer schützenden Gallerthülle bis zur schwimmreifen Larve. Nach Entfernen der Hülle können mit scharfen Glasnadeln unter dem Stereomikroskop Mikrooperationen an den Keimen durchgeführt werden. Die weitere Aufzucht erfolgt dann in einer einfachen physiologischen Salzlösung.

Wilhelm Roux (1) gab den Anstoß zu dieser Form der experimentellen Embryologie, indem er eine der Blastomeren eines Zweizellenstadiums bei der Amphibienzygote mit einer heißen Nadel berührte. Er wollte prüfen, ob die zurückbleibende lebende Zelle sich zu einem ganzen Embryo entwickelt, oder ob – wie man nach der Präformationstheorie annehmen muß – nur ein halber Embryo entsteht. Aus der überlebenden Zelle, an der noch die Reste der koagulierten Zelle hafteten, entwickelte sich ein halber Embryo, so daß das Ergebnis des Experimentes der Epigenesetheorie zu widersprechen schien. In späteren Experimenten jedoch, bei denen die beiden Zellen der Zygote durch den sanften Zug mit einer Haarschlinge voneinander getrennt wurden, entwickelte sich jede Zelle zu einem vollständigen normalen Embryo (2–4). Die Durchteilungsexperimente weisen darauf hin, daß das Schicksal der Zygote beim Beginn der Entwicklung nicht determiniert ist, sondern daß jede Zelle eine weit größere Potenz besitzt, als unter normalen Verhältnissen sichtbar wird.

Welche Faktoren bestimmen also die endgültige Determination der Zellen und Gewebe, wenn das Schicksal der Zellen in der Zygote noch nicht vollständig determiniert ist? Diese Frage wurde von

Spemann (5, 6) untersucht. Er nahm Transplantationen an Molchkeimen vor. Wenn er aus einer **frühen Gastrula** ein Stück Ektoderm entnahm, aus dem unter normalen Bedingungen Neuralplatte entsteht, und auf die Ventralseite einer anderen Gastrula im gleichen Stadium transplantierte, bildete das transplantierte Ektoderm nicht Neuralgewebe, sondern Haut. Daraus wurde geschlossen, daß das Schicksal des verpflanzten Ektoderms vor der Verpflanzung noch nicht determiniert war, sondern daß es erst durch seine neue Umgebung determiniert wurde. Bei entsprechenden Experimenten mit **späten Gastrulae** entwickelte sich das auf die Ventralseite verpflanzte Ektoderm zu Neuralgewebe, das heißt zu dem Gewebe, das es auch an seinem Herkunftsort gebildet hätte. Das Schicksal des Ektoderms wird also zwischen dem Stadium der frühen und der späten Gastrula determiniert und die Zellen verlieren anschließend ihre Fähigkeit, sich in eine andere Richtung zu entwickeln.

Um herauszufinden, welches Gewebe für die Determination des Ektoderms verantwortlich ist, transplantierten Spemann und Mangold ein Stück aus der Urmundlippe einer frühen Amphibiengastrula unter das ventrale Ektoderm eines gleichalten Embryos (7). Bei dieser Versuchsanordnung entwickelte das ventrale Ektoderm des Wirtskeimes eine Neuralrinne und anschließend ein Neuralrohr. Das Stück aus der Urmundlippe (das unter normalen Bedingungen zum Chordamesodermkomplex geworden wäre) hatte offensichtlich das darüberliegende Ektoderm so beeinflußt, daß die Zellen sich zu Neuralgeweben differenzierten. Man schloß daraus, daß das Gewebe der Urmundlippe als **primärer Organisator** oder **primärer Induktor** fungiert und die Differenzierung des Oberflächenektoderms zur Neuralplatte determiniert.

Der Begriff **Determination** bezeichnet also die irreversible Festlegung des Gewebes auf einen Entwicklungsweg. Der Begriff **prospektive Potenz** bezeichnet die Gesamtheit der Entwicklungsmöglichkeiten eines Zellareals, die unter experimentellen Bedingungen verwirklicht werden können. Im Gegensatz dazu bezeichnet **prospektive Bedeutung** die Gewebeart, in die sich das entsprechende Zellareal normalerweise entwickelt. Das Zytoplasma der Eizelle enthält bereits determinierende Faktoren, die während der Eizellenreifung synthetisiert worden sind. Sie bilden einen Gradienten vom animalen zum vegetativen Pol. Die prospektive Potenz der aus den Furchungsteilungen hervorgehenden Zellen hängt damit von der Lage des Zytoplasmas in der Eizelle ab, aus dem sie hervorgehen. Die weitere Determination erfolgt dann durch Interaktion benachbarter Zellareale, d. h. durch Induktion. Bei einigen Spezies, z. B. den Aszidien, ist die Organisation des Zytoplasmas in der Eizelle so detailliert, daß die daraus hervorgehenden Zellen bereits vollständig determiniert sind (**Mosaikeier**).

Im Anschluß an die Induktion der Neuralplatte durch den Chordamesodermkomplex entstehen in der Neuralanlage neue Strukturen, die ihrerseits als Induktoren für das benachbarte Ektoderm wirksam sind. In dieser Beziehung sind die Verhältnisse beim Augenbläschen am besten bekannt. Das Augenbläschen entsteht beiderseits als Ausstülpung des Vorhirns (vgl. Abb. 16–1). Es ist anfangs vom Oberflächenektoderm durch Mesenchym getrennt. Das Mesenchym verschwindet und das Augenbläschen tritt in direkten und engen Kontakt mit dem Oberflächenektoderm, das sich dann verdickt und die Linse bildet. Wenn das Ektoderm, das sich normalerweise zur Linse entwickelt, entfernt wird, bevor der Kontakt mit dem Augenbläschen stattgefunden hat, und durch ein Stück Ektoderm aus einer anderen Region eines gleichalten Embryos ersetzt wird, bildet das verpflanzte Ektoderm in gleicher Weise unter dem Einfluß des Augenbläschens eine Linse. Verpflanzt man das Augenbläschen unter eine andere Ektodermregion des Embryos, dann bildet dieses Ektoderm unter dem Einfluß des transplantierten Augenbläschens eine Linse (8, 9). Das Augenbläschen fungiert somit als **Aktivator** oder **Induktor**, während das Ektoderm das **reagierende Gewebe** darstellt. Wenn sich die Linse entwickelt hat, wirkt sie ihrerseits als Induktor und induziert im darüberliegenden Ektoderm die Entwicklung der durchsichtigen Hornhaut.

Aus den obigen Beispielen geht hervor, daß der **primäre Induktor** die Differenzierung der Neuralplatte determiniert. Im Anschluß an dieses Stadium treten **sekundäre Induktoren** in den verschiedenen Abschnitten des Nervensystems auf und veranlassen ihrerseits die Entwicklung der Linse, der Riechgrube und des Ohrbläschens. Nach dieser Phase treten tertiäre Induktoren in Aktion wie z. B. die Linse, die zur Bildung der Kornea führt. Das Induktionsgeschehen läuft also wie eine Kettenreaktion ab. Jeder Entwicklungsschritt wird durch die vorhergehenden verursacht und ist die Voraussetzung für die folgenden.

Wirkungsweise der Induktionsstoffe

Die Induktionsexperimente werfen die grundlegende Frage auf, wie ein Induktor das reagierende Gewebe so beeinflussen kann, daß seine Entwicklung nur in einer bestimmten Richtung determiniert wird. Kommt die Induktion durch die **Diffusion** eines chemischen Stoffes vom Induktor zum reagierenden Gewebe zustande oder ist ein direkter **Zellkontakt** zwischen den Zellen notwendig, um die Differenzierung einer Zelle auszulösen?

Das Prinzip der Experimente, die zur Klärung dieser Frage durchgeführt wurden, soll am Beispiel der Linseninduktion dargestellt werden. Die Annahme einer Oberflächenreaktion wird durch den engen Kontakt, der zwischen den Zellen des Oberflächenektoderms und denen des Augenbläschens während der Induktionsphase besteht, gestützt. In dieser Phase verlängern sich die Ektodermzellen und ihre Kerne ordnen sich radiär zur Kontaktoberfläche an. Es ist dann unmöglich, die reagierenden Schichten voneinander zu trennen (10, 11). Dazu kommt, daß die Linseninduktion ausbleibt, wenn eine Zellophanmembran oder lockeres Mesenchym den Kontakt zwischen dem Augenbläschen und dem Ektoderm verhindern (12, 13). Wenn jedoch eine dünne Gallertschicht aus Agar zwischen die beiden Gewebe geschoben wird, tritt eine normale Linsendifferenzierung ein, obwohl die Zellen voneinander getrennt sind. Die zuletzt genannten Beobachtungen scheinen die Annahme zu rechtfertigen, daß es sich bei den Induktionsstoffen um diffusible Substanzen handelt. Untersuchungen der Linseninduktion mit radioaktiven Markierungen ergaben weitere Hinweise für die Diffusionseigenschaften der Induktorsubstanzen (14). Es konnte ein relativ selektiver Übertritt markierter Substanzen vom Augenbecher zur Linsenanlage beobachtet werden. Aus der Verteilung der Radioaktivität in den Linsenzellen konnte geschlossen werden, daß sowohl kleinere als auch komplexe Moleküle oder Partikel vom Induktor in das reagierende Gewebe übergetreten waren.

Die besten Beweise für die Existenz diffusibler Stoffe stammten aus Experimenten über die Induktion der Niere (15, 16). Die normale Differenzierung der Ausscheidungskanälchen im metanephrogenen Gewebe der Maus ist von einem Induktionsreiz abhängig, der von der Ureterknospe ausgeht (vgl. Abb. 11–6). Dieser Reiz kann durch einen Filter mit einer durchschnittlichen Porengröße von 0,1 µm dringen und ist noch über eine Entfernung von mehr als 80 µm wirksam. Elektronenoptisch konnte in dem Filter zunächst kein Zytoplasmamaterial nachgewiesen werden. Bei der Wiederholung des Experimentes mit verbesserten Methoden fanden sich in den Poren des Filters doch Zellausläufer.

Viele Befunde weisen also darauf hin, daß vom Induktor zum reagierenden Gewebe diffusible Substanzen übertreten. Unter normalen Bedingungen besteht jedoch ein enger Kontakt zwischen beiden Geweben. Die Diffusionsstrecken sind sehr kurz und gewährleisten dadurch die Begrenzung der Induktionswirkung auf einen eng umschriebenen Bereich.

Isolierung eines primären Induktionsfaktors

Der chemische Wirkungsmechanismus bei der primären Induktion der Neuralplatte in der Amphibiengastrula ist seit der ersten Beschreibung durch SPEMANN ebenfalls Thema zahlreicher Untersuchungen gewesen. Es zeigte sich, daß das induktive Prinzip nicht nur in den Zellen des Urdarmdaches vorhanden ist, sondern auch in vielen anderen Geweben. Die Fähigkeit zur Induktion ließ sich sogar in Geweben nachweisen, die zuvor durch Kochen oder chemische Vorbehandlung abgetötet worden waren. Darüber hinaus waren auch eine Reihe nicht physiologischer Substanzen wie Methylenblau (17) und Silikon (18) dazu fähig, die Induktion auszulösen. Die Auslösung des Induktionseffektes durch unspezifische Reize spricht allerdings nicht gegen das Vorhandensein von spezifischen Induktionsstoffen, ebenso wenig wie die Auslösung von Aktionspotentialen entlang eines Nerven durch äußere Reize gegen die Existenz von spezifischen Neurotransmittern in den Synapsen spricht.

Es lag nahe, die entstandenen Fragen durch die **biochemische Isolierung** der primären Induktionsfaktoren zu klären. Das Urdarmdach der Molchgastrula enthält jedoch für die biochemische Bearbeitung viel zu wenig Material. Deshalb benutzte die Arbeitsgruppe um H. TIEDEMANN (19) als Ausgangsmaterial neun oder elf Tage lang bebrütete Hühnerembryonen. Aus den Hühnerembryonen läßt sich ein Extrakt gewinnen, mit dem im Ektoderm der Molchgastrula die gleichen Strukturen induziert werden können, wie mit den entsprechenden Abschnitten aus dem Urdarmdach der Gastrula. Es entstehen zusätzliche Vorderköpfe, Hinterköpfe, Rümpfe und Schwänze. Der Extrakt enthält zwei Induktionsfaktoren. Der eine induziert die Entwicklung von Neuralgewebe und wird deshalb als **neuralisierender Faktor** bezeichnet. Der andere induziert die Entwicklung von entodermalen und mesodermalen Geweben und heißt deshalb **vegetalisierender Faktor.** Die induzierten zusätzlichen Körperabschnitte entstehen durch das jeweils etwas unterschiedliche Mengenverhältnis der beiden Faktoren im benutzten Extrakt und durch sekundäre Induktion innerhalb der neu entstandenen Gewebe. Beim Überwiegen des neuralisierenden Faktors entstehen Vorderköpfe; wenn der neuralisierende und der vegetalisierende Faktor in etwa gleicher Menge vorhanden sind, entstehen Hinterköpfe; wenn der vegetalisierende Faktor im Vordergrund steht, entstehen Rümpfe mit Neuralrohr oder Schwänze.

Durch biochemische Anreicherung ließ sich der vegetalisierende Faktor in einer relativ reinen Fraktion gewinnen. Es handelt sich um ein Protein. Die primäre Wirkung des vegetalisierenden Induktionsfaktors zeigt sich erst, wenn er in hoch konzentrierter Form angewandt wird. Sie besteht in einer Veränderung der Oberflächeneigenschaften der Ektodermzellen. Sie bilden die gleiche Art von Mikrovilli wie entodermale Zellen aus und gleichen ihnen in ihren Hafteigenschaften und in ihrem Bewegungsverhalten. Wenn man die Zellen in der Gewebekultur oder in der ursprünglichen Testgastrula weiterwachsen läßt, differenzieren sie sich aufgrund von sekundären Induktionsvorgängen zu entodermalen Geweben, wie Darm und Leber, und zu mesodermalen Geweben, wie Chorda, Muskulatur und Nierenkanälchen. Auf diese Weise lassen sich sogar im Ektoderm primäre Keimzellen (20) induzieren.

Blastozystenfusion beim Säuger

In den letzten Jahren wurden Methoden entwickelt, die es erlauben, auch in den frühen Stadien des Säugetierembryos Experimente durchzuführen. Ein typisches Experiment ist die Fusion von zwei Embryonalanlagen der Maus mit unterschiedlichen genetischen Anlagen (21). Die Eier werden im Furchungsstadium aus dem Eileiter der Muttertiere herausgespült. Nach Entfernen der Zona pellucida werden die beiden Keime in einem künstlichen Nährmedium zusammengebracht und so lange kultiviert, bis sie miteinander verschmolzen sind. Anschließend werden sie in den Uterus einer anderen scheinschwanger gemachten Maus wieder implantiert. Die beiden Anlagen bilden eine große Blastozyste mit verdoppelter Zellzahl. Im Verlauf der Schwangerschaft reguliert sich die Zellzahl jedoch wieder auf den normalen Stand ein. Es entstehen Mäuse, die aus Zellen von ursprünglich zwei verschiedenen Individuen zusammengesetzt sind. Sie werden als **„Chimären“** oder **„allophenische Mäuse“** bezeichnet. Wenn man z. B. eine Blastozyste aus einem Albinostamm mit einer Blastozyste aus einem pigmentierten Stamm fusioniert, entstehen Tiere mit unregelmäßig geflecktem Fell. Eine entsprechende Fleckung des Fells beobachtet man bei Mäusen, die für ein X-gebundenes Fellfarbengen heterozygot sind. Aus dieser Beobachtung hatte Mary Lyon ihre Hypothese von der zufallsmäßigen Inaktivierung eines X-Chromosoms in jeder Zelle des weiblichen Organismus hergeleitet. Durch Herstellung von Fusionschimären kann die Entstehung des Mosaiks untersucht werden (22).

Experimente zur Determination und Induktion in den ersten Entwicklungsstadien, die früher nur am Amphibienkeim oder beim Hühnerembryo durchgeführt werden konnten, lassen sich heute auch am Säugerembryo ausführen (23). Die getrennte Transplantation der inneren und äußeren Zellmasse (vgl. Abb. 2–7 und Abb.

2–8) zeigte, daß beide Zellareale bei der Maus bereits determiniert sind. Aus der inneren Zellmasse kann nur Embryoblast entstehen, aus der äußeren Zellmasse nur Trophoblast. Zwischen beiden Komponenten lassen sich typische Induktionsbeziehungen nachweisen. Der Embryoblast wandert nach der Implantation auf die dem Uterusepithel zugewandte Seite der Blastozyste und induziert dort die Bildung des Synzytiotrophoblast (vgl. Abb. 2–8).

Differenzierung

Morphologische und biochemische Aspekte

In den ersten Entwicklungsstadien des Embryos steigt die Zahl der Blastomeren rasch an. Alle Zellen sehen morphologisch gleich aus und sind nur zu bestimmten Basisfunktionen wie Proteinsynthese und Atmung befähigt. Bei der Bildung der Keimblätter verlieren die Zellen ihre Gleichartigkeit und entwickeln neue morphologische Charakteristika. Die Ektodermzellen bilden ein hochzylindrisches Epithel, die Mesodermzellen bilden lockeres mesenchymales Gewebe, und die Entodermzellen breiten sich zu einem flachen, dünnen Epithel aus. Der Begriff Differenzierung besagt in diesem Zusammenhang, daß die Zellen neue morphologische Eigenschaften erworben haben, die sie von anderen Zellen unterscheiden. Diese Eigenschaften bleiben auch erhalten, wenn man die Zellen isoliert und in der Gewebekultur weiterzüchtet. Ektodermzellen bilden unter diesen Bedingungen einen epithelialen und Mesodermzellen einen mesenchymalen Zellverband.

Durch weitere Differenzierung entstehen aus den Keimblättern die Organanlagen. Im Bereich einer Organanlage vermehren sich die Zellen. Es treten die für das Organ typischen morphologischen Strukturen, wie z. B. Drüsenkanälchen, auf. Gleichzeitig lassen sich in den Zellen die spezifischen Differenzierungsleistungen zum ersten Mal nachweisen, die für das erwachsene Organ charakteristisch sind. Muskelzellen produzieren Muskelproteine, Knorpelzellen scheiden Knorpelgrundsubstanz aus, Drüsenzellen bilden Sekretgranula. Diese **biochemische Differenzierung** kann man der **morphologischen Differenzierung** gegenüberstellen.

Ein gut untersuchtes Beispiel für die enge Verknüpfung von biochemischer und morphologischer Differenzierung ist die Entwicklung der Linse beim Hühnerembryo und das erste Auftreten der

Linsenproteine. Die **Linsenproteine** sind aufgrund ihrer kristallinen Eigenschaften für die Durchsichtigkeit und den Brechungsindex der Linse verantwortlich. Zunächst gleichen die Zellen in der prospektiven Linsenplakode denen im benachbarten Oberflächenektoderm. Wenn der Kontakt mit dem Augenbläschen eingetreten ist, verlängern sich die Zellen. Die Zellkerne ordnen sich radiär zur Kontaktfläche an (vgl. Kap. 16, S. 364). Um festzustellen, ob bei der Bildung der Linsenplakode spezifische Strukturproteine auftreten, wurden bereits ausgebildete Linsenplakoden homogenisiert und mit einem Antiserum vermischt, das Antikörper gegen erwachsene Linsenproteine enthielt (24). Obwohl eine Mikropräzipitationsmethode angewandt wurde, konnte keine Reaktion beobachtet werden. Wenn jedoch in einem noch früheren Stadium ganze Augenbläschen mit dem bedeckenden Ektoderm in einem Medium kultiviert wurden, das Antikörper gegen Linsenproteine enthielt, gingen die Plakodenzellen kurz nach dem Ansetzen der Kultur zugrunde (25, 26).

Wenn entsprechende Explantate in einem Medium kultiviert wurden, das Antikörper gegen Muskelproteine enthielt, entwickelten sich die Plakoden normal und bildeten kleine Linsen. Daraus wurde geschlossen, daß in der Phase des engen Kontaktes zwischen dem Augenbläschen und dem bedeckenden Ektoderm neue Proteine in den Plakodenzellen gebildet werden. Diese Proteine sind offensichtlich befähigt, mit den Linsenantikörpern zu reagieren, so daß eine Degeneration der Plakodenzellen eintritt. Da weiterhin die Verlängerung der Zellen und die Anordnung der Kerne etwa zur gleichen Zeit stattfindet, in der die „Linsenproteine" auftreten, scheinen die Chemodifferenzierung und die morphologische Differenzierung gleichzeitig einzutreten. In weiteren Experimenten mit der immunochemischen Technik und mit fluoreszenzmarkierten Antikörpern wurde beobachtet, daß die verschiedenen für das erwachsene Organ charakteristischen Proteine eines nach dem anderen im Laufe der Entwicklung auftraten (27, 28). Die chemische und morphologische Differenzierung ist also ein fortlaufender Prozeß, der erst zum Abschluß kommt, wenn alle zur Funktion des erwachsenen Organes notwendigen Proteine vorhanden sind.

Viele Organanlagen durchlaufen nach ihrer Entstehung zunächst eine Phase der Zellvermehrung, ehe sie mit der eigentlichen Differenzierung beginnen. Diese Frage wurde am Beispiel der Anlage des exokrinen Pankreas der Maus näher untersucht. Zwischen der Größe der Anlage und dem Einsetzen der biochemischen Differenzierung ergab sich eine gesetzmäßige Beziehung. Die aus dem Embryo entnommene Anlage wuchs in der Gewebekultur zunächst zu einer **kritischen Größe** heran, ehe die Zellen mit der Differenzierung begannen (29). Die elektronenoptische Analyse dieses Modells zeigte jedoch, daß in den Zellen während der Vermehrungsphase bereits einige wenige Sekretgranula vorhanden sind. Die Unterschiede zwischen einer Phase der Zellvermehrung und einer Phase der Differenzierung scheinen also nur quantitativer Art zu sein (30). In der ersten Phase produzieren die Zellen im wesentlichen Strukturproteine, die für die Zellvermehrung notwendig sind und nur wenig organspezifische Eiweißkörper. Anschließend verschiebt sich das Verhältnis zugunsten der spezifischen Proteine.

Zellbewegungen

Die Ausbildung des Embryonalkörpers und die Entstehung neuer Organstrukturen war das eigentliche Thema der beschreibenden Embryologie. Die zugrundeliegenden Bewegungsvorgänge waren jedoch unbekannt. In den letzten Jahren wurde dann deutlich, daß die Zellbewegungen im Embryo auf dem gleichen Prinzip beruhen wie die amöboiden Bewegungen von Einzellern oder von Fibrozyten in der Gewebekultur. Die amöboide Bewegung von Zellen wird durch die Kontraktion eines Fasernetzes aus Aktin- und Myosinfilamenten unter der Zelloberfläche angetrieben. Das kontraktile Prinzip ist mit demjenigen identisch, das in den differenzierten Muskelzellen verwirklicht wird (31). Der Nachweis, daß die Bewegung embryonaler Zellen und Zellverbände von der Funktion der intrazellulären **Aktin-** und **Myosinfilamente** abhängig ist, gelang mit dem Zellgift Cytochalasin B. Das Cytochalasin B zerstört die Aktinfilamente. Dadurch konnten gezielt embryonale Gestaltungsbewegungen, wie der Neuralrohrschluß, das Auswachsen von Nervenfasern oder die Aufzweigung von Drüsenanlagen, blockiert werden (32). Die embryonalen Zellen können sich als Einzelzellen mit Hilfe von Pseudopodien bewegen. Typische Beispiele sind die Keimzellen und die Neuralleistenzellen. Auf der anderen Seite können sie, wenn sie in einem Epithelverband fest miteinander verbunden sind, durch die Kontraktion des Fasernetzes unter der Zelloberfläche die Verformung des gesamten Epithelverbandes bewirken. Dies ist bei der Ausbildung des Neuralrohrs der Fall.

Jede Organanlage durchläuft in ihrer Entwicklung eine Phase, in der die Zellbewegungen stattfinden, die zur Ausbildung der typischen Organstruktur führen. In dieser Zeit entwickeln sie Eigenschaften, die sie später nicht mehr besitzen. Hierzu gehört das Auftreten einer **Cholinesterase-Aktivität.** Im erwachsenen Organismus besteht die Funktion der Cholinesterase darin, an der motorischen

Endplatte den Neurotransmitter Acetylcholin abzubauen. Während der Embryonalzeit läßt sich Cholinesterase histochemisch in jeder Organanlage nachweisen, wenn sich die Organstruktur ausbildet (33). Ihre Funktion hängt daher möglicherweise mit der Regulation der Zellbewegung zusammen.

Ein typisches Beispiel für das Verhalten der Cholinesterase ist die Entwicklung der Somiten (34). Wenn sich die lockeren Mesodermzellen zu Somiten anordnen, zeigen sie eine starke Aktivität. Die Fermentaktivität verschwindet, wenn sich der Somit ausgebildet hat. Bei der Bildung des Sklerotoms muß sich der epitheliale Zellverband wieder auflösen. Die Cholinesterase tritt in den beteiligten Zellen erneut auf und verschwindet erst wieder, wenn die Zellen zur Ruhe gekommen sind. Die Aggregation der Sklerotomzellen zu den Knorpelanlagen für die Wirbelkörper wird dann ebenfalls von einer Cholinesteraseaktivität begleitet. Mit der Ausscheidung von Knorpelgrundsubstanz verschwindet sie endgültig aus den Zellen (vgl. Abb. 5–7).

Ein anderes Enzym, das sich in ebenso charakteristischer Weise in der embryonalen Phase der Organe nachweisen läßt, ist die **alkalische Phosphatase.** Sie bewirkt die hydrolytische Spaltung von Monoestern der Phosphorsäure in alkalischem Medium. Mit der histochemischen Reaktion für alkalische Phosphatase färben sich die Urkeimzellen auf ihrer Wanderung in die Gonadenanlage selektiv an. Auf diese Weise konnte beim menschlichen Embryo die Herkunft der Urkeimzellen aus dem Dottersack nachgewiesen werden (35) (vgl. Abb. 11–15).

Bei einigen Organanlagen ist die Phase der Gestaltungsbewegung besonders ausgeprägt und führt zu weiten Wanderungen von Zellmaterial durch den Embryonalkörper. Von LeDouarin u. Theillet (36) wurde eine Methode entwickelt, die die Analyse dieser Bewegungen und die Überprüfung der bisherigen Vorstellungen erlaubt. Die Organanlagen, z. B. ein Stück Neuralrohr mit der Neuralleiste, werden aus dem Embryo einer japanischen Wachtel entnommen und an die entsprechende Stelle in einem Hühnerembryo eingesetzt. Die Wachtelzellen integrieren sich normal in den Hühnerembryo. Bei der späteren histologischen Untersuchung lassen sie sich aufgrund ihrer besonderen Chromatinstruktur leicht von den Hühnchenzellen unterscheiden. Sie haben einen kleineren Kern, der sich stärker anfärbt. Die Neuralleistenzellen lassen sich so bei der Entwicklung des vegetativen Nervensystems bis in die Darmwand hinein verfolgen (vgl. Abb. 15–31).

Interaktion zwischen Epithel und Mesenchym

Die meisten Organanlagen, wie die Leber, die Lunge, die Drüsen und die Haare, bestehen aus einer epithelialen und einer mesenchymalen Komponente. Zwischen beiden Komponenten bestehen Wechselwirkungen, die den Induktionsprozessen in der Frühentwicklung entsprechen. Sie lassen sich untersuchen, wenn man Epithel und Mesenchym einer Anlage durch Behandlung mit Trypsin-Pankreatin voneinander trennt und ihr Verhalten in der Gewebekultur untersucht.

Mit dieser Methode hat Grobstein (37) bei der Anlage der Speicheldrüse der Maus folgende Ergebnisse erzielt: Die intakte Anlage differenziert sich auf einem dünnen Membranfilter (25 μm), der auf einem Tropfen Kulturmedium schwimmt, zu einem dicht verzweigten Drüsenbäumchen. Die isolierte epitheliale Knospe geht unter den gleichen Bedingungen zugrunde. Wird sie dagegen in engem Kontakt mit ihrem Mesenchym kultiviert, entwickelt sich wieder eine verzweigte Drüse. Wenn das Epithel auf der Oberseite und das Mesenchym auf der Unterseite des Membranfilters gezüchtet wird, entsteht ebenfalls ein Drüsenbäumchen, das nur etwas kleiner ist. Wenn die Epithelknospe mit Mesenchym aus einer anderen Organanlage, z. B. der Lunge, kombiniert wird, bleibt das Epithel zwar erhalten, es sprossen jedoch keine Gänge aus.

Aus derartigen Experimenten lassen sich folgende Schlußfolgerungen ziehen: Die epitheliale Komponente einer Anlage ist ohne ihr Mesenchym nicht in der Lage, eine Organstruktur aufzubauen oder sich biochemisch zu differenzieren. Obwohl das Mesenchym in allen Organanlagen gleich aussieht, ist es in seinen Induktionseigenschaften organspezifisch. Diese Spezifität entwickelt sich wahrscheinlich unter dem induktiven Einfluß des Epithels in den vorhergehenden Stadien (38). Das Mesenchym kann seine Wirkung durch den Membranfilter hindurch ausüben. Dies weist darauf hin, daß die Wirkung über diffusible Faktoren erfolgt.

In Übereinstimmung mit dieser Beobachtung konnte aus Hühnerembryonen ein Faktor angereichert werden, der in der Gewebekultur für die Pankreasanlage der Maus die mesenchymale Komponente ersetzen kann. Er hat die Eigenschaften eines Glykoproteins und ist noch wirksam, wenn er in fester kovalenter Bindung auf einer inerten Trägersubstanz aus Sepharosekügelchen aufgebracht wird. Die Epithelzellen wachsen und vermehren sich auf der Oberfläche der Sepharosekügelchen wie auf einer Bindegewebsunterlage. Der Faktor muß also nicht in die Epithelzellen aufgenommen werden, sondern entfaltet seine Wirkung an der Zellmembran.

Auch im erwachsenen Organismus sind die Epithelien ohne ihre Bindegewebsschicht nicht lebensfähig. Die induktiven Beziehungen kommen wieder zum Vorschein, wenn z. B. ein epithelialer Tumor sich sein Bindegewebe mit der entsprechenden Gefäßversorgung induziert.

Der „Nerve Growth Factor“

Aus der großen Zahl der spezifischen Induktionsfaktoren, die während der Organentwicklung wirksam sind, konnte der „Nerve Growth Factor (NGF)“ isoliert und seine Struktur aufgeklärt werden (39). Der Nerve Growth Factor stimuliert das Auswachsen der Neuriten aus den Nervenzellen im Spinalganglion und aus den vegetativen Nervenzellen des Sympathicus in einer zeitlich begrenzten Phase der Entwicklung. Es handelt sich um ein Protein mit einem Molekulargewicht von 28 000. Der Nerve Growth Factor wurde aus der Speicheldrüse der männlichen Maus in chemisch reiner Form isoliert. Im Gegensatz zu anderen Tieren sind die Speicheldrüsen der Maus Zielorgane für Testosteron. Das männliche Keimdrüsenhormon induziert ein vermehrtes Wachstum und eine vermehrte Aktivität der Drüse. Dabei bilden die Drüsenzellen Nerve Growth Factor und einen mit ihm eng verwandten Eiweißkörper, den „Epithelial Growth Factor“, der das Wachstum der Epithelien stimuliert. Wie bei der Isolierung des vegetalisierenden primären Induktionsfaktors war die chemische Reinigung nur dadurch möglich, daß der Faktor in einem Gewebe entdeckt wurde, das für biochemische Bearbeitung in ausreichender Menge vorhanden ist.

Chemotaxis der Keimzellen

Zu den embryonalen Induktionsfaktoren gehört auch ein chemotaktischer Faktor, der die Wanderung der Urkeimzellen aus dem Dottersack in die somatische Gonadenanlage leitet. Er wird von den Zellen der Gonadenanlage während der Wanderungsphase der Urkeimzellen gebildet. Dubois (40) konnte die Existenz des Faktors in der Organkultur nachweisen, indem er verschieden alte Gonadenanlagen aus Hühnerembryonen und aus Mausembryonen zusammen auspflanzte. Die ältere Anlage enthält den Faktor in höherer Konzentration und kann die bereits in die jüngere Anlage eingewanderten Keimzellen wieder herauslocken. Der Faktor ist ein Glykoprotein (vgl. Abb. 11–15).

Testosteron und Faktor X

Alfred Jost (41) kastrierte 1947 männliche Kaninchenembryonen innerhalb des Uterus. Ohne Hoden entwickelte sich ein vollkommen weiblicher Phänotyp. Der Wolff-Gang bildete sich zurück und der Müller-Gang blieb erhalten. Wenn er dagegen bei einem weiblichen Embryo neben das Ovar einen Hoden einpflanzte, blieb der Wolff-Gang erhalten und der Müller-Gang bildete sich zurück. Die erhaltende Wirkung des Hodens auf den Wolff-Gang ließ sich durch das männliche Keimdrüsenhormon Testosteron nachahmen, die rückbildende Wirkung des Hodens auf den Müller-Gang dagegen nicht. Daraus schloß Jost, daß im Hoden außer Testosteron noch ein weiterer Faktor gebildet wird, der den Müller-Gang zur Regression bringt. Er nannte ihn den unbekannten Faktor, den Faktor X.

Der Faktor X wurde inzwischen durch die Kombination von Hodengewebe und Müller-Gängen in der Organkultur näher charakterisiert. Durch Isolierung von Samenkanälchen aus Kälberfeten konnte Josso (42) zeigen, daß der Hemmfaktor in den Anlagen der Samenkanälchen während der Fetalzeit gebildet wird. Es handelt sich um ein kleines Protein, dessen Wirkung nicht spezies-spezifisch ist.

Antiandrogene

Die übrigen Unterschiede zwischen dem männlichen und weiblichen Phänotyp sind nur von den in den Leydig-Zellen gebildeten Androgenen abhängig (vgl. Kap. 11, S. 198). Testosteron induziert als embryonaler Induktor die Entwicklung der männlichen Geschlechtsorgane. Die Wirkung des Testosterons als Induktor läßt sich durch die Gabe von Antiandrogenen während der Schwangerschaft stören oder ganz aufheben. Das wirksamste Antiandrogen ist das Cyproteron-Acetat, das auf der Suche nach Verbindungen mit gestagener Wirkung synthetisiert wurde. Seine feminisierende Wirkung auf männliche Embryonen wurde von F. Neumann (43) entdeckt und an verschiedenen Tierspezies untersucht. Das Antihormon verdrängt das Testosteron in den Zielorganen von seinem Rezeptorprotein. Die Differenzierung des Nebenhodens und der männlichen Drüsen wird teilweise oder vollständig unterdrückt. Das äußere Genitale zeigt in Abhängigkeit von der Dosis alle Übergänge zwischen dem weiblichen und dem männlichen Phänotyp. Durch die Anwendung der Antiandrogene konnte gezeigt werden, daß die Androgene normalerweise nicht nur die Ausprägung des Genitaltraktes bestimmen, sondern auch die sexuelle Prägung des Gehirns.

Die sensible Phase für die **sexuelle Prägung des Gehirns** liegt beim Kaninchen und Meerschweinchen kurz vor der Geburt, bei der Ratte, der Maus und beim Hamster kurz nach der Geburt. Die Prägung besteht in einer irreversiblen Beeinflussung der Kerngebiete im Hypothalamus. Die weibliche Prägung führt zu einer zyklischen Ausscheidung des Luteinisierungshormons (LH) aus der Hypophyse. Eine zyklische Ausscheidung ist die Voraussetzung für die Reifung der Eizellen im Ovar. Die weibliche Prägung erfolgt, wenn in der sensiblen Phase keine Androgene zum Hypothalamus gelangen. Dies ist normalerweise bei weiblichen Feten der Fall.

Eine männliche Prägung bewirkt, daß das Luteinisierungshormon nicht zyklisch sezerniert wird. Sie erfolgt, wenn Androgene in der sensiblen Phase den Hypothalamus treffen. Dies ist normalerweise bei männlichen Feten der Fall. Durch Gabe von Androgenen in der späten Schwangerschaft können weibliche Feten männlich geprägt werden. Die Weibchen sind dann nach der Pubertät steril, da die Eizellen nicht reifen können. Durch Gabe von Cyproteron-Acetat kann die männliche Prägung verhindert werden. Die zyklische Aktivität der Hypophyse in den männlichen Versuchstieren kann durch die Transplantation eines Ovars nachgewiesen werden. In dem Ovar laufen dann Ovulationen ab.

Die sexuelle Prägung betrifft nicht nur die zyklische oder azyklische Ausscheidung von Luteinisierungshormon, sondern auch die weibliche oder männliche Prägung des Sexualverhaltens.

Welche Rolle die fetalen Steroidhormone bei der Prägung des sexuellen Rollenverhaltens beim Menschen spielen, ist noch offen. Anders als beim Tier bestehen beim Erwachsenen keine direkten Beziehungen zum Spiegel der Sexualhormone. Daher sind auch für die Fetalzeit keine einfachen Analogieschlüsse möglich.

Androgenrezeptorprotein und Tfm-Mutation

Das Testosteron passiert ohne besondere Hilfsmittel die Zellmembran. Es wird in den meisten Zielorganen in 5-α-Dehydrotestosteron (DHT) umgewandelt. Dieser Schritt ist jedoch für die Wirkung nicht unbedingt erforderlich. Anschließend verbindet es sich mit dem zytoplasmatischen Rezeptorprotein. Das Rezeptorprotein läßt sich im Zellüberstand durch die spezifische Bindung von radioaktiv markiertem Dehydrotestosteron nachweisen. Auf einem Sucrose-Gradienten wandert es mit einer Sedimentationsgeschwindigkeit von ca. 9 S. Für eine biochemische Isolierung sind die vorhandenen Mengen jedoch zu gering. Aus dem Zytoplasma wandert das hormonbeladene Rezeptorprotein in den Zellkern. Es zerfällt dabei in zwei kleinere Untereinheiten, die direkt oder unter Vermittlung durch ein weiteres saures Kernprotein Kontakt mit der DNS aufnehmen. Alle Wirkungen des Testosterons in seinen Zielorganen sind vom Androgenrezeptorprotein abhängig.

Bei der **testikulären Feminisierung (Tfm)** ist das Androgenrezeptorprotein defekt (44). Da es sich um eine X-gebundene Mutation handelt, sind Individuen mit dem Genotyp X^{Tfm}/Y befallen. Der Hoden entwickelt sich normal und bringt die Müller-Gänge zur Rückbildung. Da die Körperzellen jedoch nicht auf Testosteron ansprechen können, entsteht im Übrigen ein weiblicher Organismus (vgl. Kap. 11, S. 199). Die Tfm-Mutation bei der Maus kann dazu benutzt werden, um die Wirkungsweise des Testosteron als embryonaler Induktor näher zu untersuchen (45, 46). Hierzu werden weibliche, für die Tfm-Mutation heterozygote Mäuse (Überträger) mit Männchen gepaart, die die „sex reversed“ (*Sxr*) Mutation tragen. Sxr ist eine autosomale dominante Mutation, die die Wirkung des Y-Chromosoms in genetisch weiblichen Tieren nachahmt. Die Gen-Formel für diese Paarung läßt sich folgendermaßen schreiben: $X^{Tfm}/X^{+}(+/+) \times X^{+}/Y(Sxr/+)$. Ein Achtel der Nachkommen hat dann die Gen-Formel X^{Tfm}/X^{+} $(Sxr/+)$. Obwohl diese Tiere zwei X-Chromosomen besitzen, haben sie einen Hoden. Er wird in der Embryonalzeit von der dominanten Sxr-Mutation induziert. Durch die X-Inaktivierung sind die Tiere Mosaike in bezug auf das Merkmal Tfm. Die Zielorgane für das Testosteron bestehen aus einer Mischung von Zellen mit normalem Rezeptorprotein und aus Zellen mit defektem Rezeptorprotein, je nachdem, ob das X-Chromosom mit der Tfm-Mutation oder mit dem Wildtyp-Allel inaktiviert wurde. Deshalb entwickeln sich in diesen Tieren intersexuelle Geschlechtsorgane, deren Ausprägung vom fast weiblichen bis zum fast männlichen Phänotyp reicht.

Die Zellen mit dem Rezeptordefekt bleiben in den männlichen Organen der Tiere erhalten. Es sind undifferenzierte Zellen, oder Zellen, die eine indifferente Alternative, wie z. B. Urethraldrüsen innerhalb einer Prostata verwirklichen. Aus dieser Beobachtung lassen sich zwei Schlüsse ziehen: 1. Die zelluläre oder biochemische Differenzierung der Zellen ist direkt vom Testosteron-Rezeptorprotein-Komplex abhängig. 2. Das Aussprossen der Drüsenanlagen und die Proliferation sind nur indirekt vom Androgenrezeptorprotein abhängig, weil innerhalb des Mosaiks auch die defekten Zellen daran teilnehmen können. Diese Wirkungen werden in den normalen Zellen induziert und an die benachbarten defekten Zellen weitervermittelt. Dies geschieht wahrscheinlich durch Faktoren wie sie z. B. bei der Interaktion zwischen Epithel und Mesenchym wirksam sind.

Differenzierung der Blutzellen

Die ersten Blutzellen differenzieren sich in den Blutinseln im extraembryonalen Mesoderm der Wand des Dottersackes (vgl. Kap. 12, S. 209). Von dort werden sie in die Gefäße des Embryos ausgeschwemmt. Wenn der Dottersack sich am Ende des 2. Monats zurückbildet, verlagert sich die Blutbildung in die Leber und vom 5. Monat ab auch in die Milz. Aus dem Dottersack stammende im Blut zirkulierende Stammzellen setzen sich unter dem Sinusendothel der Leber fest und bilden neue Zentren, in denen die Vermehrung der Stammzellen und die Differenzierung zu Erythrozyten abläuft. Vom 8. Monat an besiedeln die zirkulierenden Stammzellen in entsprechender Weise das Knochenmark (47).

Der Nachweis der im Blut zirkulierenden Stammzellen wird folgendermaßen geführt: In Mäusen werden durch Ganzkörperbestrahlung alle vorhandenen Stammzellen abgetötet. Den Mäusen wird das zu testende Blut übertragen. Darin enthaltene Stammzellen setzen sich in der Milz des bestrahlten Tieres fest und vermehren sich. Aus jeder Stammzelle (colony forming unit, CFU) entsteht eine Zellkolonie. Die Gesamtzahl der in der Milz auftretenden weißlichen Knötchen ist dann ein Maß für die Zahl der übertragenen Stammzellen.

Das spezifische in den Erythrozyten gebildete Protein ist der Globinanteil des Hämoglobins. Jedes Globinmolekül besteht aus 4 Untereinheiten. Im Genom der Säugetiere sind fünf verschiedene Gene für Hämoglobin-Untereinheiten vorhanden. Die entsprechenden Peptidketten werden mit den griechischen Buchstaben α, β, γ, δ, und ε bezeichnet. Sie unterscheiden sich voneinander nur in einer begrenzten Zahl von Aminosäuren. Diese verschiedenen Gene sind im Verlauf der Evolution durch Genverdoppelung und durch ungleiches Crossing over entstanden. In der normalen menschlichen Entwicklung wird in den ersten 2 Monaten (Dottersackphase) **embryonales Hämoglobin** gebildet. Es besteht aus Hämoglobin-Molekülen mit vier Untereinheiten (Gower I, ε_4) und aus Hämoglobin-Molekülen mit zwei α-Ketten und zwei ε-Ketten (Gower II, $\alpha_2\varepsilon_2$). Anschließend entsteht **fetales Hämoglobin** aus zwei α und zwei γ-Ketten (HbF, $\alpha_2\gamma_2$). Nach der Geburt entsteht **adultes Hämoglobin** aus α- und β-Ketten mit einer geringen Menge Hämoglobin aus α- und δ-Untereinheiten (Hb A_1, $\alpha_2\beta_2$ und ca. 2 % Hb A_2 aus $\alpha_2\delta_2$).

Die Stammzellen für die Erythropoese entstehen im Dottersack. Als determinierte Stammzellen können sie im Blut zirkulieren. Die Differenzierung zu Erythrozyten erfolgt jedoch nur in einer bestimmten zellulären Umgebung. Dabei werden sehr wahrscheinlich in Abhängigkeit vom Ort der Blutbildung jeweils andere Kombinationen von Strukturgenen aktiviert.

Die Wirkungsweise der Selektion auf das Muster der Genaktivierung läßt sich an diesem Beispiel deutlich erkennen. Die jeweilige Kombination der Hämoglobin-Peptidketten besitzt für die Kreislaufverhältnisse im entsprechenden Entwicklungsstadium die optimalste Sauerstoff-Bindungskapazität. Beim Erwachsenen führt das Auftreten anderer Kombinationen oder das Auftreten von embryonalen und fetalen Peptidketten zu den verschiedenen Formen der **Thalassämie** mit vermehrtem Blutzerfall.

Die Differenzierung der **Leukozyten** erfolgt in entsprechender Weise. Dabei ist die Entstehung von T-Lymphozyten im Thymus und die Entstehung von B-Lymphozyten, bei Vögeln in einer Aussackung des Dickdarms (Bursa Fabricius), bei den Säugern im Knochenmark, ein weiteres Beispiel für ortsgebundene spezifische Genaktivierung.

Genregulation in der Zelle

Jede Körperzelle enthält in ihrem Kern die gesamte genetische Information, die zur Entwicklung des Organismus notwendig ist. Dies kann durch die Transplantation eines Zellkernes aus einer differenzierten Zelle in eine Eizelle direkt gezeigt werden. King u. Briggs (48) entfernten operativ den Zellkern aus der Eizelle vom Frosch und ersetzten ihn durch den Zellkern aus einer differenzierten Darmepithelzelle einer Kaulquappe. Es entwickelte sich daraus ein ganzer Frosch.

Man ist heute allgemein der Ansicht, daß das Genom bei den Eukaryoten in ähnlicher Weise reguliert wird, wie es das Modell von Jacob u. Monod für die Bakterienzelle beschreibt (49). Von Regulator-Genen werden Proteine kodiert, die als Repressoren auf der DNS sitzen und die Transkription ganzer Gen-Einheiten blockieren. Spezifische Effektoren können sich mit einem Repressor-Molekül verbinden, durch Konformationsänderung seine Bindung zur DNS lösen und so die Aktivität der Gen-Einheit induzieren. Differenzierung ist dann die Folge von Aktivierungs- und Reprimierungsereignissen, die schließlich in jeder Organanlage zur Ausbildung des entsprechenden Genmusters führen.

Bei der oben geschilderten Kerntransplantation waren die Regulatorproteine im Zytoplasma der Eizelle in der Lage, das Gen-Muster im Zellkern aus dem Darmepithel auf die Bedürfnisse der Eizelle umzuprogrammieren.

Die Rolle diffusibler Regulatorproteine wird auch bei der Fusion von unterschiedlich differenzierten Zellen sichtbar. Die Fusion von Zellen läßt sich durch abgetötete Sendai-Viren induzieren (50). Lebende Zellen werden in der Kultur mit dem abgetöteten Virus behandelt. Die ursprüngliche Fähigkeit des Virus, in die Zellen einzudringen, ist so abgewandelt, daß sie nun zur Verschmelzung der Zellen führt. Es entstehen **Zellhybride.** Ein typisches Beispiel ist die Verschmelzung menschlicher HeLa-Zellen mit kernhaltigen Erythrozyten des Hühnchens. Anders als bei den Säugetieren wird beim Hühnchen der Erythrozytenkern nicht aus der Zelle ausgestoßen. Er ist jedoch genetisch vollständig inaktiviert. Innerhalb der HeLa-Zellen schwillt der Kern wieder an und nimmt seine Funktion auf. Es findet ein Austausch von Proteinkomponenten zwischen beiden Kerntypen statt. In der hybridisierten Zelle werden schließlich menschliche Proteine und solche vom Hühnchen produziert.

Die einfache Übertragung der Vorstellungen über die Regulation des Genoms beim Bakterium auf die embryonale Zelle ist aus folgenden Gründen nicht ohne weiteres möglich: 1. Durch die Trennung von Transkription und Translation kann jeder Regulationsschritt grundsätzlich auch auf der Ebene der Ribosomen erfolgen. 2. Die Differenzierung wird durch gegenseitige Beeinflussung der Zellen über Induktionsstoffe induziert. Die Beziehung der embryonalen Induktoren zu den sauren Proteinen im Zellkern, die als Regulationsproteine in Frage kommen, ist noch nicht erkennbar. 3. Die Menge an DNS pro Zelle übersteigt beim Säuger um ein Vielfaches die DNS-Menge, die als Bestandteil des eigentlichen Genoms in Frage kommt. Wenn man die noch tragbare Mutationsrate als begrenzenden Faktor für die Genomgröße zugrunde legt, ist etwa 95 % der vorhandenen DNS nicht-informativer Ballast (junk DNA) (51).

Dieser Annahme liegt folgende Überlegung zugrunde: Die DNS-Menge der diploiden Säugerzelle beträgt 7×10^{-9} mg. Das entspricht einer Zahl von 3×10^6 möglichen Genen gegenüber etwa 1000 Genen in einer Bakterienzelle. Bei einer Mutationsrate von 1 auf 10^5 Gene pro Generation würde jedes Neugeborene mit ca. 30 neuen Mutationen belastet sein. Diese Zahl ist viel zu hoch, um das Überleben einer Spezies zu ermöglichen. Die Gesamtzahl der Enzyme und Strukturproteine im Säugetierorganismus beträgt ein Vielfaches gegenüber dem Bakterium. Sie ist aber sicher nicht um mehrere Zehnerpotenzen höher. Die Zahl der hinzukommenden Regulatorproteine, embryonalen Induktionsfaktoren und Hormone ist wiederum sehr viel kleiner als die Zahl der Enzyme. Das Beispiel der durch Verdoppelung entstandenen Gene für Hämoglobinketten zeigt den möglichen Nutzen solcher Ballast-DNS im Verlauf der Evolution. Die Erhaltung der heute vorhandenen nicht-informativen DNS-Menge ist durch die Konservierung der Chromosomenstruktur als Voraussetzung für eine erfolgreiche Fortpflanzung innerhalb einer Spezies bedingt.

Wachstum

Einer der fundamentalen Vorgänge in der Entwicklung ist das Wachstum, das als eine Zunahme in der räumlichen Ausdehnung und im Gewicht definiert ist. Wachstum kann auf verschiedene Weisen stattfinden: 1. durch die Vermehrung der Zellzahl, 2. durch eine Größenzunahme der einzelnen Zellen und 3. durch die Vermehrung der Interzellularsubstanz. Obwohl bei dem Wachstum eines bestimmten Organes oder Gewebes normalerweise alle drei Komponenten gleichzeitig angetroffen werden, soll im folgenden jeder Vorgang getrennt behandelt werden.

Zellproliferation

Der Zellzyklus wurde früher in die **Mitose-Phase** und die **Interphase,** die auch als **Ruhephase** bezeichnet wurde, eingeteilt. Durch die Anwendung von tritiummarkiertem Thymidin und der Autoradiographie wurde dann deutlich, daß die Lebenszeit einer Zelle in vier verschiedenen Phasen abläuft. Die Mitose-Phase läßt sich am einfachsten erkennen. Eine Zellteilung setzt jedoch die Reduplikation der chromosomalen DNS voraus. Diese findet in der sogenannten „S-Phase“ (DNS-Synthese) statt, deren Dauer davon abhängt, wie groß die Menge an DNS ist, die dupliziert werden muß (52). Direkt im Anschluß an die „S-Phase“ tritt die Zelle in eine kurz dauernde „G_2-Phase“ ein, die sich vom Ende der DNS-Synthese bis zur Prophase der Mitose erstreckt. In der Mitose-Phase („M-Phase“) trennen sich die zuvor verdoppelten Chromosomen, und eine Hälfte eines jeden Chromosoms wandert in die Tochterzelle (s. Kapitel 1, S. 2). Nach der Mitose treten die Tochterzellen in die „G_1-Phase“ ein, die sich von der Telophase bis zum Beginn der nächsten DNS-Synthese-Phase erstreckt. Die Lebenszeit einer Zelle kann also folgendermaßen dargestellt werden: $M \rightarrow \vdots\ G_1 \rightarrow S \rightarrow G_2 \rightarrow M \vdots \rightarrow G_1$.

Die Zellproliferation beim Embryo setzt sofort ein, wenn der männliche und weibliche Gamet miteinander verschmolzen sind, und führt zur Bildung der Morula. Trotz wiederholter Teilungen der

Blastomeren nimmt die Gesamtgröße der **Zygote** nicht zu, und die Blastomeren selbst nehmen nach jeder Teilung in ihrer Größe ab. Es handelt sich hierbei um eines der wenigen Beispiele, bei denen die Vermehrung der Zellzahl nicht Wachstum im Sinne von Vergrößerung bedeutet (vgl. Abb. 2–6).

Über die Proliferationsrate der Zellen und die Dauer der einzelnen Phasen des Zellzyklus liegen recht viele Befunde aus Untersuchungen über das **Rückenmark** des Hühnchens vor. Im Stadium der Neuralrinne bilden die Neuroepithelzellen eine homogene Population, in der alle Zellen die gleichen morphologischen Charakteristika aufweisen und sich gleichartig verhalten (53, 54). Wenn man die Dauer der einzelnen Phasen des Zellzyklus mit markiertem Thymidin bestimmt, ergibt sich, daß die DNS-Synthese-Phase fünf Stunden dauert, die G_2-Phase zwei Stunden, die Mitose etwa 30 Minuten und daß die G_1-Phase nicht vorhanden oder außergewöhnlich kurz ist. Die Lebenszeit einer Neuroepithelzelle dauert alles in allem etwa acht Stunden. Da die Zellen der Neuralplatte und der Neuralrinne eine homogene Population bilden, verdoppelt sich die Population zahlenmäßig alle acht Stunden. Die außergewöhnliche Erhöhung der Zellzahl ist aller Wahrscheinlichkeit nach für die Ausdehnung des Nervensystems in zephalokaudaler Richtung verantwortlich und möglicherweise ein Faktor für die zephalokaudale Krümmung des Embryos (Abb. 5–10).

In dem Augenblick, in dem sich die Neuralrinne schließt, verändert sich die Proliferationsaktivität der Zellen. Während zuvor jede sich teilende Neuroepithelzelle zwei neue Neuroepithelzellen entstehen ließ, teilen sich nach dem Neuralrohrschluß einige der Zellen so, daß eine der Tochterzellen eine Neuroepithelzelle bleibt, während die andere die Population verläßt und an die Peripherie des Neuralrohres wandert. Die neue Zelle zeichnet sich durch einen runden blassen Kern und einen dunkel gefärbten Nukleolus aus und bildet einen primitiven Neuroblasten. Der Neuroblast besitzt nicht mehr die Fähigkeit zur Zellteilung und kann an dem Wachstumsprozeß durch Zellproliferation nicht mehr teilnehmen. In den folgenden Tagen werden immer mehr Neuroblasten gebildet, so daß die Neuroepithelpopulation kleiner wird und die Größe des proliferierenden Zellpools abnimmt (55) (vgl. Abb. 15–6).

Wenn der größte Teil der Neuroblasten sich gebildet hat, entsteht aus dem proliferierenden Neuroepithelpool ein neuer Zelltyp, die primitive Gliazelle. Diese Zellen werden aller Wahrscheinlichkeit nach aus dem Neuroepithel gebildet, ohne daß eine Zellteilung vorausgeht. Dadurch nimmt die Größe des proliferierenden Zellpools rasch ab (56). Wenn schließlich der Kanal des Neuralrohres kollabiert, sind nur noch wenige Neuroepithelzellen übrig geblieben. Die Ausdehnung des Rückenmarks ist von nun an durch die Vergrößerung der Neuroblasten, durch das Auftreten vieler interzellulärer Faserbündel und in geringem Ausmaße durch die Proliferation der Gliazellen bedingt.

Zellvergrößerung

Obwohl die Größenzunahme der einzelnen Zelle ein Faktor ist, der am wenigsten zum Wachstum beiträgt, kann sein Anteil in einigen Organen und Geweben wie z. B. der Linse und dem Zentralnervensystem doch nicht vernachlässigt werden. Ursprünglich besitzt der Neuroblast im Rückenmark etwa die gleiche Größe wie eine Neuroepithelzelle. Mit dem Einsetzen der Differenzierung bildet der Neuroblast jedoch in dem Netzwerk der Dendriten und im Axon eine Reihe von Zellausläufern. Auch der Zelleib vergrößert sich durch die Vermehrung der Zytoplasmamenge, die den Golgi-Apparat, die Nissl-Substanz und das endoplasmatische Retikulum enthält, beträchtlich. Das zentrale Nervensystem ist daher ein wichtiges Beispiel für ein Gewebe, in dem die Zellvergrößerung zum Wachstum des Systems beiträgt. Die großen Betz-Pyramidenzellen in der Großhirnrinde, die Purkinje-Zellen im Kleinhirn und die motorischen Vorderhornzellen im Rückenmark können sich im Vergleich zu ihrer ursprünglichen Größe auf das Fünf- bis Zehnfache ausdehnen.

Ein weiteres typisches Beispiel für Wachstum durch Zellvergrößerung stellt die Linse dar. Ursprünglich bildet die Linse ein Bläschen, bei dem die Zellen am hinteren Pol nicht wesentlich größer sind als am vorderen (Abb. 16–2). Mit fortschreitender Entwicklung verlängern sich die Zellen am hinteren Pol, wachsen nach vorne und füllen so das ganze Lumen des Linsenbläschen aus. Diese Zellvergrößerung wird durch die Ablagerung von intrazellulären Proteinen in Form von langgestreckten Fasern verursacht.

Vermehrung der Interzellularsubstanz

Eines der besten Beispiele für Wachstum durch Ablagerung von **Interzellularsubstanz** findet sich im **hyalinen Knorpel.** Ursprünglich bilden die Vorknorpelzellen dichte Haufen. Wenn in der weiteren Entwicklung die Zellen sich selbst vergrößern und ihre Funktion aufnehmen, sezernieren sie eine Matrix, deren Hauptkomponente aus einem Chondromukoprotein besteht. Die Kohlenhydratbestandteile dieses Komplexes werden im Golgi-Apparat gebildet, während die Synthese der Proteinkomponenten im granulären endoplasmatischen Retikulum stattfindet. Die Konjugation beider Komponenten erfolgt im Golgi-Apparat. Sie werden dann als Chondromukoprotein aus der Zelle freigesetzt. Zum gleichen Zeitpunkt, in dem die Matrix sich bildet, synthetisieren die Chondrozyten Tropokollagen, das anschließend als Kollagen in der Matrix außerhalb der Zellen abgelagert wird. In der Matrix treten immer mehr Fibrillen auf, so daß in späteren Stadien 40 % des Trockengewichts der Knorpelmatrix aus Kollagen in Form eines verschlungenen Fibrillennetzwerkes besteht. Mit der Zunahme des interzellulären Materials werden die Zellen voneinander isoliert und kommen in kleine abgegrenzte Hohlräume zu liegen. Obwohl die Teilungsfähigkeit der Zellen im hyalinen Knorpel noch eine gewisse Zeit erhalten bleibt, findet das tatsächliche Wachstum des Gewebes in den Interzellularräumen statt. Schließlich bilden die Zellen kleine Gruppen, die durch große Mengen an Interzellularsubstanz voneinander getrennt sind. Die Ablagerung von interzellulärem Material trägt also beim hyalinen Knorpel, aber auch in einer Reihe von anderen Geweben, wesentlich zum Wachstum des Embryos bei.

Zellproliferation nach der Geburt

Obwohl das Wachstum durch Zellproliferation bei der Geburt noch nicht abgeschlossen ist, haben in diesem Entwicklungsstadium wichtige und große Zellpopulationen bereits ihre endgültige Gesamtzahl erreicht. Dies läßt sich leichter zeigen, wenn man neugeborene Tiere mit mehrmaligen Injektionen von H_3-markiertem Thymidin behandelt. Große Zellpopulationen wie z. B. die motorischen Vorderhornzellen, die Purkinje-Zellen, die Ganglienzellen in den dorsalen Spinalganglien und andere Nervenzellenpopulationen in der Großhirnrinde bauen kein markiertes Thymidin mehr ein. Das bedeutet, daß diese Populationen ihre Teilungsfähigkeit verloren haben. Etwa zum Zeitpunkt der Geburt, und in einigen Fällen lange vor der Geburt, haben also bestimmte Zellpopulationen ihre endgültige Größe erreicht und tragen zum Wachstum nicht mehr durch Proliferation bei. Diese Populationen werden als **statische Populationen** bezeichnet und finden sich hauptsächlich im Zentralnervensystem, sind aber auch in anderen Geweben und Organen vorhanden (57).

Obwohl die Ganglienzellpopulation im Zentralnervensystem nach der Geburt nicht mehr proliferiert, wächst das Zentralnervensystem noch weiter aufgrund der Gliaproliferation, der Größenzunahme der

Neurone selbst und durch die Entwicklung dichter markscheidenhaltiger Fasernbündel. Obwohl bei der Geburt einige Zellpopulationen bereits statisch sind, hält die Proliferation in anderen noch an. Diese Populationen werden als **expansive Populationen** bezeichnet. Ihre Proliferationsrate läßt sich bestimmen, indem man den DNS-Gehalt zu verschiedenen Zeiten nach der Geburt mißt. Da die DNS-Menge pro Zelle konstant ist, entspricht eine progressive Steigerung des DNS-Gehaltes in einem bestimmten Organ einer progressiven Zellvermehrung (58). Zwischen dem siebten und neunzigsten Lebenstag steigt die Zellzahl in der Rattenleber etwa auf das 6,5fache und die im Pankreas auf das 18,2fache.

Mit dem Erreichen der vollen Reife kommt das Wachstum als räumliche Ausdehnung zum Stillstand. Wenn man jedoch ein erwachsenes Tier mit markiertem Thymidin behandelt und die Gewebe auf die DNS-Synthese hin untersucht, zeigen eine Reihe von Organen und Geweben eine hohe Proliferationsaktivität. Der DNS-Gehalt in diesen Geweben bleibt konstant, das heißt die Gesamtzahl der Zellen verändert sich nicht. Die Diskrepanz zwischen der konstanten Gesamt-DNS und der beobachteten hohen DNS-Synthese zeigt, daß viele Zellen zu der Population durch Mitose hinzukommen, daß aber weniger oder gar keine zur Vermehrung der Population beitragen. Offensichtlich gehen die durch Mitose entstandenen Zellen allmählich durch Degeneration oder Abwanderung wieder verloren. Diese Beobachtung läßt sich besonders bei den Zellen des Darmepithels machen (59). Am Eingang in die Krypten gebildete Zellen wandern an der Oberfläche der Zotten entlang bis zur Spitze und werden dann ins Lumen abgestoßen. Entsprechend verläßt ein stetiger Strom von im Thymus entstandenen Lymphozyten dieses Organ, um in großen Mengen in den Kreislauf einzutreten. Zellpopulationen, in denen die Neubildung dem Zellverlust die Waage hält, werden als **sich verjüngende Populationen** bezeichnet. Das Ausmaß der Zellerneuerung ist sehr eindrucksvoll. Nach einer Schätzung werden im Magen-Darm-Kanal der Ratte etwa zwei Billionen Zellen täglich abgestoßen.

In den meisten der sich verjüngenden Populationen beobachtet man Teilungen in Zellen, die wenig differenziert sind. Diese als **Stammzellen** bezeichneten Zellen sitzen in der Basalschicht der Haut und in den Krypten zwischen den Darmzotten. Wenn sich eine Stammzelle geteilt hat, verläßt gewöhnlich eine der Tochterzellen die Population, um hochzuwandern und sich zu differenzieren, während die andere in der Stammzellschicht zurückbleibt und mit der DNS-Synthese für die nächste Teilung beginnt. Sich verjüngende Zellpopulationen spielen bei der Erhaltung von Geweben und Organen des ausgewachsenen Tieres eine wichtige Rolle.

Amniozentese

Die Amniozentese, die Fruchtwasserpunktion in der Frühschwangerschaft zur Erkennung von Mißbildungen vor der Geburt, ist eine Methode, in der die Fortschritte der experimentellen Embryologie und Genetik ihre direkte klinische Anwendung finden. Bei der Amniozentese wird in der 15.–16. Schwangerschaftswoche durch die Bauchdecken hindurch die Amnionhöhle punktiert. Zu diesem Zeitpunkt sind etwa 170 ml Fruchtwasser vorhanden. Davon werden 10–15 ml entnommen. Vor der Punktion wird die Lage des Kindes und der Plazenta im Ultraschallbild kontrolliert. Eine Schädigung der Frucht wird damit praktisch ausgeschlossen.

Das Fruchtwasser enthält frei schwimmende Amnionepithelzellen, sowie abgeschilferte Zellen des Epitrichiums und aus dem Magen-Darm-Kanal. Diese Zellen werden in der Gewebekultur zur Darstellung der Chromosomen und für weitere Tests angezüchtet. In der Amnionflüssigkeit selbst wird das α-Fetoprotein zum Ausschluß von neuralen Spaltbildungen (vgl. Abb. 15–**12**, 15–**13**, 15–**14** und 15–30) bestimmt.

Durch die Amniozentese können strukturelle Anomalien der Chromosomen sowie Abweichungen in der Chromosomenzahl festgestellt werden (vgl. Kap. 5, S. 105). Die Amniozentese wird daher bei Familien mit Translokationen zur Unterscheidung zwischen Kindern mit nicht ausgeglichenem (Erkrankung) und solchen mit ausgeglichenem Chromosomensatz (balancierter Überträger) durchgeführt. Die häufigste Indikation ist der Ausschluß einer Trisomie bei Schwangeren im Alter über 40 Jahre oder bei familiärer Belastung. Bei Überträgerinnen von geschlechtsgebundenen Erbkrankheiten kann das genetische Geschlecht des Kindes bestimmt werden. Stoffwechselkrankheiten, wie z. B. die Speicherkrankheiten, können diagnostiziert werden, wenn das entsprechende Gen in den Amnionzellen zur Expression kommt und wenn eine Mikromethode zum Nachweis des Defektes zur Verfügung steht.

Bei 371 in einer Klinik aufgrund der genannten Indikationen durchgeführten Amniozentesen wurden in 4,3 % der Fälle Anomalien diagnostiziert und entsprechend die Schwangerschaft unterbrochen (61). Die Rate der Spontanaborte im gleichen Patientengut betrug im Vergleich dazu 5,7 %.

Literatur

1 Roux, W.: Zur Frage der Achsenbestimmung des Embryo im Froschei. Biol. Zbl. 8 (1888) 399

2 Endres, H.: Über Anstück- und Schnürversuche an Eiern von Triton taeniatus. Schles. Ges. Vaterländ. Kultur 73 (1895)

3 Spemann, H.: Entwicklungsphysiologische Studien am Triton-Ei. I. Arch. Entwmech. Org. 12 (1901) 224

4 Spemann, H.: Entwicklungsphysiologische Studien am Triton-Ei. III. Arch. Entwmech. Org. 16 (1903) 551

5 Spemann, H.: Über Transplantationen an Amphibienembryonen im Gastrulastadium. S. B. Ges. naturf. Fr. Berl. 9 (1916) 306

6 Spemann, H.: Über die Determination der ersten Organanlagen des Amphibienembryo. Arch. Entwmech. Org. 43 (1918) 448

7 Spemann, H., H. Mangold: Über Induktion von Embryonalanlagen durch Implantation artfremder Organisatoren. Arch. Entwmech. Org., 100 (1924) 599

8 Woerdeman, M. W.: On lens induction. Proc. Kon. Ned. Akad. Wetensch., Amst. 42 (1939) 290

9 Twitty, V.: Eye. In: Analysis of Development, edited by B. H. Willier, P. A. Weiss, V. Hamburger. Saunders, Philadelphia 1955

10 Weiss, P.: Perspectives in the field of morphogenesis. Quart. Rev. Biol. 25 (1950) 177

11 McKeehan, M. S.: Cytological aspects of embryonic lens induction in the chick. J. exp. Zool. 117 (1951) 31

12 Langman, J.: Morphological aspects in the development of the crystalline lens in the chick embryo. Acta Morph. Neerl.-Scand. 1 (1956) 1

13 McKeehan, M. S.: Induction of portions of chick lens without contact with the optic cup. Anat. Rec. 132 (1958) 297

14 Sirlin, J. L., S. K. Brahma: Studies on embryonic induction using radioactive tracers. II. The mobilization of protein components during induction of the lens. Develop. Biol. 1 (1959) 234

15 Grobstein, C.: Morphologic interaction between embryonic mouse tissues separated by a membrane filter. Nature (Lond.) 172 (1953) 869

16 Grobstein, C.: Cell contact in relation to embryonic induction. Exp. Cell Res. (Suppl.) 8 (1961) 234

17 Waddington, C. H., J. Needham, J. Brachet: Studies on the nature of the amphibian organization centre. III. The activation of the evocator. Proc. roy. Soc., London, Ser. B 120 (1936) 173

18 Okada, Y. K.: Neural induction by means of inorganic implantation. Growth 2 (1938) 49

19 Born, J., H. P. Geithe, H. Tiedemann, H. Tiedemann, U. Kocher-Becker: Isolation of a vegetalizing inducing factor. Hoppe-Seyler's Z. Physiol. Chem. 353 (1972) 1075

20 Kocher-Becker, U., H. Tiedemann: Induction of mesodermal and endodermal structures and primordial germ cells in Triturus ectoderm by a vegetalizing factor from chick embryos. Nature 233 (1971) 65

21 Tarkowski, A. K.: Mouse chimeras developed from fused eggs. Nature 190 (1961) 857

22 Dunn, G. R.: Expression of a sex-linked gene in standard and fusion chimeric mice. J. Exp. Zool. 181 (1972) 1

23 Gardner, R. L.: Manipulation of development. In: Reproduction in Mammals, 2. Embryonic and fetal development. Eds. C. R. Austin, R. V. Short Cambridge University Press 1972

24 Ten Cate, G., W. J. van Doorenmaalen: Analysis of the development of the eye-lens in chicken and frog embryos by means of the precipitin reaction. Proc. Konink. Nederl. Akad. van Wetensch. (Amst.) 53 (1950), 894

25 Langman, J., M. Schalekamp, M. Kuijken, R. Veen: Sero-immunological aspects of lens development in chick embryos. Acta Morph. Neerl.-Scand. 1 (1956) 142

26 Langman, J.: The first appearance of specific antigens during the induction of the lens. J. Embryol. exp. Morph. 7 (1959) 193

27 Maisel, H., J. Langman: An immuno-embryological study on the chick lens. J. Embryol. exp. Morph. 9 (1961) 191

28 Zwaan, J., A. Ikeda: Macromolecular events during differentiation of the chicken lens. Exp. Eye Res. 7 (1968) 301

29 Wessells, N. K.: Problems in the analysis of determination, mitosis and differentiation. In: »Epithelial-Mesenchymal-Interactions«. Ed.: Fleischmeajer, R., R. E. Billingham. Williams & Wilkins, Baltimore 1968 (S. 132)

30 Pictet, R. L., W. R. Clark, R. H. Williams, W. J. Rutter: An ultrastructural analysis of the developing embryonic pancreas. Develop. Biol. 2914 (1972) 436

31 Komnik, H., W. Stockem, K. E. Wohlfahrt-Bottermann: Ursachen, Begleitphänomene und Steuerung zellulärer Bewegungserscheinungen. Fortschr. Zool. 1 (1972) 21

32 Wessels, N. K., B. S. Sponner, J. F. Ash, M. O. Bradley, M. A. Luduena, E. L. Taylor, J. T. Wrenn, K. M. Yamada: Microfilaments in cellular and developmental processes. Science 171 (1971) 143

33 Drews, U.: Cholinesterase in embryonic development. Progr. Histochem. Cytochem. Vol. 7 No. 3 (1975)

34 Kussäther, E., K. H. Usadel, U. Drews: Cholinesterase-Aktivität bei der Entstehung und Auflösung der Somiten des Hühnchens. Histochemie 8 (1967) 237

35 McKay, D. G., A. T. Hertig, E. C. Adams, S. Danzinger: Histochemical observations on the germ cells of human embryos. Anat. Rec. 117 (1953) 201

36 LeDouarin, N. M., M. A. Theillet: The migration of neural crest cells to the wall of the digestive tract in the avian embryo. J. Embryol. exp. Morphol. 30 (1973) 31

37 Grobstein, C.: Epithelio-mesenchymal specificity in the morphogenesis of mouse sub-mandibular rudiments in vitro. J. exp. Zool. 124 (1953) 383

38 Kratochwil, K.: Tissue interaction during embryonic development: General properties. In: Tissue Interactions in Organogenesis, ed. Tenn, D. Academic Press, New York 1972

39 Levi-Montalcini, R., R. H. Angeletti, P. V. Angeletti. In: The Structure and Function of Nervous Tissue, Vol. 5. Ed. G. H. Bourne. Academic Press, New York, 1972 (S. 1)

40 Dubois, R.: La colonisation des ébauches gonadique par les cellules germinales de l'embryon de poulet en culture in vitro. J. Embryol. Exp. Morphol. 20 (1968) 189

41 Jost, A.: Embryonic sexual differentiation. In: Hermaphroditism, Genital Anomalies and Related Endocrine Disorders, 2. ed. Eds.: Jones, H. W., jr., W. W. Scott. Williams & Wilkins, Baltimore 1971

42 Josso, N.: In vitro synthesis of Müllerian-inhibiting hormone by seminiferous tubules isolated from the calf fetal testis. Endocrinology 93 (1973) 829

43 Neumann, F.: Endokrinologische Aspekte der Geschlechtsdifferenzierung. Gynäkologe 9 (1976) 16

44 Attardi, B., S. Ohno: Cytosol androgen receptor from kidney of normal and testicular feminized (Tfm) mice. Cell 2 (1974) 205

45 Drews, U.: Direct and mediated effects of testosterone: The development of intersexes in sex reversed mosaic mice, heterozygous for testicular feminization. Anat. Embryol. 146 (1975) 325

46 Drews, U.: Die Entwicklung der Sexualorgane: Von der genetischen Information zur morphologischen Differenzierung. Gynäkologe 9 (1976) 3

47 Metcalf, D., M. A. S. Moore: Haemopoetic cells. In: Frontiers of Biology. Eds. Neuberger, A., E. L. Tatum. North Holland Publishing Co., Amsterdam 1971

48 King, T. J., R. Briggs: Transplantation of living nuclei of late gastrulae into enucleated eggs of Rana pipiens. J. Embryol. exp. Morph. 2 (1954) 73

49 Jacob, F., J. Monod: On the regulation of gene activity. Cold Spr. Harb. Symp. quant. Biol. 26 (1961) 193

50 Harris, H., J. F. Watkins: Hybrid cells derived from mouse and man: artificial heterokaryons of mammalian cells from different species. Nature (Lond.) 205 (1965) 640

51 Ohno, S.: So much »junk« DNA in our genome. In: Evolution of Genetic Systems, Vol. 23, H. H. Smith ed., Brookhaven Symposia, S. 366. Gordon and Breach, New York 1972

52 Lamerton, L. F., R. I. M. Fry: Cell Proliferation. Blackwell, Oxford 1963

53 Martin, A., J. Langman: The development of the spinal cord examined by autoradiography. J. Embryol. exp. Morph. 14 (1965) 25

54 Langman, J., R. L. Guerrant, B. G. Freeman: Behavior of neuroepithelial cells during closure of the neural tube. J. comp. Neurol. 127 (1966) 399

55 Fujita, S.: Analysis of neuron production in the central nervous system by H^3-thymidine autoradiography. J. comp. Neurol. 122 (1964), 311

56 Fujita, S.: The matrix cell and cytogenesis in the developing central nervous system. J. comp. Neurol. 120 (1963) 37

57 Leblond, C. P.: Classification of cell populations on the basis of their proliferative behavior. Nat. Cancer Inst. Monogr. 14 (1964) 119

58 Enesco, M., C. P. Leblond: Increase in cell number as a factor in the growth of the organs and tissues of the young male rat. J. Embryol. exp. Morph. 10 (1962) 530

59 Leblond, C. P., B. Messier: Renewal of chief cells and goblet cells in the small intestine as shown by radioautography after injection of thymidine-H^3 in mice. Anat. Rec. 132 (1958) 247

60 Leblond, C. P., B. E. Walker: Renewal of cell populations. Physiol. Rev., 36 (1956) 255

61 Knörr, K., W. D. Jonatha, U. Tettenborn: Gynäkologische Aspekte der pränatalen Diagnostik angeborener Anomalien. Münch. med. Wschr. 118 (1976) 589

SPEZIELLE EMBRYOLOGIE

Kapitel 9

Skelettsystem

Normale Entwicklung

Schädel

Am Schädel lassen sich zwei Bereiche unterscheiden: das **Neurokranium,** das eine schützende Kapsel um das Gehirn bildet, und das **Viszerokranium,** welches das Gesichtsskelett umfaßt. Beide Teile bestehen zuerst aus dichtem Mesenchym. Später wird dasselbe an einigen Stellen in desmalen Knochen und an anderen in Knorpel umgewandelt. Der Knorpel kann für das ganze Leben bestehen bleiben oder auch enchondral verknöchern.

Neurokranium. Das Neurokranium wird am besten in zwei Abschnitte eingeteilt: 1. die **Schädelbasis** oder das **Chondrokranium,** das enchondral verknöchert, und 2. die **Deckknochen,** die desmal verknöchern.

Schädeldach und desmale Verknöcherung. Die flachen Deckknochen der Schädelkapsel entwickeln sich direkt aus dem mesenchymalen Bindegewebe, das die Anlage des Gehirns umgibt. Diese Form der Verknöcherung heißt **desmale Ossifikation.** Die Mesenchymzellen verdichten sich und differenzieren sich dann zu **Osteoblasten** mit einem basophilen Zytoplasma und einem exzentrisch gelegenen Kern (Abb. 9–1 A). Die Osteoblasten formieren sich in regelmäßigen Reihen und beginnen kollagene Fasern und eine Grundsubstanz aus Eiweiß und Schleimstoffen zu sezernieren. Es entsteht **Vorknochen** oder **Osteoid.** In einiger Entfernung von den Osteoblasten verkalkt der Vorknochen. Man nimmt an, daß die Verkalkung durch die Freisetzung des Enzyms **Phosphatase,** das von den Osteoblasten gebildet wird, zustande kommt. Der neugebildete Knochen ist von den Osteoblasten immer durch eine dünne Vorknochenschicht getrennt. Einige der Osteoblasten werden jedoch vom Knochen selbst eingeschlossen und bilden die **Knochenzellen** oder **Osteozyten** (Abb. 9–1 A). Es entstehen dann eine Reihe von nadelförmigen **Knochenbälkchen,** die sich vom primären Ossifikationszentrum immer weiter strahlenförmig gegen die Peripherie ausbreiten (9–1 B).

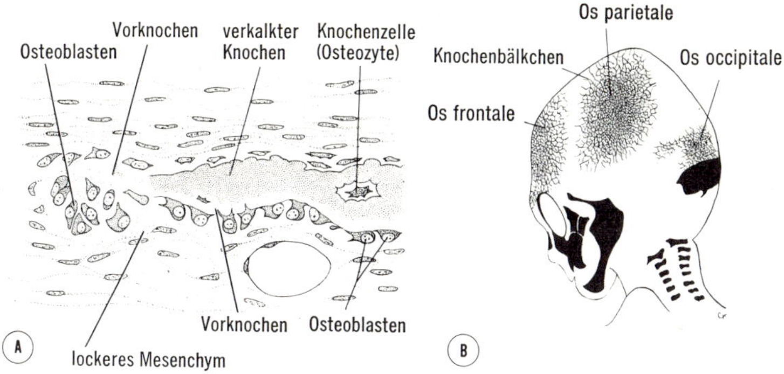

Abb. 9–**1** A, Schematische Darstellung der desmalen Ossifikation. Auf der linken Seite werden die Mesenchymzellen in unregelmäßig angeordnete Osteoblasten umgewandelt, die Vorknochen ablagern. Nach rechts ordnen sich die Osteoblasten in regelmäßigen Reihen an und fahren fort, Vorknochen oder Osteoid zu produzieren. In einiger Entfernung von den Osteoblasten wird der Vorknochen in Knochenmatrix umgewandelt, die dann verkalkt. Der neugebildete Knochen bleibt von den Osteoblasten immer durch eine dünne Schicht aus Vorknochen getrennt. Einige der Osteoblasten werden in dem kalzifizierten Knochen eingeschlossen und wandeln sich in Knochenzellen oder Osteozyten um. B, Schematische Darstellung der Schädelknochen eines drei Monate alten Embryos (gezeichnet nach einem aufgehellten und mit Alizarin gefärbten Präparat). Beachte, wie sich die Knochenbälkchen von dem primären Ossifikationszentrum der flachen Schädelknochen ausbreiten.

Während die Knochenbildung im Ossifikationszentrum weiter fortschreitet, umgibt sich die ganze Anlage mit einem dichten Mesenchym, das das **Periost** bildet. Auf der Innenseite dieser Schicht differenzieren sich die Mesenchymzellen zu Osteoblasten, die parallel angeordnete Knochenlamellen auf der Oberfläche des primären Ossifikationszentrums ablagern. Diese parallel verlaufenden, vom Periost gebildeten Knochenlamellen heißen **periostaler Knochen.**

Jede neue, auf der Oberfläche abgelagerte Knochenschicht schließt einige Osteoblasten ein, die damit zu Knochenzellen oder Osteozyten werden. Diese Zellen liegen in kleinen Lakunen und stehen untereinander über enge Kanäle, die **Canaliculi,** in Verbindung. Die auf diese Weise eingemauerten Osteoblasten werden fortwährend durch Neubildung aus dem Periost heraus ersetzt.

Die desmal verknöcherten Deckknochen der Schädelkapsel vergrößern sich durch Apposition neuer Schichten an der äußeren Oberfläche bei gleichzeitiger osteoklastischer Resorption von innen her.

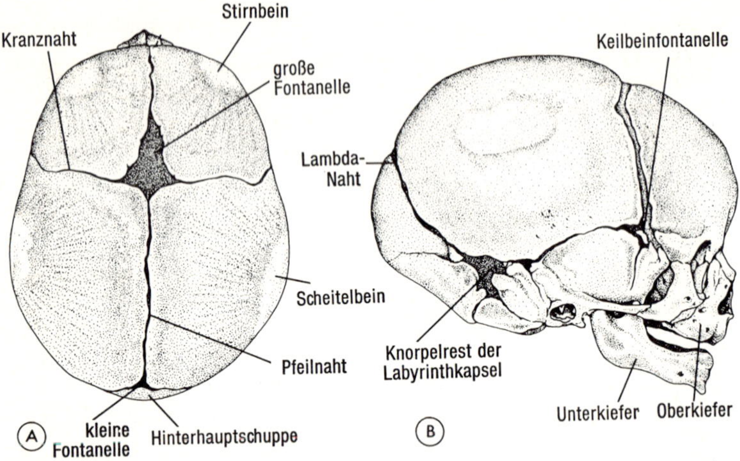

Abb. 9–**2** Schädel eines Neugeborenen. A, Ansicht von oben, B, von lateral. Die kleine Fontanelle schließt sich etwa drei Monate nach der Geburt, die große Fontanelle im zweiten Lebensjahr. Durch Verknöcherung verschwinden beim Erwachsenen viele der Schädelnähte vollständig.

Zum Zeitpunkt der Geburt sind die Deckknochen in den **Schädelnähten** (Suturae) noch durch Bindegewebe voneinander getrennt. Dort, wo mehr als zwei Knochen aneinandergrenzen, weiten sich die Nähte zu den **Fontanellen** aus. In der **großen Fontanelle** treffen sich die beiden Stirn- und Scheitelbeine, in der **kleinen Fontanelle** die beiden Scheitelbeine und das Hinterhauptsbein (Abb. 9–2 A). Während des Geburtsvorganges können sich die Deckknochen in den Nähten und Fontanellen übereinander schieben und dadurch den Kopfdurchmesser im Geburtskanal verringern. Beim Kleinkind kann durch Palpation der Fontanellen geprüft werden, ob die Verknöcherung normal verläuft, oder ob, wie z. B. beim **Hydrozephalus,** der intrakranielle Druck erhöht ist.

Im ersten Lebensjahr zeigen die Deckknochen ein besonders starkes Wachstum, das sich noch bis zum 7. Lebensjahr fortsetzt. Es entspricht der Größenzunahme des Gehirns. Die kleine Fontanelle schließt sich etwa im 3. Monat nach der Geburt, die große Fontanelle im 2. Lebensjahr. Obwohl bei einem 5- bis 7jährigen Kind der Schädel fast ausgewachsen ist, verknöchern ein Teil der Nähte erst im Erwachsenenalter.

Die Entwicklung der Schädelbasis. Die Knochen der Schädelbasis entstehen zunächst als knorpelige Anlagen, die erst später verknöchern. Der knorpelig angelegte Teil des Schädels wird als **Chondro-**

kranium bezeichnet. Die Chorda spielt bei der Bildung des Chondrokraniums eine wichtige Rolle. Das Mesenchym, das den kranialen Abschnitt der Chorda umgibt, differenziert sich zu **parachordalem Knorpel.** Die dadurch entstehende Knorpelplatte ist die Anlage der **Pars basilaris** des Hinterhauptsbeines (Abb. 9–3 A, B). An den parachordalen Knorpel schließen sich nach kaudal vier Sklerotome an, die von okzipitalen Somiten abstammen. Das kranialste dieser Sklerotome verschwindet, die restlichen drei bleiben erhalten und bilden einen unsegmentierten Knorpel, der sich mit dem parachordalen Knorpel vereinigt und damit die Anlage der Pars basilaris bis zum Hinterhauptsloch verlängert (Abb. 9–3 B). Später dehnt sich die knorpelige Anlage des **Os occipitale** nach dorsal um das Neuralrohr herum aus und bildet die Squama occipitalis. Nur der obere Abschnitt des Hinterhauptsbeines, der sich zwischen die Scheitelbeine (Ossa parietalia) einschiebt, verknöchert desmal (Abb. 9–1 B).

Rostral vom Parachordalknorpel liegen die **Hypophysenknorpel** und die **Trabeculae cranii** (Abb. 9–3 A). Sie verschmelzen miteinander

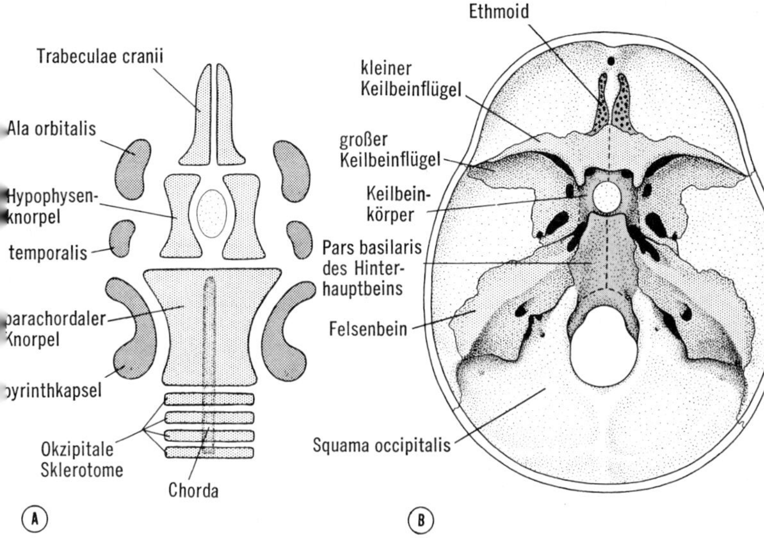

Abb. 9–**3** A, Darstellung der verschiedenen Anlagekomponenten, die bei der Entwicklung der Schädelbasis oder des Chondrokraniums eine Rolle spielen (modifiziert nach Clara). B, Vereinfachte Dorsalansicht des Chondrokraniums beim Erwachsenen von dorsal mit der endgültigen Lage der einzelnen in A dargestellten Komponenten.

und bilden den Körper des **Keilbeins** (Os sphenoidale) und des **Siebbeins** (Os ethmoidale). Auf diese Weise entsteht eine langgestreckte mediale Knorpelplatte, die von der Nasenregion bis zur vorderen Begrenzung des Foramen magnum reicht.

Beiderseits der medialen Platte entstehen weitere Knorpelkerne. Der am weitesten rostral gelegene bildet als **Ala orbitalis** den kleinen Flügel des Keilbeins. Kaudal folgt die **Ala temporalis,** der spätere große Keilbeinflügel. Diese Teile verschmelzen anschließend mit der medialen Platte. Nur die Austrittstellen der Gehirnnerven bleiben frei (Abb. 9–3 B).

Eine dritte Komponente, die lateral vom Parachordalknorpel entsteht, ist die knorpelige **Labyrinthkapsel.** Sie umgibt das Ohrbläschen. Aus ihr entsteht die Pars petrosa (Felsenbein) des **Schläfenbeins,** die mit der Anlage der Squama temporalis zum definitiven Schläfenbein (Os temporale) verschmilzt. Der Processus mastoideus des Schläfenbeins entwickelt sich erst nach der Geburt. Infolgedessen liegt der **Nervus facialis,** der aus dem Foramen stylomastoideum austritt, bei der Geburt noch ungeschützt an der Oberfläche und kann leicht bei einer Zangenentbindung verletzt werden.

Das Chondrokranium wird durch enchondrale Verknöcherung in die knöcherne Schädelbasis umgewandelt. Die enchondrale Verknöcherung verläuft in gleicher Weise wie beim Extremitätenskelett.

Viszerokranium. Das Viszerokranium wird im Wesentlichen von den ersten beiden Kiemenbögen gebildet. Aus dem ersten, dem Mandibularbogen, entstehen der Oberkiefer und der Unterkiefer. Der kraniale Abschnitt des ersten Kiemenbogens bildet als Oberkieferwulst die Anlage des Oberkiefers, und der kaudale Abschnitt als Unterkieferwulst die Anlage des Unterkiefers (Abb. 9–4 A). Der Unterkieferwulst enthält die Knorpelspange des 1. Kiemenbogens, den **Meckel-Knorpel.** Die dorsalen Enden des Meckel-Knorpels bilden zusammen mit den Enden der Knorpelspange des 2. Kiemenbogens, dem **Reichert-Knorpel,** die Anlagen der Gehörknöchelchen (Abb. 9–4). Die Verknöcherung der Gehörknöchelchen beginnt im 4. Monat, so daß hier die ersten vollständig verknöcherten Knochen entstehen (s. Kap. 13, S. 268 und Kap. 17, S. 375). Die übrigen Anteile des Meckel-Knorpels bilden sich zurück. Die definitiven Oberkiefer- und Unterkieferknochen, sowie das Kiefergelenk entstehen durch desmale Verknöcherung unabhängig von den Kiemenspangen.

Das Viszerokranium ist zunächst im Verhältnis zum Neurokranium sehr klein. Dies kommt durch das Fehlen der Nasennebenhöhlen und die kleinen Knochenanlagen der Kiefer zustande. Erst mit dem Durchbruch der Zähne und der Entwicklung der Nasennebenhöhlen erhält das Gesicht seine charakteristische Ausprägung.

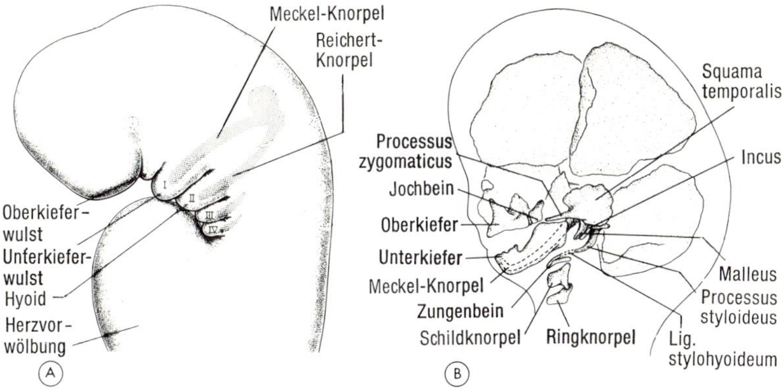

Abb. 9–**4** A, Kiemenbögen und Kiemenknorpel bei einem Embryo in der 4. Woche. B, Die Umwandlung der Kiemenbogenregion zum Viszerokranium bei einem älteren Fetus.

Extremitätenskelett

Die paddelförmigen Extremitätenknospen werden am Anfang der 5. Woche sichtbar. Die Beinknospen treten etwas später auf als die Armknospen und bleiben auch weiterhin in der Entwicklung etwas zurück (Abb. 5–**13** und 5–**15**). Die Knospen bestehen aus einem mesenchymalen Kern, der vom parietalen Mesoderm der Leibeswand abstammt, und werden von Ektoderm bedeckt. An der Spitze ist das Ektoderm zur **Randleiste** verdickt. Die Randleiste induziert im Mesenchym das weitere Wachstum und die Differenzierung der Knospe. Bei 6 Wochen alten Embryonen grenzt sich distal die Hand-, bzw. die Fußplatte durch eine zirkuläre Einschnürung ab (Abb. 5–**13** B). Etwa gleichzeitig bilden sich radial verlaufende Furchen aus, die die Phalangen gegeneinander abgrenzen. Durch Gewebsuntergang im Bereich der Furchen entstehen separate Finger und Zehen. Die Unterteilung im Ellenbogen- und Kniegelenk deutet sich ebenfalls zunächst durch eine zirkuläre Einschnürung an (Abb. 5–**15** B).

Während sich die äußeren Konturen der Gliedmaßen entwickeln, entstehen im Innern die knorpeligen Anlagen des Extremitätenskeletts. Das mesenchymale Gewebe verdichtet sich zu einem Knorpelblastem aus runden **Chondroblasten.** Die Chondroblasten umgeben sich mit kollagenen Fasern und einer homogenen basophilen **Grundsubstanz.** Es entsteht **hyaliner Knorpel.** In der 6. Woche sind die ersten knorpeligen Modelle für die Knochen der Gliedmaßen vorhanden (Abb. 9–5). Durch enchondrale Ossifikation werden die knorpeligen Anlagen dann in Knochen umgewandelt.

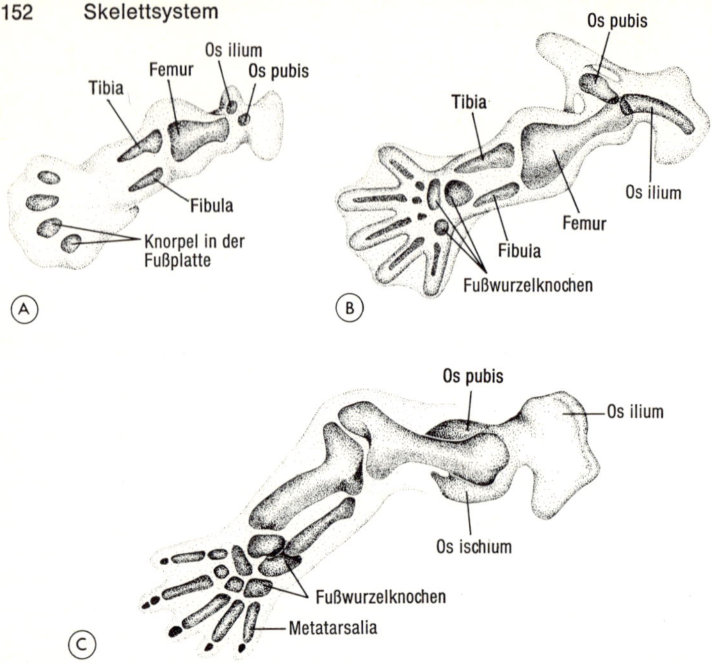

Abb. 9–**5** Schematische Zeichnung der Beinanlage bei einem 6 Wochen alten Embryo. Auftreten der Knorpelkerne. B, am Ende der 6. Woche. C, am Anfang der 8. Woche. Das Beinskelett ist als Knorpelmodell angelegt.

Enchondrale Ossifikation. Am Ende der 6. Woche sind die Röhrenknochen der Extremitäten als Modelle aus hyalinem Knorpel angelegt. Sie werden von einer dichten, gefäßreichen Mesenchymschicht umgeben. Dieses Mesenchym bildet das Perichondrium. Die Verknöcherung beginnt damit, daß die Mesenchymzellen im Schaftbereich des Knorpelmodells eine Knochenmanschette ablagern (Abb. 9–**6** B). Sie werden damit zum Periost.

Gleichzeitig dringt eine Gefäßknospe in das Zentrum des Knorpelmodells ein. Dort, wo das Gefäß den Knorpel aufgelöst hat, reagieren die Knorpelzellen mit der Ausbildung von vier Zonen. Jede Zone stellt ein spezifisches Stadium bei der Bildung von enchondralem Knochengewebe dar (Abb. 9–**6** B): 1. eine Wachstumszone, in der die Knorpelzellen reichlich Mitosen zeigen, 2. eine Zone der Zellhypertrophie, 3. eine Zone, in der die Zellen absterben und die interzelluläre Matrix mit Kalziumsalzen angereichert wird und 4. eine Zone, in die Kapillaren eindringen und die Lakunen der zugrunde gegangenen Zellen einnehmen.

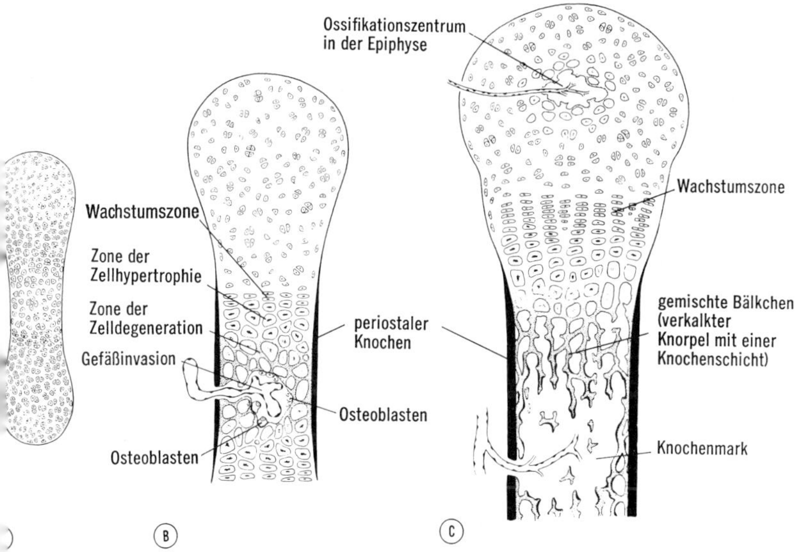

Abb. 9–**6** Schematische Darstellung der enchondralen Ossifikation. A, Knochenanlage aus hyalinem Knorpel („Modell"). B, Dort, wo eine Gefäßknospe in das Schaftzentrum eingedrungen ist, lassen sich folgende Schichten erkennen: (1) eine Zone der Zellproliferation, (2) eine Zone der Zellhypertrophie, (3) eine Zone, in der die Zellen zugrunde gehen und in der Matrixsalze abgelagert werden, (4) eine lakunäre Zone mit Osteoblasten und Osteoklasten. Beachte die Ablagerung von periostalem Knochen an der Schaftperipherie. C, Die zentralen Knochenbälkchen verschwinden, während die lateralen die Wand des Knochens verstärken. Die Ossifikation in der Epiphyse läuft in gleicher Weise ab wie im Schaft.

Die eindringenden Kapillaren werden von spezialisierten Mesenchymzellen, den **Osteoklasten** begleitet, welche die verkalkte Knorpelgrundsubstanz abbauen, so daß die ursprünglich kleinen Lakunen miteinander verschmelzen. Andere spezialisierte Mesenchymzellen, die **Osteoblasten,** ordnen sich an den Wänden der neugebildeten großen Lakunen an und lagern auf den übriggebliebenen verkalkten Knorpelbälkchen Knochensubstanz ab (Abb. 9–**6** B, C). Dieser Vorgang wird als **enchondrale Ossifikation** bezeichnet und führt zur Bildung von knochenüberzogenen Knorpelbälkchen (**gemischte Bälkchen**).

Kurz nach ihrer Bildung wird ein großer Teil der zentral gelegenen Knochenbälkchen von Osteoklasten abgebaut, während die lateral gelegenen erhalten bleiben und die Wände des Knochens verstärken. Infolge dieser Resorption entsteht eine große Markhöhle im Zentrum des Knochens (Abb. 9–6 C).

Vom primären Ossifikationszentrum im Schaft (**Diaphyse**) des Knochens dringt die enchondrale Ossifikation allmählich gegen die Enden des knorpeligen „Modells“ vor. Im Bereich der Markhöhle sind die Knorpelzellen aufgequollen, während sie in einiger Entfernung klein sind, eng beisammenliegen und sich lebhaft vermehren. Sie bilden so an beiden Enden der Markhöhle eine Zone aktiven Wachstums (Abb. 9–6 C).

Zur Zeit der Geburt ist die Diaphyse des Knochens gewöhnlich völlig verknöchert, während die beiden Enden, die **Epiphysen,** immer noch knorpelig sind. Kurz darauf entstehen in diesen Epiphysen Ossifikationszentren und die enchondrale Ossifikation verläuft hier in ähnlicher Weise wie in der Knochendiaphyse (Abb. 9–6 C). Schließlich bestehen die Epiphysen aus spongiösem Knochen, der von einem Knorpelmantel überzogen ist.

Zwischen den Ossifikationszentren der Diaphyse und der Epiphyse bleibt über einige Zeit eine Knorpelscheibe erhalten. Diese Scheibe, die **Epiphysenscheibe** (**Epiphysenfuge**), ist für das Längenwachstum des Knochens verantwortlich (Abb. 9–7). Auf beiden Seiten der Epiphysenscheibe schreitet die enchondrale Ossifikation weiter fort, auf der Diaphysenseite schnell, auf der Epiphysenseite sehr langsam. Wenn der Knochen seine volle Länge erreicht hat, verknöchern die Epiphysenscheiben, und die Epiphysen vereinigen sich mit dem Knochenschaft.

In den langen Röhrenknochen befindet sich an jedem Ende eine Epiphysenscheibe; in den kleineren, z. B. den Phalangen, gibt es nur an einem Ende eine Epiphysenscheibe; und in unregelmäßig geformten Knochen, wie den Wirbelknochen, findet man ein oder mehrere primäre Ossifikationszentren (**Knochenkerne**) und zumeist mehrere sekundäre.

Das Längenwachstum spielt sich in den Epiphysenscheiben ab. Das Dickenwachstum dagegen ist ein noch komplizierterer Vorgang. Im geraden Teil des **Schafts** wächst der Knochen durch Ablagerung neuer Schichten von periostalem Knochen auf die äußere Oberfläche bei gleichzeitiger osteoklastischer Resorption auf der inneren **endostalen Oberfläche.** Das Ergebnis ist ein Größerwerden sowohl des äußeren wie auch des inneren Schaftdurchmessers. In der Epiphysenregion wird das Dickenwachstum durch eine radiäre Expansion des Knorpelmantels und durch fortschreitende enchondrale Ossifikation auf der Innenseite erzielt. Da der Knochen in der Epiphysenregion stärker wächst als am Schaft, nehmen die beiden Schaftenden eine trichterförmige Gestalt an (**Metaphyse**) (Abb. 9–7). In diesen Abschnitten vollzieht sich das Dickenwachstum wiederum anders. Hier wird auf die endostale Oberfläche neuer Knochen abgelagert, während die Resorption auf der äußeren Oberfläche stattfindet.

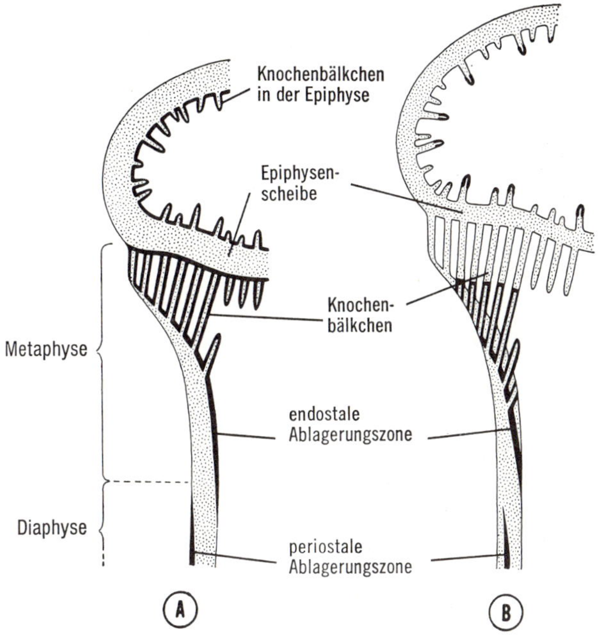

Abb. 9–**7** A, Die Zeichnung zeigt einen Ausschnitt aus dem Kopf und Schaft eines langen Röhrenknochens einer jungen, wachsenden Ratte, die einige Stunden nach der subkutanen Gabe von Radiophosphor (P^{32}) getötet wurde. (Der Phosphor wird an den Stellen mit starker Knochenablagerung eingebaut). Die dicken schwarzen Linien stellen die Oberflächen dar, an denen der aktive Phosphor abgelagert wird, das heißt beiderseits von der Epiphysenscheibe, an den Knochenbälkchen in der Metaphyse und Epiphyse, an der endostalen Oberfläche der Metaphyse und an der periostalen Oberfläche der Diaphyse. B, Verteilung des Radiophosphors einige Tage nach der Injektion. Der aktive Phosphor liegt jetzt in den Knochenbälkcken ein Stück weit über- und unterhalb der Epiphysenscheibe sowie im Inneren der Zona compacta des Schaftes. Die radioaktive Linie an der endostalen Oberfläche der trichterförmigen Metaphyse ist jetzt tief in den Knochen eingebettet. Sie wird am oberen Ende des trichterförmigen Abschnittes bereits durch Osteoblasten wieder abgebaut (modifiziert nach Leblond u. Greulich).

Das Auftreten der Knochenkerne, z. B. in den Handwurzelknochen, kann röntgenologisch nachgewiesen und zur Bestimmung des Knochenalters bei Kindern benutzt werden.

Wirbelsäule

In der vierten Entwicklungswoche wandern die Zellen des Sklerotoms nach medial aus und umgeben die Anlage des Rückenmarks und die Chorda (Abb. 5–7 D). Auf diese Weise entsteht eine lange Säule aus Mesenchym. In der Säule bleiben noch Spuren ihres ursprünglichen segmentalen Aufbaus erhalten, da die Sklerotomblöcke durch weniger dichte Zonen, in denen die **Intersegmentalarterien** verlaufen, getrennt sind (Abb. 9–8 A).

In der weiteren Entwicklung verdichtet sich der kaudale Abschnitt eines jeden Sklerotomsegments und verbindet sich mit dem kranialen Abschnitt des folgenden Sklerotoms, so daß das intersegmentale Gewebe in der Anlage des **Wirbelkörpers** aus Vorknorpel eingeschlossen wird (Abb. 9–8 B). Der Wirbelkörper entwickelt sich also als intersegmentales Gebilde.

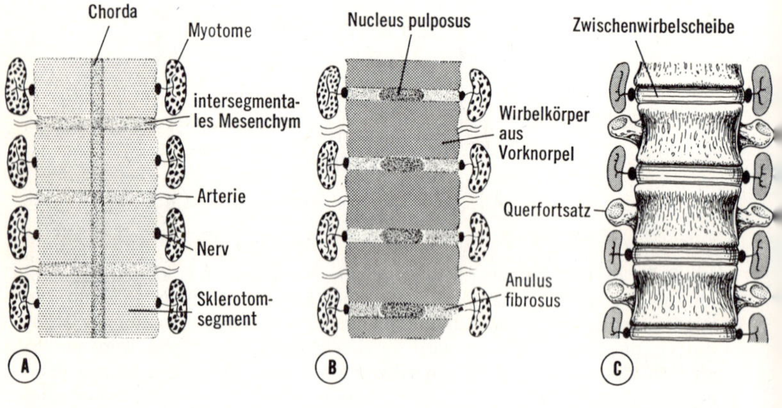

Abb. 9–**8** Schema der Wirbelsäulenentwicklung in verschiedenen Entwicklungsstadien. A, In der vierten Entwicklungswoche liegen zwischen den Sklerotomsegmenten weniger dichte intersegmentale Gewebeabschnitte. Beachte die Lage der Myotome, der Intersegmentalarterien und der segmentalen Nerven. B, Die aus Vorknorpel bestehenden Anlagen der Wirbelkörper werden von den oberen und unteren Hälften zweier aufeinanderfolgender Sklerotome und von dem intersegmentalen Gewebe gebildet. Die Chorda bleibt nur im Bereich der Zwischenwirbelscheiben erhalten und wird dort zum Nucleus pulposus. C, Die Wirbelsäule beim Erwachsenen. Die Myotome überbrücken die Zwischenwirbelscheiben.

Zellen aus dem kranialen Abschnitt der Sklerotomsegmente füllen jeweils den Raum zwischen den aus Vorknorpel bestehenden Wirbelkörpern auf und tragen auf diese Weise zur Bildung der Zwischenwirbelscheibe bei. Während die Chorda im Bereich der Wirbelkörper völlig verschwindet, bleibt sie im Bereich der Zwischenwirbelscheiben erhalten. Hier vergrößert sie sich noch, macht eine schleimige Umwandlung durch und bildet den **Nucleus pulposus,** der später von den zirkulären Fasern des **Anulus fibrosus** umgeben wird. Zusammen bilden diese beiden Gewebe die **Zwischenwirbelscheibe** (Abb. 9–8 C).

Die neue Anordnung der Sklerotome zu den endgültigen Wirbeln hat zur Folge, daß die Myotome die Zwischenwirbelscheiben überbrücken. Durch diese Anordnung erhalten sie die Möglichkeit, die Wirbelsäule zu bewegen (Abb. 9–8 B, C). Aus dem gleichen Grund verlaufen jetzt die Intersegmentalarterien, die zuerst zwischen den Sklerotomen lagen, mitten über die Wirbelkörper. Die Spinalnerven dagegen liegen schließlich in Höhe der Zwischenwirbelscheiben und verlassen die Wirbelsäule durch die Foramina intervertebralia.

Angeborene Mißbildungen

Die bekannteste generalisierte Mißbildung des Skelettsystems ist die **Achondroplasie.** Bei der Achondroplasie ist die enchondrale Ossifikation in den Epiphysenfugen gestört. Dadurch entsteht ein Zwergwuchs mit extrem kurzen Röhrenknochen, einem verkleinerten Gesicht bei normal großem oder leicht vergrößertem Schädel. Die geistige Entwicklung ist normal, die Intelligenz zum Teil hoch. Die Achondroplasie wird dominant vererbt. Die Häufigkeit beträgt 1 : 10 000.

Schädel

Mißbildungen des Schädels können als große Defekte (**Kranioschisis**) mit schweren Mißbildungen des Gehirns verbunden sein. Es kommen aber auch kleinere Defekte vor, die nur auf dem Röntgenbild zu erkennen sind. Häufig treten durch einen Defekt in der Schädeldecke die Hirnhäute und Teile des Gehirns (**Enzephalozele**) oder nur die Hirnhäute (**Meningozele**) aus der Schädelkapsel hervor (s. Kapitel 15, S. 350).

Eine zweite Gruppe von Mißbildungen kommt durch den vorzeitigen Schluß einer oder mehrerer Schädelnähte zustande. Sie werden unter dem Namen **Kraniosynostosen** zusammengefaßt. Die Form des Schädels hängt davon ab, welche Naht sich vorzeitig geschlossen hat. Der vorzeitige Schluß der Pfeilnaht führt zur Ausdehnung des Schädels in der Frontal- und Okzipitalpartie. Der Schädel wird lang und schmal (**Skaphozephalie**). Der vorzeitige Schluß der Kranznaht führt zur Bildung eines Turmschädels (**Akrozephalie**). Wenn die Kranz- und die Lambdanaht sich nur auf einer Seite vorzeitig schließen, entsteht eine asymmetrische Kraniosynostose (vgl. Abb. 9–**2**).

Eine Synostose mit Beteiligung des Gesichtsschädels ist das **Crouzon-Syndrom:** Die Pfeil- und die Kranznaht sind bei der Geburt bereits geschlossen. Die große und die kleine Fontanelle schließen sich früh. Außerdem ist ein Hypertelorismus (d. h. ein abnorm weiter Augenabstand), eine Hypoplasie des Oberkiefers und ein tiefer Ansatz der Ohren für das Syndrom charakteristisch. Die geistige Entwicklung ist normal. Das Syndrom kann operativ behandelt werden (Abb. 9–**9**). Die operative Behandlung der Kraniosynostosen ist allerdings mit einer Tendenz zum Rezidiv belastet. Die operativ geöffneten Schädelnähte neigen dazu, sich wieder zu verschließen.

Bei der **Mikrozephalie** bleibt das Wachstum des Gehirns aus. Die Schädelveränderungen sind sekundär. Kinder mit Mikrozephalie sind in der geistigen Entwicklung zurückgeblieben.

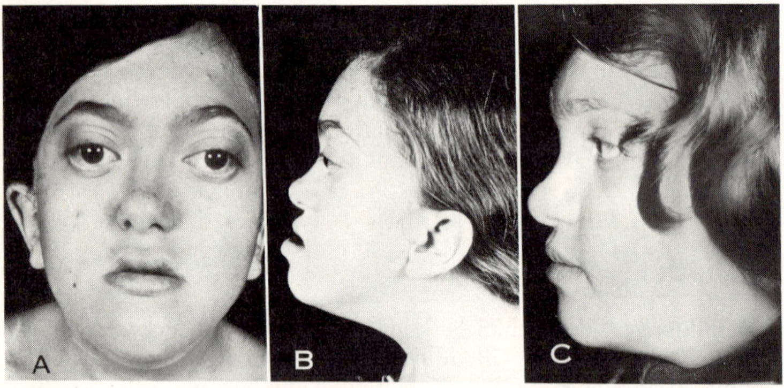

Abb. 9–**9** A und B, Patientin mit Crouzon-Syndrom. Die Pfeil- und die Kranznaht sind bei der Geburt bereits geschlossen. Die kleine und die große Fontanellen schließen sich frühzeitig. Hinzu kommen Hypertelorismus, Hypoplasie des Oberkiefers und tief ansetzende Ohren. C, Die gleiche Patientin nach der Operation. (Dr. M. Edgerton und Dr. J. Jane, Abt. für Plastische Chirurgie und Abt. für Neurochirurgie, University of Virginia.)

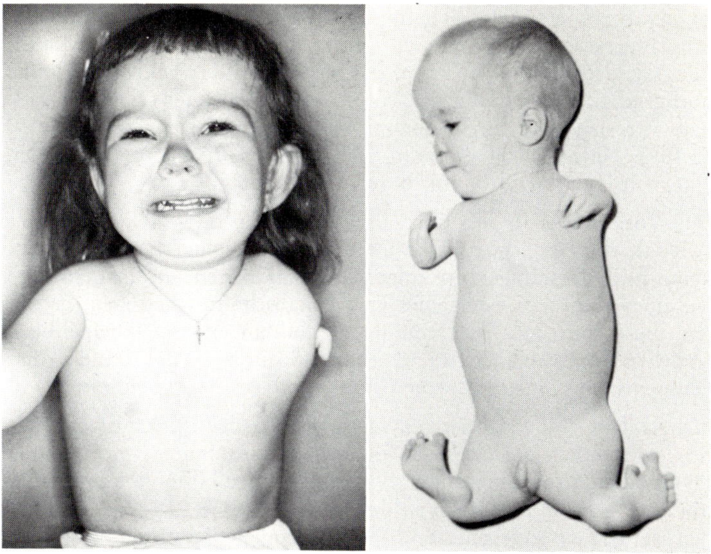

A B

Abb. 9–**10** A, Ein Kind mit einseitiger Amelie. B, ein Kind mit Meromelie. Hände und Füße sind durch unregelmäßig geformte Knochen mit dem Rumpf verbunden. (Dr. M. Edgerton, Abt. für Plastische Chirurgie, University of Virginia.)

Extremitätenskelett

Die Extremitätenmißbildungen sind sehr verschiedenartig. In der extremsten Form können alle vier Gliedmaßen fehlen (**Amelie**) oder sie bestehen nur aus Händen und Füßen, die durch kleine unregelmäßig geformte Knochen am Stamm befestigt sind (**Meromelie**) (Abb. 9–**10**). Manchmal sind alle Abschnitte zwar vorhanden, sie sind aber ungewöhnlich kurz (**Mikromelie**).

Gliedmaßenmißbildungen, wie Meromelie und Amelie, sind zumeist genetisch bedingt. Als in den letzten Jahren jedoch in Westdeutschland gehäuft Kinder mit Meromelie geboren wurden, fiel bei genauem Studium der vorgeburtlichen Geschichte der Betroffenen auf, daß viele der Mütter **Thalidomid**, ein neues, sehr verbreitetes Arzneimittel gegen Schlaflosigkeit und Übelkeit, eingenommen hatten. In mehreren Fällen konnten weder der Arzt noch die Mütter sich an die Einnahme des Mittels erinnern, die Durchsicht der Apothekenunterlagen zeigte jedoch, daß es in der Tat verschrieben worden war. Es ist heute erwiesen, daß Thalidomid, wenn es im Frühstadium der Schwangerschaft eingenommen wird, ein charakteristisches Mißbildungssyndrom erzeugen kann, das sich durch das Fehlen oder eine hochgradige Verformung der langen Röhrenknochen, durch intestinale Atresien und durch Herzmißbildungen auszeichnet (s. Kap. 7, S. 109). Nachdem Thalidomid vom Markt zurückgezogen worden war, wurde das Syndrom nicht mehr beobachtet.

Das Vorhandensein von überzähligen Fingern oder Zehen wird als **Polydaktylie** bezeichnet. Das überzählige Endglied besitzt zumeist keine funktionsfähige Muskulatur. Mißbildungen, die in dem Fehlen eines Knochens oder eines Knochenabschnittes bestehen, betreffen meist nur eine Extremität. Fehlbildungen mit überzähligen Knochen kommen meist bilateral vor. So ist z. B. das Fehlen eines Daumens meist einseitig, seine Duplikation jedoch oft beidseitig.

Neben dem völligen oder teilweisen Fehlen der Extremitäten können gelegentlich die unteren Gliedmaßen zusammengewachsen sein (**Sympodie, Sirenenbildung**), eine seltene Mißbildung, die immer mit einer schweren Störung in der Entwicklung des Beckens verbunden ist. Die einzelne untere Extremität enthält dann meistens einen Femur, zwei oder drei Knochen unterhalb des Knies und fünf oder sechs Zehen am Fuß.

Bei der **Syndaktylie** sind Finger oder Zehen miteinander verwachsen (Abb. 9–**11** A). Normalerweise entwickelt sich zwischen den einzelnen Strahlen in der Hand- bzw. Fußplatte eine physiologische Nekrose, die zur Trennung der Finger und Zehen führt. Bei der

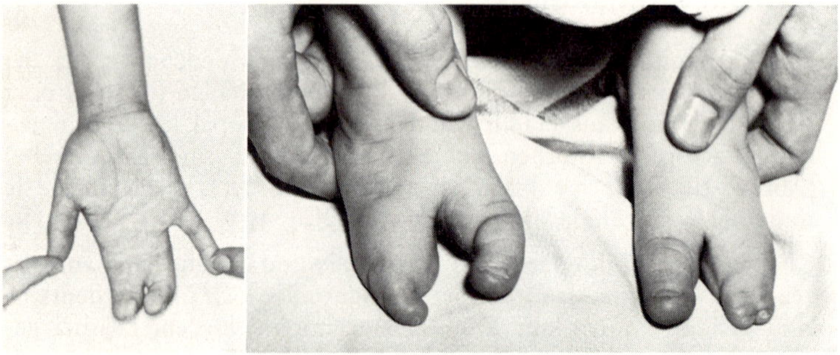

A B

Abb. 9–**11** A, Syndaktylie der Hand. B, Hummerscherenfuß beiderseits. Der 3. Strahl fehlt, der 1. und der 2. sowie der 4. und 5. Strahl sind miteinander verwachsen (Dr. M. Edgerton, Abt. für Plastische Chirurgie, University of Virginia.)

Syndaktylie bleibt die Trennung aus. Dabei kann es zur Verschmelzung der Knochenanlagen kommen. Eine typische Form ist die **Hummerscherenhand** oder der **Hummerscherenfuß.** Sie besteht in einer abnormen Spaltung zwischen den mittleren Metakarpal- oder Metatarsalknochen und den entsprechenden Weichteilen. Meistens fehlt der 3. Strahl vollständig. Der 1. und 2. Strahl auf der einen Seite und der 4. und 5. Strahl auf der anderen Seite können miteinander verschmolzen sein (Abb. 9–**11** B).

Wirbelsäule

Die Bildung und anschließende Umordnung der segmentalen Sklerotome zu den endgültigen Wirbeln ist ein komplizierter Vorgang, und es ist daher keine Seltenheit, daß zwei aufeinanderfolgende Wirbel sich asymmetrisch vereinigen oder daß ein halber Wirbel fehlt. Auch kommt es nicht selten vor, daß die Anzahl der Wirbel gegenüber der Norm vermehrt oder vermindert ist. Einer der schwersten Wirbeldefekte tritt dagegen auf, wenn sich die Wirbelbögen nicht oder nur unvollständig schließen. Eine solche Mißbildung heißt **Wirbelbogenspalte** und ist gewöhnlich von Mißbildungen des Rückenmarks begleitet, das bruchartig vorfallen und an der Oberfläche bloßliegen kann (s. Kap. 15, S. 350).

Kapitel 10

Muskelsystem

Quergestreifte Muskulatur

Myotome. Kurz nachdem sich die Myotomzellen aus dem darüberliegenden Dermatom gebildet haben (Abb. 5–7 C, D und 10–**1** A), strecken sie sich, nehmen eine spindelförmige Gestalt an und heißen von nun an primitive Muskelzellen oder **Myoblasten.** In der weiteren Entwicklung vergrößern sich die Myotome und breiten sich ventral in Richtung auf die Zölomhöhle aus (Abb. 10–**1** B). Die Muskulatur in der ventromedialen Leibeswand differenziert sich aus dem lokalen Mesoderm heraus.

Am Ende der fünften Woche teilen sich die Muskelanlagen in der Körperwand in einen kleinen dorsalen Anteil, das **Epimer,** und einen größeren ventralen Anteil, das **Hypomer** (Abb. 10–**2** A). Die beiden Anteile werden vorübergehend durch eine Mesenchymplatte verbunden, die als **intermuskuläres Septum** bezeichnet wird. Der Nerv, der die segmentale Muskulatur versorgt, teilt sich ebenfalls in

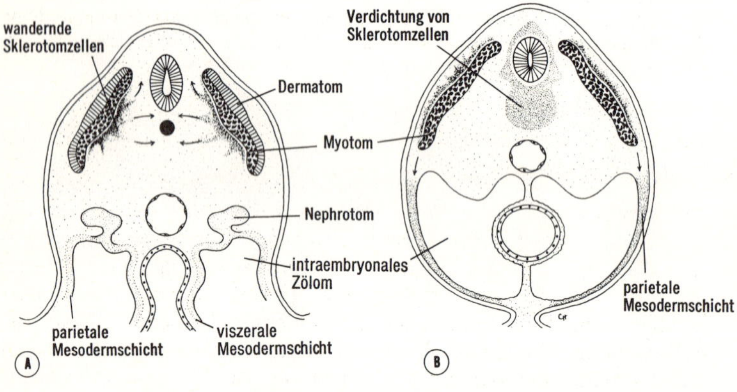

Abb. 10–**1** A, Schematischer Querschnitt durch einen 4 Wochen alten Embryo, der die Auswanderung der Sklerotomzellen zeigt. Die Zellen des Myotoms bilden eine zusammenhängende Schicht, die mit dem Dermatom eng verbunden ist. B, Entsprechender Schnitt wie in A, der die Verdichtung des Mesenchyms in der Umgebung des Rückenmarkes und die Wanderung der Dermatomzellen unterhalb des Ektoderms zeigt. Die Myotomzellen wandern nach ventral bis an die intraembryonale Zölomhöhle heran.

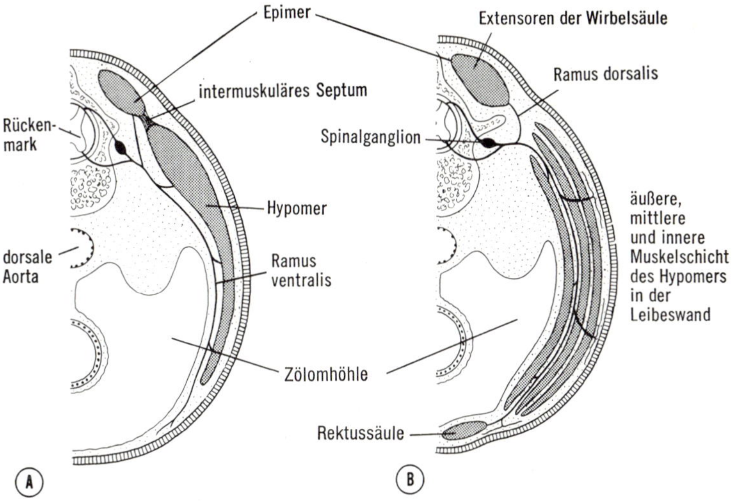

Abb. 10–**2** A, Querschnitt durch den Thoraxbereich eines 5 Wochen alten Embryos. Der dorsale Anteil der Muskulatur der Körperwand (Epimer) ist mit dem ventralen Anteil (Hypomer) durch ein bindegewebiges intermuskuläres Septum verbunden. Der entsprechende Nerv, teilt sich in einen dorsalen Ast für das Epimer und einen ventralen Ast für das Hypomer. B, Entsprechender Schnitt wie in A in einem späteren Entwicklungsstadium. Das Hypomer hat drei getrennte Muskelschichten und ventral einen Längsmuskel gebildet (modifiziert nach Clara).

einen **R. dorsalis** für das Epimer und einen **R. ventralis** für das Hypomer (Abb. 10–**2** A).

Aus den Muskelanlagen des Epimers entstehen die Extensoren der Wirbelsäule, aus dem Hypomer bilden sich die lateralen und ventralen Flexoren (Abb. 10–**2** B). Das Hypomer spaltet sich in drei Schichten auf, die im Thoraxbereich die **äußere** und **innere interkostale** sowie die tiefe **intrathorakale** oder **transversale Thoraxmuskulatur** bilden. In der Bauchwand bestehen die drei Muskelschichten aus den **Mm. obliquus externus, obliquus internus** und **transversus abdominis** (Abb. 10–**2** B). Bei den Muskeln in der Thoraxwand bleibt der segmentale Charakter durch die Anordnung der Rippen erhalten. In der Bauchwand dagegen verschmelzen die segmentalen Muskelanlagen zu großen Muskelplatten.

Außer den oben beschriebenen drei Muskelschichten entsteht an der ventralen Spitze der Hypomere eine ventrale longitudinale Muskelsäule (Abb. 10–2 B). Im Abdominalbereich besteht diese Säule aus dem **M. rectus abdominis** und in der Zervikalregion aus der **Infrahyal-Muskulatur.** Im Thorakalbereich bildet sich der longitudinale Muskelstrang normalerweise zurück. Gelegentlich bleibt er jedoch auch hier als **M. sternalis** erhalten.

Okzipitale und präotische Myotome. In der Kopfregion verläuft die Entwicklung der Myotome nicht so übersichtlich. Anfangs lassen sich vier okzipitale Somitenpaare unterscheiden, von denen sich aber das am weitesten kranial gelegene bald nach seiner Entstehung wieder zurückbildet. Es wird allgemein angenommen, daß die Myoblasten der drei verbleibenden okzipitalen Myotome nach ventral wandern und schließlich die äußere und innere Zungenmuskulatur bilden (Abb. 10–3 A). Die Innervation der Zungenmuskulatur durch den **N. hypoglossus,** der die Wurzeln der okzipitalen Spinalnerven enthält, spricht sehr dafür, daß sie wirklich aus den okzipitalen Somiten stammen.

Obwohl die Abstammung der äußeren Augenmuskeln beim Säugetierembryo selbst noch nicht untersucht worden ist, nimmt man an, daß diese Muskeln aus dem Mesoderm entstehen, das die Prächordalplatte umgibt. Dieses Mesoderm soll drei Myotome, die **präotischen**

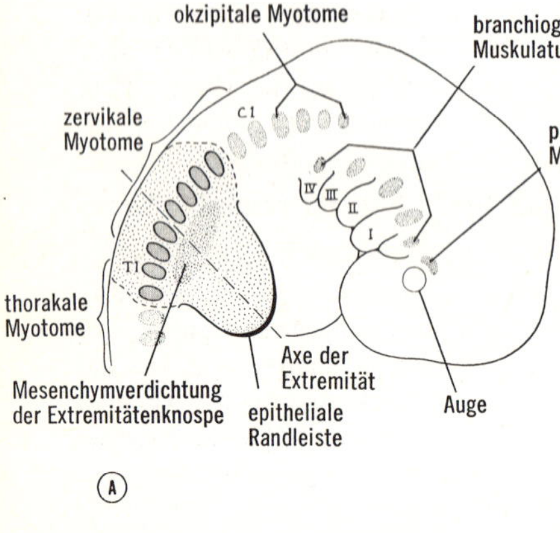

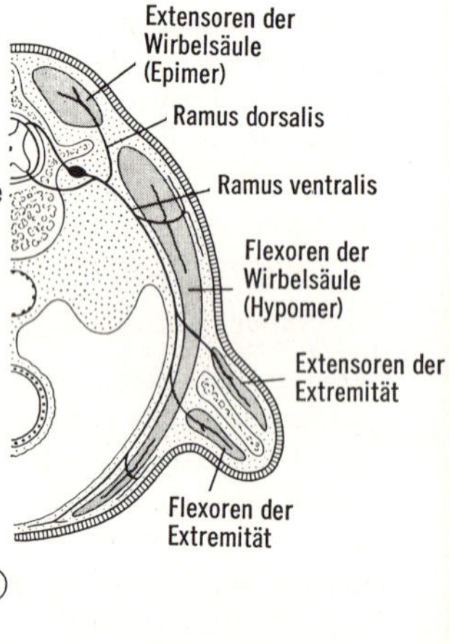

Abb. 10–**3** A, Schematische Darstellung der Myotome in Kopf-, Hals- und Thoraxbereich eines 7 Wochen alten Embryos. Die obere Extremitätenknospe geht in Höhe der unteren sechs zervikalen und oberen zwei thorakalen Segmente ab. Beachte die Lage der präotischen und okzipitalen Myotome sowie die Mesenchymverdichtung am Abgang der Extremitätenknospe. B, Querschnitt im Bereich einer Extremitätenknospe. Beachte die dorsale (Extensoren) und ventrale Muskulatur (Flexoren) der Extremität.

Myotome (Abb. 10–3 A), liefern. Die Augenmuskeln, die sich aus diesen Myotomen herleiten, werden später vom dritten, vierten und sechsten Hirnnerv versorgt.

Extremitäten-Muskulatur. Die Extremitätenknospen werden in der sechsten Entwicklungswoche an der ventrolateralen Oberfläche des Embryos als kleine flache, paddelförmige Erhebungen sichtbar (Abb. 5–12 A). Die Armknospen sitzen in Höhe der unteren sechs Zervikal- und oberen zwei Thorakalsegmente (Abb. 10–3 A). Die unteren Extremitätenknospen sitzen im Bereich der unteren vier Lumbal- und oberen drei Sakralsegmente. Die Beinknospen bleiben in ihrer Entwicklung immer etwas hinter den Armknospen zurück.

Die erste Anlage der Extremitätenmuskulatur läßt sich in der siebten Entwicklungswoche in Form einer Mesenchymverdichtung an der Basis der Extremitätenknospen beobachten (Abb. 10–3 A). Mit dem weiteren Wachstum teilt sich das noch undifferenzierte Muskelgewebe in einen ventralen (Flexoren) und einen dorsalen (Extensoren) Anteil (Abb. 10–3 B). Das Muskelgewebe der Extremitäten ist ursprünglich segmental gegliedert. Im Laufe der Entwicklung tritt eine Verschmelzung ein, so daß die Muskelindividuen schließlich aus Muskelgewebe zusammengesetzt sind, das aus verschiedenen Segmenten stammt.

Mit der Ausbildung der Extremitätenknospen dringen auch die Spinalnerven in dieselben ein. Zu Beginn lassen sich dabei noch dorsale und ventrale Äste unterscheiden. Diese Äste vereinigen sich aber bald zu größeren dorsalen und ventralen Nerven. Auf diese Weise entsteht der **N. radialis,** der die Extensorenmuskulatur versorgt, aus der Verbindung der dorsalen Segmentäste, der **N. ulnaris** sowie der **N. medianus,** die die Flexoren versorgen, aus der Vereinigung der ventralen Äste. Wenn die Nerven in die Extremitätenknospen eingewachsen sind, treten sie sogleich mit den sich differenzierenden Mesodermverdichtungen in enge Verbindung. Es ist daher nicht unwahrscheinlich, daß der frühe Kontakt zwischen dem Nerven und der sich differenzierenden Muskelzelle eine Voraussetzung für deren weitere funktionelle Differenzierung ist. Eine Muskelregeneration ist bei amputierten Extremitätenanlagen von Amphibienlarven nur möglich, wenn die Nerven in das Blastem des Regenerationsstumpfes eindringen können.

Die Spinalnerven spielen nicht nur bei der Differenzierung und motorischen Innervation der Extremitätenmuskulatur eine wichtige Rolle, sondern sie sind auch für die sensible Innervation der Dermatome verantwortlich. Da das Dermatomgewebe aber nicht über die Segmentgrenzen hinauswandert, spiegelt die sensible Versorgung der Körperoberfläche direkt die primitive segmentale Anord-

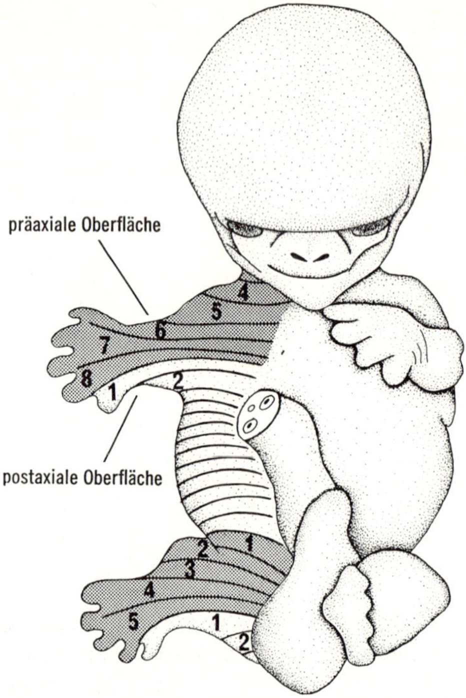

Abb. 10–**4** Schematische Darstellung der Anordnung der Dermatome bei einem menschlichen Fetus. In diesem frühen Entwicklungsstadium spiegelt die Anordnung der Dermatome streng die primäre segmentale Gliederung wider. In der weiteren Entwicklung verschwindet das primäre Muster. Eine systematische Anordnung läßt sich jedoch auch noch beim Erwachsenen erkennen.

nung wider (Abb. 10–4). Obwohl sich im Bereich der Extremitätenknospen die ursprüngliche Anordnung der Dermatome mit dem weiteren Wachstum noch stark verändert, läßt sich die ursprüngliche Anordnung doch noch beim Erwachsenen erkennen. Die kranial gelegenen Spinalnerven versorgen die präaxiale Oberfläche der Gliedmaßen, die kaudalen die postaxiale Oberfläche und die dazwischen gelegenen Spinalnerven die distalen Partien der Extremität.

Branchiogene Muskulatur. Wenn der Embryo etwa sieben Wochen alt ist, differenzieren sich Mesodermzellen innerhalb der Kiemenbögen zu Myoblasten und wandern anschließend in verschiedene Richtungen aus (Abb. 10–3 A). Trotz ihrer ausgedehnten Wanderungen im Bereich des Gesichts kann die Herkunft der einzelnen Muskeln in allen Fällen verfolgt werden, da sie immer von dem Nerv des Kiemenbogens versorgt werden, aus dem sie stammen (s. Kapitel 13, S. 265).

Das postnatale Wachstum der quergestreiften Muskelfasern ist hauptsächlich auf die Größenzunahme der schon vorhandenen Fasern zurückzuführen. Der ständige Anstieg in der Kernzahl der Muskelschläuche weist jedoch darauf hin, daß fortwährend neue Zellen in die vorhandenen Fasern einverleibt werden. Wenn nur wenige Muskelfasern von einer Verletzung betroffen werden, kann eine vollständige Regeneration eintreten. Wenn es sich jedoch um einen größeren Defekt handelt, werden die verletzten Muskelfasern durch fibröses Gewebe ersetzt.

Glatte Muskulatur

Glattes Muskelgewebe entwickelt sich hauptsächlich aus der Mesodermschicht, die den Gastrointestinaltrakt und seine Anhangsorgane umgibt. Diese Mesodermzellen bilden die Muskelhülle des Darmes, der Trachea und der Bronchien, aber auch der Blutgefäße in den Mesenterien. Die Blutgefäße, die sich in den Extremitätenknospen, im Kopf und in der Körperwand entwickeln, erhalten ihre Muskelhülle aus dem örtlichen Mesenchym. Das Mesenchym ist ganz allgemein überall im Organismus eine potentielle Quelle für glattes Muskelgewebe.

Die glatte Muskulatur der Iris bildet eine Ausnahme. Diese Muskeln, der **M. sphincter** und der **M. dilatator pupillae** sollen aus dem Ektoderm des Augenbechers stammen (s. Kapitel 16, S. 363).

Angeborene Mißbildungen

Das teilweise oder vollständige Fehlen eines oder mehrerer Muskeln kommt relativ häufig vor. Bekannt ist das Fehlen des M. pectoralis major. Noch schwerwiegender ist ein Defekt im Bereich des Zwerchfells, der den Übertritt von Bauchhöhleninhalt in die Brusthöhle erlaubt (Abb. 14–11). Ein Defekt in der Bauchwandmuskulatur kann die Ursache einer Omphalozele (Abb. 13–29) oder der Exstrophie der Blase sein (Abb. 11–31).

Die Überdehnung des M. sternocleidomastoideus während der Geburt kann zu einer Blutung in das Muskelgewebe und sekundär zu einer narbigen Kontraktur führen. Auf diese Weise entsteht ein angeborener Schiefhals (**Torticollis**).

Kapitel 11

Urogenitalsystem

Das Urogenitalsystem besteht aus zwei Komponenten: 1. den Harnorganen, welche Abfallprodukte und überschüssiges Wasser über ein Kanälchensystem in den Nieren ausscheiden, und 2. dem Genitalsystem, das der Reifung und Ableitung der Keimzellen dient und damit den Fortbestand der Spezies Mensch gewährleistet.

Embryologisch und anatomisch sind beide Systeme eng miteinander verflochten. Beide entwickeln sich aus einer gemeinsamen Leiste an der hinteren Wand der Bauchhöhle. Die Ausführungsgänge beider Systeme münden ursprünglich gemeinsam in die Kloake.

Im weiteren Verlauf der Entwicklung ist die enge Verbindung der beiden Systeme besonders deutlich beim Mann ausgeprägt. Hier fungiert der primitive Ausscheidungsgang zunächst als harnabführender Kanal, wird jedoch später in den Genitalgang umgewandelt. Auch beim Erwachsenen entleeren das Harnorgan und das Geschlechtsorgan ihre Produkte durch einen gemeinsamen Ausführungsgang, nämlich die Urethra.

Trotz der engen Verbindung in der Entwicklung und trotz der engen anatomischen Beziehungen beim Erwachsenen sollen beide Systeme zum besseren Verständnis getrennt besprochen werden.

Harnorgane

Normale Entwicklung

Entwicklung der exkretorischen Einheit

In der dritten Entwicklungswoche gliedert sich das intraembryonale Mesoderm in drei verschiedene Abschnitte: 1. das **paraxiale Mesoderm,** aus dem die Somiten entstehen, 2. die **Seitenplatten,** die sich in eine parietale und eine viszerale Mesodermschicht aufspalten und das intraembryonale Zölom begrenzen, und 3. das **intermediäre Mesoderm,** welches das paraxiale Mesoderm und die Seitenplatten vorübergehend miteinander verbindet (Abb. 11–1 A).

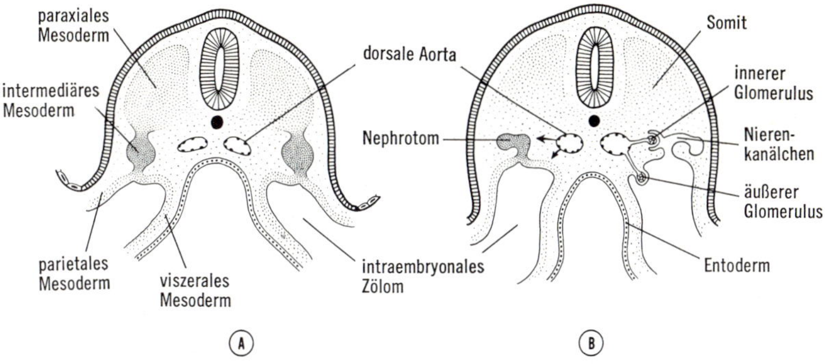

Abb. 11–**1** Schematische Querschnitte durch die Zervikalregion von Embryonen verschiedener Entwicklungsstadien, auf denen die Entstehung der Nierenkanälchen dargestellt ist. A, im Alter von 21 Tagen; B, im Alter von 25 Tagen. Beachte die Bildung eines äußeren und eines inneren Glomerulus sowie die offene Verbindung zwischen der Zölomhöhle und dem Nierenkanälchen (modifiziert nach Heuser).

Aus den segmentalen Abschnitten des intermediären Mesoderms entstehen die exkretorischen Einheiten des Nierensystems. Sie werden daher als **Nephrotome** bezeichnet. Die segmentale Gliederung ist jedoch nur in der Zervikalregion vollständig ausgebildet. Von der Thorakalregion abwärts bildet das intermediäre Mesoderm ein zusammenhängendes Blastem, das als **nephrogener Strang** bezeichnet wird (Abb. 11–**2** A).

Bei den Wirbeltieren werden drei aufeinanderfolgende Nierensysteme angelegt. Im Zervikalbereich entsteht die **Vorniere (Pronephros):** Aus jedem Nephrotom der Vorniere entwickelt sich ein Nierenkanälchen, das sich mit einem Flimmertrichter in die Zölomhöhle öffnet. Die entgegengesetzten Enden der Kanälchen biegen nach kaudal um und vereinigen sich miteinander zu einem longitudinalen Ausführungsgang, dem **Vornierengang.** Neben jedem Ausscheidungskanälchen entsteht ein **äußerer Glomerulus,** ein aus der Aorta gespeistes Kapillarknäuel, das sich in die Zölomhöhle vorwölbt. Ein Glomerulus und ein Ausscheidungskanälchen bilden zusammen eine **exkretorische Einheit** oder ein **Nephron.** In einer funktionierenden Vorniere werden die Abfallprodukte durch Diffusion vom Glomerulus in die Zölomhöhle abgegeben und über den Flimmertrichter in das Vornierenkanälchen eingestrudelt. Neben den äußeren Glomeruli können auch innere Glomeruli vorkommen. Ein **innerer Glomerulus** ist ein Kapillarknäuel, das sich direkt in das Ausscheidungskanälchen vorbuchtet (Abb. 11–**1** B).

In der Thorakal- und Lumbalregion entsteht die **Urniere** (**Mesonephros**). Das intermediäre Mesoderm verliert die Verbindung mit der Zölomhöhle. Es entstehen keine Flimmertrichter mehr und nur noch innere Glomeruli. Die segmentale Gliederung geht verloren. Innerhalb des nephrogenen Stranges entstehen mehrere Nephrone pro Segment. Der Vornierengang wird zum Urnierengang, der als Wolff-Gang bezeichnet wird (Abb. 11–**2** und 11–**3**).

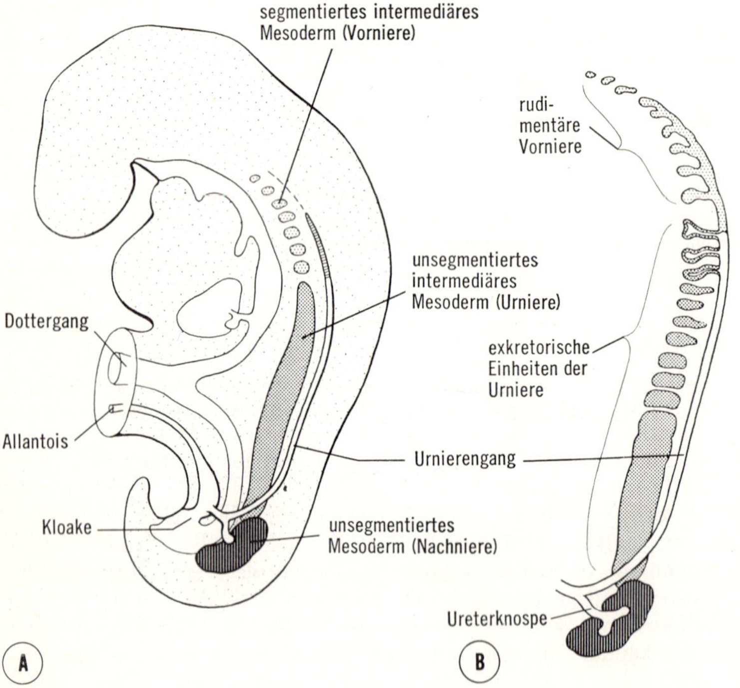

Abb. 11–**2** A, Schematische Darstellung der Lage des intermediären Mesoderms für die Vorniere, die Urniere und die Nachniere. Im Zervikal- und oberen Thorakalbereich ist das intermediäre Mesoderm segmentiert. Im unteren Thorax- sowie im Lumbal- und Sakralbereich bildet es den kompakten, unsegmentierten nephrogenen Strang. Beachte den longitudinalen Sammelgang, der ursprünglich von der Vorniere gebildet und später von der Urniere übernommen wird. B, Schematische Darstellung der Ausscheidungskanälchen der Vorniere und Urniere bei einem 5 Wochen alten Embryo. Die Ureterknospe dringt in das metanephrogene Gewebe ein. Von der Vorniere sind nur noch Kanälchenreste und der longitudinale Sammelgang erhalten.

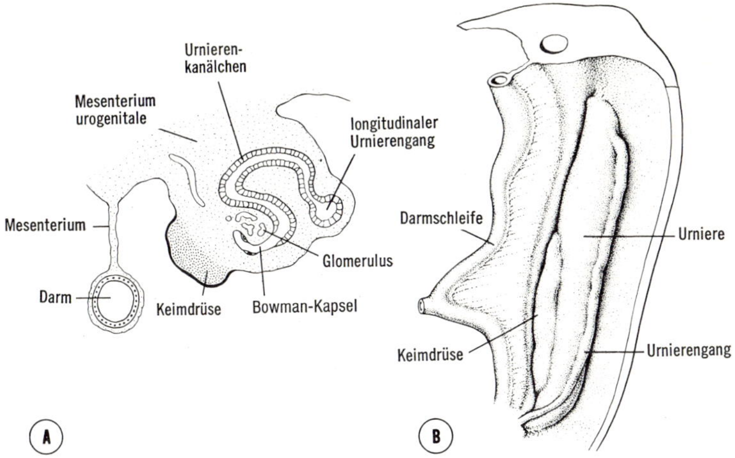

Abb. 11–**3** A, Querschnitt durch die untere Thoraxregion eines 5 Wochen alten Embryos, der die Bildung eines Ausscheidungskanälchens der Urniere zeigt. Beachte die Entwicklung der Bowman-Kapsel und der Keimdrüsenleiste. Die Urniere und Gonade sind an der hinteren Leibeswand durch ein breites Mesenterium urogenitale befestigt. B, Die Zeichnung zeigt die Beziehung zwischen der Keimdrüse und der Urniere. Beachte die Größe der Urniere im Verhältnis zu der Keimdrüse. Der longitudinale Urnierengang (Wolff-Gang) verläuft auf der Lateralseite der Urniere.

Die definitive Niere entsteht als **Nachniere (Metanephros)** aus dem kaudalen Abschnitt des nephrogenen Stranges. Aus dem Urnierengang sproßt nach dorsal die **Ureterknospe** aus. Über die Knospe stülpt sich kappenförmig das **metanephrogene Blastem** (Abb. 11–**2**). Aus den Aufzweigungen der Ureterknospe entstehen die harnableitenden Kanälchen, aus dem metanephrogenen Blastem die Nephrone der Nachniere.

Vorniere

Das Vornierensystem hat nur bei Fischen und Amphibien eine funktionelle Bedeutung, jedoch nicht bei den höheren Wirbeltieren. Beim menschlichen Embryo besteht die Vorniere (Pronephros) aus sieben bis zehn soliden Strängen oder Kanälchen im Zervikalbereich (Abb. 11–**2** B). Die ersten rudimentären Nephrotome bilden sich bereits zurück, bevor die letzten entstanden sind und am Ende der fünften Woche sind die Reste des Vornierensystems bereits ganz verschwunden.

Urniere

Während sich das Vornierensystem zurückbildet, treten bereits die ersten exkretorischen Kanälchen der **Urniere** (**Mesonephros**) auf. Sie wachsen rasch und krümmen sich S-förmig. An ihrem medialen Ende entsteht ein Glomerulus. Das Epithel des Kanälchens überzieht als dünne Schicht den Kapillarknäuel, der sich in das blinde Ende hineinwölbt, und bildet auf diese Weise das innere und das äußere Blatt der **Bowman-Kapsel** (Abb. 11–3 A und 11–6 E). Am entgegengesetzten Ende mündet das Kanälchen in den Urnierengang ein (Abb. 11–2 und 11–3).

Bis zur Mitte des zweiten Monats hat sich die Urniere auf beiden Seiten zu einem länglichen Organ entwickelt (Abb. 11–3 B). Sie ragt in die Zölomhöhle vor und ist mit der hinteren Leibeswand über einen breiten Mesenterialstiel verbunden. Da die Keimdrüse sich direkt medial neben der Urniere entwickelt, wird die von beiden Anlagen gebildete Leiste als **Urogenitalleiste** bezeichnet und entsprechend ihr Mesenterium als **Mesenterium urogenitale** (Abb. 11–3 A). Während im kaudalen Abschnitt der Urniere noch neue Kanälchen entstehen, zeigen die kranialen Tubuli und Glomeruli bereits viele degenerative Veränderungen. Am Ende des zweiten Monats ist der größte Teil der Urnierenkanälchen und -glomeruli verschwunden. Im kaudalen Abschnitt bleiben jedoch einige Kanälchen erhalten. Ein Teil von ihnen geht später mit dem Hoden oder dem Ovar eine engere Verbindung ein. Das Schicksal des Urnierenganges hängt vom Geschlecht des Embryos ab. Beim Mann bleibt er als **Ductus deferens** erhalten, bei der Frau bildet er sich dagegen zurück (s. „Genitalsystem“, S. 188).

Die Funktionstüchtigkeit des Urnierensystems konnte bei Katzen-, Kaninchen- und Schweineembryonen nachgewiesen werden. Beim menschlichen Embryo ist der Nachweis nicht geführt worden. Es besteht jedoch eine weitgehende Übereinstimmung in der Ultrastruktur der Urniere und der Nachniere.

Nachniere

Während sich die Urniere zurückbildet, entsteht als drittes Ausscheidungsorgan die **Nachniere** (**Metanephros**). Es handelt sich dabei um die Anlage der **definitiven Niere**. Ihre Nephrone entwickeln sich aus intermediärem Mesoderm, das sich nach kaudal an den nephrogenen Strang anschließt und als **metanephrogenes Blastem** bezeichnet wird (Abb. 11–4). Die Ausscheidungskanälchen entwikkeln sich auf die gleiche Weise wie in der Urniere. Die harnableitenden Kanälchen entstehen dagegen aus der **Ureterknospe,** die aus dem Urnierengang aussproßt.

Derivate der Ureterknospe. Die Ureterknospe bildet sich in der 4. Woche in der dorsomedialen Wand des Urnierenganges kurz vor

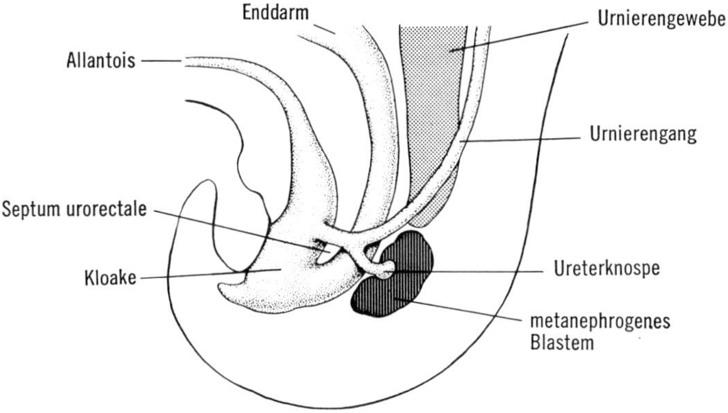

Abb. 11–**4** Darstellung der Lagebeziehungen im Bereich des Enddarms und der Kloake am Ende der 5. Woche. Die Ureterknospe dringt in das metanephrogene Blastem ein. Beachte das Septum urorectale, das später nach kaudal weiterwächst und die Kloake in den Sinus urogenitalis und den Anorektalkanal unterteilt.

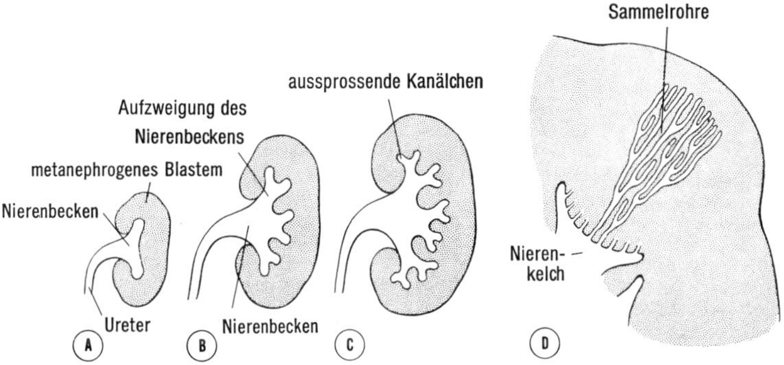

Abb. 11–**5** Schema der Entwicklung der Ureterknospe. A, im Alter von 6 Wochen; B, am Ende der 6. Woche; C, mit 7 Wochen; D, beim Neugeborenen. Die Nierenkelche entstehen durch die Verschmelzung von drei bis vier Kanälchengenerationen, die sich ursprünglich in dichotomen Verzweigungen über der Anlage des Nierenbeckens aufbauen.

seiner Einmündung in die Kloake (Abb. 11–4). Die Knospe wächst in dorsokranialer Richtung vor und dringt so in das metanephrogene Blastem ein, das dann wie eine Kappe die Knospenspitze bedeckt. Der Endabschnitt der Knospe erweitert sich zur Anlage des **Nierenbeckens,** das sich in zwei bis drei größere Abschnitte aufzweigt (Abb. 11–5 A, B). Jede Aufzweigung bildet beim weiteren Eindringen in das metanephrogene Gewebe zwei Knospen. Die Knospen teilen sich weiter auf, bis 12 oder mehr Kanälchengenerationen entstanden sind (Abb. 11–5 C). Während in der Peripherie die Aufzweigung der Ureterknospe bis zum Ende des 5. Monats weitergeht, erweitern sich die im Anschluß an die Verzweigung des Nierenbeckens gebildeten Kanälchen und nehmen die der folgenden drei bis vier Kanälchengenerationen in sich auf. Auf diese Weise entstehen 8–10 **Nierenkelche** als Endverzweigung des Nierenbeckens. Die zurückbleibenden Kanälchen konvergieren und bilden so

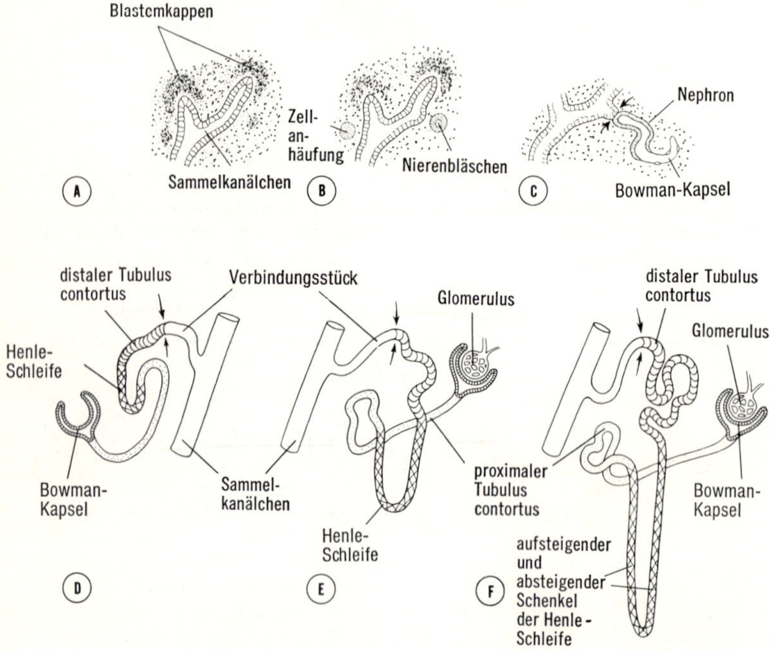

Abb. 11–**6** Schematische Darstellung der Entwicklung einer exkretorischen Einheit in der Nachniere. Die Pfeile bezeichnen die Stelle, an der die exkretorischen Einheiten sich mit dem Sammelgangsystem verbinden und damit den Harnabfluß von Glomerulus in die Sammelkanälchen ermöglichen.

in ihrer Gesamtheit die **Nierenpapillen,** die in die Nierenkelche hineinragen (Abb. 11–5 D). Auf einer Papille treten jeweils 10–25 **Papillengänge** aus, die sich im Nierenmark und in den Markstrahlen in insgesamt etwa 1 bis 3 Millionen Sammelrohre aufzweigen, die ihrerseits über die Verbindungsstücke an die Nephrone angeschlossen sind (Abb. 11–6 D). **Aus der Ureterknospe entstehen also der Ureter, das Nierenbecken und seine Aufzweigungen, die Nierenkelche, die Papillengänge (Ductus papillares), die Sammelrohre und die Verbindungsstücke.**

Entwicklung der Nephrone. Um mit dem Wachstum des Ureterbäumchens mithalten zu können, muß sich das metanephrogene Blastem ständig vermehren. Jede neugebildete Gangknospe wird von einer **metanephrogenen Blastemkappe** bedeckt (Abb. 11–6 A). Unter dem induktiven Einfluß der Gangknospe sondern sich am Rand der Blastemkappe Zellen ab und bilden beiderseits der weiter wachsenden Gangknospe Zellanhäufungen. Die Zellanhäufungen differenzieren sich zu den **Nierenbläschen,** aus denen die Nierenkanälchen aussprossen (Abb. 11–6 B, C).

Das Nierenbläschen bildet zusammen mit seinem Kanälchen ein **Nephron.** Der proximale Abschnitt des Nephrons wird durch eine Kapillarschlinge eingebuchtet. Es entwickelt sich zur **Bowman-Kapsel** des Nierenglomerulus (Abb. 11–6 C, D). Das distale Ende mündet über ein kurzes Verbindungsstück, das noch aus dem Material der Ureterknospe gebildet wird, in eines der Sammelrohre ein. Damit ist die Verbindung zwischen dem Nephron und dem System der ableitenden Harnwege hergestellt. Unter weiterem Längenwachstum differenziert sich das Nierenkanälchen in einen **proximalen Tubulus contortus,** in die **Henle-Schleife** und den **distalen Tubulus contortus** (Abb. 11–6 E, F).

Die Nachniere liegt ursprünglich im Bereich des Beckens und verlagert sich später weiter nach kranial. Dieser sog. **Aszensus der Nieren** soll durch eine Verminderung der Körperkrümmung und durch das Wachstum des Körpers in der Lumbal- und Sakralregion zustandekommen (Abb. 11–7).

Im Bereich des Beckens wird die Nachniere direkt aus der Beckenaorta versorgt. Während der Verlagerung nach kranial übernehmen entsprechend höher gelegene Äste die Versorgung. Normalerweiser obliterieren die kaudalen Gefäße. Als Gefäßanomalie können jedoch zwei oder drei der embryonalen Gefäße als **überzählige Nierenarterien** erhalten bleiben.

Die Nachniere nimmt in der zweiten Hälfte der Schwangerschaft ihre Funktion auf. Der Urin wird in die Amnionhöhle ausgeschieden

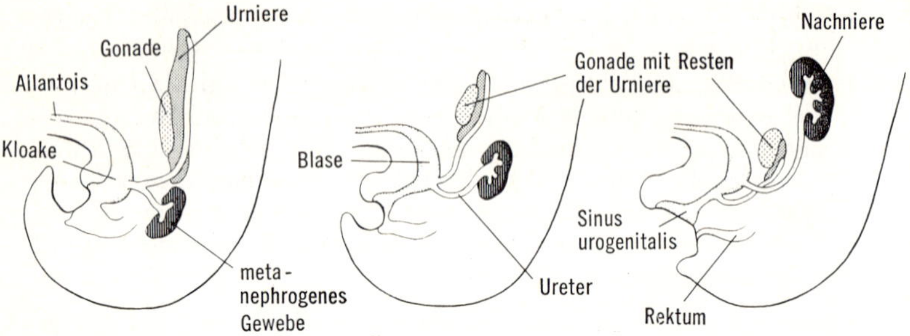

Abb. 11–**7** Aszensus der Niere. Beachte die Lageveränderung der Nachniere im Verhältnis zur Urniere. Die Urniere degeneriert fast vollständig. Nur wenige Überreste bleiben mit der Keimdrüse eng verbunden. Sowohl beim männlichen als auch beim weiblichen Embryo steigt die Keimdrüse aus ihrer ursprünglichen Lage nach kaudal ab.

und vermischt sich mit der Amnionflüssigkeit. Die Amnionflüssigkeit wird vom Feten geschluckt und im Magen-Darm-Trakt resorbiert. Harnpflichtige Substanzen gelangen so über den Blutkreislauf in die Plazenta und treten dort in das Blut der Mutter über. Die Plazenta erfüllt damit die eigentliche Nierenfunktion. Bei einem Fehlen der Niere (**Nierenaplasie**) ist die Menge der Amnionflüssigkeit herabgesetzt. Der Fetus ist bis zur Geburt unauffällig, da er auf die Funktion der Niere nicht angewiesen ist. Nach der Geburt stirbt das Kind innerhalb der ersten Lebenstage.

Harnblase und Urethra

In der vierten bis siebten Entwicklungswoche wird die Kloake in einen hinteren Abschnitt, den **Anorektalkanal**, und einen vorderen Abschnitt, den primitiven **Sinus urogenitalis**, unterteilt (Abb. 11–8). Dies wird durch Bildung einer querverlaufenden mesodermalen Leiste erreicht, die im Winkel zwischen der Allantois und dem Enddarm entsteht. Die Leiste wird **Septum urorectale** genannt. Sie wächst auf die Kloakenmembran zu, mit der sie sich am Ende der siebten Woche vereinigt. An der Verschmelzungsstelle entsteht das **primitive Perineum**. Die Kloakenmembran selbst wird dadurch in eine vordere **Urogenitalmembran** und eine hintere **Analmembran** unterteilt (Abb. 11–8 C).

Der primitive Sinus urogenitalis gliedert sich in drei Abschnitte: 1. Der obere und größte Abschnitt ist die Anlage der **Harnblase** (Abb. 11–9 A). Ursprünglich steht die Blase mit der Allantois in

Verbindung. Nach der Rückbildung der Allantois und der Obliteration ihres Lumens bleibt als dicker fibröser Strang der **Urachus** als Verbindung zwischen dem Blasenscheitel und dem Nabel erhalten. Beim Erwachsenen heißt das fibröse Band **Ligamentum umbilicale medianum** (Abb. 11–13 B). 2. Der **Beckenanteil des Sinus urogenitalis,** aus dem beim Mann die **Pars prostatica** und die **Pars membranacea** der Urethra und bei der Frau die Urethra als solche hervorgehen und 3. der äußere Abschnitt oder die **Pars phallica** des Sinus urogenitalis, der durch die Urogenitalmembran nach außen abgeschlossen ist (Abb. 11–8 C).

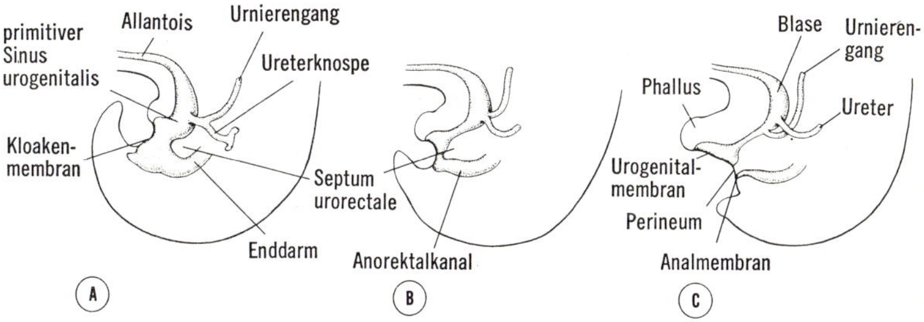

Abb. 11–**8** Es wird die Unterteilung der Kloake in den Sinus urogenitalis und den Anorektalkanal dargestellt. Der Urnierengang wird so weit in die Wand des Sinus urogenitalis einbezogen, daß die Ureteren schließlich getrennt einmünden. A, am Ende der 5. Woche; B, mit 7 Wochen; C, mit 8 Wochen.

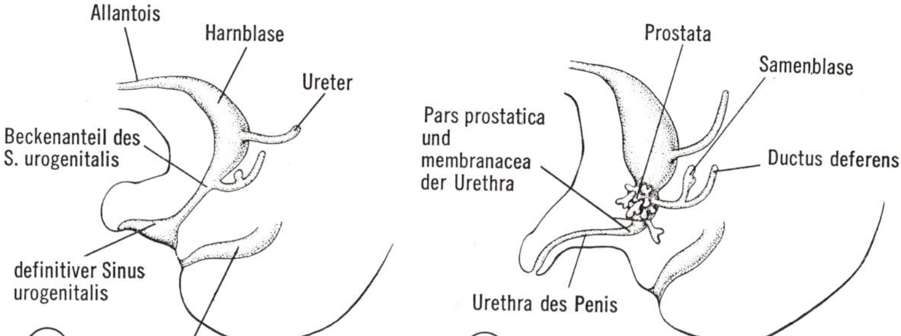

Abb. 11–**9** A, Die Entwicklung des Sinus urogenitalis zur Harnblase, zum Beckenabschnitt des Sinus urogenitalis und zum definitiven Sinus urogenitalis. B, Beim männlichen Embryo entwickelt sich der Sinus urogenitalis zur Pars prostatica und membranacea der Urethra sowie zur Urethra des Penis. Die Prostata entsteht aus Knospen, die von der Urethra ausgehen, während sich die Samenblasen aus Knospen des Ductus deferens entwikkeln.

Die Entwicklung des äußeren Abschnittes des Sinus urogenitalis verläuft bei beiden Geschlechtern unterschiedlich. Beim Mann entsteht die lange **Urethra des Penis,** bei der Frau bleibt der äußere Sinusabschnitt als **Vestibulum vaginae** erhalten (s. Genitalsystem, S. 194).

Bei der Unterteilung der Kloake in den Sinus urogenitalis und den Anorektalkanal kommt es zu einer Lageveränderung der Urnierengänge und der Ureteren. **Die Urnierengänge werden teilweise in die Wand der Harnblase mit einbezogen** (Abb. 11–10). Infolgedessen münden die ursprünglich vom Urnierengang abgehenden Ureteren nun direkt in die Blase (Abb. 11–10 B). In der weiteren Entwicklung verlagern sich die Einmündungen der Ureteren noch weiter nach kranial, während die Urnierengänge sich einander nähern und in den oberen Abschnitt der Urethra einmünden (Abb. 11–10 C, D). Da sowohl die Urnierengänge als auch die Ureteren mesodermale Gebilde sind, ist die Blasenschleimhaut, die durch Einbeziehung dieser Gänge entsteht, d. h. das **Trigonum vesicae,** ebenfalls mesodermalen Ursprungs. Die übrige Blase stammt vom Sinus urogenitalis ab und ist daher entodermalen Ursprungs. Mit der Zeit wird der mesodermale Überzug des Trigonum durch entodermales Epithel ersetzt, so daß schließlich die Wand der gesamten Harnblase von Epithel entodermalen Ursprungs ausgekleidet wird.

Am Ende des dritten Monats beginnt das Epithel des kranialen Urethra-Abschnittes zu proliferieren und eine Anzahl von Aussprossungen zu bilden, die in das umgebende Mesenchym eindringen. Beim Mann entstehen aus diesen Knospen die **Prostata** (Abb. 11–9 B), bei der Frau die **Urethral- und Paraurethraldrüsen.**

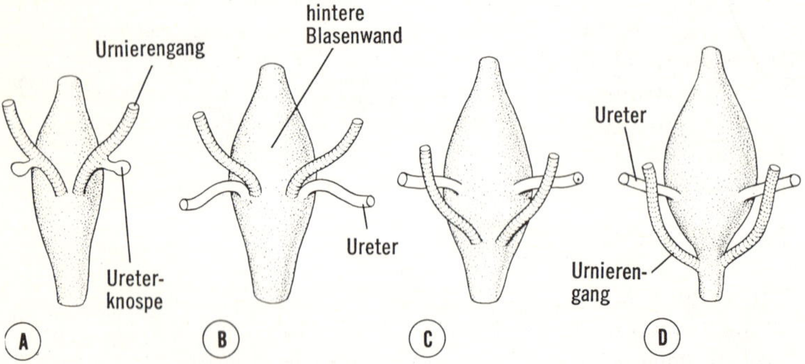

Abb. 11–**10** Schematische Darstellung der Lagebeziehung zwischen Ureteren und Urnierengängen im Laufe der Entwicklung. Ursprünglich geht der Ureter vom Urnierengang ab. Später mündet er dann getrennt in die Harnblase ein.

Angeborene Mißbildungen

Kongenitale Zystenniere

Normalerweise vereinigen sich die Sammelkanälchen mit den Ausscheidungskanälchen aus dem metanephrogenen Blastem, so daß der Harnabfluß von den Glomeruli in das Nierenbecken gewährleistet ist (Abb. 11–6). Die Entstehung von Nierenzysten wird nach der „non-union"-Theorie dadurch erklärt, daß die Vereinigung zwischen den Sammelkanälchen und den Ausscheidungskanälchen an einigen Stellen ausbleibt. Die Ausscheidungskanälchen entwickeln sich dann zwar regelrecht und können sogar funktionstüchtige Glomeruli bilden, es kommt dann jedoch zu einer Harnstauung in den Tubuli renales contorti. Die Kanälchen erweitern sich und bilden schließlich von kubischem Epithel ausgekleidete Zysten. Die Zysten liegen gewöhnlich in der Nierenrinde und können so zahlreich sein, daß nicht mehr genügend funktionsfähiges Nierenparenchym übrigbleibt.

Manchmal finden sich eine oder mehrere Zysten in der Nähe des Nierenbeckens. Bei diesen Zysten soll es sich um Überreste von Nephronen handeln, die zu den Ureterverzweigungen zweiter, dritter oder vierter Ordnung gehören. Normalerweise bilden sich diese Nephrone zurück, wenn die ihnen entsprechenden Sammelrohre in die Kelche des Nierenbeckens einbezogen werden.

In den letzten Jahren sind Zweifel gegenüber der „non-union"-Theorie aufgekommen. Man nimmt heute an, daß eine Störung bei der Entwicklung der ableitenden Harnwege die Hauptursache für die Bildung von Zysten in der Niere ist. Es ließ sich nachweisen, daß in einigen Fällen Zysten durch die Hyperplasie der Wand der Sammelrohre entstanden waren, und daß in anderen Fällen die gestörte Entwicklung der Ureterknospe mit erweiterten, verengten und bisweilen atretischen Kanälchen für die Zystenbildung verantwortlich war.

Becken- und Hufeisenniere

Von ihrem ursprünglichen Sitz im Becken verlagern sich die Nieren im Lauf der Entwicklung in die Lumbalregion (Abb. 11–7). Während dieses Aszensus treten sie durch die arterielle Gabel, die durch die Nabelarterien gebildet wird. Gelegentlich bleibt dieser Vorgang bei einer Niere aus. Sie bleibt dann im Becken dicht neben der A. iliaca communis liegen und wird als **Beckenniere** bezeichnet (Abb. 11–11 A). Manchmal werden beide Nieren beim Durchtritt

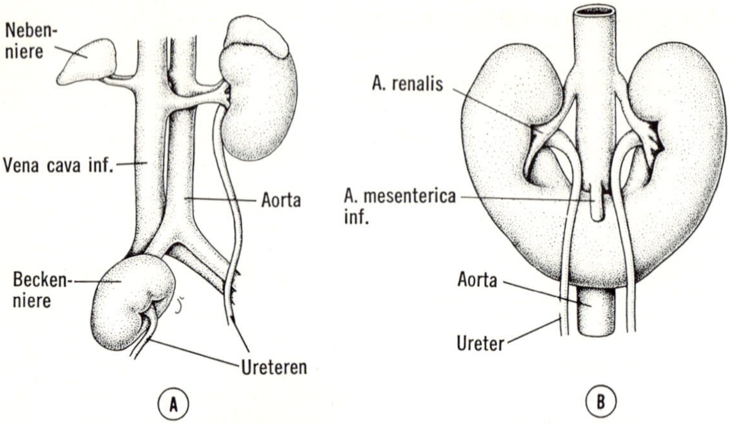

Abb. 11–**11** A, Einseitige Beckenniere. Die Lage der Nebenniere ist auf der betroffenen Seite nicht beeinflußt. B, Hufeisenniere von ventral. Beachte den Abgang der A. mesenterica inferior.

durch die Arteriengabel so nahe aneinander gedrückt, daß sie am unteren Pol miteinander verwachsen. Auf diese Weise entsteht die **Hufeisenniere** (Abb. 11–**11** B). Die Hufeisenniere liegt gewöhnlich im Bereich der unteren Lumbalwirbel, da ihr Aszensus durch den Abgang der **A. mesenterica inferior** verhindert wird (Abb. 11–**11** B). Die Ureteren gehen von der vorderen Oberfläche der Hufeisenniere ab und überkreuzen beim Abstieg den Isthmus auf der Ventralseite. Die Hufeisenniere kommt relativ häufig vor (etwa 1 : 600).

Nierenplasie

Die beidseitige oder einseitige Nierenaplasie entsteht wahrscheinlich durch eine frühzeitige Degeneration der Ureterknospe. Wenn die Ureterknospe nicht das metanephrogene Blastem erreicht, kann dieses sich nicht weiterentwickeln. Einseitige Nierenaplasie kommt mit einer Häufigkeit von 1 : 1500 vor. Die beidseitige Nierenaplasie ist dagegen selten. Das Neugeborene mit totaler Nierenaplasie stirbt kurz nach der Geburt.

Doppelter Ureter

Die frühzeitige Aufspaltung der Ureterknospe in zwei Teile kann zu partieller oder kompletter Ureterverdoppelung führen (Abb. 11–**12** A, B). Das metanephrogene Blastem kann dann ebenfalls in zwei Anlagen geteilt sein, jede mit ihrem eigenen Nierenbecken und Ureter. Häufiger durchdringen sich jedoch die Ureterverzweigungen wieder gegenseitig, so daß die beiden Teile einige gemeinsame Parenchymlappen besitzen. In diesem Fall haben sich auf einer Seite zwei Ureterknospen am Urnierengang gebildet. Die überzählige Knospe entspringt kranial von der Normalposition. Nach der Einbeziehung des Urnierenganges in den Blasenboden bis zum Abgang der ersten normal gelegenen Knospe wandert der Abgang der zweiten Ureterknospe mit dem übrigen Urnierengang weiter nach kaudal. Der überzählige Ureter kann dadurch in die Urethra, die Vagina oder den Samenleiter einmünden (Abb. 11–**12** C).

Urachuszysten und -fisteln

Wenn das Lumen des von der Blase bis zum Nabel reichenden Allantoisabschnittes über seine gesamte Länge erhalten bleibt, kann Harn aus dem Nabel fließen. Diese Mißbildung ist unter dem Namen **Urachusfistel** bekannt (Abb. 11–**13** A). Bleibt die intraembryonale Allantois nur in einem begrenzten Abschnitt erhalten, so führt die Sekretion der epithelialen Auskleidung zu einer zystischen Er-

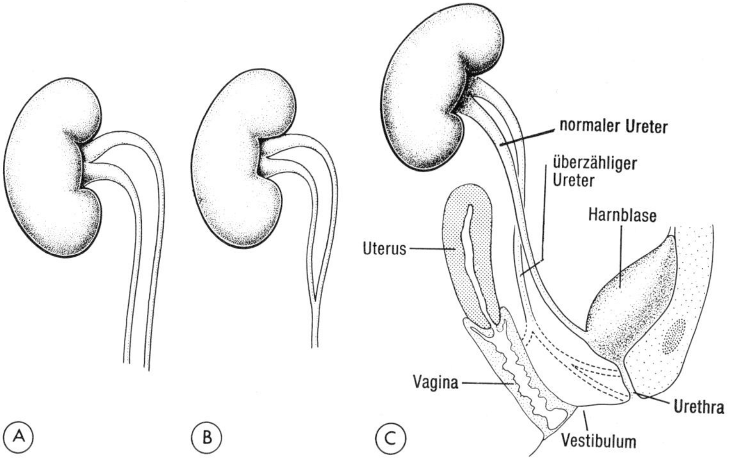

Abb. 11–**12** A und B, Vollständige und partielle Verdoppelung des Ureters; C, Einmündung eines überzähligen Ureters in die Vagina, die Urethra oder das Vestibulum. Die überzählige Ureterknospe entspringt aus dem Urnierengang kranial von der normalen Knospe. Nach der Einbeziehung des normalen Ureterabganges in den Blasenboden wandert sie mit dem Rest des Urnierenganges nach kaudal (vergl. Abb. 11–10).

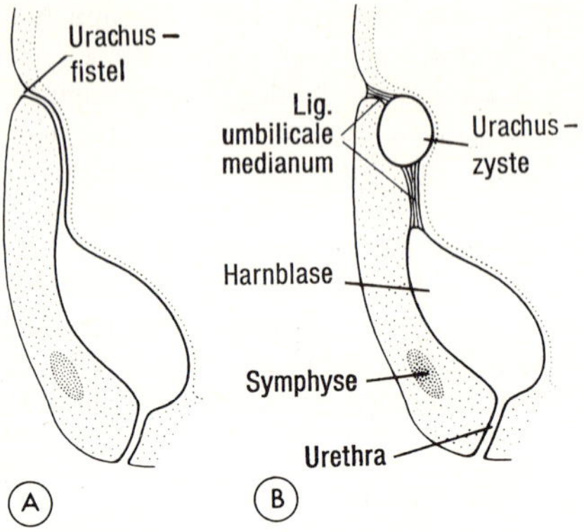

Abb. 11–**13** A, Urachusfistel. B, Urachuszyste.

weiterung, der **Urachuszyste** (Abb. 11–**13** B). Solche Zysten sind nicht bösartig, können sich aber im späteren Leben vergrößern und mit Flüssigkeit füllen.

Wenn das Lumen im kaudalen Abschnitt erhalten bleibt, entsteht eine Aussackung, die mit der Blase in Verbindung steht.

Genitalsystem

Normale Entwicklung

Gonaden

Das Geschlecht des Embryos ist bereits zum Zeitpunkt der Befruchtung genetisch determiniert. Die Gonaden entwickeln jedoch erst in der siebten Woche die für das männliche oder weibliche Geschlecht charakteristischen morphologischen Merkmale.

Die Gonaden werden beim vier Wochen alten Embryo als **Genitalleisten** zwischen der Urniere und dem dorsalen Mesenterium angelegt (Abb. 11–3 B und 11–**14**). Sie entstehen durch Proliferation des Zölomepithels und Verdichtung des darunterliegenden Mesenchyms. Die Keimzellen wandern jedoch erst in der 6. Entwicklungswoche in die Gonadenanlagen ein. Sie sind als **Urkeimzellen** bereits in der 3. Woche in der Wand des Dottersackes nahe der Allantois nachweisbar (Abb. 11–15 A). Von dort aus wandern sie in der 6. Woche mit amöboiden Bewegungen über das dorsale Mesenterium des Enddarms in die Genitalleisten ein (Abb. 11–15 B).

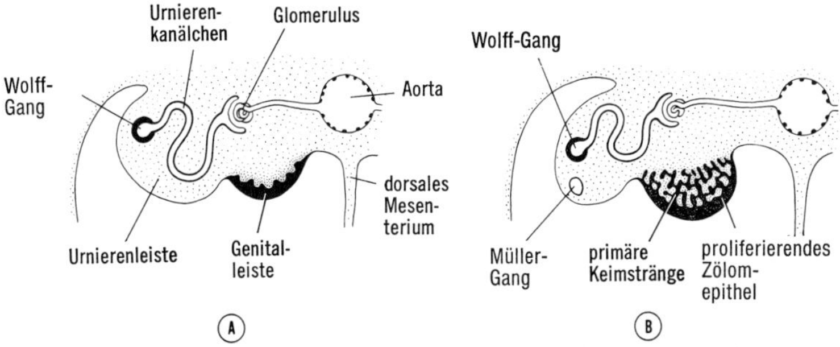

Abb. 11–**14** A, Schematischer Querschnitt durch die Lumbalregion eines 4 Wochen alten Embryos mit der zwischen dorsalem Mesenterium und Urniere liegenden Genitalleiste. Zur Lage der Schnittebene vergleiche Abb. 11–**3B.** B, Entsprechender Schnitt wie in A aus einem 6 Wochen alten Embryo, der die indifferente Gonade mit den primären Keimsträngen zeigt (modifiziert nach Giroud).

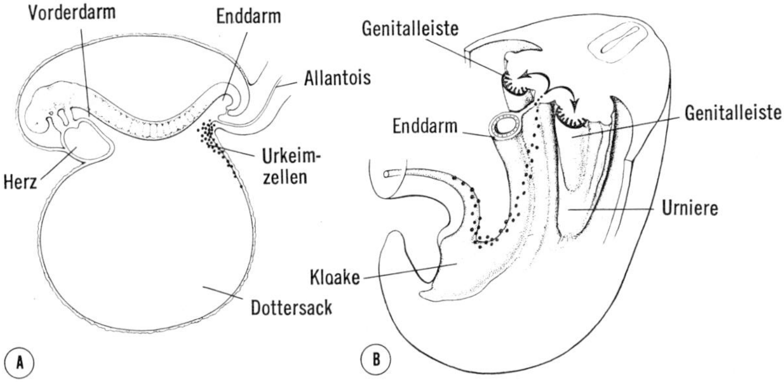

Abb. 11–**15** A, Schematische Darstellung eines 3 Wochen alten Embryos, bei dem die Urkeimzellen in der Wand des Dottersacks im Bereich des Allantoisabganges eingezeichnet sind (nach Witschi). B, Es ist die Wanderung der Urkeimzellen über die Wand des Enddarmes und das dorsale Mesenterium in die Genitalleiste eingezeichnet. Beachte die Lage der Genitalleiste und der Urniere.

Indifferente Gonadenanlage

Kurz vor und während der Einwanderung der Urkeimzellen bilden sich – ausgehend vom Zölomepithel – die **primären Keimstränge** (Abb. 11–14 B). Sie bestehen aus kompakten, epithelialen Zellsträngen, in die die Urkeimzellen aufgenommen werden. In diesem Entwicklungsstadium ist es nicht möglich, morphologisch zwischen männlichen und weiblichen Gonaden zu unterscheiden. Deshalb spricht man von **indifferenten Gonadenanlagen.**

Hoden

Bei einem genetisch männlichen Embryo wachsen die primären Keimstränge in der 6. bis 8. Entwicklungswoche weiter und dringen tief in das Mark der Gonadenanlage ein. Sie stellen als **Hodenstränge** die kompakten Anlagen der Samenkanälchen dar (Abb. 11–**16** A). Gegen den Hilus der Gonadenanlage schließt sich an die primären Keimstränge ein Netz von noch dünneren Zellsträngen an, aus denen sich später die Kanälchen des **Rete testis** entwickeln (Abb. 11–**16** B).

In der weiteren Entwicklung verlieren die Hodenstränge die Verbindung mit dem Oberflächenepithel und sind am Ende der 7. Woche von diesem durch eine Schicht aus fibrösem Bindegewebe ge-

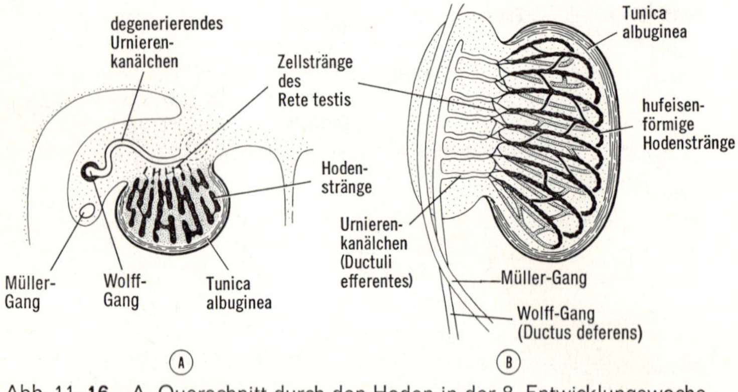

Abb. 11–**16** A, Querschnitt durch den Hoden in der 8. Entwicklungswoche. Beachte die Tunica albuginea, die Hodenstränge und das Rete testis. Der Glomerulus und die Bowman-Kapsel des Urnierenkanälchens bilden sich zurück. B, Schematische Darstellung des Hodens und der Genitalwege im 4. Entwicklungsmonat. Die hufeisenförmigen Hodenstränge gehen in die Stränge des Rete testis über. Beachte die Ductuli efferentes (Urnierenkanälchen), die in den Wolff-Gang einmünden (modifiziert nach Giroud).

trennt. Das Oberflächenepithel wird zum Peritonealüberzug der Hoden, das darunterliegende straffe Bindegewebe zur **Hodenkapsel (Tunica albuginea)** (Abb. 11–16).

Während des Fetallebens bestehen die Hodenstränge aus Urkeimzellen und Epithelzellen. Die Epithelzellen differenzieren sich zu **Sertoli-Zellen (Stützzellen)** (Abb. 1–13 A). Die Stränge bleiben bis zur Pubertät solide und erhalten erst beim Eintritt in die Geschlechtsreife ein Lumen. Sie heißen dann **Tubuli seminiferi.** Sobald sich ein Lumen ausgebildet hat, verbinden sich die Samenkanälchen mit den Gängen des Rete testis, die ihrerseits in die **Vasa efferentia** einmünden. Bei diesen Ausführungskanälchen – es sind etwa 5 bis 12 – handelt es sich um erhalten gebliebene exkretorische Kanälchen der Urniere. Sie stellen das Verbindungsglied zwischen den kleinen Gängen des Rete testis und dem **Urnierengang** oder **Wolff-Gang** her, der beim männlichen Geschlecht zum **Ductus deferens** wird (Abb. 11–16 B). Die **Leydig-Zellen (Zwischenzellen)** entwickeln sich im Mesenchym zwischen den Samenkanälchen. Während der Embryonalzeit produzieren sie das für die Entwicklung des männlichen Genitaltraktes notwendige **Testosteron** und sind deshalb zwischen dem 4. und 6. Entwicklungsmonat besonders zahlreich.

Ovar

Während sich beim männlichen Fetus die primären Keimstränge zu den Hodenkanälchen weiterentwickeln, werden sie beim weiblichen durch eindringendes Mesenchym in unregelmäßige Zellhaufen aufgelöst (Abb. 11–17 A). Sie werden durch eine zweite Generation von Keimsträngen in den Markbereich der Ovaranlage verdrängt und später durch gefäßreiches Bindegewebe ersetzt, das dann die **Medulla ovarii** bildet.

Die zweite Generation von Keimsträngen wird ebenfalls vom Zölomepithel gebildet. Diese Stränge bleiben auf die Rindenzone der Ovaranlage beschränkt und werden deshalb als **Rindenstränge** bezeichnet (Abb. 11–17 A). Während der Entwicklung zu einem Ovar vermehren sich die Keimzellen innerhalb der Rindenstränge durch mitotische Teilungen. Es entstehen Nester aus Keimzellen, die **Eiballen.** Dabei zerfallen die Rindenstränge. Die Eizellen treten schließlich in die Prophase der ersten Reifeteilung ein. Die einzelnen Eizellen werden von einem Ring aus Follikelzellen umgeben (Abb. 1–9 und 11–17 B). Die Follikelzellen verhindern weitere Mitosen und arretieren die Prophase der ersten Reifeteilung im **Diktyotänstadium.** Die Bildung von Primärfollikeln setzt im inneren Rinden-

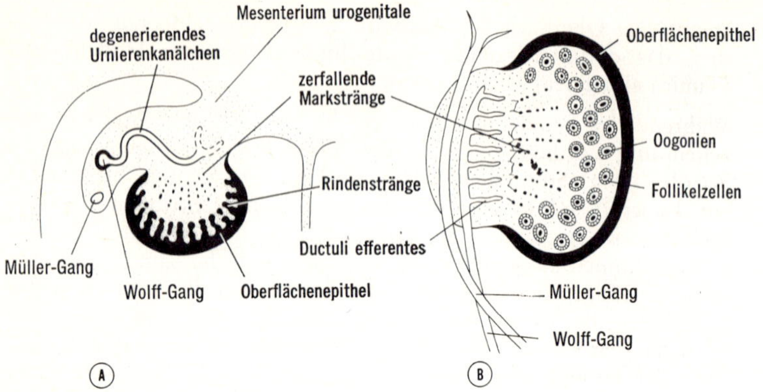

Abb. 11–**17** A, Querschnitt durch das Ovar in der 7. Entwicklungswoche mit zerfallenden primären Keimsträngen (Marksträngen) und neu entstehenden Rindensträngen. B, Schematische Darstellung des Ovars und der Genitalgänge im 5. Entwicklungsmonat. Die Marktstränge degenerieren. Die Urnierenkanälchen (Ductuli efferentes) gewinnen keinen Anschluß an das Rete. In der Rindenzone des Ovars liegen Oogonien, die von Follikelzellen umgeben sind.

bereich ein. Nicht von Follikelzellen eingeschlossene Eizellen gehen zugrunde. Die für das embryonale Ovar charakteristische Rindenschicht aus durch Eiballen aufgetriebenen Rindensträngen bildet sich zurück. Diese Entwicklung ist etwa im 6. Monat abgeschlossen. Es können nun keine neuen Eizellen mehr entstehen.

Bei der Bestimmung des **gonadalen Geschlechtes** sind die Differenzierung der primären Keimstränge in der Markregion der Gonadenanlage das Kennzeichen für die Entwicklung eines Hodens. Das anfängliche Verharren im indifferenten Stadium und die anschließende besonders ausgeprägte Entwicklung der Rindenregion ist charakteristisch für eine Ovaranlage.

Die Testosteronproduktion der Zwischenzellen im Hoden erreicht im 4. Monat der Embryonalentwicklung einen ersten Höhepunkt. Das **Testosteron** ist für die Entwicklung eines männlichen Genitaltraktes notwendig. Die Vermehrung der männlichen Keimzellen und der Eintritt in die Reifeteilungen erfolgt erst mit der Pubertät. Die endokrine Aktivität des Ovars setzt dagegen erst mit der Pubertät ein. Die Vermehrung der Eizellen und der Eintritt in die 1. Reifeteilung erfolgt jedoch bereits in der Embryonalzeit.

Genitalwege

Indifferentes Stadium

In der sechsten Entwicklungswoche sind beim männlichen und weiblichen Embryo zwei Genitalkanäle auf jeder Seite vorhanden: 1. der **Urnierengang** oder **Wolff-Gang,** der von der Urniere kommt und in Kloake führt und 2. der neugebildete **Müller-Gang,** der parallel zum Urnierengang verläuft und ebenfalls in die Kloake einmündet (Abb. 11–18 A, B).

Der **Müller-Gang** entsteht aus einer longitudinalen Einstülpung des Zölomepithels im Bereich der anterolateralen Oberfläche der Urogenitalleiste (Abb. 11–17). An seinem kranialen Ende besitzt der Gang eine trichterförmige Öffnung in die Zölomhöhle. Weiter kaudal verläuft er anfangs lateral vom Urnierengang, überkreuzt diesen dann ventral, um in kaudomedialer Richtung weiterzuwachsen (Abb. 11–18). In der Mittellinie trifft er auf den Müller-Gang der anderen Seite. Die beiden Gänge sind anfangs durch ein Septum voneinander getrennt, vereinigen sich jedoch später, um den **Uterovaginalkanal** zu bilden (Abb. 11–20 A). Das Septum zwischen den

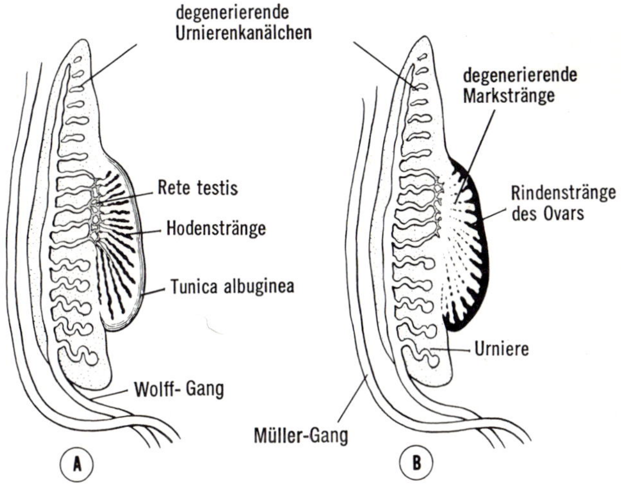

Abb. 11–**18** Die Genitalwege in der 6. Entwicklungswoche beim männlichen (A) und beim weiblichen (B) Embryo. Der Wolff- und der Müller-Gang sind bei beiden Geschlechtern vorhanden. Beachte die Beziehung der Urnierenkanälchen zur Keimdrüse.

beiden Gängen kann eine geraume Zeit fortbestehen. Die gemeinsame untere Spitze der beiden Gänge wächst in kaudaler Richtung weiter, bis sie auf die Hinterwand des Sinus urogenitalis trifft. Auf der Innenfläche des Sinus erzeugen die Müller-Gänge eine kleine Vorwölbung, den **Müller-Hügel** (Abb. 11–20 A). Beiderseits des Uterovaginalkanals münden die Wolff-Gänge getrennt in den Sinus urogenitalis ein.

In Abhängigkeit vom Geschlecht des Embryos entwickelt sich der Wolff- oder der Müller-Gang weiter. Beim männlichen Geschlecht wird der Wolff-Gang zum Hauptausführungsgang der Keimdrüse (**Ductus deferens**), während der Müller-Gang sich vollständig zurückbildet. Beim weiblichen Geschlecht entwickelt sich der Müller-Gang weiter und bildet die **Eileiter**, den **Uterus** und den größten Teil der **Vagina**, während der Wolff-Gang sich bis auf wenige Überreste zurückbildet.

Männliche Genitalwege

Mit der Rückbildung der Urniere verschwinden die Ausscheidungskanälchen oberhalb der Keimdrüse vollständig. Die Kanälchen im Bereich der sich weiterentwickelnden Hoden verlieren ihre Glomeruli und werden etwas kürzer (**Epigenitalis**) (Abb. 11–19 A). In der weiteren Entwicklung verbinden sich diese Kanälchen mit den Strängen des Rete testis und werden schließlich zu den **Ductuli efferentes** des Hodens (Abb. 11–19 B). Die Ausscheidungskanälchen der Urniere im Bereich des kaudalen Keimdrüsenpoles heißen **Paragenitalis** (Abb. 11–19 A). Diese Kanälchen bleiben bis zum Ende des dritten Monats funktionstüchtig und verbinden sich nicht mit den Strängen des Rete testis. Sie verlieren dann ihre Beziehung zum Wolff-Gang (Abb. 11–19 B). Überreste dieser Kanälchen werden gemeinsam als **Paradidymis** bezeichnet.

Obwohl sich der größte Teil des Urnierenkanälchen zurückbildet, bleibt der Wolff-Gang als solcher erhalten und wird zum Hauptausführungsgang der Keimdrüse (mit Ausnahme des kranialen Abschnittes, der zur **Appendix epididymidis** wird) (Abb. 11–19). Unmittelbar unterhalb der Einmündung der Ductuli efferentes verlängert und windet er sich stark und wird damit zum **Nebenhoden.** Vom Schwanz des Nebenhodens bis zur Ausstülpung des Samenbläschens erhält der Wolff-Gang eine dicke Muskelwand und heißt dann **Ductus deferens.**

Gegen Ende der achten Woche hat sich der Müller-Gang beim männlichen Embryo vollständig zurückgebildet, abgesehen von ei-

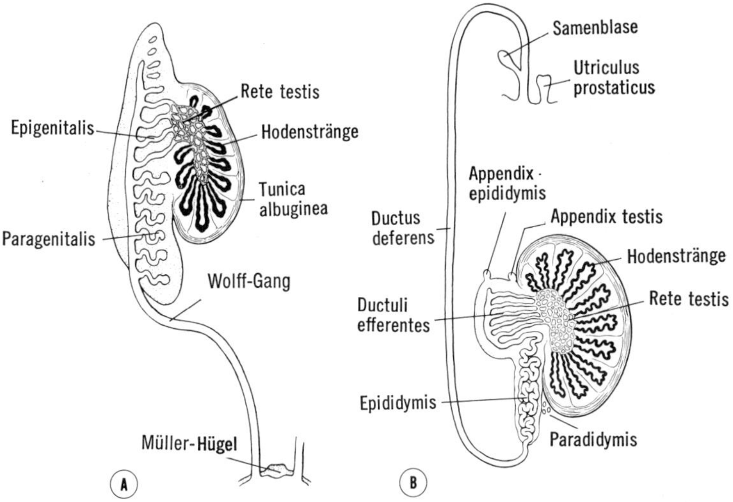

Abb. 11–**19** A, Die Genitalwege beim männnlichen Embryo im 4. Monat. Der Müller-Gang hat sich bis auf die Appendix testis und den Utriculus prostaticus zurückgebildet. B, Der Genitalgang nach dem Deszensus des Hodens. Beachte die hufeisenförmigen Hodenstränge, das Rete testis und die Ductuli efferentes, die in den Ductus deferens einmünden. Die Paradimymis wird von den Überresten der paragenitalen Urnierenkanälchen gebildet.

nem kleinen kranialen Abschnitt, der als **Appendix testis** erhalten bleibt. Das Schicksal seines kaudalen Abschnittes ist nicht genau bekannt. Nach einigen Autoren entwickelt er sich zum **Utriculus prostaticus** (Uterus masculinus). Andere wiederum nehmen an, daß der Utriculus prostaticus aus einer Ausstülpung des Sinus urogenitalis entsteht (Abb. 11–19 B).

Weibliche Genitalwege

Beim weiblichen Geschlecht entwickelt sich der Müller-Gang zum Hauptausführungsgang für die Keimdrüse. Anfangs lassen sich drei Abschnitte unterscheiden: 1. ein kranialer, vertikal verlaufender Abschnitt, der sich in die Zölomhöhle öffnet, 2. ein horizontal verlaufender Abschnitt, der den Wolff-Gang überkreuzt und 3. ein kaudaler, vertikaler Abschnitt, der sich mit dem Gang der gegenüberliegenden Seite vereinigt (Abb. 11–20 A).

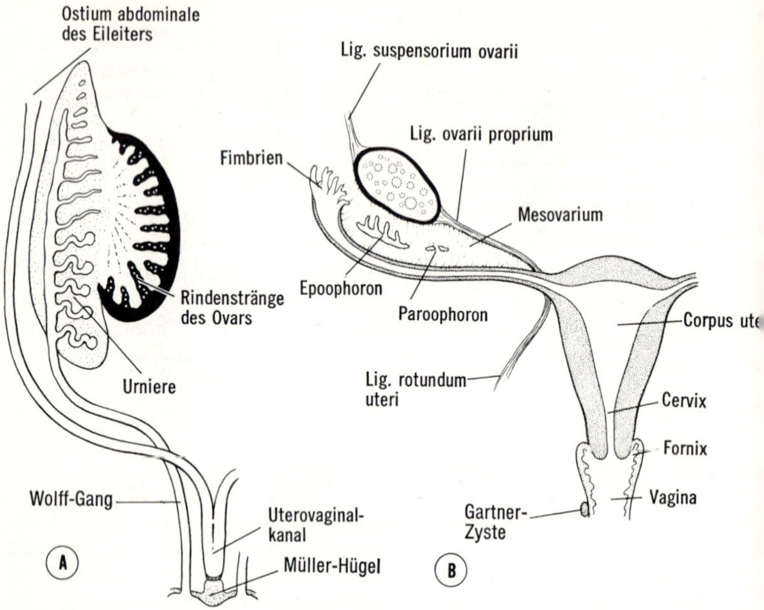

Abb. 11–**20** A, Schematische Darstellung der Genitalwege beim weiblichen Embryo am Ende des zweiten Entwicklungsmonats. Beachte den Müller-Hügel und die Bildung des Uterovaginalkanals. B, Die Genitalwege im Anschluß an den Deszensus des Ovars. Vom Urnierensystem sind nur das Epoophoron, das Paroopheron und die Gartner-Zyste zurückgeblieben. Beachte das Lig. suspensorium ovarii, das Lig. ovarii proprium und das Lig. rotundum des Uterus.

Mit der Kaudalverlagerung des Ovars entwickeln sich die beiden ersten Abschnitte zum **Eileiter** (**Tuba uterina**) (Abb. 11–20 B). Die Öffnung in die Zölomhöhle wird damit zum **Ostium abdominale** des Eileiters.

Der Verlauf des Müller-Ganges ist in seinem zweiten Abschnitt von großer Bedeutung für die Lage der Beckenorgane. Mit seinem mediokaudalen Verlauf verändern auch die Urogenitalleisten ihre Position und verlagern sich mehr in eine Transversalebene (Abb. 11–**21** A, B). Dort, wo die Müller-Gänge sich in der Mittellinie treffen, entsteht eine breite, transversal verlaufende Falte (Abb. 11–**21** C). Die Falte erstreckt sich von einer Beckenwand zur anderen und schließt den Uterovaginalkanal ein. Sie heißt **Lig. latum uteri.** An der oberen Kante verläuft der Eileiter und auf der Rückseite liegt das Ovar (Abb. 11–**21** C).

Über die Entstehung der menschlichen **Vagina** gibt es unterschiedliche Auffassungen. Ursprünglich nahm man an, daß sich neben dem Uterus auch die gesamte Vagina aus dem Uterovaginalkanal herleitet, der durch die Verschmelzung der beiden Müller-Gänge entsteht. Dies ist jedoch nicht der Fall. Die Vagina entsteht vielmehr aus dem Sinus urogenitalis. Dementsprechend wird beim Syndrom der testikulären Feminisierung eine Vagina angelegt, obwohl keine Müller-Gänge vorhanden sind (s. S. 199).

In der neunten Entwicklungswoche erreicht die solide kaudale Spitze der Müller-Gänge den Sinus urogenitalis von hinten her (Abb. 11–**22** A und 11–**23** A). Kurz darauf wachsen im Bereich der Müller-Gänge zwei solide Knospen aus dem Beckenanteil des Sinus urogenitalis aus (Abb. 11–**22** B und 11–**23** B). Diese Knospen verschmelzen miteinander und bilden eine solide Gewebsplatte, die **Vaginalplatte.** Die Vaginalplatte umschließt das solide Ende des Uterovaginalkanals. Sie entwickelt bei Embryonen im Alter von etwa 11 Wochen von kaudal her ein Lumen (Abb. 11–**22** B und 11–**23** B). Im kranialen Abschnitt wächst die Gewebsplatte inzwischen weiter, so daß sich der Abstand zwischen dem Uteruslumen und dem Sinus urogenitalis vergrößert. Im fünften Monat ist die Vaginalanlage vollständig durchgängig und die Ausläufer der Gewebsplatte, die den Endabschnitt des Uterus wie Flügel umfassen, werden zu den **Scheidengewölben** (Abb. 11–**23** C).

Das Lumen der Vagina bleibt von dem des Sinus urogenitalis durch eine dünne Gewebsplatte getrennt, die als **Hymen** bezeichnet wird (Abb. 11–**21** C und 11–**23** C). Es besteht aus dem Epithel des Sinus und aus einer dünnen Mesodermschicht.

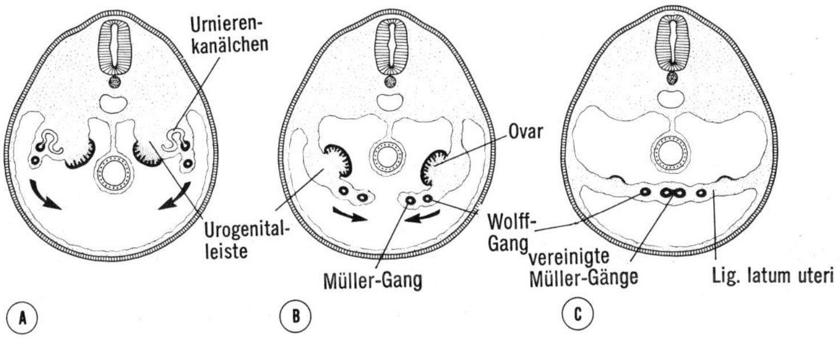

Abb. 11–**21** Nach kaudal aufeinanderfolgende Querschnitte durch die Urogenitalleiste. Die Müller-Gänge nähern sich einander und verschmelzen in der Mittellinie. Durch die Verschmelzung der Gänge entsteht eine quergestellte Falte im Beckenraum, das Lig. latum uteri. Die Keimdrüsen liegen an der Rückseite der Querfalte.

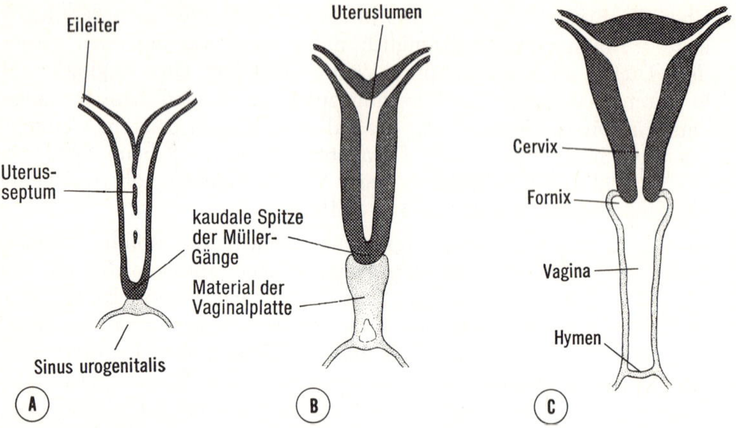

Abb. 11–**22** Schematische Darstellung der Entwicklung des Uterus und der Vagina. A, mit 9 Wochen. Das Septum uterovaginale bildet sich zurück. B, Am Ende des 3. Monats. Das Material der Vaginalplatte schaltet sich zwischen den Uterus und den Sinus urogenitalis ein. C, Beim Neugeborenen. Die Vagina und die Scheidengewölbe sind durch Aushöhlung der Vaginalplatte entstanden.

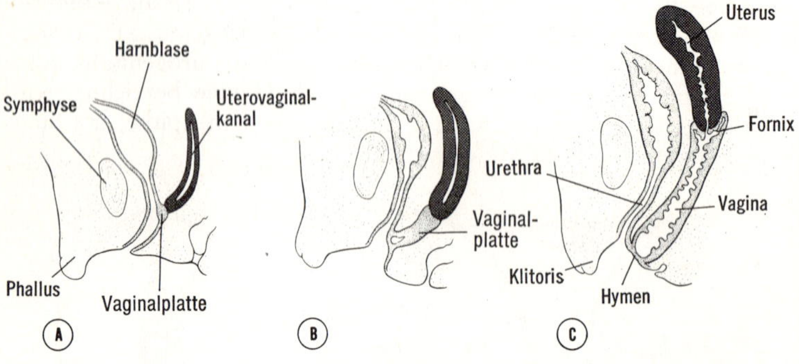

Abb. 11–**23** Schematische Sagittalschnitte, die die Entwicklung des Uterus und der Vagina in verschiedenen Stadien zeigen. Die Vagina entsteht aus der Vaginalplatte, die vom Sinus urogenitalis abstammt.

Aus der Mesenchymschicht, die die Anlage des Uterus umgibt, entwickelt sich die dicke Muskelschicht des **Myometriums.** Die Vagina wird nur von wenigen Muskelfasern umhüllt.

Obwohl beim weiblichen Geschlecht das Urnierensystem keine Rolle beim Transport der Oozyten spielt, können einige Überreste der

Ausscheidungskanälchen und ein kleiner Teil des Urnierenganges oder Wolff-Ganges beim Erwachsenen erhalten bleiben. Sie liegen als **Epoophoron im Mesovarium** (Abb. 11–20 B). Die von den weiter kaudal gelegenen Urnierengängen zurückgebliebenen Reste werden als **Paroophoron** bezeichnet. Der Wolff-Gang bildet sich vollständig zurück, mit Ausnahme des kleinen kranialen Anteiles im Epoophoren. In einigen Fällen kann ein kleiner kaudaler Abschnitt erhalten bleiben, aus dem sich später eine Zyste bilden kann, die dann als **Gartner-Zyste** in der Scheidenwand liegt (Abb. 11–20 B).

Äußere Genitalien

Indifferentes Stadium

Die Entwicklung der äußeren Genitalien geht von den **Kloakenfalten** aus. Die Kloakenfalten entstehen durch eine Verdichtung des Mesenchyms unter dem Oberflächenepithel beiderseits von der Kloakenmembran (Abb. 11–24 A). Vor der Kloakenmembran vereinigen sich die beiden Falten und bilden den **Genitalhöcker.** In der sechsten Woche wird die Kloakenmembran in die Urogenital- und Analmembran unterteilt. Entsprechend unterteilen sich die Kloakenfalten in einen vorderen Abschnitt, die **Urethralfalten,** und in einen hinteren Abschnitt, die **Analfalten** (Abb. 11–24 B).

Inzwischen werden zwei weitere Erhebungen, die **Genitalwülste,** beiderseits von den Urethralfalten sichtbar (Abb. 11–24 B). Beim männlichen Geschlecht werden diese Erhebungen später zu den

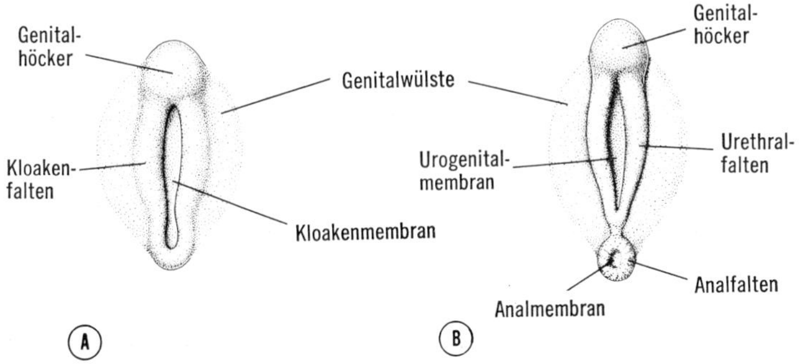

Abb. 11–**24** Indifferentes Stadium der äußeren Genitalien. A, Etwa mit 4 Wochen; B etwa mit 6 Wochen.

Skrotalwülsten (Abb. 11–25 A) und beim weiblichen zu den **Labia majora** (Abb. 11–26 B). Am Ende der sechsten Woche sehen jedoch die äußeren Genitalien bei beiden Geschlechtern noch gleich aus, so daß eine Unterscheidung nicht möglich ist.

Das äußere männliche Genitale

Beim männlichen Geschlecht steht in der weiteren Entwicklung der äußeren Genitalien die rasche Verlängerung des Genitalhöckers zum **Phallus** im Vordergrund (Abb. 11–25 A). Während seines Längenwachstums zieht der Phallus die Urethralfalten ganz nach vorn, so daß sie die seitlichen Wände der tiefen **Urogenitalspalte** bilden. Diese Spalte entsteht mit dem Verschwinden der Urogenitalmembran und setzt sich auf der Unterseite des wachsenden Phallus noch fort, erreicht aber nicht den distalen Abschnitt der Glans. Die epitheliale Auskleidung der Spalte stammt vom Entoderm ab und bildet die **Urethralplatte** (Abb. 11–25 B).

Am Ende des dritten Monats schließen sich die beiden Urethralfalten über der Urethralplatte und bilden so die **Urethra des Penis** (Abb. 11–25 B). Diese reicht nicht bis zur Spitze des Phallus. Der distale Abschnitt der Urethra des Penis wird im vierten Monat dadurch gebildet, daß Ektodermzellen von der Spitze des Penis nach innen wandern und einen kurzen Epithelstrang bilden, der auf das Urethralumen zuwächst. Dieser Strang wird später kanalisiert und bildet dann das definitive **Ostium urethrae** an der Spitze der Glans (Abb. 11–25 C).

Die Genitalwülste liegen zuerst in der Leistenregion. Sie heißen beim männlichen Geschlecht **Skrotalwülste.** Im Laufe der Entwicklung wandern sie nach kaudal, wobei jeder Wulst eine Skrotumhälfte bildet, die von der anderen durch das **Skrotalseptum** getrennt ist (Abb. 11–25 D).

Das äußere weibliche Genitale

Beim weiblichen Geschlecht treten bei der Entwicklung des äußeren Genitale nicht so tiefgreifende Veränderungen auf wie beim männlichen. Der Genitalhöcker verlängert sich nur wenig und wird zur **Klitoris** (Abb. 11–26 A, B). Die Urethralfalten verschmelzen nicht wie beim männlichen Geschlecht, sondern entwickeln sich zu den **Labia minora.** Die Genitalwülste vergrößern sich erheblich und bilden die **Labia majora.** Die Urogenitalspalte bleibt offen und wird zum **Vestibulum** (Abb. 11–26 B).

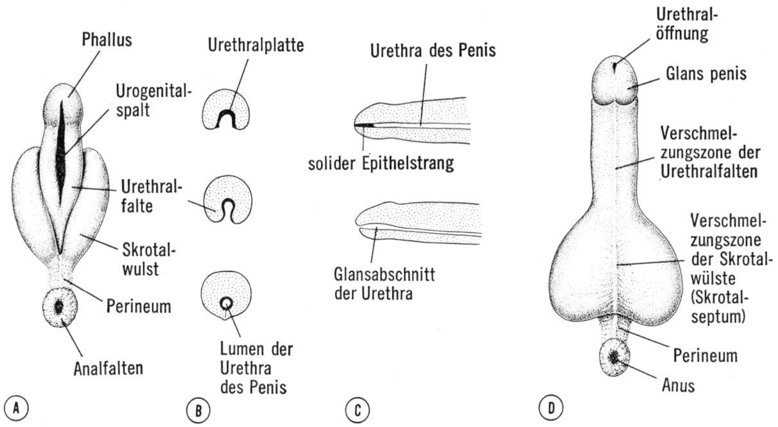

Abb. 11–**25** A, Entwicklung der äußeren Genitalien beim männlichen, 10 Wochen alten Fetus. Zwischen den Urethralfalten liegt die tiefe Urethralrinne. B, Querschnitt durch den Phallus bei der Bildung der Urethra des Penis. Die Urethralspalte wird von den Urethralfalten überbrückt. C, Entwicklung des Glansabschnittes der Urethra. D, Verhältnisse beim Neugeborenen.

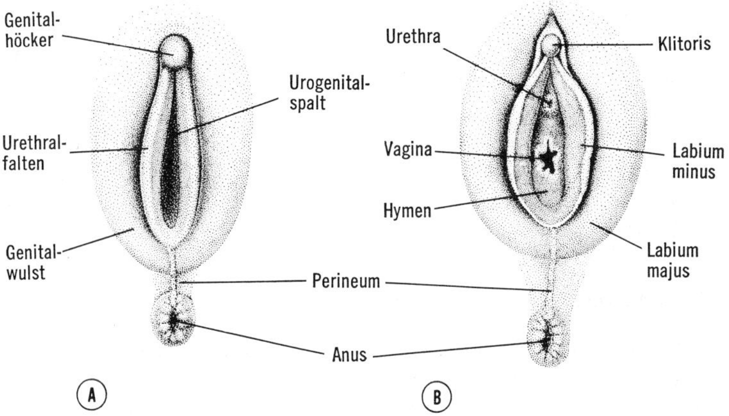

Abb. 11–**26** Entwicklung der äußeren Genitalien bei einem weiblichen, 5 Monate alten Fetus (A) und beim Neugeborenen (B).

Descensus testis

Gegen Ende des zweiten Monats sind der Hoden und die Reste der Urniere über ein **Mesenterium urogenitale** mit der hinteren Leibeswand verbunden. Die ursprünglich breite Verbindung wird mit der Rückbildung der Urniere immer schmaler und wird schließlich in der Hauptsache zum Mesenterium des Hodens (Abb. 11–3 A). Der kraniale Abschnitt der peritonealen Umschlagsfalte erstreckt sich ursprünglich vom oberen Pol der Keimdrüse und der Urniere bis zum Zwerchfell, bildet sich aber dann mit der Urniere zurück. Der kaudale Abschnitt der Umschlagsfalte, verstärkt durch die Reste der Urniere, nimmt einen bandartigen Charakter an und heißt dann **kaudales Keimdrüsenband** (Abb. 11–27). In der Inguinalregion setzt sich das kaudale Keimdrüsenband in einem Bindegewebsstrang fort, der im Bereich des späteren Inguinalkanals verläuft, und der seinerseits wieder mit der Mesenchymverdichtung in den Skrotalwülsten in Verbindung steht. Der gesamte Bindegewebsstrang, der

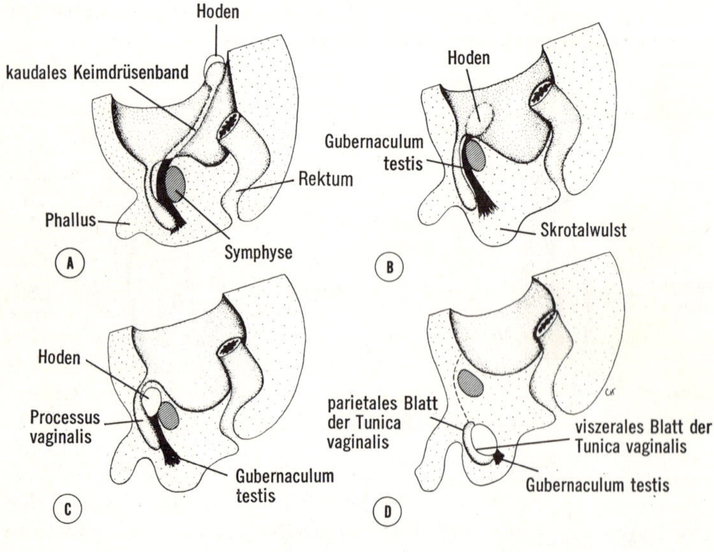

Abb. 11–**27** Schematische Darstellung des Descensus testis. A, Während des 2. Monats; B, In der Mitte des 3. Monats; C, Im 7. Monat; D, Kurz nach der Geburt. Die Zölomhöhle bildet eine Aussackung, die bis in den Skrotalwulst reicht und dort den Processus vaginalis bildet (Tunica vaginalis).

vom kaudalen Keimdrüsenpol bis in den Skrotalwulst hineinreicht, wird als **Gubernaculum testis** bezeichnet.

Im zweiten Entwicklungsmonat wächst der Embryonalkörper rasch, während das Gubernaculum sich nicht entsprechend verlängert. Infolgedessen liegt der Hoden schließlich etwa zehn Segmente weiter kaudal als es seinem ursprünglichen Anlageort entspricht. Am Anfang des dritten Monats hat er die Inguinalregion erreicht (Abb. 11–27 B). Bei dem **Descensus des Hodens** handelt es sich also nicht um eine aktive Wanderung, sondern um eine relative Lageveränderung in bezug auf die Körperwand. **Die Blutversorgung aus der Aorta bleibt erhalten, so daß die Hodengefäße von der ursprünglichen Segmentebene in die Inguinalregion absteigen.**

Zu Beginn des dritten Monats bildet das Peritoneum der Zölomhöhle beiderseits von der Mittellinie Aussackungen, die sich in die ventrale Leibeswand einsenken. Sie folgen in ihrem Verlauf dem Gubernaculum testis durch den Inguinalkanal bis in die Skrotalwülste hinein (Abb. 11–27 C). Die in die Skrotalwülste hineinreichende Aussackung der Zölomhöhle heißt **Processus vaginalis.** Der Processus vaginalis wird von den Muskel- und Faszienschichten der Leibeswand bis in die Skrotalwülste hinein begleitet.

Die Faserzüge des Gubernaculum testis verlaufen immer außerhalb des Processus vaginalis.

Der Hoden bleibt in der Abdominalhöhle in der Nähe des Inguinalkanales bis zum siebten Entwicklungsmonat liegen. Erst dann setzt er seinen Descensus durch den Leistenring und über die Schambeinkante in den Skrotalwulst fort (Abb. 11–27 C). Wenn der Hoden bis zur Geburt im Skrotum angekommen ist, bedecken ihn die beiden Blätter des Processus vaginalis (Abb. 11–27 D). Das Peritoneum des Processus vaginalis, das den Hoden direkt bedeckt, heißt **viszerales Blatt der Tunica vaginalis.** Der Rest des Peritonealsackes bildet das **parietale Blatt der Tunica vaginalis** (Abb. 11–27 D). Der schmale Kanal, der den Processus vaginalis mit der Leibeshöhle verbindet, obliteriert vor der Geburt oder kurz darauf. Die letzte Phase des Descensus testis geht mit einer Verkürzung des Gubernaculum einher. Ob jedoch diese Verkürzung den Descensus des Hodens verursacht, ist noch umstritten. Es besteht dagegen kein Zweifel, daß der Descensus auch durch Hormone, wie z. B. die Gonadotropine und Androgene gesteuert wird.

Beim weiblichen Geschlecht ist der Descensus der Keimdrüse weit weniger ausgeprägt als beim männlichen. Das Ovar liegt im Endzustand knapp unterhalb des oberen Randes des kleinen Beckens. Man nimmt an, daß aus dem kranialen Keimdrüsenband das **Ligamentum**

suspensorium ovarii, aus dem kaudalen Keimdrüsenband das **Lig. ovarii proprium** und das **Lig. teres uteri (rotundum)** entstehen (Abb. 11–20 B). Das Lig. teres uteri reicht bis in die große Schamlippe hinein.

Angeborene Mißbildungen

Fehlentwicklungen der Sexualorgane können auf drei Ebenen entstehen: 1. durch Aberrationen der **Geschlechtschromosomen,** 2. durch Fehler bei der Determination der **Gonaden,** 3. durch Störungen bei der Entwicklung des **Genitaltraktes** und der äußeren Geschlechtsorgane.

Das **genetische Geschlecht** des Embryo wird bei der Befruchtung bestimmt. Es hängt davon ab, ob das Spermium ein X- oder ein Y-Chromosom trägt. Die Determination des **gonadalen Geschlechtes** ist vom Vorhandensein oder Fehlen eines Y-Chromosoms abhängig. Die genetische Information auf dem Y-Chromosom wird in den Zellen der indifferenten Gonadenanlage wirksam. Unter ihrem Einfluß entstehen Hodenstränge und Leydig-Zellen. Wenn kein Y-Chromosom vorhanden ist, verharrt die Gonadenanlage zunächst im indifferenten Stadium und entwickelt sich dann selbständig zu einem Ovar. Das **somatische Geschlecht** wird vom Vorhandensein oder Fehlen einer Hodenanlage bestimmt. Von den Zellen in den Hodensträngen wird ein Faktor gebildet, der die Müller-Gänge zur Rückbildung bringt. Die Leydig-Zellen des embryonalen Hodens produzieren Testosteron, das den Wolff-Gang erhält und die Differenzierung des Nebenhodens und Samenleiters sowie das Aussprossen der Samenbläschen induziert. Unter dem Einfluß des Testosterons entwickelt sich die männliche Form des Sinus urogenitalis und ein männliches äußeres Genitale. Wenn kein Hoden vorhanden ist, bleiben die Müller-Gänge erhalten und entwickeln sich zu Uterus und Tuben weiter. Die Wolff-Gänge bilden sich zurück, da die erhaltende Wirkung des Testosterons fehlt. Ohne Testosteron entwickelt sich das äußere Genitale selbständig in weibliche Richtung.

Reine Gonadendysgenesie

Bei Patienten mit reiner Gonadendysgenesie werden die Gonaden nicht angelegt. Die Keimzellen fehlen ebenfalls. Es liegt keine chromosomale Anomalie vor. Das chromosomale Geschlecht kann normal weiblich (46, XX) oder normal männlich (46, XY) sein. Das somatische Geschlecht entwickelt sich entsprechend dem weiblichen Phänotyp. Die Müller-Gänge bleiben erhalten, da der Hemmfaktor nicht gebildet wird. Die Wolff-Gänge bilden sich zurück, weil die trophische Wirkung des Testosterons fehlt. Die weibliche Entwicklung verläuft normal bis zur Pubertät. Erst jetzt macht sich das Fehlen der Sexualhormone bemerkbar, die in den Gonaden nicht gebildet werden können.

Hypoplasie des Ovar

Die Hypoplasie des Ovar ist charakteristisch für das **Turner-Syndrom** (Abb. 7–4). Patienten mit Turner-Syndrom besitzen 44 Autosomen, aber nur ein X-Chromosom (45, X) (s. Kap. 7, S. 111). Während der Embryonalentwicklung wandern die X0-Keimzellen in die Gonadenanlage ein. Da kein Y-Chromosom vorhanden ist, entwikkelt sich dann ein Ovar. Es entstehen jedoch nur rudimentäre Follikel. Die Keimzellen gehen in der zweiten Hälfte der Schwangerschaft zugrunde. Sechs Monate nach der Geburt sind keine Keimzellen mehr vorhanden. Die Ovarien wandeln sich in bindegewebige Stränge um. Der Genitaltrakt und die äußeren Genitalorgane sind weiblich. Sie bleiben jedoch auch nach der Pubertät infantil, da von den bindegewebig degenerierten Ovarien keine Sexualhormone gebildet werden können.

Offensichtlich können sich beim Menschen X0-Urkeimzellen nicht zu Oozyten differenzieren. (Bei der Maus sind X0-Individuen dagegen fertile Weibchen.) Die Oozyten sind eine Voraussetzung für die Entstehung und Erhaltung von Follikeln und damit für die Ausbildung der endokrin aktiven Anteile des Ovars. In dieser Beziehung unterscheidet sich das Ovar grundsätzlich vom Hoden. Wenn die Keimzellen in einem Hoden zugrunde gehen, wie z. B. beim Klinefelter-Syndrom (47, XXY), kommt es zur Atrophie und Hyalinisierung der Samenkanälchen sowie zu einem Polymorphismus der Leydig-Zellen. Die endokrine Funktion des Hodens bleibt jedoch grundsätzlich erhalten.

Testikuläre Feminisierung

Patienten mit dem Syndrom der testikulären Feminisierung besitzen einen normalen männlichen Chromosomensatz (46, XY). Die äußere Phänotyp ist jedoch vollkommen weiblich (Abb. 11–28 A). Die zugrundeliegende Störung besteht in einer Androgen-Unempfindlich-

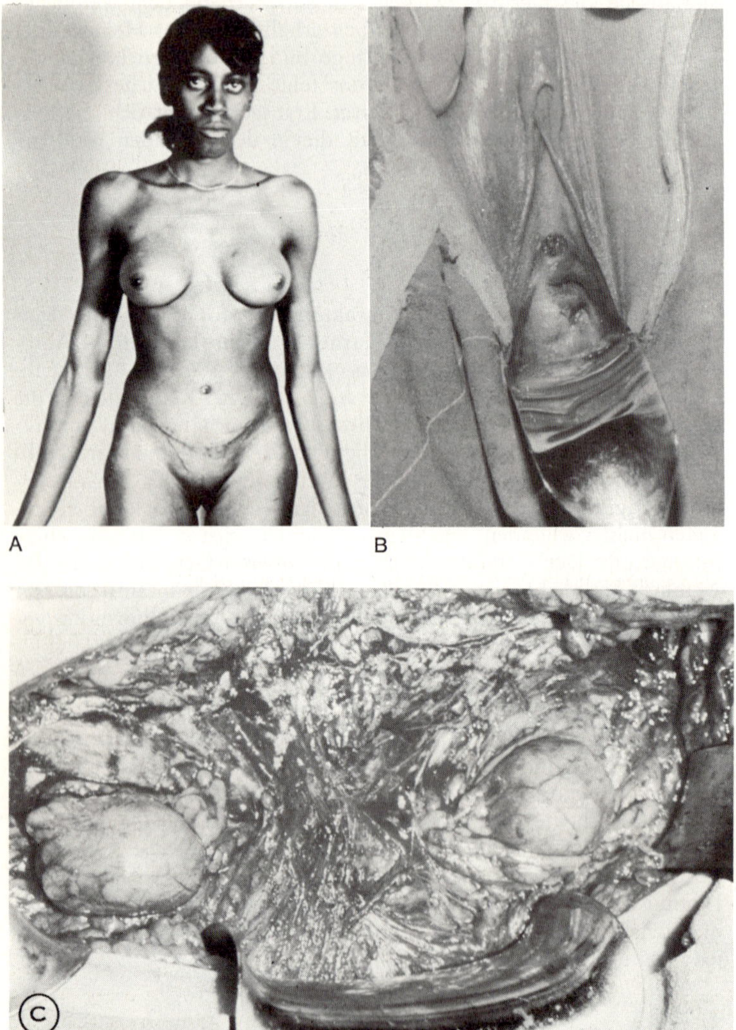

Abb. 11–**28** A, Patient mit testikulärer Feminisierung. B, Weibliches äußeres Genitale bei testikulärer Feminisierung. Das Spekulum liegt in der blind endenden Vagina. C, Blick in das Operationsgebiet. Beiderseits im Leistenkanal sind die atrophischen Hoden freigelegt. Es sind keine Nebenhoden oder sonstige Genitalgänge vorhanden. (Dr. J. Kitchin, Department of Obstetrics and Gynecology, University of Virginia).

keit aller Körpergewebe. In der Embryonalentwicklung wird durch das Y-Chromosom ein Hoden induziert. Der Hoden produziert den Hemmfaktor, der die Müller-Gänge zur Rückbildung bringt. Außerdem bilden die Hoden Testosteron. Das Testosteron kann jedoch wegen der Androgen-Unempfindlichkeit der Zielorgane nicht wirksam werden. Die Wolff-Gänge bilden sich deshalb ebenfalls zurück. Der Sinus urogenitalis differenziert sich in weibliche Richtung. Es entsteht eine kurze blind endende Vagina und ein weibliches äußeres Genitale (Abb. 11–28 B). Beim Erwachsenen sind daher kein Uterus und keine Tuben, aber auch keine Derivate des Wolff-Ganges vorhanden. Im Abdomen oder im Bereich des Inguinalkanales sind als einzige innere Sexualorgane kleine Hoden vorhanden. Sie zeigen keine Spermatogenese. Wegen des erhöhten Risikos einer malignen Entartung werden sie in der Regel operativ entfernt (Abb. 11–28 C). Eine Form der testikulären Feminisierung beruht auf dem Defekt des zytoplasmatischen Androgen-Rezeptor-Proteins. Sie wird X-gebunden vererbt. Das Syndrom der testikulären Feminisierung kann jedoch auch durch einen Enzymdefekt im Testosteron-Metabolismus verursacht werden.

Pseudohermaphroditismus und Intersexualität

Als **echter Hermaphrodit** wird ein Individuum bezeichnet, bei dem sowohl Hoden- als auch Ovargewebe vorhanden ist. Es kann auf einer Seite ein Hoden und auf der anderen Seite ein Ovar angelegt sein. Es können aber auch beide Gewebe in einer Gonade auftreten (**Ovotestis**). Beim **Pseudohermaphroditen** wird das gonadale Geschlecht von einem Phänotyp verdeckt, der mehr dem anderen Geschlecht gleicht. Wenn Hoden vorhanden sind, spricht man von einem männlichen Pseudohermaphroditen, wenn Ovarien vorhanden sind, von einem weiblichen Pseudohermaphroditen.

Weibliche Pseudohermaphroditen. Die häufigste Form des weiblichen Pseudohermaphroditismus ist das **Adrenogenitale Syndrom (AGS)**. Die Patienten sind genetisch weiblich und besitzen Ovarien. Aufgrund eines Stoffwechseldefektes werden jedoch von den fetalen Nebennieren vermehrt Androgene gebildet. Sie führen zu einer mehr oder weniger stark ausgeprägten Maskulinisierung der äußeren Genitalien. Die Maskulinisierung kann sich auf eine Vergrößerung der Klitoris beschränken oder zur Ausbildung von fast männlichen Genitalien führen. Ein häufiges Bild ist Hypertrophie der Klitoris, teilweise skrotumartige Verschmelzung der Labia majora und die Einengung des Sinus urogenitalis bis auf einen schmalen Spalt (Abb. 11–29).

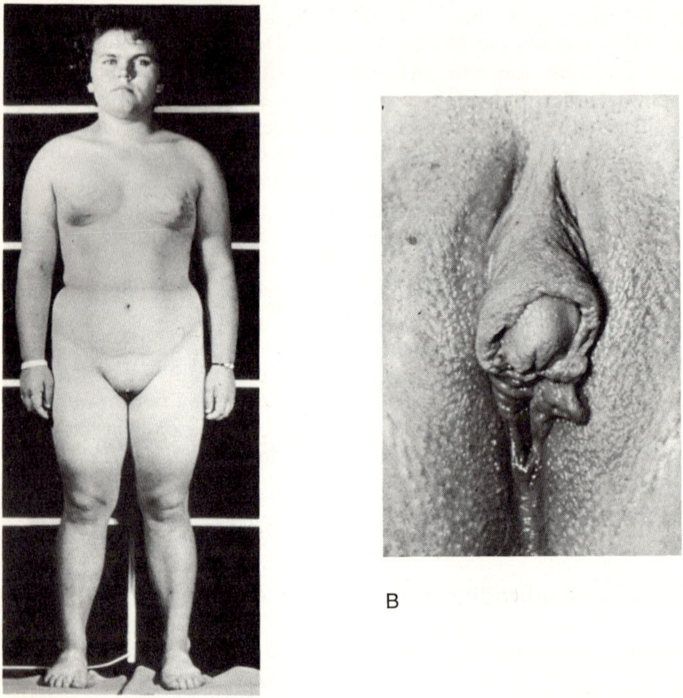

A

B

Abb. 11–**29** A, Patient mit weiblichem Pseudohermaphroditismus aufgrund eines Adrenogenitalen Syndroms. B, Äußeres Genitale mit vergrößerter Klitoris und Verschmelzung der großen Schamlippen. (Dr. J. Kitchin, Department of Obstetrics and Gynecology, University of Virginia.)

Das Adrenogenitale Syndrom beruht auf einem rezessiv vererbten Enzymdefekt im Steroidhormonstoffwechsel. Ein ähnliches Bild kann entstehen, wenn Progestin mit einer androgenen Wirkungskomponente während der Schwangerschaft eingenommen wurde.

Männliche Pseudohermaphroditen. Die Patienten sind genetisch männlich und besitzen Hoden. Wahrscheinlich ist jedoch die endokrine Funktion der embryonalen Hoden gestört. Sie bilden den Hemmfaktor für die Müller-Gänge und die Androgene für die Differenzierung des männlichen Genitaltraktes in ungenügender Menge oder zu einem zu späten Zeitpunkt. Die Ausbildung der inneren und äußeren Geschlechtsorgane ist sehr unterschiedlich, je nachdem wieviel von den Müller-Gängen noch erhalten geblieben ist, und wie stark die Androgenwirkung war.

Hypospadie

Unter normalen Bedingungen schließt sich die Urogenitalspalte und wandelt sich in die Urethra des Penisschaftes durch Verschmelzung der Urethralfalten um (Abb. 11–25 B). Wenn die Verschmelzung unvollständig ist, können abnorme Öffnungen der Urethra entlang der Unterseite des Penis auftreten. Am häufigsten finden sich diese Öffnungen in der Nähe des Glans penis, entlang dem Penisschaft oder in der Nähe der Peniswurzel (Abb. 11–30 A). In seltenen Fällen kann die Harnröhrenöffnung sogar an der Raphe scroti liegen. Wenn die Verschmelzung der Urethralfalten vollständig ausbleibt, bildet die Urethra einen sagittalen Schlitz entlang der gesamten Länge des Penis. Die beiden Skrotalwülste können dann den Labia majora sehr ähneln. Eine Hypospadie entsteht, wenn in der kritischen Phase bei der Verschmelzung der Urethralfalten nicht genügend Androgene gebildet werden.

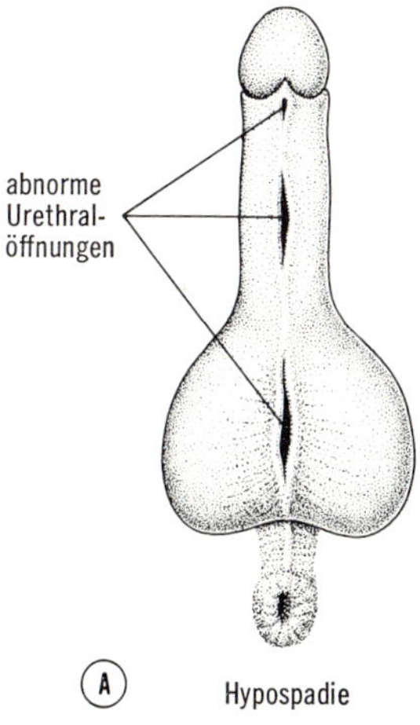

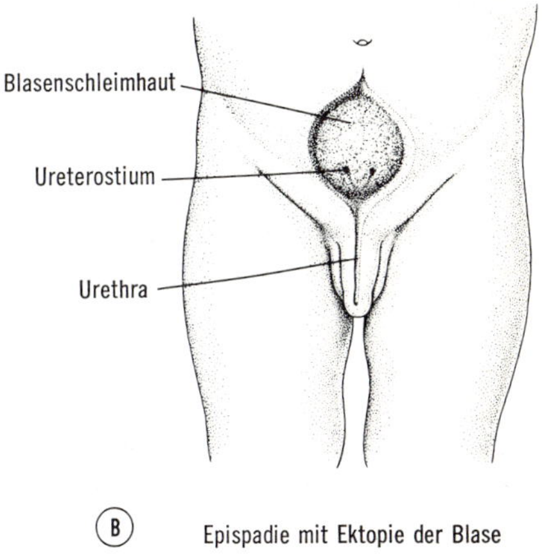

Abb. 11–**30** A, Hypospadie. Die Verschiedenen Möglichkeiten der abnormen Urethralöffnungen sind dargestellt. B, Epispadie mit Ektopie der Blase. Die Basenschleimhaut liegt an der Oberfläche frei, so daß man die Ureterostien beobachten kann. In diesem Fall erstreckt sich der Urethralspalt noch über die gesamte Länge des Penis.

Epispadie

Bei dieser Fehlbildung mündet die Harnröhre auf der Oberseite des Penis. Sie soll in erster Linie durch eine abnorme Lage des Genitalhöckers bedingt sein. Statt am vorderen Rand der Kloakenmembran scheint sich der Höcker auf der Höhe des Septum urorectale gebildet zu haben. Dadurch kommt ein Teil der Kloakenmembran kranial vom Genitalhöcker zu liegen, so daß der Sinus urogenitalis auf der kranialen Seite der Penisanlage mündet (Abb. 11–30 B). Gelegentlich, wenn sich die beiden Seiten des Genitalhöckers überhaupt nicht vereinigen, kommt es zum sogenannten **geteilten Penis.**

Ektopie oder Ekstrophie der Blase

Bei Ektopie der Harnblase, die oft mit einer Epispadie kombiniert ist, wölbt sich die Hinterwand der Harnblase durch einen Defekt der Bauchdecke und der vorderen Blasenwand nach außen vor (Abb. 11–30 B, 11–31). Unter normalen Bedingungen wird die Bauchwand vor der Harnblase durch Primitivstreifenmesoderm gebildet, das um die Kloakenmembran herumwandert. Wenn diese Wanderung durch eine ungewöhnlich große Kloakenmembran verhindert wird, kann die Ruptur der Kloakenmembran weiter nach oben rei-

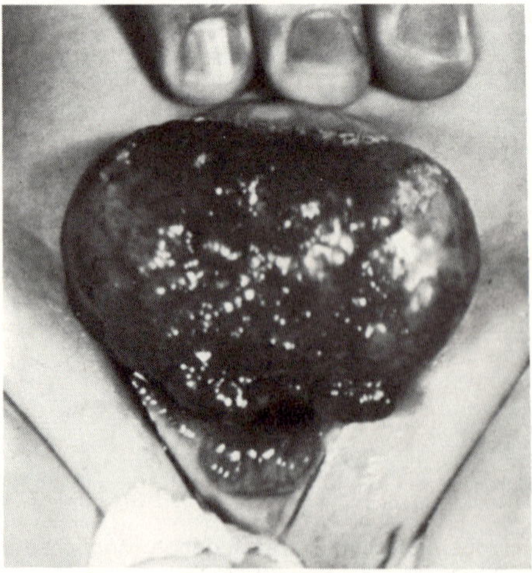

Abb. 11–**31** Ektopie der Blase bei einem Kind. (Dr. J. Y. Gillenwater, Department of Urology, University of Virginia.)

chen und eine **Ektopie der Blase** verursachen. Die Blasenschleimhaut liegt dann offen zutage, so daß auch die Ureteren und die Urethra sichtbar sind (Abb. 11–30 B und 11–31). In regelmäßigen Abständen läßt sich der Abgang von Urin aus den Ureterostien beobachten.

Kryptorchismus

Etwa zur Zeit der Geburt, jedoch mit großen individuellen Schwankungen, kommen die Hoden im Skrotum an. In einigen Fällen können einer oder beide Hoden in der Leibeshöhle über dem Leistenring bis zur Pubertät liegenbleiben und dann herabsteigen oder aber für immer die Lage im Becken beibehalten. Dieser Zustand heißt **Kryptorchismus** und scheint auf eine Störung im Hormonhaushalt und/oder mangelnder Verkürzung des Gubernaculum zurückzuführen zu sein. Ein nichtdeszendierter Hoden kann keine reifen Spermatozoen erzeugen, wahrscheinlich wegen der höheren Temperatur in der Bauchhöhle. Der abnorme Verlauf des Gubernaculum testis kann zur **Ektopie des Hodens,** das heißt zu einer abnormen Lage des Hodens führen.

Angeborene Leistenhernie

Das Ausbleiben des Descensus testis ist oft mit einer **angeborenen Leistenhernie** verbunden. Die Verbindung zwischen der Leibeshöhle und dem Processus vaginalis innerhalb des Skrotalsackes obliteriert normalerweise nach Abschluß des Descensus testis (Abb. 11–27 C, D).

Wenn der Durchtrittskanal offenbleibt, können Darmschlingen in das Skrotum hinabsteigen und eine kongenitale Leistenhernie verursachen (Abb. 11–32 B). Manchmal obliteriert der Durchtrittskanal nicht vollständig, so daß kleine Zysten entlang seinem Verlauf bestehen bleiben. Diese Zysten können später Flüssigkeit sezernieren und so zu einer **Hydrozele funiculi** führen (Abb. 11–32 C).

Verdoppelung und Atresie des Uterovaginalkanals

Normalerweise entsteht der Uterus durch Verschmelzung der kaudalen Abschnitte der Müller-Gänge. Fehlende Verschmelzung an bestimmten Stellen oder entlang des gesamten Verlaufs der Gänge sind die Ursachen für alle Arten von Doppelmißbildungen des

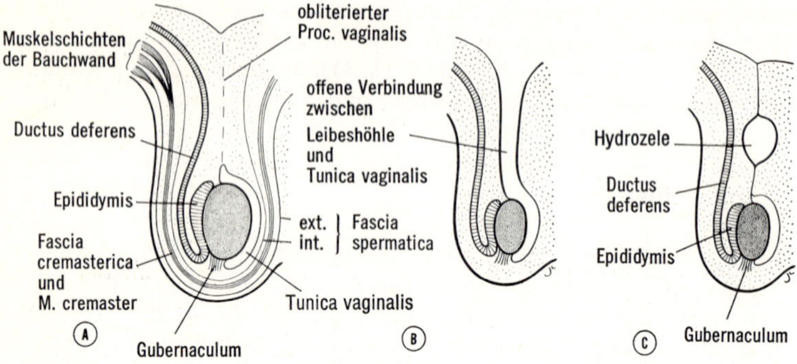

Abb. 11–**32** A, Schematische Darstellung des Hodens, des Nebenhodens, des Ductus deferens und der einzelnen Schichten der Leibeswand, die auch den Hoden im Skrotum umgeben. B, Processus vaginalis in offener Verbindung mit der Leibeshöhle. Bei diesem Verhältnissen steigen häufig Darmschlingen in das Skrotum herab und verursachen eine Inguinalhernie.

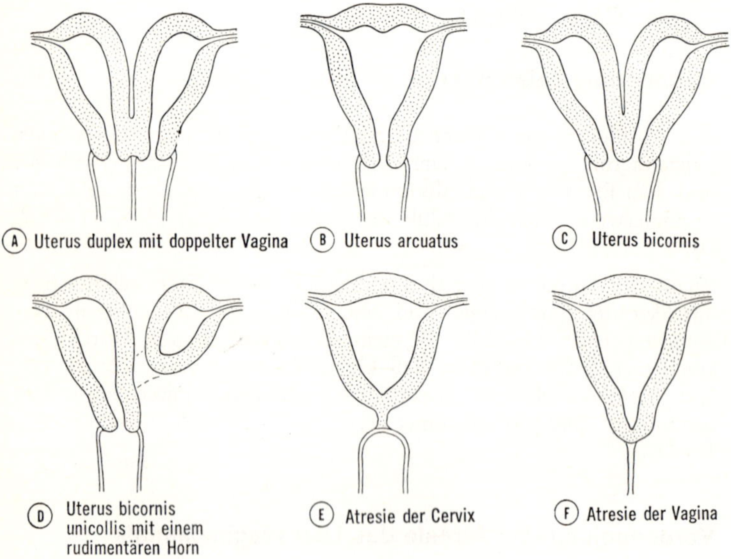

Abb. 11–**33** Schematische Darstellung der wichtigsten Anomalien des Uterus und der Vagina, die durch die Persistenz des Septum uterovaginale oder die Obliteration des Uterovaginalkanals hervorgerufen werden.

Uterus. Im extremsten Fall ist der Uterus verdoppelt (**Uterus duplex oder didelphys**) (Abb. 11–33 A). In der mildesten Form ist der Fundus uteri in der Mitte leicht eingezogen (**Uterus arcuatus**) (Abb. 11–33 B). Eine der häufigeren Anomalien ist der **Uterus bicornis.** Hierbei hat der Uterus zwei Hörner, die in eine gemeinsame Vagina münden (Abb. 11–33 C). Bei vielen Säugetieren unterhalb der Primaten ist dieser Zustand normal.

Eine andere Gruppe von Mißbildungen entsteht durch völlige oder teilweise Atresie eines oder beider Müller-Gänge. Ist nur eine Seite betroffen, so liegt der rudimentäre Teil als Anhängsel an der gutentwickelten Hälfte. Da sein Lumen meist keine Verbindung mit der Vagina besitzt, gibt es häufig Komplikationen (**Uterus bicornis unicollis** mit einem rudimentären Horn) (Abb. 11–33 D). Sind beide Seiten partiell betroffen, kann eine **Atresie der Zervix** entstehen (Abb. 11–33 E). Wenn die beiden Knospen, aus denen die Vaginalplatte hervorgeht, nicht verschmelzen oder gar nicht gebildet werden, kommt es zur Ausbildung einer **doppelten Vagina** oder zur **Atresie der Vagina** (Abb. 11–33 A, F).

Kapitel 12

Herz und Gefäßsystem

Entstehung der Blutgefäße

Extraembryonale Blutgefäße

Das Gefäßsystem des menschlichen Embryos entsteht in der Mitte der dritten Woche, wenn der Embryo seinen Ernährungsbedarf nicht mehr allein durch Diffusion decken kann. Zu diesem Zeitpunkt entwickeln sich im Chorion, im Haftstiel und in der Wand des Dottersackes an vielen Stellen unabhängig voneinander **Blutinseln** (Abb. 12–**1**). Die Blutinseln entstehen in der Mesenchymschicht. Die Mesenchymzellen vermehren sich und bilden einzelne Zellverdichtungen, die das **angiogenetische Material** enthalten (Abb. 12–**2** A, B). Die zentral gelegenen Zellen entwickeln sich zu den primitiven Blutzellen, die peripher gelegenen Zellen flachen sich ab und bilden

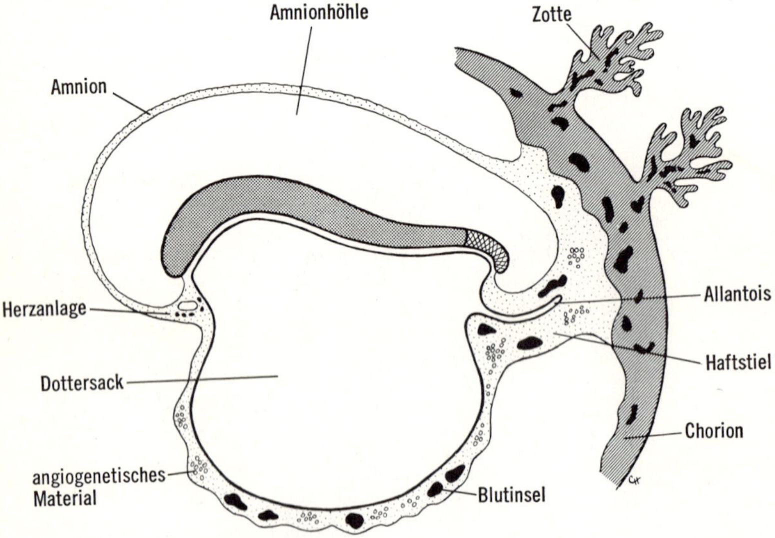

Abb. 12–**1** Die Entwicklung extraembryonaler Blutgefäße im Chorion, im Haftstiel und in der Wand des Dottersackes bei einem etwa 19 Tage alten Präsomitenembryo (modifiziert nach Keibel und Elze). Beachte die Lage der Perikardhöhle und der Herzanlage.

das Endothel (Abb. 12–2 C). Die Blutinseln verbinden sich durch überall aussprossende Endothelzellen zu einem zusammenhängenden Kapillarnetz. Innerhalb des Kapillarnetzes entwickeln sich unter dem Einfluß hämodynamischer Faktoren schließlich die Blutgefäße.

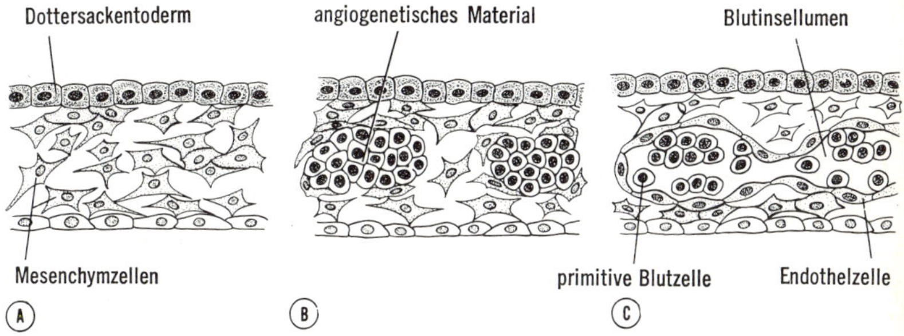

Abb. 12–**2** Aufeinanderfolgende Stadien bei der Gefäßbildung in der Wand des Dottersackes. A, Undifferenziertes Mesenchym; B, Verdichtung des angiogenetischen Materials; C, Entwicklung von Blutinseln. Aus dem Mesenchym differenzieren sich primitive Blutzellen und Endothelzellen.

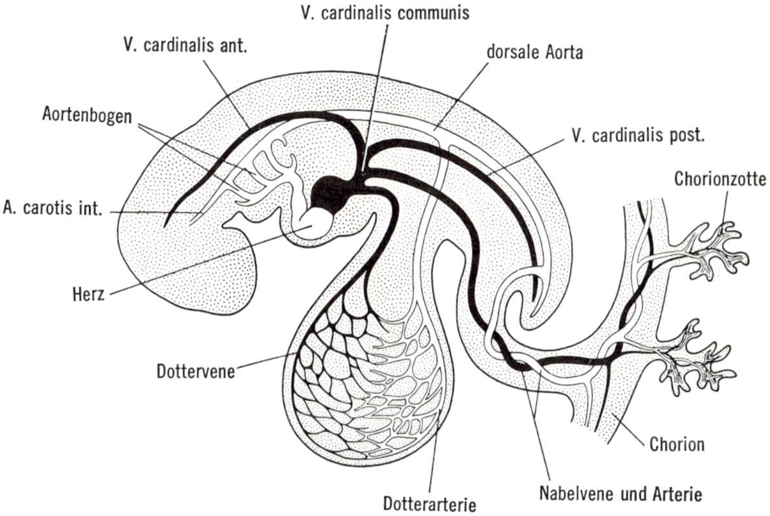

Abb. 12–**3** Schematische Darstellung der großen intra- und extraembryonalen Blutgefäße bei einem 4-mm-Embryo (am Ende der 4. Woche). Es sind nur die Gefäße auf der linken Seite des Embryos dargestellt.

Auf diese Weise entstehen nach dem Einsetzen der Herzpulsationen aus den Blutinseln in der Wand des Dottersackes die **Dottergefäße** und aus denen im Chorion die **Nabelstranggefäße** (Abb. 12–3).

Intraembryonale Blutgefäße

Die intraembryonalen Gefäße entwickeln sich aus Blutinseln, die in der viszeralen Mesodermschicht des Embryos kurz vor der Somitenbildung auftreten (Abb. 12–4 B). Die Blutinseln liegen in einem hufeisenförmigen Bezirk vor und zu beiden Seiten der Neuralplatte (Abb. 12–4 A). Wie im extraembryonalen Mesoderm verbinden sich die Blutinseln zu einem Kapillarnetz, aus dem sich unter dem Einfluß der Pulsationen im Herzschlauch durchgehende Gefäße entwickeln.

Bei der lateralen Abfaltung des Embryos und dem Schluß des Darmrohres vereinigen sich die gefäßbildenden Bezirke im rechten und linken viszeralen Mesoderm (Abb. 12–4 B) unter dem Darmrohr

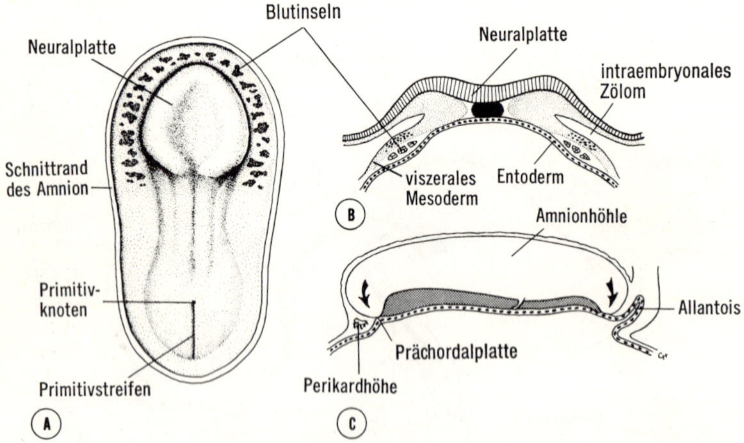

Abb. 12–**4** A, Dorsalansicht eines Präsomitenembryo (etwa 1,4 mm) nach der Entfernung des Amnion. Die Blutinseln in der viszeralen Mesodermschicht vor der Neuralplatte und beiderseits des Embryos schimmern durch das Ektoderm und die parietale Mesodermschicht hindurch (modifiziert nach Davis). B, Querschnitt durch einen entsprechenden Embryo, der die Lage des angiogenetischen Materials in der viszeralen Mesodermschicht zeigt. C, Sagittalschnitt durch den gleichen Embryo, der die Lage der Perikardhöhle vor der Prächordalplatte zeigt.

zu einem einheitlichen Gefäßstrang, in dem sich der Herzschlauch entwickelt (Abb. 12–5). Die Pulsationen im Herzschlauch pumpen das Blut über die ventrale, aufsteigende Aorta in die **Aortenbögen** (Abb. 12–3). Von dort gelangt es in die **dorsalen Aorten.** Die dorsalen Aorten entstehen aus angiogenetischem Material beiderseits von der Chorda und vereinigen sich später zur definitiven Aorta (Abb. 12–5 B). Aus den dorsalen Aorten fließt das Blut über die Dotterarterien in den Dotterkreislauf, aus dem es über die Dottervenen zum Herzen zurückkehrt (Abb. 12–3). Der beim Menschen unbedeutende Dotterkreislauf wird vom Plazentakreislauf überlagert und abgelöst. Das Blut fließt aus der dorsalen Aorta über die **Nabelarterien** durch den Haftstiel zum Chorion und kehrt über die **Nabelvenen** zum Herzen zurück. Der Blutrückfluß aus dem Embryo selbst erfolgt über die **Kardinalvenen** (Abb. 12–3) (s. „Entwicklung der Arterien“, S. 239, und „Entwicklung der Venen“, S. 248).

Entwicklung und Lage des Herzschlauches

Bei den Wirbeltieren, deren Embryonalentwicklung mit der Ausbildung einer Keimscheibe beginnt, entwickelt sich das Herzblastem in der viszeralen Mesodermschicht der rechten und linken Seite zunächst getrennt voneinander. Zwischen Entoderm und viszeralem Mesoderm entsteht auf jeder Seite ein Endokardschlauch (Abb. 12–5 A, B). Bei der lateralen Abfaltung und beim Darmrohrschluß vereinigen sich die beiden Herzanlagen in der Mittellinie. In der Verschmelzungszone lösen sich die aufeinandertreffenden Entodermschichten auf, so daß die Endokardschläuche nebeneinander zu liegen kommen. Sie vereinigen sich zu einem einheitlichen Endokardschlauch. Die beiden viszeralen Mesodermschichten enthalten das Material für die Herzmuskulatur und für die dünne Epikardschicht. Sie umfassen von beiden Seiten den Endokardschlauch als **Myoepikardmantel** (Abb. 12–5 C, D). Der gesamte Herzschlauch ist über das dorsale Mesokard mit dem Vorderdarm und über das ventrale Mesokard mit dem Dach des Dottersackes und – nach Schluß der Leibeswand – mit der ventralen Leibeswand verbunden. Das ventrale Mesokard löst sich auf. Dadurch vereinigen sich die rechte und linke intraembryonale Zölomhöhle unter der Anlage des Herzens zu einer einheitlichen **Perikardhöhle,** die sich nach kaudal in die paarige intraembryonale Zölomhöhle fortsetzt (Abb. 14–1 A).

Der Endokardschlauch ist vom Myoepikardmantel zunächst durch eine Zone mit gallertiger Grundsubstanz getrennt, die als **Herzgallerte** bezeichnet wird. Die Herzgallerte wird bald durch subendokardiales Bindegewebe ersetzt. Der Herzschlauch besteht dann aus

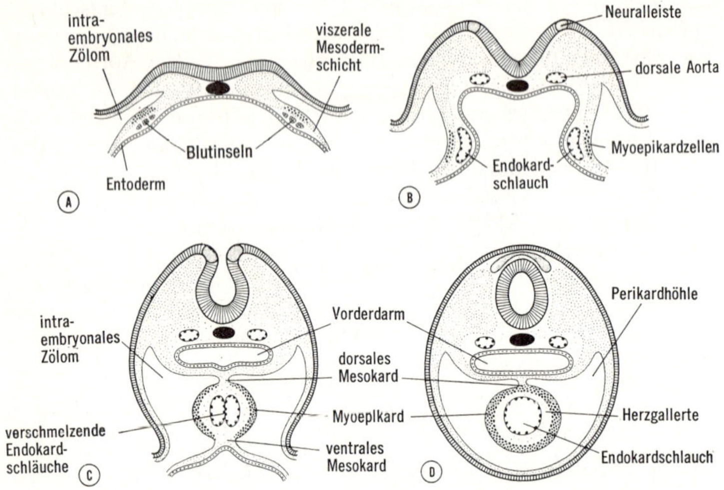

Abb. 12–**5** Schematische Darstellung der Entwicklung des Herzschlauches im Verlauf der Abfaltung. A, B, In der flachen Embryonalanlage entstehen zwischen Entoderm und viszeraler Mesodermschicht Blutinseln, aus denen sich auf jeder Seite ein Endokardschlauch entwickelt. C, Beim Schluß des Darmrohres vereinigen sich beide Anlagen in der Mittellinie. D, Durch die Auflösung des ventralen Mesokards entsteht eine unpaare Perikardhöhle.

1. der endothelialen Auskleidung, dem **Endokard,** 2. einem dicken Muskelmantel, dem **Myokard,** und 3. einer dünnen Deckschicht, dem **Epikard,** das in der Ein- und Ausflußbahn des Herzens in das **Perikard** übergeht und mit ihm zusammen die Perikardhöhle auskleidet.

Die Besonderheit in der Entwicklung des Herzens beim menschlichen Embryo besteht darin, daß die Perikardhöhle mit der Herzanlage bereits in einem sehr frühen Stadium vor der Ausbildung von Somiten angelegt wird. Die Herzanlage entsteht am vorderen Pol der Keimscheibe vor der Prächordalplatte in der Übergangszone zum Dottersack (Abb. 12–4 C). Ohne die Ausbildung eines ventralen Mesokards entsteht sogleich eine unpaare Perikardhöhle. Sie ist der erste Abschnitt des intraembryonalen Zöloms, der gebildet wird. Die paarige Zölomhöhle breitet sich dann als Fortsetzung der Perikardhöhle beiderseits der Embryonalanlage nach kaudal aus. Durch das Wachstum der Gehirnanlage, die Einstülpung des Vorderdarmdivertikels und die kraniokaudale Krümmung des Embryos verlagert sich die Perikardhöhle mit der Herzanlage unter den Vorder-

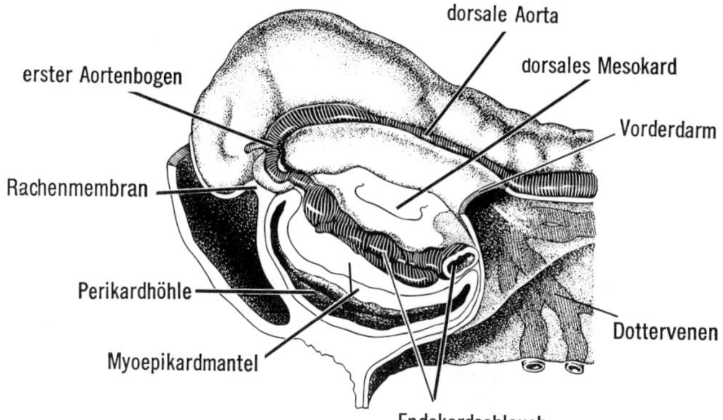

Abb. 12–**6** Darstellung der Herzanlage bei einem menschlichen Embryo im frühen Somitenstadium. Die Perikardhöhle und der sich an das Vorderdarmdivertikel anschließende Dottersack sind von links her geöffnet. Es ist kein ventrales Mesokard vorhanden. Der noch paarige kaudale Abschnitt des Endokardschlauches setzt sich auf beiden Seiten in die Dottervenen fort. Die Dottervenen der rechten Seite sind durch das Dotterentoderm hindurch zu erkennen.

darm (Abb. 5–**10**). Innerhalb der Perikardhöhle entsteht der Herzschlauch durch die Verschmelzung einer rechten und einer linken Anlage (Abb. 12–**6**).

Der Embryo ist nun etwa 23 Tage alt, besitzt sieben Somiten und ist etwa 2,2 mm lang. Der Zeitraum vom ersten Auftreten intraembryonaler Blutgefäße bis zur Bildung des Herzschlauches beträgt etwa drei Tage. In diesem Entwicklungsstadium beginnt das Herz zu schlagen.

Bildung der Herzschleife

Ursprünglich besteht die Herzanlage aus einem geraden Rohr innerhalb der Perikardhöhle. Der innerhalb der Perikardhöhle gelegene Anteil umfaßt die Anlage des embryonalen Ventrikels und der Ausflußbahn des Herzens. Der Vorhofabschnitt und der Sinus venosus sind noch paarig und liegen außerhalb der Perikardhöhle (Abb. 12–7 A).

In der weiteren Entwicklung wächst der Herzschlauch sehr viel rascher als die Perikardhöhle. Da er mit beiden Enden fixiert ist, kann die Verlängerung des Schlauches nicht in der Längsrichtung erfolgen. Es kommt zur Bildung einer Schleife. Die Herzschleife zeigt mit ihrer Spitze zunächst nach rechts unten (Abb. 12–7 B, C). Sie besteht aus einem absteigenden und aus einem aufsteigenden Schenkel. Der absteigende Schenkel enthält den **embryonalen Ventrikel,** dessen Pulsationen den embryonalen Kreislauf antreiben.

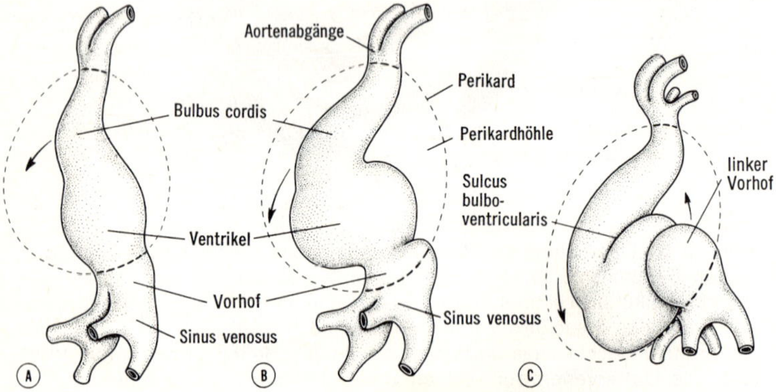

Abb. 12–**7** Entwicklung der Herzschleife. A, Mit 8 Somiten; B, Mit 11 Somiten; C, Mit 16 Somiten. Die gestrichelte Linie zeigt den Verlauf des Perikards. Der Vorhofabschnitt verlagert sich immer weiter in die Perikardhöhle hinein (modifiziert nach Kramer).

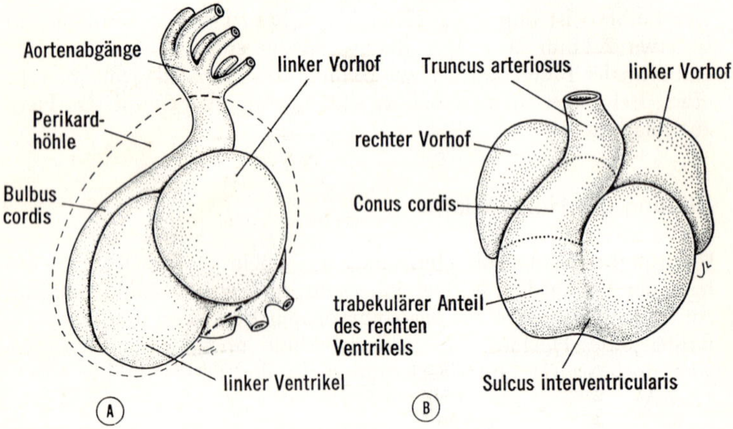

Abb. 12–**8** Das Herz eines 5-mm-Embryos (etwa 28 Tage). A, Von links; B, Von frontal (modifiziert nach Kramer).

Aus dem embryonalen Ventrikel entwickelt sich später der **linke Ventrikel** des definitiven Herzens. Die Myokardschicht des Herzschlauches ist hier am dicksten. Durch weiteres Wachstum dieses Abschnittes verlagert sich die Herzspitze nach links (Abb. 12–8).

Der aufsteigende Schenkel der Herzschleife wird als **Bulbus cordis** bezeichnet (Abb. 12–7). Aus seinem unteren breiten Abschnitt geht der rechte Ventrikel hervor. Der obere Abschnitt des Bulbus ist der **Conus cordis** (Abb. 12–8 und 12–9). Durch die Ausbildung eines spiralenförmigen Septums unterteilt sich der Conus cordis später in zwei getrennte Ausflußbahnen für das rechte und linke Herz. An den Conus schließt sich der **Truncus arteriosus** an, der sich später in die aufsteigende Aorta und den Stamm der A. pulmonalis unterteilt.

Während der Ausbildung der Herzschleife verlagert sich die Einflußbahn des Herzens nach dorsal und nach kranial. Im Verlauf dieser Entwicklung verlängert sich der Herzschlauch noch durch die Verschmelzung der Vorhofabschnitte von beiden Seiten. Der **einheitliche Vorhof** wird dabei in die Perikardhöhle aufgenommen (Abb. 12–7). An den Vorhof schließt sich der **Sinus venosus** an. Im Sinus

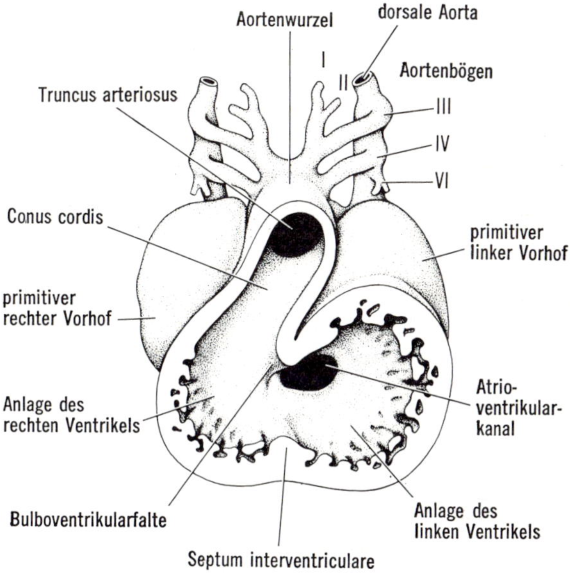

Abb. 12–**9** Frontalschnitt durch das Herz eines 6-mm-Embryos, der das Foramen interventriculare primum und die Einmündung des Vorhofs in den primitiven linken Ventrikel zeigt. Beachte die Bulboventrikularfalte.

venosus vereinigen sich die Blutzuflüsse aus den großen Venen vor ihrem Eintritt in das Herz. In den **Sinus venosus** münden die Dottervenen, die Nabelvenen und die Stämme der Kardinalvenen ein (Abb. 12–3). Nach Vereinigung der beiden Sinus-venosus-Abschnitte in der Mittellinie wird der einheitliche Sinus ebenfalls in die Perikardhöhle aufgenommen (Abb. 12–7 und 12–8). Er wird später in die Wand des rechten Vorhofes einbezogen.

Im embryonalen Herzen sind damit die wesentlichen Abschnitte des definitiven Herzens angelegt. Das Blut tritt von dorsal und kranial her durch den Sinus venosus in den einheitlichen Vorhof ein. Das Dach des Vorhofes wird durch den Truncus arteriosus eingebuchtet, so daß eine Unterteilung in einen rechten und einen linken Vorhof bereits angedeutet ist (Abb. 12–9). Ohne seine Verlaufsrichtung zu ändern, tritt der Blutstrom durch den **Atrioventrikularkanal** aus dem Vorhof (Atrium) in die Kammer (Ventrikel) des embryonalen Herzens ein. Der Atrioventrikularkanal (Abb. 12–9) ist ein zwischen den Erweiterungen des Vorhofs und der Kammer eng gebliebener Abschnitt des Herzschlauches. Hier entstehen später die **Atrioventrikularklappen.** Aus dem bereits mit Trabekeln versehenen Kammerabschnitt wird das Blut über den Conus und den Truncus cordis in die Aortenbögen ausgeworfen. Im trabekulären Abschnitt des embryonalen Herzens ist die Unterteilung in einen rechten und einen linken Ventrikel durch die **Bulboventrikularfalte** und die Anlage eines muskulösen **Septum interventriculare** bereits angedeutet (Abb. 12–9). Beide zusammen begrenzen das primitive **Foramen interventriculare.** Die Bulboventrikularfalte ist die Projektion des **Sulcus bulboventricularis** ins Herzinnere (Abb. 12–7 C). Der Sulcus bulboventricularis bildet sich zwischen dem absteigenden und dem aufsteigenden Schenkel der Herzschleife.

In der weiteren Entwicklung werden die im Herzschlauch angelegten vier Herzkammern durch Septen und Klappen voneinander getrennt. Dabei bleibt der einheitliche embryonale Kreislauf immer erhalten. Die Umstellung auf einen Lungenkreislauf und einen Körperkreislauf erfolgt erst mit der Geburt.

Entwicklung des Sinus venosus

Der Sinus venosus trägt in hohem Maße zur definitiven Gestalt des rechten Vorhofs bei, so daß eine kurze Beschreibung seiner Entwicklung notwendig ist.

Die paarige Anlage des Sinus venosus bleibt länger erhalten als bei den übrigen Abschnitten des Herzschlauches. Bei einem Embryo von

4 mm Länge besteht der Sinus aus einem **rechten und linken Sinushorn,** die durch einen kurzen gemeinsamen Abschnitt miteinander verbunden sind (Abb. 12–10 A). In jedes Horn münden drei große Venen ein: 1. die **Dottervene** (V. vitellina), 2. die **Nabelvene** und 3. der Stamm der **Kardinalvenen.** Anfangs besteht eine breite Verbindung zwischen dem unpaaren Abschnitt des Sinus und dem Vorhof. Durch die Ausbildung einer tiefen Schnürfurche (**Sinus-Vorhof-Falte**) wird der Eingang in den Sinus jedoch bald eng und verlagert sich nach rechts. Die Sinus-Vorhof-Falte trennt den Sinus venosus von der Anlage des linken Vorhofes ab (Abb. 12–10 B).

Durch die Obliteration der linken Nabelvene im 5-mm-Stadium und der linken Dottervene im 7-mm-Stadium verliert das linke Sinushorn schnell an Bedeutung. Wenn schließlich noch der linke Stamm der Kardinalvenen im 60-mm-Stadium (in der 10. Woche) obliteriert, bleibt der distale Abschnitt des linken Sinushorns als

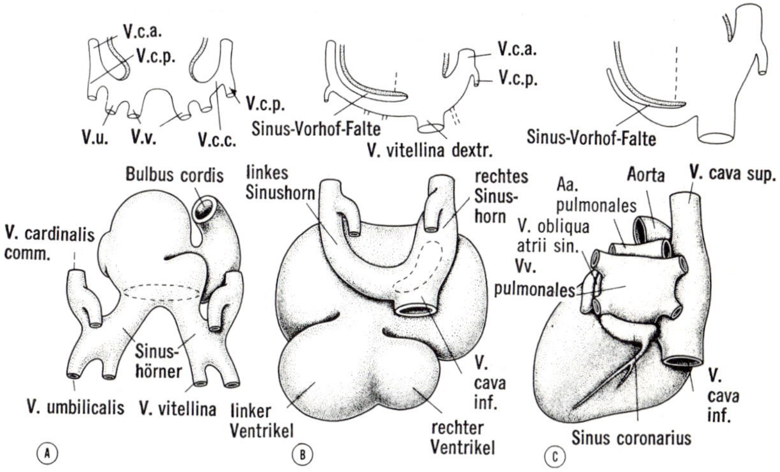

Abb. 12–**10** Drei Entwicklungsstadien des Sinus venosus und der großen Venen. Dorsalansicht. Sie zeigt die Entstehung des Sinus coronarius und die Einbeziehung des rechten Sinushorns in die Wand des rechten Vorhofs. Die gestrichelte Linie in A und B bezeichnet die Einmündung des Sinus venosus in den Vorhofraum. A, Mit 18 Somiten (etwa 24 Tage); B, Etwa 35 Tage; C, Beim Neugeborenen. Die schematischen Querschnitte zeigen für jedes Stadium die Beziehung der großen Venen zum Vorhof. V.c.a.: V. cardinalis anterior; V.c.p.: V. cardinalis posterior; V.c.c.: V. cardinalis communis; V.u.: V. umbilicalis; V.v.: V. vitellina (nach verschiedenen Quellen).

V. obliqua atrii sinistra erhalten, während sich der proximale Abschnitt des Sinushorns und der transversale Abschnitt des Sinus selbst zum **Sinus coronarius** umwandeln (Abb. 12–10 C). Durch den Sinus coronarius wird das venöse Blut aus dem Herzen selbst in den rechten Vorhof geleitet.

Nachdem die Venen der linken Seite obliteriert sind, vergrößert sich das rechte Sinushorn mit seinen Venen beträchtlich. Anschließend wird das rechte Horn, das die einzige Verbindung zwischen dem ursprünglichen Sinus und dem Vorhof darstellt, in den rechten Vorhof aufgenommen (Abb. 12–10 und 12–11 B). An der Einmündungsstelle des Sinus in den Vorhof sitzen zwei Klappenfalten, die **rechte** und **linke Venenklappe** (Abb. 12–11 A). Auf der rechten Seite wird die Klappe durch die Einschnürung der Sinus-Vorhof-Falte gebildet. Die linke Venenklappe ist sehr viel kleiner. Dorsokranial verschmelzen die Klappen miteinander und bilden eine Leiste, die als **Septum spurium** bezeichnet wird (Abb. 12–11 A). Ursprünglich sind die Klappen gut ausgebildet. Wenn jedoch das rechte Sinushorn ganz in den Vorhof einbezogen ist, verschmelzen die linke Venenklappe und das Septum spurium mit der sich entwickelnden Vorhofscheidewand (Abb. 12–11 B). Der obere Abschnitt der rechten Venenklappe verschwindet vollkommen. Der untere Abschnitt bleibt nach der Einbeziehung des Sinus venosus in den rechten Vorhof erhalten. Er verlagert sich an die Einmündungsstelle der V. cava inferior und des Sinus coronarius. Der Klappenrest wird dadurch in zwei Ab-

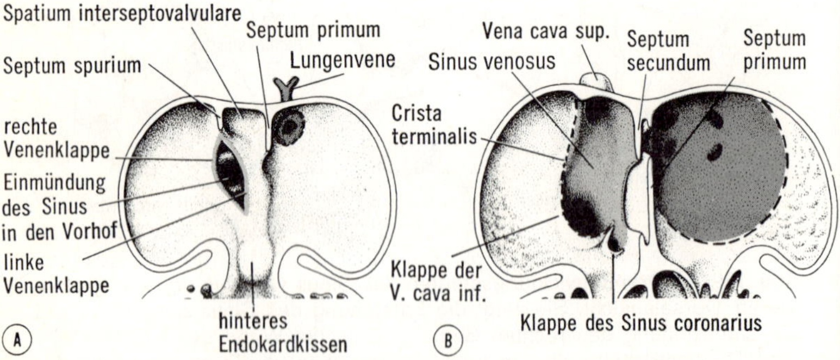

Abb. 12–**11** Längsschnitte durch das Herz in Höhe des Atrioventrikularkanals, gesehen von ventral, die die Entwicklung der Venenklappen zeigen. A, 7- bis 8-mm-Stadium (5. Woche); B, Beim Neugeborenen. Die durch Einbeziehung von Venenwand entstandenen Vorhofabschnitte sind gestrichelt eingezeichnet (modifiziert nach His).

schnitte unterteilt, in die **Klappe der V. cava inferior** und in die **Klappe des Sinus coronarius** (Abb. 12–11 B).

Im Bereich der Vorhöfe treten damit folgende Veränderungen auf: 1. **Die Einflußbahn des Herzens verlagert sich nach rechts.** Der Hauptblutzufluß aus der Nabelvene gelangt durch die V. cava inferior in den rechten Vorhof. Der Blutstrom wird durch die Venenklappe gegen die Vorhofscheidewand gelenkt und tritt in den linken Vorhof über. Von dort gelangt er in den linken Ventrikel. Während der Bildung der Vorhofscheidewand durch das Septum primum und das Septum secundum bleibt die Verbindung zwischen rechtem und linkem Vorhof stets funktionell offen. 2. **Beide Vorhöfe weiten sich durch die Einbeziehung der einmündenden Venen aus** (Abb. 12–11 B). In den rechten Vorhof wird das rechte Sinushorn einbezogen. Die Grenze zwischen glatter Venenwand und mit Trabekeln versehener ursprünglicher Vorhofwand ist die **Crista terminalis.** Auf der linken Seite wird in entsprechender Weise der Stamm der Lungenvenen in die Vorhofwand einbezogen. Die Einbeziehung reicht über die ersten Aufzweigungen des Lungenvenenstammes hinaus, so daß dadurch vier getrennte Veneneinmündungen entstehen (Abb. 12–11 B). Die ursprüngliche Vorhofwandung verlagert sich dabei beiderseits in die Herzohren.

Die **Lungenvenen** entwickeln sich als Teil des venösen Eingeweideplexus an der Abgangstelle der Lungenknospe vom Darmrohr. Der intrapulmonale Abschnitt des venösen Eingeweideplexus verliert später seine Verbindung mit den Körpervenen und besitzt dann nur noch einen Abfluß über die Lungenvenen. Der Blutzustrom zum Herzen durch die Pulmonalvenen ist während der Embryonalzeit sehr gering.

Entwicklung der Herzsepten

Die Herzscheidewände entwickeln sich zwischen dem 27. und 37. Entwicklungstag. In diesem Zeitraum nimmt die Länge des Embryos von 5 mm auf etwa 16–17 mm zu. Bevor die Bildung der einzelnen Scheidewände beschrieben wird, sollen die beiden Möglichkeiten, durch die eine Unterteilung des Herzens erreicht werden kann, geschildert werden.

Im ersten Falle wachsen zwei Gewebskissen als Leisten oder Wülste aufeinander zu, bis sie miteinander verschmelzen und dadurch einen Teil des Herzschlauches in zwei getrennte Räume unterteilen (Abb. 12–12 A, B). Die Gewebskissen entstehen durch die Vermehrung des Mesenchyms unter dem Endothel. Ein derartiges Septum muß

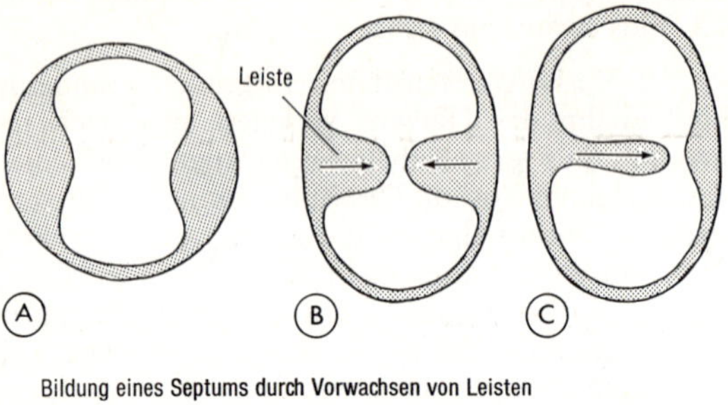

Abb. 12–**12** Septumbildung durch zwei Gewebsleisten, die miteinander verschmelzen. Sie entstehen durch Proliferation des Bindegewebes unter dem Endothel (A und B). Das Septum kann auch von einer einzelnen Leiste gebildet werden (C).

nicht immer von zwei einander gegenüberliegenden Leisten ausgehen, sondern kann auch aus einem einzelnen Wulst entstehen (Abb. 12–**12** C).

Die zweite Möglichkeit für die Anlage eines Septums ist das unterschiedliche Wachstum benachbarter Abschnitte des Herzens. Wenn zwei Bereiche sich stark ausdehnen, während ein schmaler Streifen zwischen ihnen nicht mitwächst, entsteht eine Unterteilung. Die Wände der sich ausweitenden Abschnitte legen sich aneinander und können verschmelzen. Die verschmolzenen Wandabschnitte bilden ein Septum, das jedoch nicht zu einer vollständigen Trennung führt (Abb. 12–**13** C, D). Die verbleibende Durchtrittsöffnung kann sekundär durch Proliferation geschlossen werden.

Entwicklung der Septen im Vorhof

Die ursprüngliche Öffnung zwischen dem rechten und linken Vorhof heißt **Foramen** oder **Ostium primum** (Abb. 12–**14** A und 12–**11** A). **Das Ostium primum wird durch das Septum primum verschlossen.** Das Septum primum wächst vom Dach des Vorhofs sichelförmig herab und engt das Ostium primum gegen die Atrioventrikularebene hin zunehmend ein. Kurz vor dem vollständigen Verschluß des Ostium primum reißt das Septum primum oben ein, um den Blutstrom aus der V. cava inferior in den linken Vorhof weiterhin zu ermöglichen. Das Loch im Septum primum heißt **Foramen** oder **Ostium secundum. Das Ostium secundum wird vom**

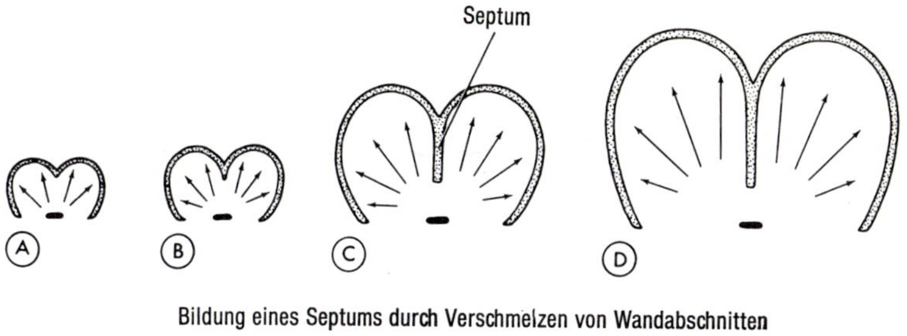

Abb. 12–**13** Septumbildung durch Verschmelzung von aufeinanderliegenden Wandabschnitten in Verbindung mit der Expansion benachbarter Herzabschnitte. Die ursprüngliche Öffnung bleibt zunächst noch erhalten.

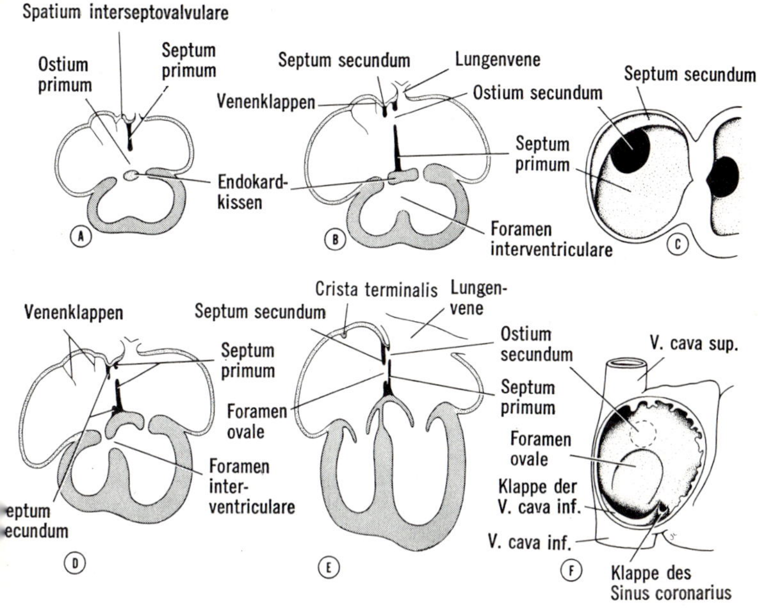

Abb. 12–**14** Schematische Darstellung der Vorhofsepten in verschiedenen Entwicklungsstadien. A, Mit 6 mm (etwa 30 Tage); B, Mit 9 mm (etwa 33 Tage); Das gleiche Stadium wie in B in der Ansicht von rechts; D, Mit 14 mm (etwa 37 Tage); E, Beim Neugeborenen; F, Ansicht des Vorhofseptums von rechts im gleichen Stadium wie E.

Septum secundum verschlossen. Das Septum secundum schiebt sich ebenfalls vom Vorhofdach ausgehend rechts vom Septum primum kulissenartig über das Ostium secundum. Das Septum secundum wächst nicht ganz bis zur Atrioventrikularebene vor, sondern läßt an seinem unteren sichelförmigen Rand das **Foramen ovale** frei. Der Blutstrom aus der V. cava inferior kann daher weiterhin durch das Foramen ovale und das Ostium secundum in den linken Vorhof gelangen. Wenn nach der Geburt der Lungenkreislauf einsetzt und damit der Druck im linken Vorhof steigt, wird die obere Kante des Septum primum gegen das Septum secundum gepreßt. Dadurch wird das Foramen ovale verschlossen und der rechte und linke Vorhof werden voneinander getrennt.

Entwicklung des Septum primum. Durch die Ausdehnung des Vorhofs beiderseits vom Truncus arteriosus (Abb. 12–**9**) bildet sich im Vorhofdach eine Einsenkung. Mit der Vertiefung dieser Einsenkung erscheint auf der Innenseite eine sichelförmige Falte, die durch die Verschmelzung der benachbarten, aneinanderstoßenden Vorhofwände entsteht. Sie ist die erste Anlage des Septum primum (Abb. 12–**14** A). Die beiden Schenkel der sichelförmigen Leiste laufen auf die Endokardkissen zu, die sich im Atrioventrikularkanal entwickeln. Ausläufer des oberen und unteren Endokardkissens wachsen an der Kante des Septum primum vor und verschließen auf diese Weise allmählich das Ostium primum. Dieser Vorgang ist bei Embryonen von etwa 10 mm Länge abgeschlossen.

Entwicklung des Septum secundum. Bei der Bildung des Septum secundum spielt die Einbeziehung des rechten Sinushorns in den rechten Vorhof und des Lungenvenenstammes in den linken Vorhof eine bedeutende Rolle. Ursprünglich wölbt sich der als Spatium interseptovalvulare bezeichnete Raum zwischen dem Septum spurium und dem Septum primum vor (Abb. 12–**11** A und 12–**14** A). Durch die Einbeziehung der Venen weiten sich die Vorhöfe aus und falten dabei das Dach des Spatium interseptovalvulare ein. Auf diese Weise entsteht die Anlage des Septum secundum (Abb. 12–**11** B und 12–**14** C). In der weiteren Entwicklung nähern sich die linke Venenklappe und das Septum spurium dem Septum secundum und verschmelzen von rechts her mit ihm, so daß es noch weiter verstärkt und vergrößert wird (Abb. 12–**11**).

Unterteilung des Atrioventrikularkanals

Der Atrioventrikularkanal ist der eng gebliebene Abschnitt des Herzschlauches zwischen dem Vorhof- und dem Kammerbereich. Bei der Ausbildung der Herzschleife wird der Atrioventrikularkanal mit der Einflußbahn nach kranial und dorsal verlagert. Er liegt dann in einer etwas nach vorn geneigten Frontalebene hinter und über dem Ventrikelbereich (Abb. 12–9). In diesem Stadium öffnet er sich nur in den primitiven linken Ventrikel und ist vom Bulbus cordis durch die Bulboventrikularfalte getrennt. Aus dem Atrioventrikularkanal gehen ein rechtes und ein linkes Ostium atrioventriculare hervor, in denen sich später die Atrioventrikularklappen entwickeln. Die Unterteilung erfolgt gleichzeitig mit der Bildung des Vorhofseptums. Am oberen und unteren Rand des Atrioventrikularkanals entstehen durch Wucherung des Mesenchyms unter dem Endothel zwei Endokardkissen (Abb. 12–**11** A und 12–**15**). Die Unterteilung erfolgt schließlich durch Verschmelzen der beiden Endokardkissen (Abb. 12–**16**). Beim Verschluß des Foramen primum im Vorhof trifft der freie Rand des Septum primum auf die konvexe Fläche der miteinander verschmolzenen Endokardkissen (Abb. 12–**14** A, B).

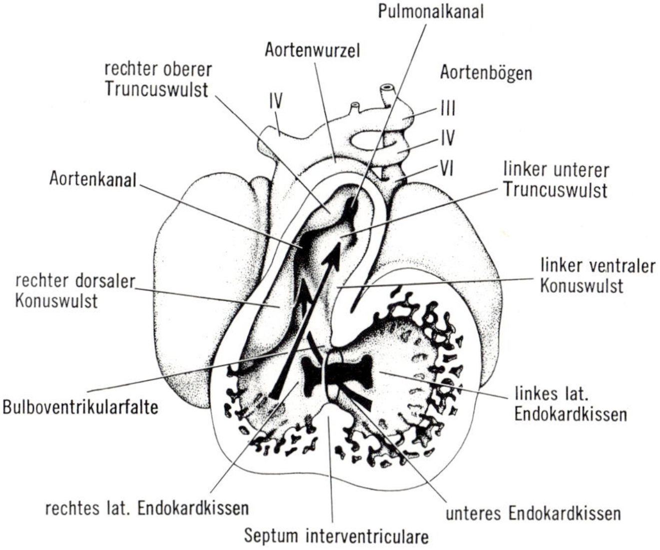

Abb. 12–**15** Frontalschnitt durch das Herz eines 9-mm-Embryos. In diesem Entwicklungsstadium tritt das Blut aus den Vorhöfen sowohl in den linken als auch in den rechten primitiven Ventrikel ein. Beachte die Entwicklung der Endokardkissen im Atrioventrikularkanal. Die Wülste im Truncus und Konus drehen sich spiralig umeinander und folgen damit der Trennungslinie zwischen den Blutströmen aus dem rechten und linken Ventrikel. Der Kreis zeigt die Lage des Foramen interventriculare.

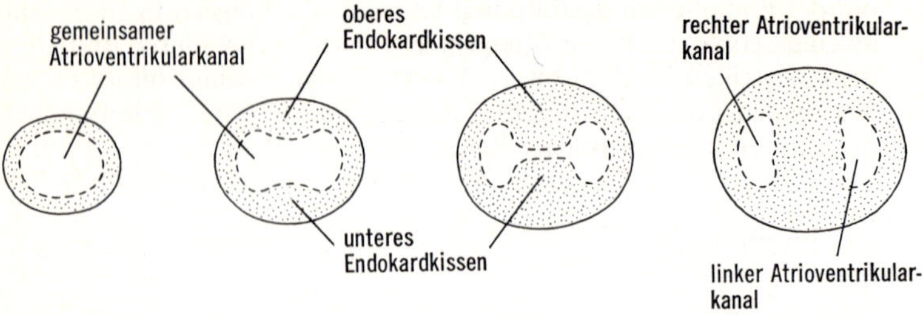

Abb. 12–**16** Entwicklung des Septums im Atrioventrikularkanal. In der Reihenfolge von links nach rechts im 4-, 6-, 9- und 12-mm-Stadium.

Bei einem Defekt des Septum primum ist daher die Unterteilung des Atrioventrikularkanals häufig mitbetroffen.

Während der Unterteilung des Atrioventrikularkanals muß sich die Spitze der Bulboventrikularfalte (Abb. 12–9) zurückbilden, damit der Blutstrom aus den Vorhöfen auch direkt in den primitiven rechten Ventrikel (den proximalen Abschnitt des Bulbus cordis) gelangen kann (Abb. 12–**15**). Im 9-mm-Stadium reicht der hintere Ausläufer der Falte gerade bis zur Mitte der Ansatzfläche des oberen Endokardkissens und ragt sehr viel weniger vor als im vorhergehenden Stadium. Da der Atrioventrikularkanal sich gleichzeitig nach rechts ausweitet, besitzt der aus dem Vorhofbereich eintretende Blutstrom einen direkten Zugang zum primitiven linken und rechten Ventrikel. Infolge der Rückbildung der Bulboventrikularfalte öffnet sich jetzt auch der primitive linke Ventrikel direkt über das Foramen interventriculare in den Conus cordis hinein (Abb. 12–**15**).

Bildung des muskulösen Ventrikelseptums

Bei einem Embryo von 6 mm Länge besteht zwischen dem primitiven linken und dem primitiven rechten Ventrikel (dem proximalen Abschnitt des Bulbus cordis) über das **Foramen interventriculare** eine offene Verbindung (Abb. 12–9). Diese Öffnung wird nach unten durch das muskulöse Septum interventriculare und nach oben und hinten durch die Bulboventrikularfalte begrenzt. Beide gehen ineinander über und bilden eine ringförmige Begrenzung für das Foramen interventriculare primum.

Am Ende der vierten Woche beginnen sich die primitiven Ventrikel zu erweitern. Dies geschieht durch stetiges Wachstum des Myokards an der Außenfläche und gleichzeitige Aushöhlung und Trabekelbildung auf der Innenfläche (Abb. 12–15). Wenn das Myokard nur auf der Außenfläche wachsen würde, ohne innen Trabekel zu bilden, käme es zur Ausbildung eines viel zu dicken und kompakten Muskelmantels. Die Kammern des embryonalen Herzens bestehen deshalb aus einer großen Zahl von Trabekeln und einer relativ dünnen, kompakten Außenschicht.

Die mittleren Wandabschnitte der sich ausweitenden Ventrikel legen sich aneinander, verschmelzen und bilden so den größten Teil des muskulösen Kammerseptums (Abb. 12–17). Der daran anschließende membranöse Teil des Septum interventriculare wird etwas später im Zusammenhang mit der Unterteilung des Conus cordis gebildet (s. unten). Manchmal ist die Verschmelzung der Kammerwände bei der Bildung des muskulösen Kammerseptums unvollständig, so daß auf der Außenfläche des Herzens eine mehr oder weniger tiefe Spalte zwischen beiden Ventrikeln entsteht.

Entwicklung des Septums im Truncus arteriosus und Conus cordis

Durch die Verlagerung des Atrioventrikularkanals nach rechts und die Ausbildung des muskulösen Ventrikelseptums entwickelt sich der rechte Ventrikel zu einer eigenen funktionellen Einheit. Der aus dem rechten Ventrikel ausgeworfene Blutstrom überkreuzt in der Ausflußbahn des Herzens den Blutstrom aus dem linken Ventrikel (Abb. 12–15). Beide Blutströme drehen sich spiralig umeinander.

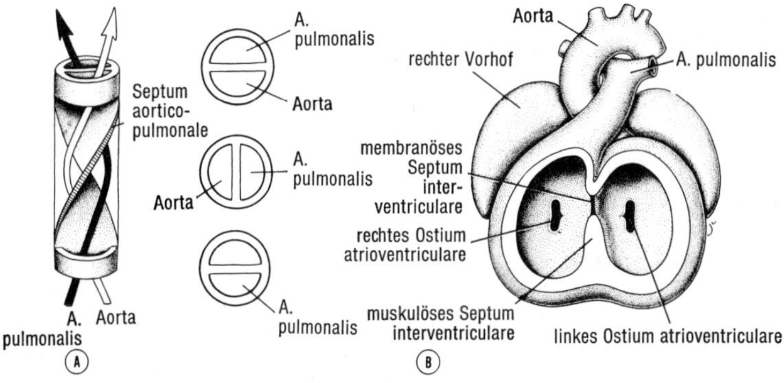

Abb. 12–**17** A, Schematische Darstellung des spiralig gedrehten Septum aorticopulmonale. B, Lage von Aorta und A. pulmonalis im 25-mm-Stadium (8. Woche). Die Gefäßstämme drehen sich umeinander.

Entsprechend entwickelt sich im Truncus und Conus des Herzens ein spiralig gedrehtes Septum, das die Blutströme im Truncus pulmonalis und der Aorta voneinander trennt. Bis zur Umstellung des Kreislaufes bei der Geburt (s. S. 256) fließt der Blutstrom aus dem Truncus pulmonalis über den Kurzschluß des Ductus arteriosus weiterhin in die absteigende dorsale Aorta.

Die Entwicklung des Septums im Truncus und Conus beginnt im kranialen Abschnitt des Truncus arteriosus etwa im 6-mm-Stadium.

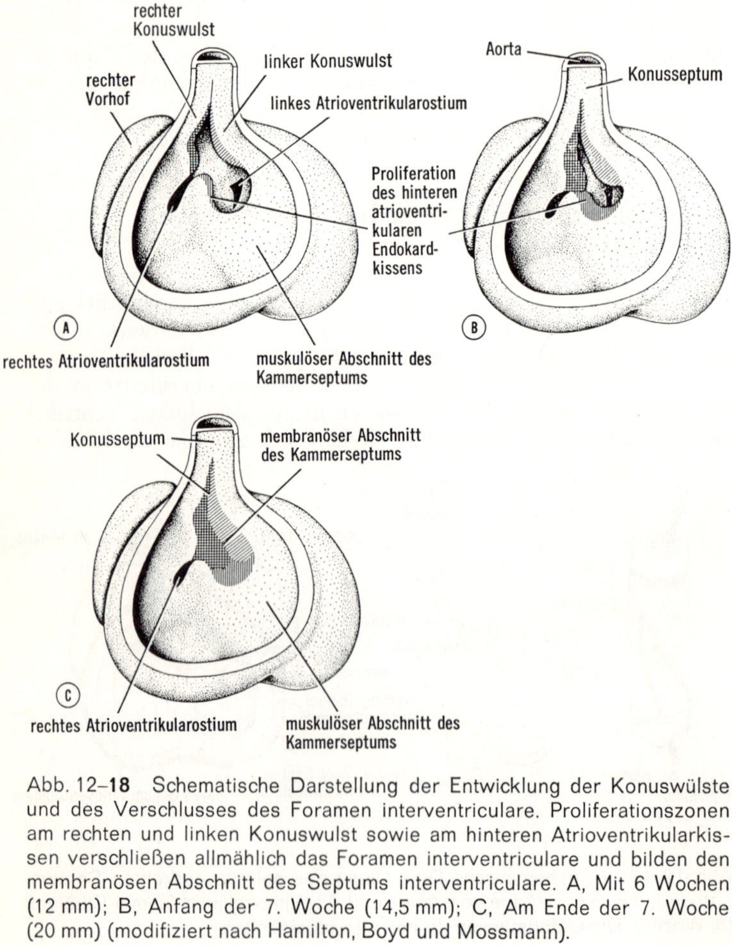

Abb. 12–**18** Schematische Darstellung der Entwicklung der Konuswülste und des Verschlusses des Foramen interventriculare. Proliferationszonen am rechten und linken Konuswulst sowie am hinteren Atrioventrikularkissen verschließen allmählich das Foramen interventriculare und bilden den membranösen Abschnitt des Septums interventriculare. A, Mit 6 Wochen (12 mm); B, Anfang der 7. Woche (14,5 mm); C, Am Ende der 7. Woche (20 mm) (modifiziert nach Hamilton, Boyd und Mossmann).

In der Gefäßwandung treten ein **rechter oberer Truncuswulst** und ein **linker unterer Truncuswulst** auf (Abb. 12–15). Die Wülste verdrehen sich spiralig umeinander, während sie sich nach oben und unten verlängern (Abb. 12–17 A). Nach ihrer Verschmelzung trennen sie als **Septum aorticopulmonale** die Aorta und A. pulmonalis voneinander (Abb. 12–17 B).

Etwa gleichzeitig mit dem Auftreten der Wülste im Truncus arteriosus entwickeln sich entsprechende Wülste an der rechten dorsalen und linken ventralen Wand des **Conus cordis** (Abb. 12–15). Sie wachsen zunächst langsamer als die Truncuswülste. Nach Ausbildung des Truncusseptums geht der rechte dorsale Conuswulst in den rechten oberen Truncuswulst und der linke ventrale Conuswulst in den linken unteren Truncuswulst über (Abb. 12–15). Durch die Verschmelzung der **Conuswülste** wird der Conus cordis in zwei Abschnitte unterteilt, die die Ausflußbahn für die Herzkammern bilden. Der anterolaterale Abschnitt bildet zusammen mit der primitiven rechten Herzkammer den **definitiven rechten Ventrikel.** Der posteromediale Abschnitt geht in die primitive linke Herzkammer über und trägt so zur Bildung des **definitiven linken Ventrikels** bei (Abb. 12–19).

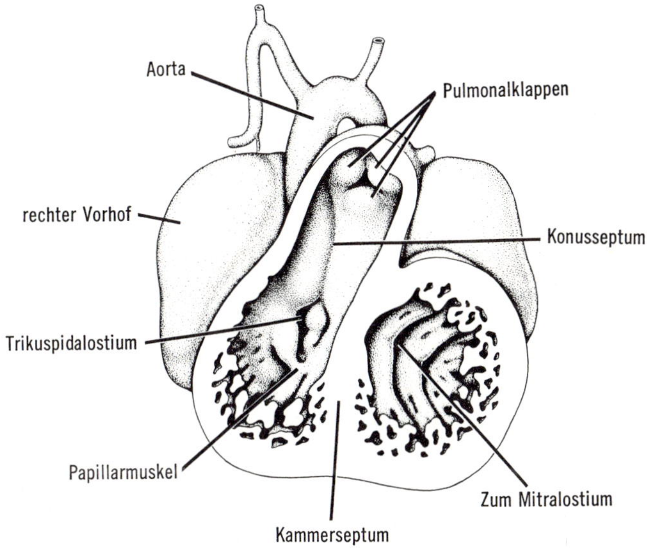

Abb. 12–19 Frontalansicht durch das Herz eines 16-mm-Embryos. Beachte das Konusseptum und die Lage der Pulmonalklappen.

Das große Foramen interventriculare, das über dem muskulären Kammerseptum liegt, wird durch die Bildung des Konusseptums verkleinert. In der weiteren Entwicklung wird diese Öffnung durch Gewebsmaterial verschlossen, das vom hinteren Endokardkissen ausgehend am oberen Rand des muskulären Kammerseptums vorwächst (Abb. 12-19). Dieses Gewebsmaterial verschmilzt mit den angrenzenden Teilen des Konusseptums. Wenn sich das Foramen interventriculare vollständig geschlossen hat, ist das Kammerseptum in diesem Bereich recht dick. Erst später wird ein Teil des Septums dünn und bildet die **Pars membranacea des Septum interventriculare.**

Entwicklung der Herzklappen

Atrioventrikularklappen

Nachdem durch die Verschmelzung der Endokardpolster der Atrioventrikularkanal in ein rechtes und linkes Ostium unterteilt worden ist (Abb. 12–16), kommt es zu lokalisierten Mesenchymproliferationen um jedes Ostium herum (Abb. 12–20 A). Anschließend werden diese Mesenchympolster auf der Ventrikelseite ausgehöhlt, so daß die neugebildeten Klappen nur noch durch Muskelstränge mit der Ventrikelwand verbunden sind (Abb. 12–20 B). Schließlich degeneriert das Muskelgewebe in den Strängen auf der Ventrikelseite der Klappen und wird durch dichtes Bindegewebe ersetzt. Die Klappen bestehen dann aus von Endokard überzogenem Bindege-

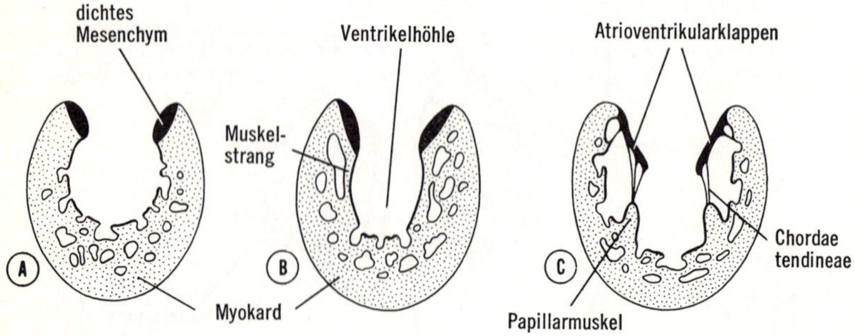

Abb. 12–**20** Die Entwicklung der Atrioventrikularklappen und der Chordae tendinae. Die Klappen werden von der Ventrikelseite her ausgehöhlt, bleiben jedoch mit der Ventrikelwand über die Chordae tendineae verbunden (modifiziert nach Gegenbauer).

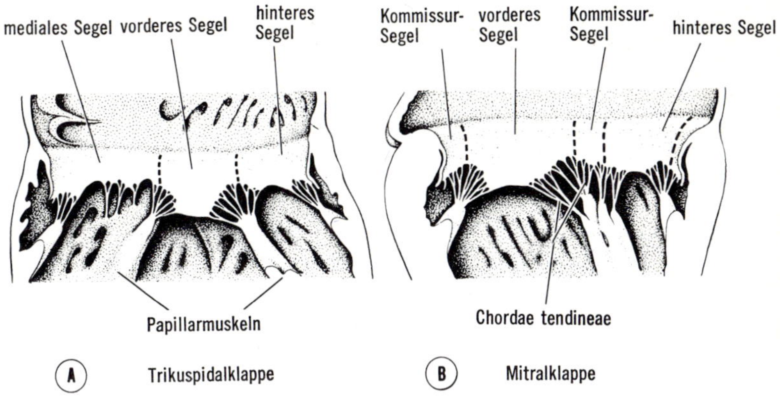

Abb. 12–**21** Die Beziehung der Papillarmuskeln zur Trikuspidal- und Mitralklappe. Beachte bei der Mitralklappe die Segelabschnnitte im Bereich der Kommissuren.

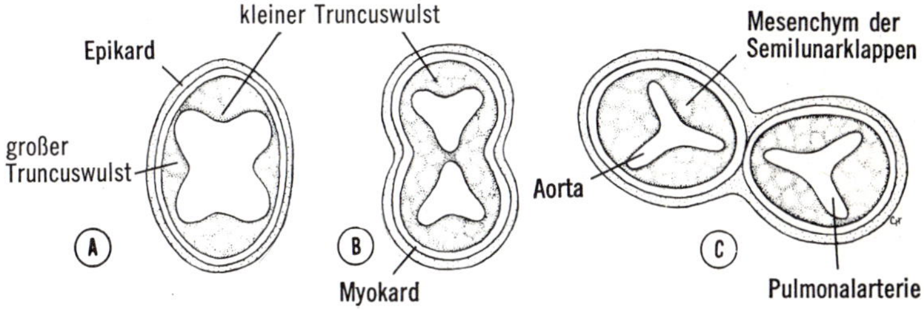

Abb. 12–**22** Querschnitte durch den Truncus arteriosus in Höhe der Semilunarklappen im Alter von 5 (A), 6 (B) und 7 (C) Wochen (nach Kramer).

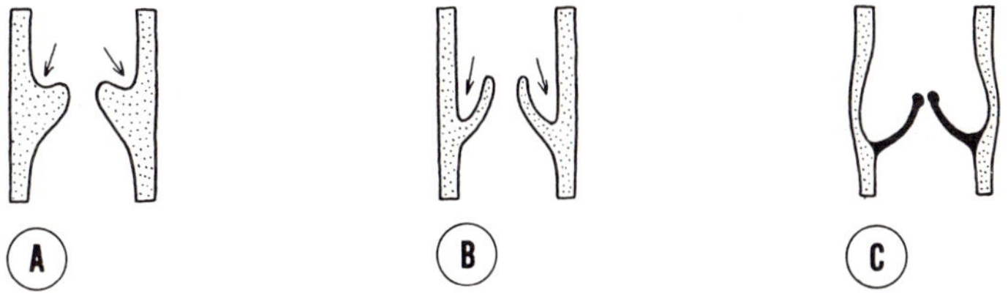

Abb. 12–**23** Längsschnitte durch die Semilunarklappen. Von links nach rechts in der 6., 7. und 9. Entwicklungswoche.

webe und sind durch die **Chordae tendineae** über die aus verdickten Trabekeln bestehenden **Papillarmuskeln** in der Ventrikelwand befestigt (Abb. 12–20 C und 12–21). Auf diese Weise bilden sich im linken Ostium atrioventriculare zwei Klappensegel, die **Bikuspidal-** oder **Mitralklappen**, und auf der rechten Seite drei, die **Trikuspidalklappen** (Abb. 12–21).

Semilunarklappen

Wenn die Unterteilung des Truncus fast abgeschlossen ist, werden die Anlagen der Semilunarklappen als kleine Höckerchen sichtbar. Diese Höckerchen sitzen auf den Truncuswülsten, und zwar so, daß ein Paar in die Bahn der Pulmonalis und ein Paar in die Aorta hineinragt (Abb. 12–22). Gegenüber von den miteinander verschmolzenen Truncuswülsten erscheint in beiden Strombahnen ein drittes Höckerchen. Die Höckerchen höhlen sich allmählich an ihrer oberen Oberfläche aus und bilden die **Semilunarklappen** (Abb. 12–23). Dieser Vorgang ist im 16-mm-Stadium bereits weit fortgeschritten und bei einem Embryo von 40 mm Länge praktisch abgeschlossen.

Entwicklungsstörungen des Herzens

Anomalien des Vorhofseptums

Normalerweise verschmelzen das Septum primum und das Septum secundum vollkommen, so daß keine Öffnung zwischen dem rechten und linken Vorhof zurückbleibt. Bei 20 bis 25 % aller Herzen von Erwachsenen kann jedoch eine Sonde durch das Foramen ovale schräg aufwärts vom rechten Vorhof in den linken geschoben werden. Es handelt sich dann um ein **sondendurchgängiges Foramen ovale**. Gewöhnlich ist damit kein intrakardialer Shunt verbunden. Da ein offenes, jedoch funktionell geschlossenes Foramen ovale häufig in sonst normalen Herzen vorkommt, wird es nicht zu den echten Mißbildungen gerechnet.

Eine funktionell bedeutsame Mißbildung liegt vor, wenn aufgrund eines Septumdefektes Blut aus einer Kammer in die andere übertritt. Der Schweregrad der Mißbildung ist von der Größe des Shunt-Volumens abhängig. Die Richtung des Blutstromes hängt von den relativen Druckverhältnissen im Herzen ab. Am Vorhofseptum werden ein **Ostium-secundum-Defekt** und ein **Ostium-primum-Defekt** unterschieden. Der Ostium-secundum-Defekt liegt im oberen und mittleren Abschnitt des Vorhofseptums (Abb. 12–**24** B, C). Er kann operativ leicht verschlossen werden. Beim Schluß des Ostium primum sind die Endokardpolster im Atrioventrikularkanal beteiligt. Wenn diese Entwicklung gestört wird, entsteht ein Ostium-primum-Defekt (Abb. 2–25). Er liegt im unteren Bereich des Vorhofseptums und ist mit Mißbildungen im Atrioventrikularkanal verbunden (s. unten). Der Ostium-primum-Defekt ist daher schwer zu korrigieren.

Beim **Ostium-secundum-Defekt** besteht eine große Öffnung zwischen dem linken und rechten Vorhof. Die Ursache ist entweder eine übermäßige Resorption des Septum primum (Abb. 12–**24** A) oder eine unzulängliche Entwicklung des Septum secundum (Abb. 12–**24** B). Das intrakardiale Shunt-Volumen kann erheblich sein. Es hängt von der Größe der Öffnung ab.

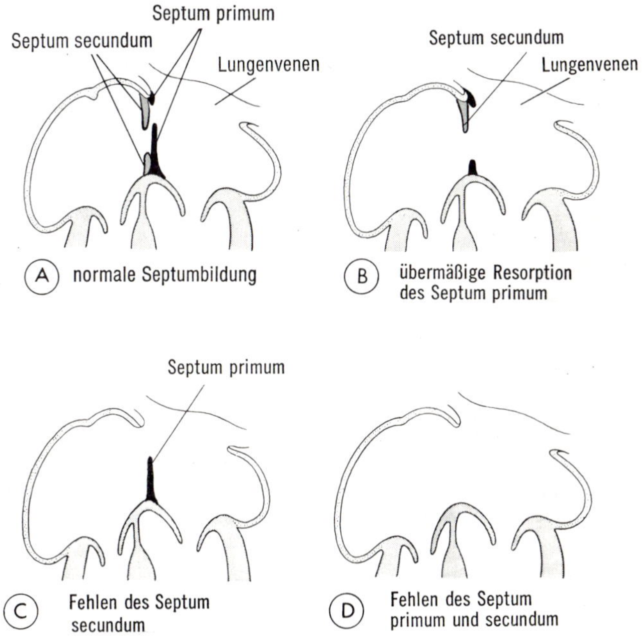

Abb. 12–**24** A, Normale Septenbildung im Vorhof. B, Ostium secundum-Defekt, der durch übermäßige Resorption des Septum primum entstanden ist. B, Entsprechender Defekt, der jedoch auf dem Fehlen des Septum secundum beruht. C, Atrium communis oder Cor triloculare biventriculare – vollständiges Fehlen des Septum primum und Septum secundum.

Bei der schwersten Anomalie dieser Gruppe fehlt die Septenbildung im Vorhof vollständig (Abb. 12–**24** D). Man spricht dann von einem **gemeinsamen Vorhof** oder einem **Cor triloculare biventriculare.** Das Krankheitsbild ist gewöhnlich mit anderen Herzmißbildungen verbunden.

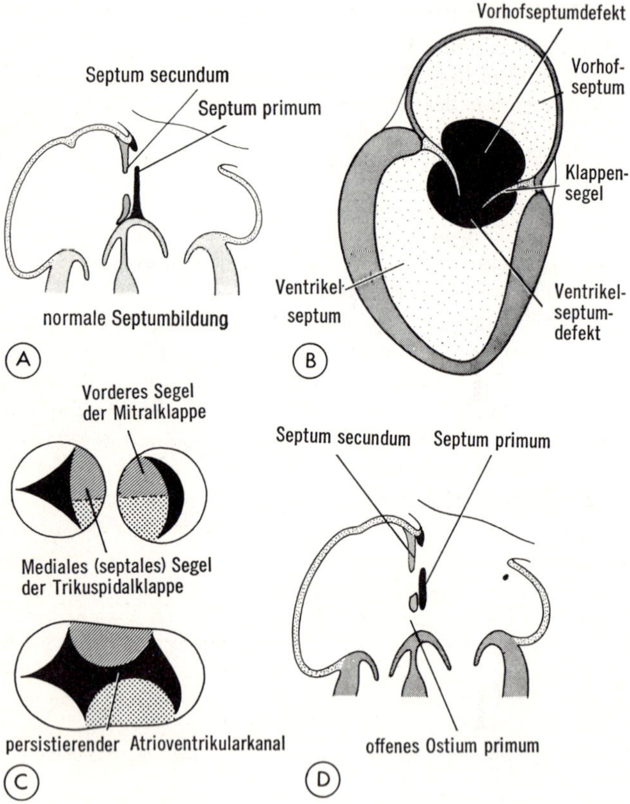

Abb. 12–**25** A, Normale Septenbildung im Vorhof. B, Persistierende Atrioventrikularkanal. Diese Mißbildung ist immer mit einem Vorhofseptum-Defekt sowie mit einem partiellen Ventrikelseptum-Defekt kombiniert. B, Die Klappen im Atrioventrikularkanal bei normaler Entwicklung (oben) und bei einem persistierenden Atrioventrikularkanal (unten). C, Ostium primum-Defekt, der auf einer unvollständigen Verschmelzung der Endokardkissen im Atrioventrikularkanal beruht.

Gelegentlich schließt sich das Foramen ovale schon vor der Geburt. Der vorzeitige Schluß des **Foramen ovale** führt zu massiver Hypertrophie des rechten Vorhofes und der rechten Kammer bei gleichzeitiger Unterentwicklung des linken Herzens. Der Tod tritt gewöhnlich kurz nach der Geburt ein.

Anomalien des Atrioventrikularkanals

Normalerweise unterteilen die Endokardpolster nicht nur den Atrioventrikularkanal in ein rechtes und linkes Ostium, sondern beteiligen sich auch an der Bildung der Pars membranacea des Septum interventriculare und am Verschluß des Ostium primum. Wenn die Verschmelzung der Endokardpolster ausbleibt, ist die Folge ein **persistierender Atrioventrikularkanal** und ein Septumdefekt (Abb. 12–25 B). Der Septumdefekt hat eine Vorhof- und eine Kammerkomponente, getrennt durch mißgebildete Segelklappen im ungeteilten Ostium atrioventriculare (Abb. 12–25 C).

Gelegentlich verschmelzen die Endokardpolster im Atrioventrikularkanal nur teilweise. Wie in der zuvor beschriebenen Anomalie besteht dann ein Vorhofseptumdefekt. Das Septum interventriculare ist jedoch geschlossen (Abb. 12–25 D). Dieser Defekt, der **Ostium-primum-Defekt,** ist gewöhnlich mit einer Spaltung des vorderen Segels der Mitralklappe und des am Septum sitzenden Segels der Trikuspidalklappe kombiniert (Abb. 12–25 C).

Eine weitere Mißbildung mit Atrioventrikularkanal ist die **Trikuspidalatresie.** Das rechte Ostium atrioventriculare wird entweder nicht angelegt, oder die Trikuspidalklappen verschmelzen sekundär miteinander. Da die Trikuspidalklappen nicht vorhanden oder verschlossen sind, fließt das Blut aus dem rechten Vorhof durch das Foramen ovale in den linken Vorhof. Die Lunge wird über einen Defekt im Kammerseptum oder rückläufig über einen offenen Ductus arteriosus von der Aorta her versorgt (Abb. 12–26 B). Der rechte Ventrikel ist unterentwickelt, der linke Ventrikel hypertrophiert.

Anomalien des Septum interventriculare

Normalerweise wird die Pars membranacea des Kammerseptums von den rechten und linken Trunkokonalwülsten und durch Material aus dem oberen atrioventrikularen Endokardpolster gebildet. Im Hinblick auf die komplizierte Bildung der Septum interventriculare

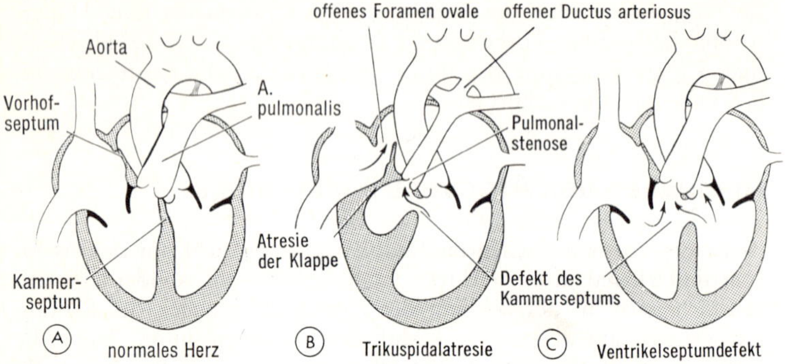

Abb. 12–**26** A, Darstellung der normalen Herzens. B, Trikuspidalatresie. Beachte den kleinen rechten und den erweiterten linken Ventrikel. C, Isolierter Defekt im membranösen Abschnitt des Ventrikelseptums.

überrascht es nicht, daß es leicht zu Defektbildungen kommt. In der Tat ist ein **Defekt der Pars membranacea des Septum interventriculare** ein häufiger Befund (Abb. 12–**26** C). Häufig tritt der Defekt isoliert auf. Er kann aber auch mit Teilungsanomalien der Trunkokonalregion vergesellschaftet sein. Je nach der Größe der Öffnung kann der Truncus pulmonalis 12-, bis 1,7 mal so viel Blut führen wie die Aorta. Gelegentlich beschränkt sich der Defekt nicht auf die Pars membranacea, sondern betrifft auch die Pars muscularis des Septums.

Anomalien des Truncus und Konus

Die häufigste Fehlbildung in diesem Herzabschnitt ist die **Fallot-Tetralogie** (Abb. 12–27 A). In ihrer klassischen Form besteht sie aus: 1. Pulmonalstenose; 2. Ventrikelseptumdefekt; 3. reitende Aorta und 4. Hypertrophie des rechten Ventrikels. Daher die Bezeichnung „Tetralogie“. Der zugrunde liegende Defekt bei dieser Herzmißbildung ist eine ungleiche Teilung des Konus durch eine Verlagerung des Septum aorticopulmonale nach vorn. Die Folge davon ist ein verengtes rechtes Kammerausflußgebiet, das heißt eine Infundibulumstenose, und ein großer Defekt im Septum interventriculare. Die Aorta entspringt direkt über dem Septumdefekt aus beiden Herzkammern. Der daraus resultierende erhöhte Blutdruck im rechten Herzen verursacht eine Hypertrophie der rechten Kammerwand. Die Fallot-Tetralogie ist der wichtigste mit Zyanose einhergehende angeborene Herzfehler. Er ist mit dem Leben vereinbar.

In der normalen Entwicklung werden der Truncus und der Konus durch die Verschmelzung der beiden Spiralleisten in Aorta und Pulmonalarterie unterteilt. Wenn diese Leisten nicht verschmelzen und nicht bis zu den Ventrikeln herunterwachsen, entsteht ein **Truncus arteriosus persistens** (Abb. 12–27 B). In einem solchen Fall entspringt die Pulmonalarterie weiter oberhalb vom Ursprung des ungeteilten Truncus. Da die Leisten auch an der Bildung des Konusseptums und eines Teils des Septum interventriculare beteiligt sind, ist der persistierende Truncus immer mit einem Defekt im Ventrikelsystem verbunden. Der ungeteilte Truncus reitet dann auf beiden Ventrikeln und erhält von beiden Seiten Blut.

Manchmal nimmt das deszendierende Septum aorticopulmonale nicht seinen normalen spiraligen Verlauf, sondern wächst gerade nach unten herab (Abb. 12–28 A). Dann entspringt die Aorta aus dem rechten Ventrikel und die Pulmonalarterie aus dem linken. Diese **Transposition der großen Gefäße** ist eine der häufigsten Herzmißbildungen. Manchmal besteht gleichzeitig ein Defekt der Pars membranacea des Kammerseptums. In der Regel bleibt der Ductus arteriosus offen.

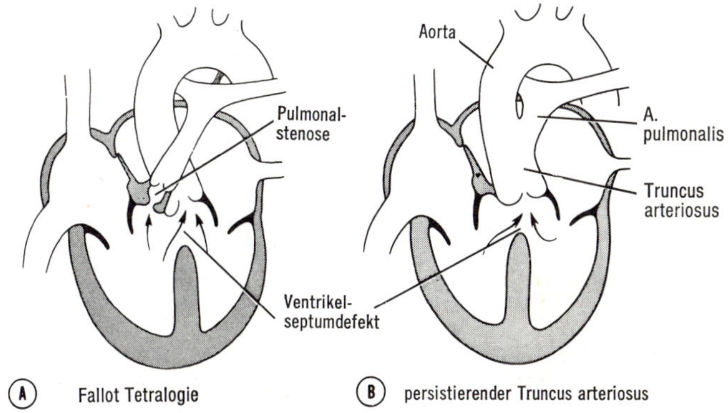

Abb. 12–**27** A, Fallot-Tetralogie mit (1) Stenose in der Ausflußbahn der A. pulmonalis, (2) reitender Aorta, (3) Ventrikelseptum-Defekt und (4) Hypertrophie des rechten Ventrikels. B, Persistierender Truncus arteriosus. Die Pulmonalarterie entspringt aus dem gemeinsamen Truncus.

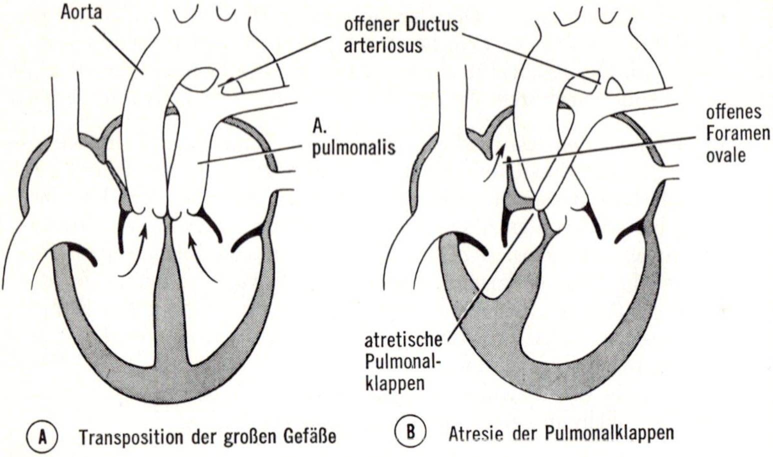

Abb. 12–**28** A, Transposition der großen Gefäße. B, Pulmonalatresie bei normaler Aortenwurzel. Der Zufluß zu den Lungen erfolgt nur über den offenen Ductus arteriosus.

Anomalien der Semilunarklappen

In dieser wichtigen Gruppe von Mißbildungen sind die Semilunarklappen der A. pulmonalis oder der Aorta mehr oder weniger ausgeprägt miteinander verwachsen. Sie können sogar ein Diaphragma ohne Öffnung bilden. Bei einer **Pulmonalklappenstenose** können die verwachsenen Klappen eine Kuppel bilden, die in eine poststenotische Erweiterung der Pulmonalarterie hineinragt. Wenn die Klappen vollständig verschmolzen sind, ist der Stamm der A. pulmonalis eng oder sogar atretisch (Abb. 12–28 B). Das offene Foramen ovale bildet dann die einzige Ausflußmöglichkeit für das Blut aus dem rechten Herzen. Der Ductus arteriosus ist immer offen und stellt den einzigen Zugang zum Lungenkreislauf dar.

Bei einer **Aortenklappenstenose** (Abb. 12–29 A) kann die Fusion der verdickten Klappen so ausgeprägt sein, daß nur ein winziges Loch vorhanden ist. Die Aorta selbst ist jedoch in den meisten Fällen normal weit. Gelegentlich kann eine **subaortale Stenose** vorhanden sein. In diesen Fällen umgibt ein Ring aus fibrösem Gewebe den Ausflußtrakt des linken Ventrikels knapp unterhalb der Aortenklappen.

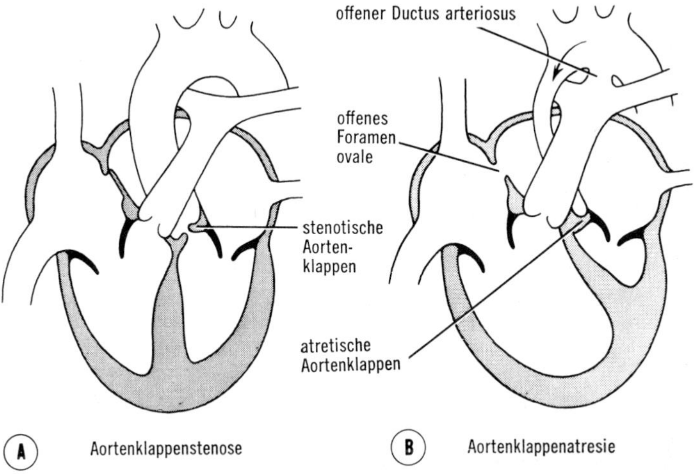

Abb. 12–**29** A, Aortenklappenstenose. B, Aortenklappenatresie. Der Pfeil im Aortenbogen gibt die Richtung des Blutstromes an. Die Koronararterien werden über diesen Rückfluß versorgt. Der linke Ventrikel ist klein und der rechte groß.

Wenn die Aortenklappen vollständig miteinander verwachsen sind, wie es bei der **Aortenklappenatresie** der Fall ist (Abb. 12–**29** B), sind Aorta, linker Ventrikel und linker Vorhof deutlich unterentwickelt. Die Anomalie ist gewöhnlich mit einem weit offenen Ductus arteriosus kombiniert, der das Blut in die Aorta führt.

Lageanomalien des Herzens

Neben den oben beschriebenen Mißbildungen gibt es auch Lageanomalien des ganzen Herzens. Am häufigsten kommt die **Dextrokardie** vor. Hierbei liegt das Herz in der rechten Thoraxhälfte. Die Anomalie ist gewöhnlich mit einem totalen oder partiellen **Situs inversus** kombiniert.

Eine seltene Mißbildung ist die **Ectopia cordis.** Das Herz liegt dann frei an der Oberfläche des Brustkorbes. Sie kommt durch einen Defekt beim Schluß der Leibeswand in der Mittellinie zustande (Sternalspalte).

Ursachen der kardiovaskulären Fehlbildungen

Fetale Umwelt

1941 beobachtete GREGG, daß Röteln bei der Mutter, wenn sie in den ersten zehn Schwangerschaftswochen auftraten, häufig Katarakt, Taubheit und angeborene Herzmißbildungen beim Neugeborenen zur Folge hatten. Diese Beobachtung ist seither wiederholt bestätigt worden, und heute besteht kein Zweifel mehr, daß Röteln angeborene Herzmißbildungen verursachen können. Das Risiko, nach einer solchen Infektion ein mißgebildetes Kind zur Welt zu bringen, wird auf etwa 10 % geschätzt. Folgende Herz- und Gefäßmißbildungen sind in der Reihenfolge ihrer Häufigkeit beobachtet worden: Persistierender Ductus arteriosus, Ventrikelseptumdefekt, Fallot-Tetralogie, Vorhofseptumdefekt und Pulmonalstenose.

Genetische Faktoren

Es gibt viele Berichte über Familien, in denen mehr als ein Mitglied einen angeborenen Herzfehler hat. Dies legt den Schluß nahe, daß diese Mißbildungen auf genetischem Wege übertragen werden. Im Gegensatz hierzu sind neuere Autoren weniger geneigt, genetische Faktoren dafür verantwortlich zu machen. Obwohl das familiäre Auftreten von Herzmißbildungen in einigen Fällen beobachtet wurde, konnte über den Vererbungsmodus bisher noch keine Klarheit gewonnen werden.

Experimentell erzeugte Herzmißbildungen

Eine große Vielfalt von angeborenen Herz- und Gefäßanomalien konnte in letzter Zeit durch die Behandlung schwangerer Ratten und Mäuse mit einer Anzahl von teratogenen Faktoren erzielt werden, wie z. B. Injektion von Trypanblau, Vitamin-A-Mangel, Röntgenbestrahlung, Sauerstoffmangel und Folsäuremangel. In vielen Fällen waren die Anomalien den beim Menschen beobachteten auffallend ähnlich.

Entwicklung der Arterien

Normale Entwicklung

Aortenbögen

Mit dem Einsetzen der Pulsationen im embryonalen Herzschlauch entwickeln sich aus den Kapillarnetzen, die aus den Blutinseln hervorgegangen sind (Abb. 12–**1** und 12–**2**), größere Blutgefäße. Es entsteht ein embryonaler Kreislauf (Abb. 12–**3**). Der arterielle Schenkel des embryonalen Kreislaufs beginnt in der Ausflußbahn des Herzens mit dem ungeteilten **Truncus arteriosus** (Abb. 12–**9**). Aus dem Truncus arteriosus entspringen die **Aortenbögen,** die das Blut beiderseits um den Schlunddarm herum in die **dorsalen Aorten** führen (Abb. 12–**30**). Die Ausbildung der Aortenbögen erfolgt gleichzeitig mit der Entwicklung der Kiemenbögen (s. S. 265). **Jedem Kiemenbogen ist ein Aortenbogen als Kiemenbogenarterie zugeordnet.** Zunächst ist nur der 1. Aortenbogen vorhanden, der dem Mandibularbogen entspricht (Abb. 12–**30**). Mit dem Größenwachstum der Kopfanlage und der Verlängerung des Schlunddarmes verlagert sich der 1. Aortenbogen nach kranial. Zwischen dem ersten

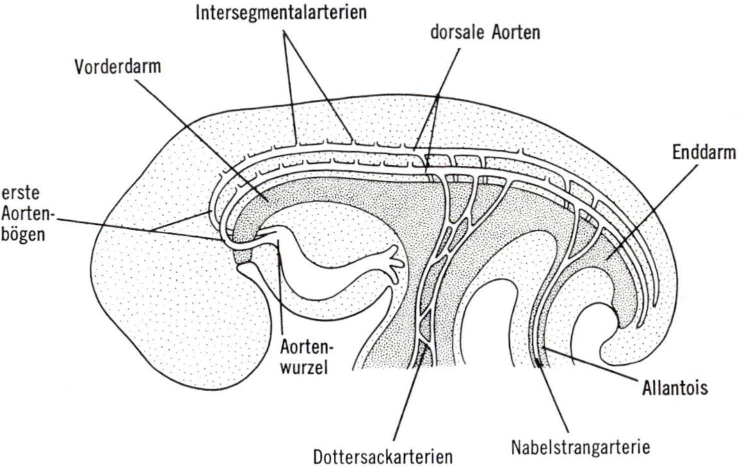

Abb. 12–**30** Arterielles System bei einem 3 Wochen alten Embryo. Ausgehend vom Herzschlauch umfassen die beiden ersten Aortenbögen den Vorderarm.

Aortenbogen und dem Herzen entstehen nacheinander der zweite bis sechste Aortenbogen. In Verlängerung des Herzschlauches setzt sich der Truncus arteriosus nach kranial in die paarige **ventrale Aorta** fort, aus der hintereinander die Aortenbögen entspringen (Abb. 12–31 A). Der Truncus arteriosus wird vor seiner Aufgabelung als Aortenwurzel bezeichnet (Abb. 12–30).

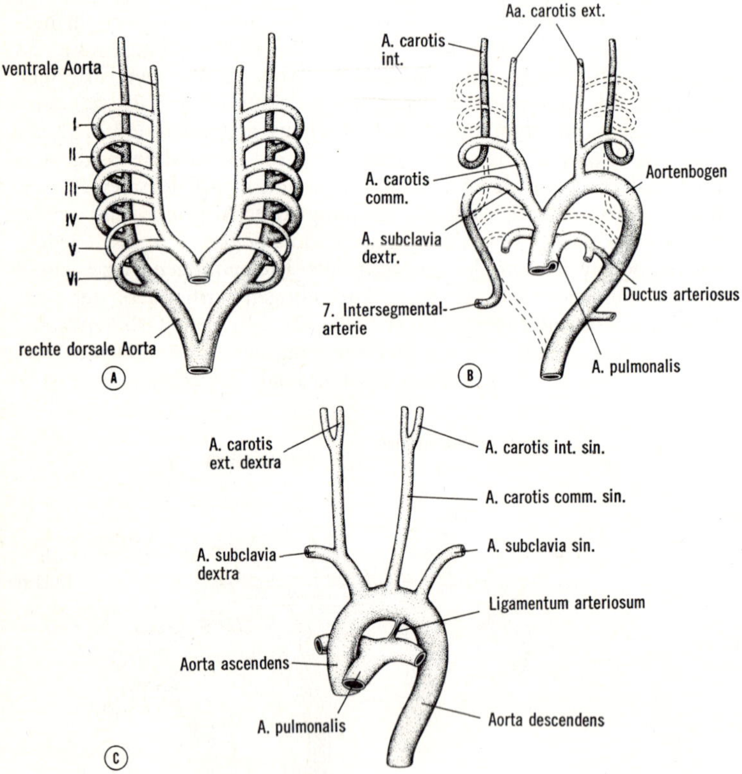

Abb. 12–**31** A, Schematische Darstellung der Aortenbögen und dorsalen Aorten vor der Umbildung zum definitiven Gefäßsystem. B, Darstellung der Aortenbögen und dorsalen Aorten nach der Umbildung. Die obliterierten Abschnitte sind gestrichelt eingezeichnet. Beachte den offenen Ductus arteriosus und die Lage der 7. Intersegmentalarterie auf der linken Seite. C, Die großen Arterien beim Erwachsenen. Vergleiche den Abstand zwischen dem Abgang der linken A. carotis communis und der linken A. subclavia in B und C.

In der menschlichen Entwicklung sind die 6 Aortenbögen niemals alle gleichzeitig vorhanden. Entsprechend sind die ventralen Aorten wenig ausgeprägt. Trotzdem ist das Schema über den Gefäßverlauf, das die Abb. 12–**31** gibt, für das Verständnis der Entwicklung nützlich. Es zeigt, daß der 1., 2. und 5. Aortenbogen sich zurückbilden (Abb. 12–**31** B). Aus dem 3. Aortenbogen und dem kranialen Teil der dorsalen Aorten entsteht beiderseits die **A. carotis interna.** Aus der ventralen Aorta entsteht die **A. carotis externa.** Aus dem 4. Aortenbogen entwickelt sich auf der linken Seite der **definitive Aortenbogen,** auf der rechten Seite der **Truncus brachiocephalicus** und der Anfangsteil der **A. subclavia dextra.** Aus dem 6. Aortenbogen geht beiderseits der Anfangsteil des **Truncus pulmonalis** und auf der linken Seite der Ductus arteriosus hervor. Die Verschmelzung der dorsalen Aorten zur definitiven **Aorta descendens** erfolgt von kaudal her bis zur **7. Intersegmentalarterie.** Die Intersegmentalarterien verlaufen ursprünglich zwischen den Somiten (Abb. 12–**30**). Auf der linken Seite bezeichnet daher der Abgang der 7. Intersegmentalarterie die Einmündungsstelle des 4. Aortenbogens in die Aorta descendens. Auf beiden Seiten bildet die 7. Intersegmentalarterie einen Teil der A. subclavia.

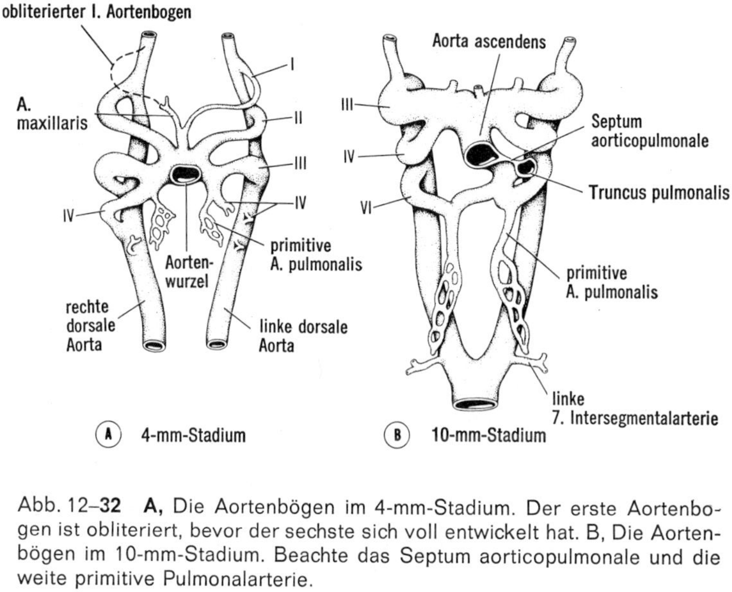

Abb. 12–**32** **A,** Die Aortenbögen im 4-mm-Stadium. Der erste Aortenbogen ist obliteriert, bevor der sechste sich voll entwickelt hat. B, Die Aortenbögen im 10-mm-Stadium. Beachte das Septum aorticopulmonale und die weite primitive Pulmonalarterie.

Bei einem **4-mm-Embryo** ist der erste Aortenbogen bereits größtenteils verschwunden (Abb. 12–32 A). Ein kleiner Abschnitt ist noch vorhanden und kann als **A. maxillaris** bezeichnet werden. Seine definitive Lage im Kopfbereich ergibt sich aus der Verlängerung der A. carotis externa infolge der Abwärtsverlagerung des Herzens und die Ausbildung eines Halses. Der zweite Bogen verschwindet ebenfalls bald. Die zurückbleibenden Abschnitte dieses Bogens bilden die **A. hyoidea** und **A. stapedia.** Der dritte Bogen ist gut ausgebildet. Der vierte und sechste Bogen entstehen gerade. Obwohl der sechste Bogen noch nicht vollständig ist, besitzt er bereits in der **primitiven A. pulmonalis** einen Haupttast (Abb. 12–32 A).

Bei einem **10-mm-Embryo** sind die ersten beiden Aortenbögen verschwunden (Abb. 12–32 B). Der dritte, vierte und sechste Bogen sind gut ausgebildet. Die Aortenwurzel hat sich geteilt, so daß die beiden sechsten Bögen jetzt in den Truncus pulmonalis übergehen.

Beim **14-mm-Embryo** hat das Aortenbogensystem seine ursprüngliche Symmetrie fast verloren. Der definitive Gefäßverlauf läßt sich bereits erkennen (Abb. 12–33). Der dritte Aortenbogen bildet die **A. carotis communis** und den ersten Abschnitt der **A. carotis interna.** Der Rest der Carotis interna geht aus dem kranialen Abschnitt der dorsalen Aorta hervor. Die A. carotis externa leitet sich von einem der ventralen Aorta analogen Gefäß ab.

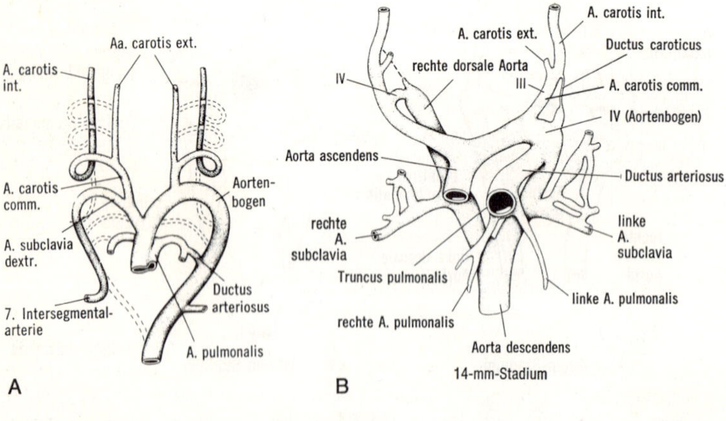

Abb. 12–**33** Die schematische Darstellung der Aortenbogenentwicklung (A) ist den Verhältnissen beim 14-mm-Embryo (B) gegenübergestellt. Die A. subclavia leitet sich auf beiden Seiten von der 7. Intersegmentalarterie ab. Der Ductus arteriosus ist weit offen.

Der **vierte Aortenbogen** bleibt auf beiden Seiten erhalten, entwickelt sich jedoch links anders als rechts. Auf der linken Seite bildet er zwischen der linken Carotis communis und der linken A. subclavia einen Teil des Aortenbogens. Auf der rechten Seite entsteht aus ihm der proximale Abschnitt der A. subclavia dextra. Der distale Abschnitt der rechten Subclavia geht aus einem Abschnitt der rechten dorsalen Aorta und der siebenten Intersegmentalarterie hervor (Abb. 12–33 B).

Der **fünfte Aortenbogen** ist unvollständig entwickelt und nur vorübergehend vorhanden. Der **sechste Aortenbogen** wird auch als Pulmonalbogen bezeichnet. Er gibt einen wichtigen Ast ab, der auf die Lungenknospe zu wächst. Auf der rechten Seite wird aus dem proximalen Abschnitt des Bogens das proximale Segment der rechten Pulmonalarterie. Der distale Anteil dieses Bogens verliert seine Verbindung zur dorsalen Aorta und bildet sich zurück. Auf der linken Seite bleibt der distale Abschnitt des Bogens als **Ductus arteriosus** während der Fetalzeit erhalten.

Gleichzeitig mit den Veränderungen im System der Aortenbögen finden noch eine Reihe anderer Umwandlungen statt: 1. Die dorsale Aorta zwischen der Einmündung der dritten und vierten Kiemenbogenarterie – sie wird dort als **Ductus caroticus** bezeichnet – obliteriert frühzeitig (Abb. 12–33). 2. Die rechte dorsale Aorta verschwindet zwischen dem Abgang der rechten siebten Intersegmentalarterie und ihrer Einmündungsstelle in die linke dorsale Aorta (Abb. 12–33 A). 3. Bei der Entwicklung des Halses deszendiert das Herz aus seiner ursprünglich zervikalen Lage in die Thoraxhöhle. Die A. carotis und der Truncus brachiocephalicus müssen deshalb bedeutend länger werden. Als weitere Folge des Deszensus verlagert die linke A. subclavia, die an ihrem distalen Ende in der Armknospe fixiert ist, allmählich ihre Abgangsstelle aus der Aorta auf der Höhe der siebten Intersegmentalarterie immer weiter nach oben, bis sie in die Nähe der Abgangsstelle der A. carotis communis sinistra zu liegen kommt (Abb. 12–31 C).

Dottersack- und Nabelarterien

Die **Dotterarterien** sind ursprünglich eine Anzahl von paarig angelegten Gefäßen zur Versorgung des Dottersackes (Abb. 12–3). Sie verschmelzen allmählich und bilden die Arterien im dorsalen Mesenterium des Darmes. Beim Erwachsenen sind es der **Truncus coeliacus** und die **Aa. mesenterica superior** und **inferior.** Diese Gefäße versorgen die Anhangsorgane des Vorderdarms, Mitteldarms und Enddarms (Abb. 14–4).

Die **Nabelarterien** sind ursprünglich paarig angelegte ventrale Äste der dorsalen Aorten. Sie verlaufen in Verbindung mit der Allantois zur Plazenta (Abb. 12–30). Während der vierten Woche gewinnt dann jede Arterie sekundär Anschluß an einen dorsalen Ast der Aorta, die **A. iliaca communis,** und verliert ihre Verbindung mit der Ursprungsstelle. Nach der Geburt bleiben die proximalen Abschnitte der Umbilikalarterien als **A. iliaca interna** und **A. vesicalis superior** erhalten, während die distalen Abschnitte obliterieren und die **Ligg. vesicoumbilicales laterales** bilden.

Mißbildungen der großen Arterien

Offener Ductus arteriosus

Unter normalen Bedingungen schließt sich der Ductus arteriosus funktionell kurz nach der Geburt durch die Kontraktion seiner Wandmuskulatur. Der anatomische Verschluß durch Intimaproliferation dauert dann noch ein bis drei Monate. Ein offener Ductus arteriosus ist eine der am häufigsten anzutreffenden Anomalien der großen Blutgefäße und kann sowohl isoliert als auch in Kombination mit anderen Herzanomalien auftreten (Abb. 12–28).

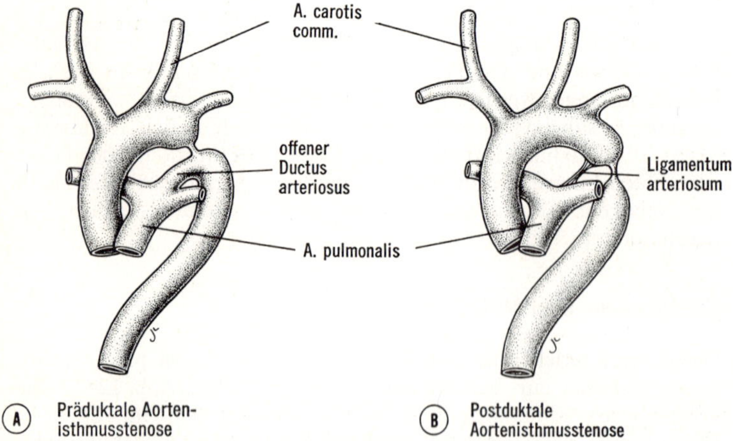

Abb. 12–**34** Aortenisthmusstenose. A, Präduktale Form; B, Postduktale Form. Der kaudale Körperabschnitt wird über große, hypertrophierte Interkostalarterien und die Aa. thoracicae versorgt.

Aortenisthmusstenose

Bei der Aortenisthmusstenose (Corarctatio aortae) (Abb. 12–**34** A, B) ist die Lichtung der Aorta unterhalb des Ursprungs der linken A. subclavia deutlich verengt. Die Verengung kann über oder unter der Einmündung des Ductus arteriosus gelegen sein. Daher unterscheidet man zwei Typen bei der Aortenisthmusstenose: die **präduktale** und die **postduktale.** Die Ursache der Aortenverengung ist primär eine Mediaveränderung in der Aorta mit anschließenden Intimaproliferationen. Bei der präduktalen Form persistiert der Ductus arteriosus, bei der postduktalen ist er gewöhnlich obliteriert. Bei der postduktalen Form wird ein Kollateralkreislauf zwischen dem proximalen und distalen Anteil der Aorta über erweiterte Interkostalarterien und die A. thoracica interna hergestellt.

Abnormer Abgang der rechten A. subclavia

Bei dieser Fehlbildung (Abb. 12–**35** A, B) wird die A. subclavia dextra durch den distalen Anteil der rechten Aorta dorsalis und die siebte Intersegmentalarterie gebildet. Der rechte vierte Aortenbogen

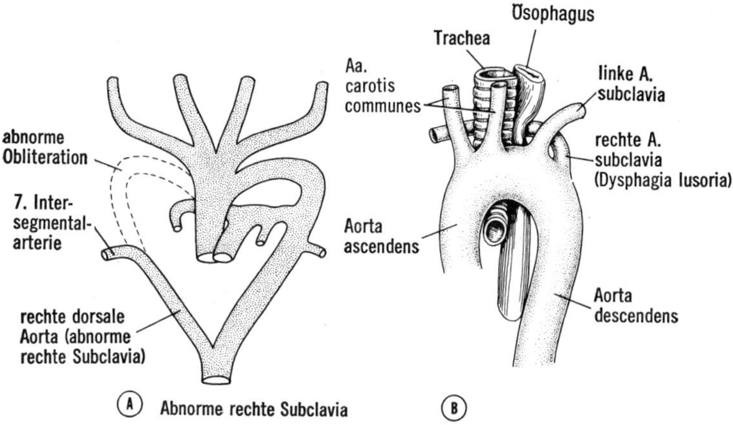

Abb. 12–**35** Abnormer Abgang der rechten A. subclavia (Dysphagia lusoria). A, Das Schema zeigt die Obliteration des rechten vierten Aortenbogens und des proximalen Abschnitts der rechten dorsalen Aorta sowie die Persistenz des distalen Abschnitts der rechten dorsalen Aorta. B, Die abnorme rechte A. subclavia überkreuzt die Mittellinie hinter dem Ösophagus und kann diesen einengen.

und der proximale Teil der rechten Aorta dorsalis sind obliteriert. Mit dem Kürzerwerden der Aorta zwischen der linken Carotis communis und der linken Subclavia liegt die Abgangsstelle der abnormen rechten Subclavia schließlich unterhalb von der linken Subclavia. Da ihr Stamm sich aus der rechten Aorta dorsalis herleitet, muß sie, um den rechten Arm zu erreichen, die Medianlinie hinter dem Ösophagus kreuzen. Die Anomalie ist recht häufig und kann gelegentlich Schluckbeschwerden verursachen. Das Syndrom wird daher als Dysphagia lusoria bezeichnet. Der N. recurrens bildet bei diesen Verhältnissen nicht seine Schlinge um die A. subclavia, sondern zieht direkt vom Vagus zur Kehlkopfmuskulatur.

Doppelter Aortenbogen

Normalerweise bildet sich die rechte dorsale Aorta zwischen der Abgangsstelle der siebten Intersegmentalarterie und ihrem Zusammenfluß mit der linken Aorta dorsalis zurück. Wenn dies unterbleibt, entsteht ein doppelter Aortenbogen (Abb. 12–36 A, B). Dieser umfaßt als **Gefäßring** die Trachea und den Ösophagus und komprimiert häufig diese beiden Gebilde. Dadurch kommt es zu Atem- und Schluckbeschwerden.

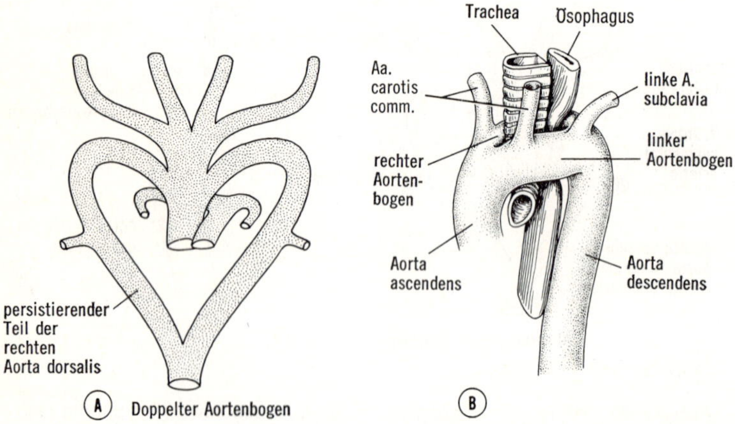

Abb. 12–**36** Doppelter Aortenbogen. A, Das Schema zeigt die Persistenz des distalen Abschnittes der rechten dorsalen Aorta. B, Der doppelte Aortenbogen bildet einen Gefäßring um die Trachea und den Ösophagus.

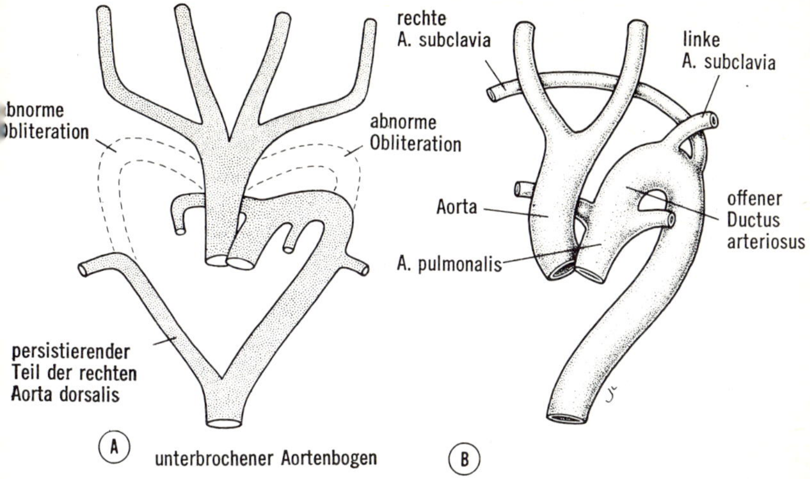

Abb. 12–**37** A, Das Schema zeigt die Obliteration des vierten Aortenbogens auf der rechten und auf der linken Seite, sowie die Persistenz des distalen Abschnittes der rechten dorsalen Aorta. B, Eine Form des unterbrochenen Aortenbogens. Die Aorta versorgt den Kopf. Die A. pulmonalis versorgt über den Ductus arteriosus alle anderen Körperabschnitte.

Unterbrochener Aortenbogen

Diese interessante Anomalie, die schwerwiegender ist als die vorher beschriebenen, wird durch Obliteration des vierten Aortenbogens auf der linken Seite hervorgerufen (Abb. 12–37 A, B). Sie ist häufig mit einem abnormen Ursprung der rechten A. subclavia kombiniert. Der Ductus arteriosus bleibt weit offen und die Aorta descendens und die Aa. subclaviae erhalten Blut von geringem Sauerstoffgehalt. Der Truncus arteriosus versorgt die linke und rechte A. carotis communis.

Rechter Aortenbogen

Bei dieser Anomalie sind der linke vierte Aortenbogen und die linke Aorta dorsalis vollkommen obliteriert und werden von den entsprechenden Gefäßen der rechten Seite ersetzt (Abb. 12–38 A). Es kann zu Schluckbeschwerden kommen, wenn das Lig. arteriosum links liegt und hinter dem Ösophagus verläuft.

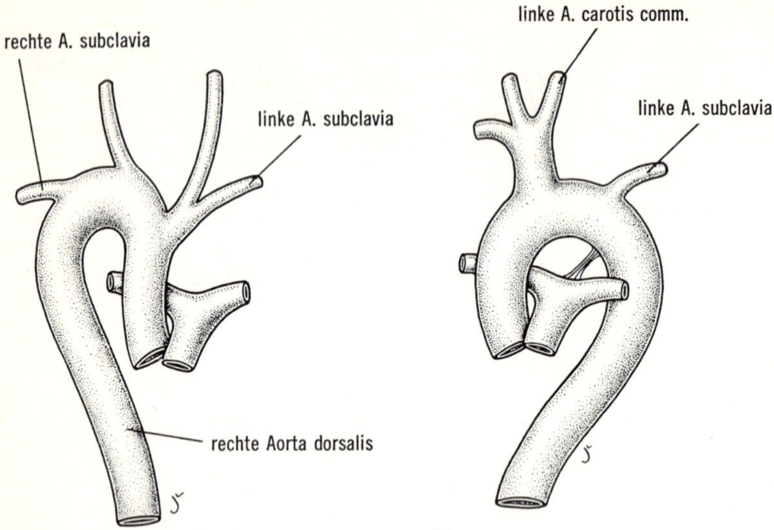

Abb. 12–**38** A, Rechter Aortenbogen. B, Abnormer Abgang der linken A. carotis communis.

Abnormer Abgang der linken A. carotis communis

In diesem Fall entspringt die A. carotis communis sinistra aus dem Truncus brachiocephalicus der rechten Seite (Abb. 12–38 B). Sie verläuft dann ventral um die Trachea herum nach kranial. Diese Anomalie ist häufig mit einer abnormen A. vertebralis kombiniert.

Entwicklung der Venen

Normale Entwicklung

Beim 4-mm-Embryo sind drei große Venenpaare vorhanden: 1. die **Dottervenen** (Vv. vitellinae), die das Blut vom Dottersack zum Sinus venosus leiten, 2. die **Nabelvenen** (Vv. umbilicales), die in den Chorionzotten entspringen und sauerstoffreiches Blut dem Embryo zuführen und 3. die **Kardinalvenen** (Vv. cardinales), die dem Blutrückfluß aus dem eigentlichen Embryonalkörper dienen

(Abb. 12–3). Das System der Kardinalvenen besteht aus den Vv. cardinales anteriores im kranialen Körperabschnitt des Embryos und aus den Vv. cardinales posteriores, die das Blut aus dem übrigen Embryonalkörper einschließlich der Urnieren zurückleiten. Die vordere und hintere Kardinalvene einer Seite vereinigen sich miteinander kurz bevor sie in das Herz eintreten und bilden die kurze V. cardinalis communis (Ductus cuvieri). Diese mündet in das rechte bzw. linke Sinushorn dicht neben den Nabelvenen ein (Abb. 12–10).

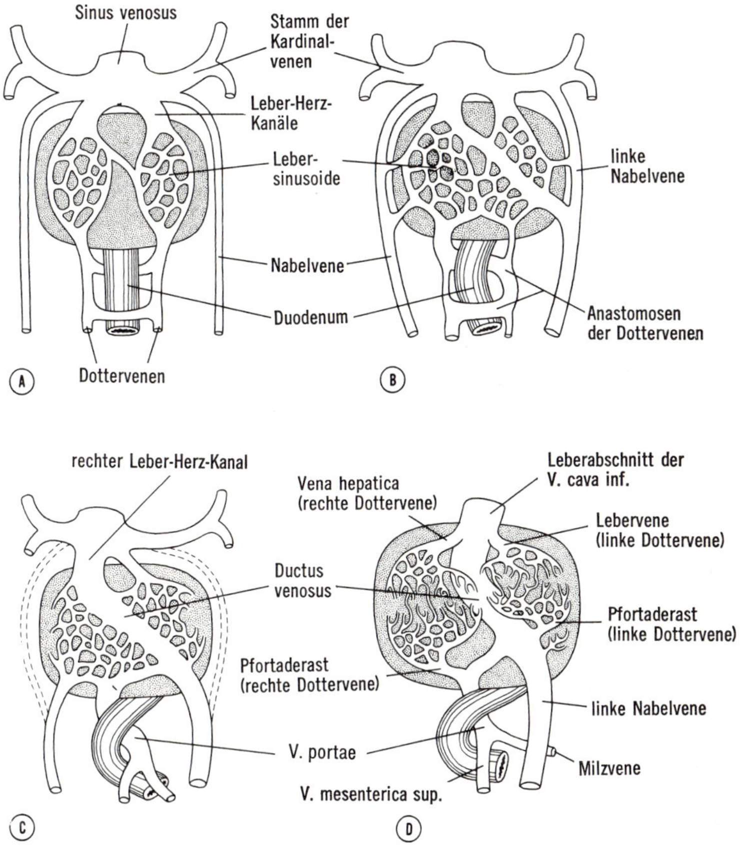

Abb. 12–**39** Das Schema zeigt die Entwicklung der Nabelvenen und der Dottervenen. A, Am Ende der 4. Woche; B, In der 5. Woche; C, In der 6. Woche; D, Im 3. Monat. Beachte die Entwicklung des Ductus venosus zwischen der linken Umbilikalvene und der V. cava inferior.

Dottervenen

Bevor die Dottervenen in den Sinus venosus eintreten, bilden sie einen Venenring um das Duodenum und durchströmen die Leber (Abb. 12–39 A, B). Die auswachsenden Leberzellbälkchen sprossen in die Strombahn der Venen ein, so daß ein weites Kapillarnetz aus Lebersinusoiden entsteht. Die Gefäßverbindungen zwischen den Lebersinusoiden und dem Herzen werden als **Leber-Herz-Kanäle** bezeichnet.

In der weiteren Entwicklung entsteht aus den Anastomosen um das Duodenum ein einziges Gefäß, die **V. portae** (Abb. 12–39 C, D). Die **V. mesenterica superior,** die das Blut aus den primitiven Darmschlingen ableitet, stammt vom distalen Abschnitt der rechten Dottervene ab. Der distale Abschnitt der linken Dottervene bildet sich vollständig zurück. Mit der Rückbildung des linken Sinushorns wird das Blut aus der linken Leberhälfte nach rechts umgeleitet und infolgedessen die rechte Dottervene (rechter Leber-Herz-Kanal) stark vergrößert. Der rechte Leber-Herz-Kanal bildet schließlich den **posthepatischen Abschnitt der V. cava inferior.** Der proximale Abschnitt der linken Dottervene obliteriert.

Nabelvenen

Die Nabelvenen laufen zuerst auf beiden Seiten an der Leberanlage vorbei. Sie nehmen jedoch bald Verbindung zu den Lebersinusoiden auf (Abb. 12–39 A, B). Der proximale Abschnitt beider Nabelvenen und die ganze übrige rechte Nabelvene bilden sich dann zurück, so daß nur noch die linke Vene das Blut aus der Plazenta zur Leber befördert. Mit der Verstärkung des Plazentakreislaufes entsteht eine direkte Verbindung zwischen der linken Nabelvene und dem rechten Leber-Herz-Kanal. Das neue Gefäß umgeht als **Ductus venosus** das Netz der Lebersinusoide (Abb. 12–39 B, C). Nach der Geburt obliterieren die Nabelvene und der Ductus venosus und bilden das **Lig. teres hepatis** und das **Lig. venosum** (s. „Die Umstellung des Kreislaufes bei der Geburt“, S. 256).

Kardinalvenen

Kurz nachdem sich die **Vv. cardinales posteriores** als längsverlaufende Gefäße in der dorsalen Körperwand gebildet haben, entwikkelt sich in den **Vv. subcardinales** ein neues Venensystem (Abb. 12–40 A). Diese Venen entstehen an der Medialseite der Urnieren und übernehmen schrittweise die venöse Versorgung dieses Organs von den hinteren Kardinalvenen. Kranial entleeren sie sich in die hinteren Kardinalvenen. Mit dem starken Wachstum der Urnieren vergrößern sich die Subkardinalvenen, rücken näher zusammen und bilden zwischen den Urnieren einen Plexus aus Anastomosen (Abb. 12–40 B). Es entsteht dann eine neue Verbindung zwischen der rechten Subkardinalvene und dem rechten Leber-Herz-Kanal. Sie besteht anfangs aus einem Gefäßplexus, entwickelt sich aber bald zu einem größeren Gefäß der **hepato-subkardinalen Anastomose (Lebersegment der V. cava inferior)** (Abb. 12–40 C). Wenn sich diese Verbindung ausgebildet hat, verschwindet die linke V. subcardinalis, und es bleibt nur ihr distaler Abschnitt als **linke Keimdrüsenvene** erhalten (Abb. 12–40 C). Das Blut der linken Körperhälfte wird über die linke **V. renalis,** die von einer Anastomose zwischen den Subkardinalvenen abstammt, nach rechts geleitet. **Damit wird die rechte Subkardinalvene zum Hauptvenenstamm und entwickelt sich zum renalen Segment der V. cava inferior** (Abb. 12–40 C).

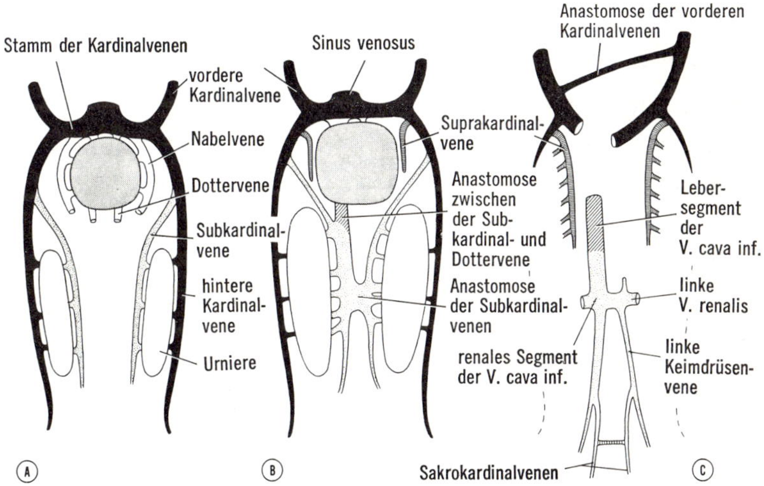

Abb. 12–**40** Schematische Darstellung der Entwicklung der V. cava inferior, der V. azygos und der V. cava superior. A, In der 4. Woche; B, In der 6. Woche; C, In der 7. Woche. Zwischen den Subkardinalvenen, den Sakrokardinalvenen und den vorderen Kardinalvenen entstehen Anostomosen.

Mit dem weiteren Wachstum des Embryos und der Ausbildung der unteren Extremitäten erscheint in den **Vv. sacrocardinales** ein drittes Venensystem (Abb. 12–40 C). Diese Venen gewinnen Anschluß an das System der Subkardinalvenen. Gleichzeitig entwickelt sich zwischen der rechten und linken Sakrokardinalvene eine Anastomose. Die rechte V. sacrocardinalis wird zum **sakrokardinalen Segment der V. cava inferior.** Die Verbindung zwischen den Sakrokardinalvenen wird zur linken **V. iliaca communis** (Abb. 12–40 B).

Mit der Obliteration der hinteren Kardinalvenen erscheint in den **Vv. supracardinales** ein viertes Venensystem (Abb. 12–40 und 12–41).

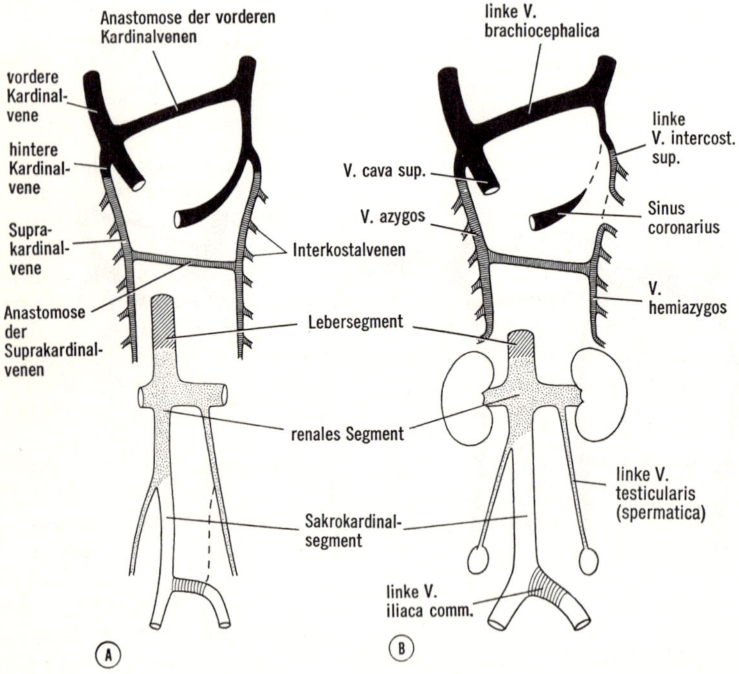

Abb. 12–**41** Die Darstellungen zeigen die weitere Entwicklung der V. cava inferior. A, Mit 9 Wochen; B, Bei der Geburt. Beachte die Anastomose zwischen den beiden Suprakardinalvenen (modifiziert nach Grünwald, McClure und Butler).

Diese Venen versorgen über die Interkostalvenen die Körperwand und übernehmen damit die Funktion der hinteren Kardinalvenen. Kranial entleeren sich die Suprakardinalvenen in den terminalen Abschnitt der hinteren Kardinalvenen. Die vierte bis elfte rechte Interkostalvene entleert sich in die rechte Suprakardinalvene die zusammen mit dem Endabschnitt der hinteren Kardinalvene die **V. azygos** bildet (Abb. 12–41). Auf der linken Seite münden die vierte bis siebte Interkostalvene in die linke Suprakardinalvene. Nachdem sich zwischen den beiden Suprakardinalvenen eine Verbindung entwickelt hat, entleert sich die linke Suprakardinalvene in der Hauptsache über die V. azygos. Die linke Suprakardinalvene wird dann als **V. hemiazygos** bezeichnet (Abb. 12–41).

Die Bildung von Anastomosen zwischen den rechten und linken Venenstämmen ist nicht auf den kaudalen Körperabschnitt beschränkt, sondern tritt auch zwischen den **Vv. cardinales anteriores** auf (Abb. 12–41). Die linke **V. brachiocephalica** entsteht als großes Anastomosengefäß zwischen der rechten und linken vorderen Kardinalvene. Der größte Teil des Blutstromes aus der linken Kopfhälfte und der linken oberen Extremität wird dann zur rechten Seite hin abgeleitet.

Der Endabschnitt der linken hinteren Kardinalvene und ein Teil der vorderen Kardinalvene münden in die linke V. brachiocephalica und bleiben so als kleines Gefäß (die **linke V. intercostalis superior**) erhalten (Abb. 12–41 B). Dieses Gefäß nimmt Blut aus dem zweiten und dritten Interkostalraum auf. Das entsprechende Gefäß der rechten Seite, die **rechte V. intercostalis superior,** entleert sich in die V. azygos. Die **V. cava superior** wird von der rechten V. cardinalis communis und dem proximalen Abschnitt der rechten vorderen Kardinalvene gebildet.

Lungenvenen

Etwa im 4-mm-Stadium läßt sich die gemeinsame Anlage der Lungenvene als Ausstülpung der dorsalen Wand des Vorhofes erkennen. Diese Knospe wächst dann in das dorsale Mesokard auf den Vorderdarm zu, von dem die Lungenknospen abgehen. Während sich die Vorhöfe weiter ausdehnen, wird der Stamm der Lungenvene allmählich in die Wand des linken Vorhofes einbezogen (Abb. 12–11). **Während also auf der rechten Seite der glattwandige Anteil des Vorhofs aus dem rechten Sinushorn stammt, entwickelt er sich links aus der Wand der Lungenvenen.** Die Lungenvenen werden so weit in den Vorhof einbezogen, bis schließlich zwei rechte und zwei linke Äste des Lungenvenenstammes in den linken Vorhof eintreten.

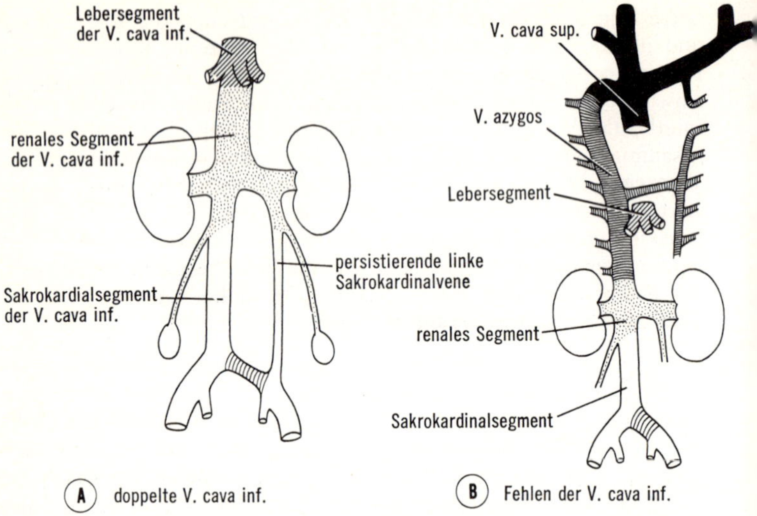

Abb. 12–**42** A, Doppelte V. cava inferior im Lumbalbereich infolge der Persistenz der linken Sakrokardinalvene. B, Fehlen der V. cava inferior. Der Blutabfluß aus der unteren Körperhälfte erfolgt über die V. azygos, die in die V. cava superior eintritt. Die V. hepatica mündet in das Herz an der Stelle der V. cava inferior ein.

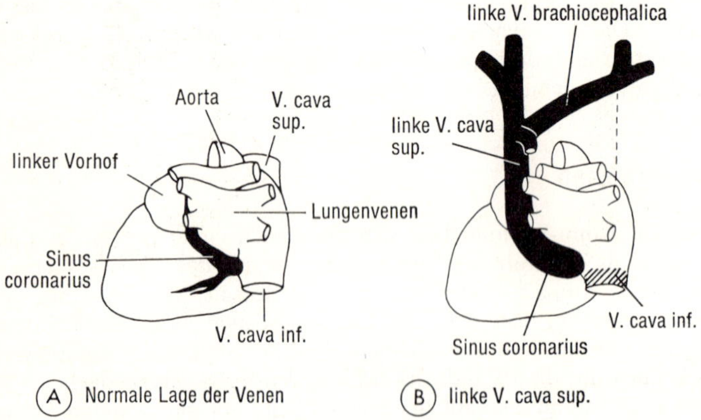

Abb. 12–**43** Die normale Lage der Vv. cavae und des Sinus coronarius beim Erwachsenen in der Ansicht von dorsal. B, Eine linke V. cava superior tritt in den rechten Vorhof über den Sinus coronarius ein.

Anomalien im Verlauf der Venen

Die Entwicklung der großen Hohlvenen ist sehr kompliziert. Es kommt daher häufig zu Abweichungen im Verlauf dieser Venen.

Doppelte V. cava inferior in Höhe der Lendenwirbelsäule

Bei dieser Anomalie (Abb. 12–42 A) hat die linke Sakrokardinalvene nicht ihre Verbindung mit der linken Subkardinalvene verloren. Die linke V. iliaca communis kann vorhanden sein oder fehlen. Die linke V. testicularis ist normal angelegt.

Fehlende V. cava inferior

Die rechte Subkardinalvene hat in diesem Fall (Abb. 12–42 B) keinen Anschluß an die Leber gefunden und leitet ihr Blut direkt in die rechte V. supracardinalis (Abb. 12–40 B). Der Blutstrom aus den kaudalen Körperregionen erreicht dann das Herz über die V. azygos und die V. cava superior. Die V. hepatica mündet anstelle der V. cava inferior in den rechten Vorhof. Zumeist ist die Anomalie mit anderen Herzmißbildungen verbunden.

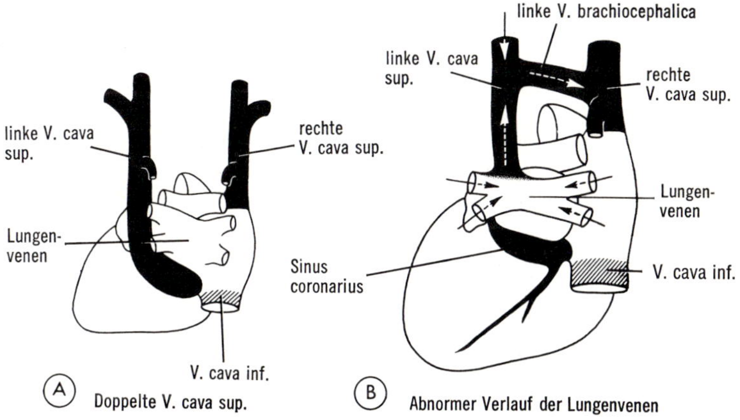

Abb. 12–**44** A, Doppelte V. cava superior. Die Anastomose zwischen den beiden vorderen Kardinalvenen hat sich nicht entwickelt (Ansicht von dorsal). B, Abnormer Verlauf der Lungenvenen. Die Lungenvenen treten in die linke V. cava superior ein, die sich über die V. brachiocephalica in die rechte V. cava superior entleert (Ansicht von dorsal)

Linke V. cava superior

Diese Anomalie (Abb. 12–43 B) wird durch Persistieren der linken vorderen Kardinalvene und Obliteration der V. cardinalis communis und des proximalen Anteils der vorderen Kardinalvene der rechten Seite verursacht. Bei diesen Verhältnissen wird das Blut über die V. brachiocephalica von der rechten zur linken Seite geleitet.

Doppelte V. cava superior

Es bleibt die linke vordere Kardinalvene erhalten, während die linke V. brachiocephalica fehlt (Abb. 12–44 A). Die persistierende linke vordere Kardinalvene heißt dann **V. cava superior sinistra** und leitet das Blut über den Sinus coronarius in den rechten Vorhof.

Abnormer Verlauf der Lungenvenen

Gelegentlich münden einige oder alle Lungenvenen nicht in den linken Vorhof. In der partiellen Form münden die abnormen Venen zumeist in den rechten Vorhof oder in die V. cava superior. Bei einem vollständig vom Normalen abweichenden Lungenvenenverlauf münden sie in eine persistierende linke V. cava superior (Abb. 12–44 B).

Die Umstellung des Kreislaufes bei der Geburt

Fetaler Kreislauf

Unser heutiges Wissen über den fetalen Kreislauf beruht größtenteils auf angiokardiographischen Untersuchungen beim fetalen Lamm und beim menschlichen Fetus.

Vor der Geburt erreicht das sauerstoffbeladene Blut aus der Plazenta den Fetus über die **Nabelvene.** Im Bereich der Leber fließt der Hauptteil dieses Blutes durch den **Ductus venosus** direkt in die V. cava inferior und passiert damit im Kurzschluß die Leber. Ein kleiner Teil erreicht die Lebersinusoide und vermischt sich hier mit Blut aus dem Pfortaderkreislauf (Abb. 12–45). Ein Sphinktermechanismus im Ductus venosus in der Nähe der Einmündungsstelle der Nabelvene reguliert den Zufluß von Nabelschnurblut durch die Lebersinusoide. Man nimmt an, daß dieser Sphinkter sich schließt, wenn infolge einer Uteruskontraktion der venöse Rückfluß zu stark ist, und daß auf diese Weise das Herz vor einer plötzlichen Überlastung geschützt wird.

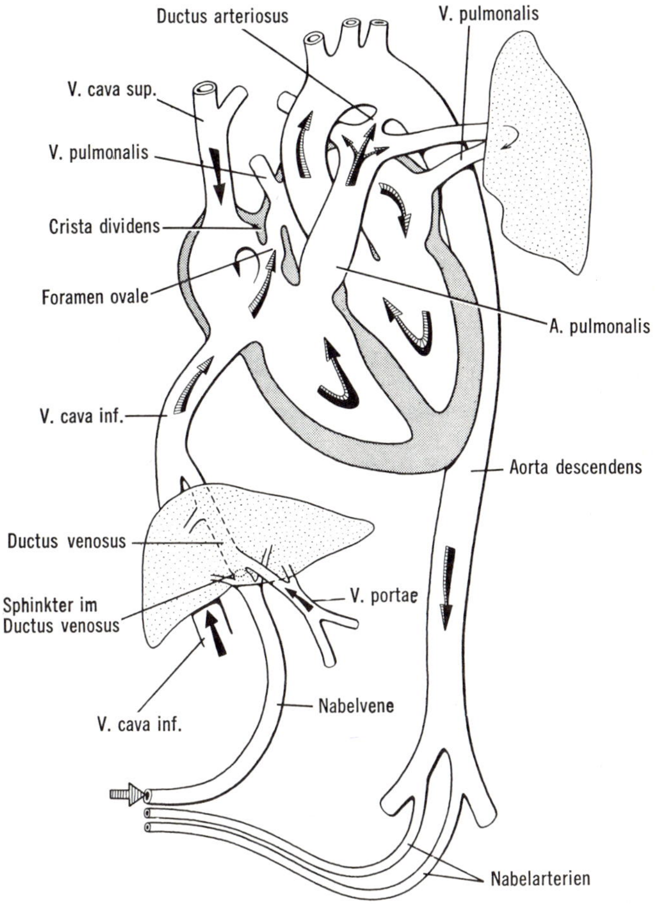

Abb. 12–**45** Der Blutkreislauf beim Menschen vor der Geburt. Die Pfeile zeigen die Richtung des Blutstromes an (gestrichelt, sauerstoffreich; schwarz, sauerstoffarm).

Nach kurzem Verlauf in der V. cava inferior tritt das Blut in den rechten Vorhof ein. Hier wird es durch die Klappe der V. cava inferior gegen das **Foramen ovale** geleitet, so daß die Hauptmenge des Blutstroms direkt in den linken Vorhof gelangt. Ein kleiner Teil wird jedoch durch den unteren Rand des Septum secundum, der **Crista dividens**, daran gehindert und verbleibt im rechten Vorhof. Hier mischt er sich mit dem sauerstoffarmen Blut, das aus der Kopfregion und den Armen über die V. cava superior zurückfließt.

Vom linken Vorhof aus gelangt das Blut in den linken Ventrikel und die Aorta ascendens. Da die Koronararterien und Karotiden die ersten Äste der Aorta ascendens sind, werden die Herzmuskulatur und das Gehirn mit sauerstoffreichem Blut versorgt. Das sauerstoffarme Blut aus der V. cava superior fließt durch den rechten Ventrikel in den Truncus pulmonalis. Der Widerstand in den Lungenarterien ist während des Fetallebens sehr hoch, so daß die Hauptmenge dieses Blutes durch den **Ductus arteriosus** direkt in die Aorta descendens gelangt, wo es sich mit dem Blut aus der proximalen Aorta vermischt. Von da fließt das Blut durch die beiden Nabelstrangarterien zur Plazenta.

Auf seinem Weg von der Plazenta zu den Organen des Fetus vermindert sich der hohe Sauerstoffgehalt des Blutes in der Nabelvene allmählich durch Vermischung mit sauerstoffarmem Blut. Theoretisch kann sich das in mehr oder weniger großem Ausmaß an folgenden Stellen ereignen: 1. in der Leber durch Vermischung mit einer kleinen Blutmenge, die aus dem Pfortadersystem zurückfließt; 2. in der V. cava inferior, die sauerstoffarmes Blut aus den unteren Extremitäten, dem Becken und den Nieren führt; 3. im linken Vorhof durch Vermischung mit Blut, das aus den Lungen zurückfließt; und 4. an der Eintrittsstelle des Ductus arteriosus in die Aorta descendens.

Umstellung bei der Geburt

Die plötzliche Umstellung des Kreislaufes bei der Geburt kommt durch die Unterbrechung des Blutzuflusses aus der Plazenta und den Beginn der Lungenatmung zustande. Durch die Kompression des Brustkorbes bei der Geburt wird die Amnionflüssigkeit im Bronchialbaum durch Luft ersetzt und die Atmung setzt plötzlich ein. Gleichzeitig schließt sich der Ductus arteriosus durch Muskelkontraktion seiner Wand. Dadurch steigt die Blutmenge, die durch die Lungengefäße fließt, schnell an. Dies wiederum führt zu einer Erhöhung des Drucks im linken Vorhof. Gleichzeitig mit diesen Veränderungen auf der linken Seite fällt der Druck im rechten Vorhof durch die Unterbrechung des Plazentarkreislaufes ab. Das Septum primum wird an das Septum secundum angepreßt und damit das Foramen ovale funktionell geschlossen.

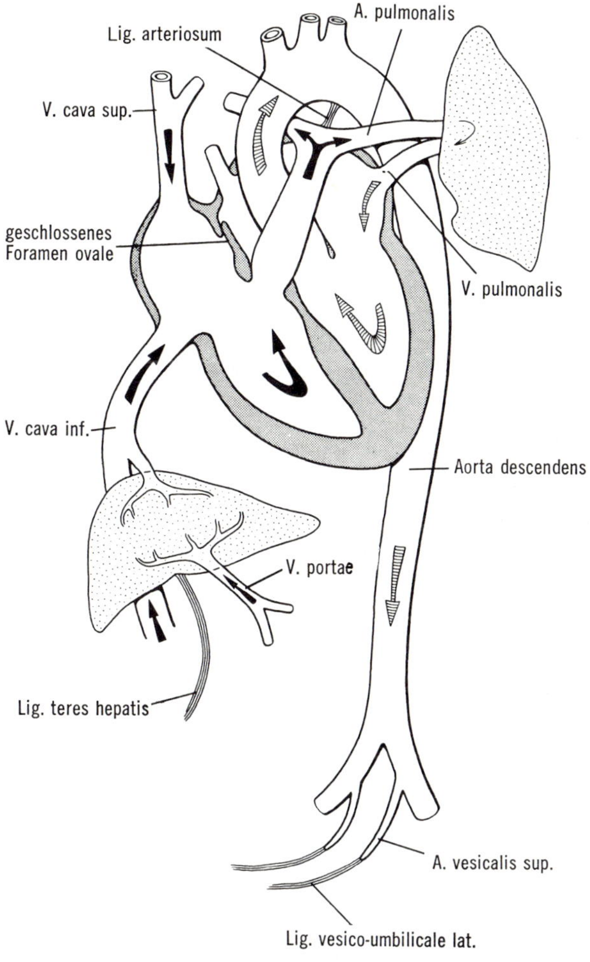

Abb. 12–**46** Der Kreislauf des Menschen nach der Geburt. Beachte die Veränderungen, die durch das Einsetzen der Atmung und die Unterbrechung des Plazentakreislaufes hervorgerufen werden.

Im folgenden werden die einzelnen Veränderungen, die mit der Geburt im Kreislaufsystem auftreten, noch einmal zusammengestellt (Abb. 12–46):

1. **Verschluß der Nabelarterien** durch Kontraktion der glatten Muskulatur in der Wand der Gefäße. Er wird wahrscheinlich durch thermale und mechanische Reize und durch Veränderung der Sauerstoffspannung ausgelöst. Funktionell schließen sich die Arterien wenige Minuten nach der Geburt. Die tatsächliche Obliteration des Lumens durch fibröse Proliferation kann jedoch zwei bis drei Monate in Anspruch nehmen. Die distalen Anteile der Nabelarterien bilden dann auf beiden Seiten das **Lig. vesicoumbilicale laterale,** die proximalen Anteile bleiben als **Aa. vesicales superiores** durchgängig.

2. Der **Verschluß der Nabelvene und des Ductus venosus** tritt kurz nach dem Verschluß der Nabelarterien ein. Das bedeutet, daß noch Blut aus der Plazenta einige Zeit nach der Geburt zum Neugeborenen hin fließen kann und daß dadurch eine zusätzliche Blutmenge, die 1 bis 4,5 % des kindlichen Gewichtes ausmachen kann, noch dem Kind zugeführt wird, bevor der Plazentarkreislauf gannz versiegt. Nach der Obliteration bildet die Nabelvene das **Lig. teres hepatis** im unteren Rand des Lig. falciforme. Der Ductus venosus, der von der Nabelvene zur V. cava inferior führt, obliteriert ebenfalls und bildet das **Lig. venosum.**

3. Der **Verschluß des Ductus arteriosus** durch Kontraktion seiner Wandmuskulatur tritt sofort nach der Geburt ein. Angiokardiographie und Herzkatheterisierung haben jedoch ergeben, daß während der ersten Tage nach der Geburt ein Links-rechts-Shunt nicht ungewöhnlich ist. Die vollständige anatomische Obliteration durch Intimaproliferation dauert etwa 1 bis 3 Monate. Beim Erwachsenen bildet der obliterierte Ductus arteriosus das **Lig. arteriosum.**

4. Der **Verschluß des Foramen ovale** kommt durch eine Druckerhöhung im linken Vorhof bei gleichzeitiger Druckverminderung auf der rechten Seite zustande. Mit dem ersten tiefen Atemzug wird das Septum primum gegen das Septum secundum gepreßt. In den ersten Lebenstagen ist dieser Verschluß jedoch noch reversibel. Schreien des Säuglings verursacht noch einen Rechts-links-Shunt, der für die zyanotischen Perioden beim Neugeborenen verantwortlich ist. Durch das dauernde Aneinanderpressen verschmelzen die beiden Septen innerhalb etwa eines Jahres miteinander. In 20 bis 25 % aller Fälle kommt es aber niemals zu einem vollkommenen anatomischen Verschluß.

Kapitel 13

Verdauungskanal und Anhangsorgane

Durch die kraniokaudale Krümmung und die laterale Abfaltung des Embryonalkörpers wird der vom Entoderm begrenzte Raum in einen intraembryonalen Anteil, den **primitiven Darmkanal,** und in zwei extraembryonale Anteile, den **Dottersack** und die **Allantois** unterteilt (Abb. 13–**1** A–D, 5–**10** und 5–**11**). In der Kranial- und in der Kaudalregion des Embryos bildet der primitive Darm je einen blind endenden Schlauch, den **Vorderdarm** und den **Enddarm.** Der mittlere Abschnitt, der **Mitteldarm,** bleibt vorübergehend durch den **Dottergang** mit dem Dottersack verbunden (Abb. 13–**1** D) (s. Kapitel 5, S. 65).

Die Beschreibung der weiteren Entwicklung geht von einer Einteilung des primitiven Darmkanals und seiner Anhangsorgane in vier Abschnitte aus: 1. dem **Schlunddarm** (Anlage des Pharynx), der als kranialer Anteil des Vorderdarms von der Rachenmembran bis zur Lungenknospe reicht (Abb. 13–**1** D und 13–**3**); 2. dem **kaudalen Abschnitt des Vorderdarms,** der kaudal von der Lungenknospe liegt und sich bis zur Leberknospe erstreckt; 3. dem **Mitteldarm,** der kaudal von der Leberknospe beginnt (an der vorderen Darmpforte) und bis zu dem Punkt reicht, an dem beim Erwachsenen die Grenze zwischen den rechten beiden Dritteln und dem linken Drittel des Colon transversum liegt (beim Embryo die hintere Darmpforte) und 4. dem **Enddarm,** dem Abschnitt von der hinteren Darmpforte bis zur Kloakenmembran (Abb. 13–**3**).

Die epitheliale Auskleidung des Verdauungskanals leitet sich vom Endoderm ab. Entsprechend sind die epithelialen Anteile der Verdauungsdrüsen, die aus dem Darmrohr aussprossen, entodermaler Herkunft. Die Muskel- und Bindegewebsschichten und der peritoneale Überzug stammen von der viszeralen Mesodermschicht ab.

Schlunddarm

Normale Entwicklung

Der kraniale Abschnitt des **Schlunddarms** (Anlage des Pharynx) grenzt direkt an das Ektoderm des Stomodaeums. Die auf diese Weise von Entoderm und Ektoderm gebildete Schicht heißt **Rachenmembran** (Abb. 13–**1** C und 13–**2** A). Am Ende der dritten Woche

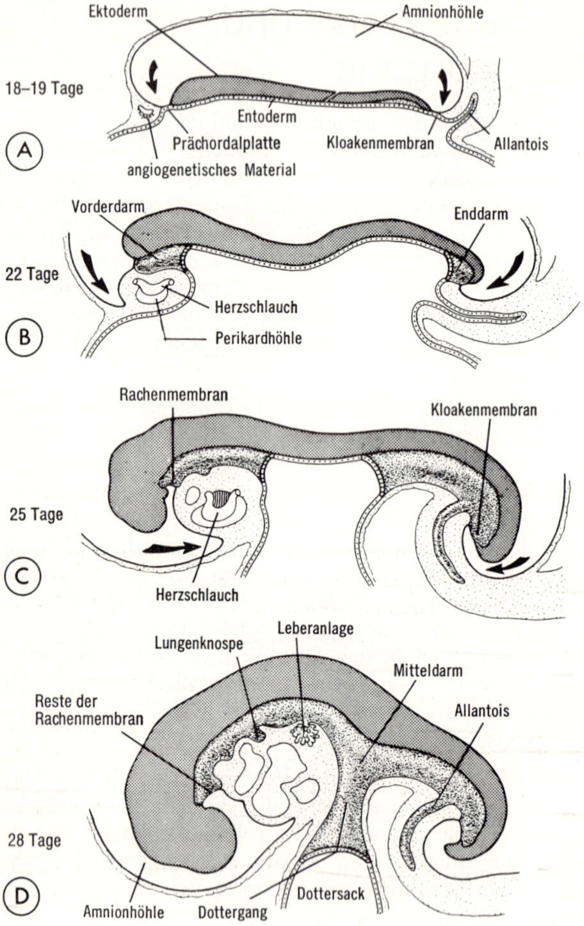

Abb. 13–**1** Schematische Sagittalschnitte durch Embryonen verschiedener Entwicklungsstadien, die den Einfluß der kraniokaudalen Krümmung und lateralen Abfaltung auf den von Entoderm ausgekleideten Hohlraum zeigen. Beachte die Entwicklung des Vorderarmes, des Mittel- und des Enddarmes. A, Präsomitenstadium; B, 7 Somiten-Stadium; C, 14 Somiten-Stadium; D, Am Ende des 1. Monats.

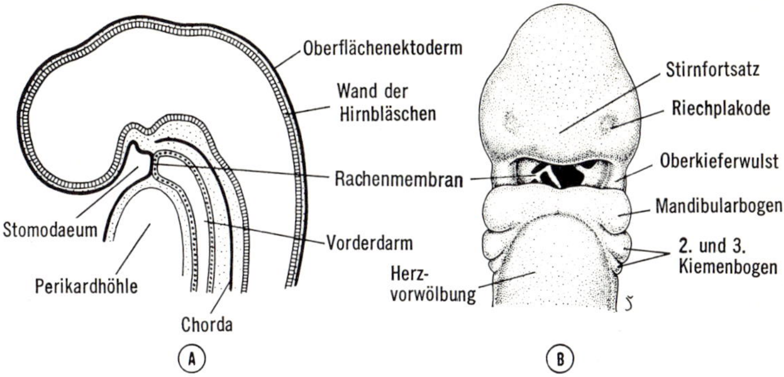

Abb. 13–**2** A, Sagittalschnitt durch den kranialen Körperabschnitt eines etwa 25 Tage alten Embryos. Die Rachenmembran wird vom Entoderm des Vorderdarmes und dem Ektoderm am Boden des Stomodaeums gebildet. B, Frontalansicht eines etwas älteren Embryos, bei dem die Rachenmembran bereits eingerissen ist.

reißt diese Membran ein, so daß nun das Stomodaeum und der Vorderdarm in offener Verbindung miteinander stehen (Abb. 13–**2** B).

Während der vierten und fünften Entwicklungswoche bildet der Schlunddarm eine Reihe von Aussackungen, die **Schlundtaschen** (Abb. 13–**3** B). Die Taschen treten in der lateralen Wand auf und schieben sich allmählich in das umgebende Mesenchym vor. Am Ende der fünften Woche erscheinen die Schlundtaschen vom Schlunddarm aus als schlitzförmige Öffnungen (Abb. 13–**4** A). Gleichzeitig mit der Ausbildung der Taschen erscheinen vier Furchen auf der Oberfläche des Embryos (Abb. 13–**4** B). Diese Furchen dringen als **Kiemenfurchen** in das darunterliegende Mesenchym vor. Die Kiemenfurchen reichen bis dicht an die Schlundtaschen heran. Sie brechen jedoch nur selten zu offenen Kiemenspalten durch.

Bei der Bildung der ektodermalen Furchen und entodermalen Taschen wird das Mesoderm, das den Schlunddarm umgibt, zur Seite geschoben. Auf diese Weise entstehen eine Reihe von Spangen, die **Kiemenbögen** (Abb. 13–**4** B). Bei den niederen Vertebraten können sechs oder mehr Kiemenbögen auftreten. Beim menschlichen Embryo entstehen jedoch nur fünf, von denen der unterste kaum noch zu erkennen ist.

Die Bildung der Kiemenbögen ist naturgemäß aufs engste mit der Bildung der Schlundtaschen und der Kiemenfurchen verbunden. In den folgenden Abschnitten soll die weitere Entwicklung dieser drei Komponenten dargestellt werden.

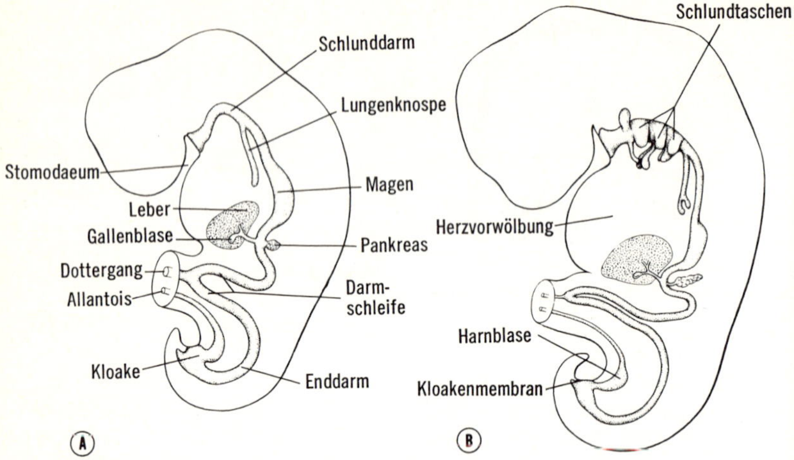

Abb. 13–**3** Schematische Darstellung eines Embryos während der 4. bis 5. Entwicklungswoche, die die Entwicklung des Gastrointestinaltraktes und der vom Entoderm abstammenden Anhangsorgane zeigt.

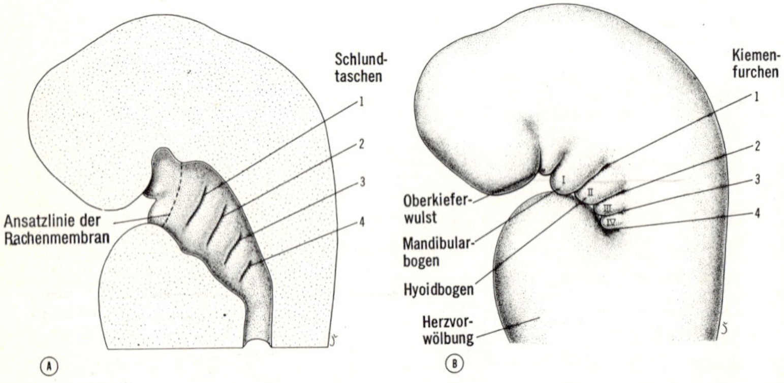

Abb. 13–**4** A, Sagittalschnitt durch den kranialen Körperabschnitt eines 5 Wochen alten Embryos (etwa 6 mm), auf dem die Öffnungen der Schlundtaschen an der lateralen Wand des Schlunddarmes zu sehen sind. Der Ort Rachenmembran ist gestrichelt eingezeichnet. B, Die Kiemenbögen und Kiemenfurchen bei einem 5 Wochen alten Embryo.

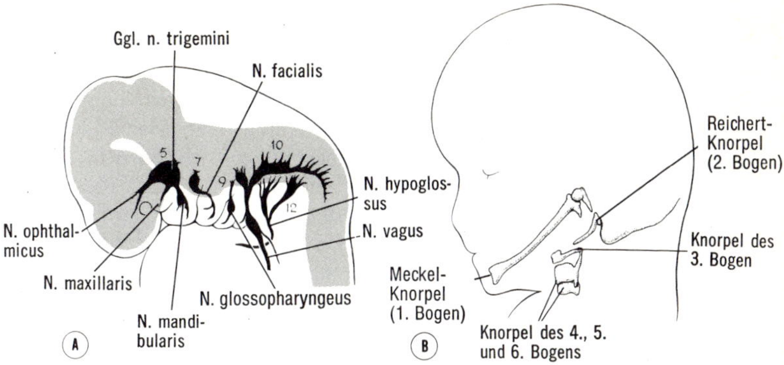

Abb. 13–**5** A, Die Muskulatur der Kiemenbögen wird von den entsprechenden Hirnnerven versorgt. Der N. trigeminus versorgt den ersten Kiemenbogen und besitzt drei Äste; der Nerv des zweiten Bogens ist der N. facialis, der des dritten der N. glossopharyngeus. Die Muskulatur des vierten Bogens wird von einem oberen Schlundast des N. vagus versorgt, die des sechsten Bogens durch den N. recurrens des Vagus. Der N. hypoglossus versorgt die Zungenmuskulatur. B, Es sind die knorpeligen Komponenten der Kiemenbögen beim menschlichen Embryo dargestellt. Ein Teil davon verknöchert, während der andere wieder verschwindet oder sich zu Bändern umwandelt. Der Oberkieferwulst (Abb. 13–**4)** und der Meckel-Knorpel werden durch den definitiven Oberkiefer und Unterkiefer ersetzt. Beide entstehen durch desmale Ossifikation.

Die Kiemenbögen

Das äußere Aussehen eines vier bis fünf Wochen alten Embryos wird in charakteristischer Weise von den Kiemenbögen geprägt, die durch die tiefen Kiemenfurchen voneinander getrennt sind (Abb. 5–4, 5–**13** und 13–4 B). **Jeder Bogen enthält eine Knorpelspange, eine Kiemenbogenarterie, die mit einem Aortenbogen identisch ist, einen Kiemenbogennerv und die entsprechende Muskulatur** (Abb. 13–5 A, B). Ein Teil der Knorpelanlagen löst sich allmählich wieder auf, während andere als Knochen oder Knorpel für das ganze Leben erhalten bleiben (Abb. 13–**6**). Die Muskelanlagen der einzelnen Bögen können sich vom knöchernen oder knorpeligen Skelett ihres Bogens lösen und in benachbarte Gebiete auswandern. Die Herkunft dieser Muskeln kann jedoch immer auf Grund ihrer Nervenversorgung, die vom Ursprungsbogen her erfolgt, angegeben werden.

Erster Kiemenbogen

Die knorpelige Komponente des ersten Kiemenbogens, des **Mandibularbogens,** besteht aus einem kleinen dorsalen Anteil, dem späteren **Incus** und einem großen ventralen Anteil, dem **Meckel-Knorpel** (Abb. 13–5 B). Der Meckel-Knorpel bildet sich zurück. Sein dorsales Ende wandelt sich zum **Malleus** um (Abb. 13–**6**). Die **Mandibula** wird sekundär durch desmale Ossifikation von mesodermalem Gewebe, das den Meckel-Knorpel umgibt, gebildet. Ein Teil des Meckel-Knorpels wandelt sich fibrös um und wird zum Ligamentum sphenomandibulare.

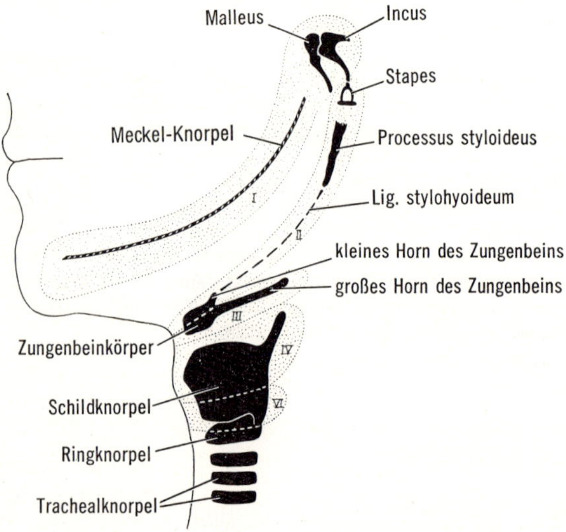

Abb. 13–**6** Die Darstellung zeigt die definitiven Gebilde, die aus den knorpeligen Anteilen der einzelnen Kiemenbögen entstehen (modifiziert nach Giroud).

Die Muskulatur des Mandibularbogens (die **Kaumuskulatur,** der **vordere Bauch des M. digastricus** und der **M. tensor tympani**) wird durch den Nerven des ersten Kiemenbogens, den **N. mandibularis** (Ast des N. trigeminus), innerviert (Abb. 13–5 A). Dieser Nerv versorgt außerdem die Haut des Unterkiefers und die vorderen zwei Drittel der Zungenschleimhaut.

Zweiter Kiemenbogen

Der Knorpel des zweiten Kiemenbogens, des **Hyoidbogens,** heißt **Reichert-Knorpel** (Abb. 13–5 B). Aus ihm entstehen der **Stapes,** der **Processus styloideus des Schläfenbeins,** das **Lig. stylohyoideum** sowie aus seinem ventralen Anteil das **kleine Horn** und der **kraniale Abschnitt des Zungenbeinkörpers** (Abb. 13–6).

Die Muskeln des Hyoidbogens (**M. stapedius, M. stylohyoideus,** der **hintere Bauch des Digastricus** und die **mimische Gesichtsmuskulatur**) werden vom **N. facialis,** dem Nerven des zweiten Kiemenbogens versorgt (Abb. 13–5 A).

Dritter Kiemenbogen

Der Knorpel dieses Bogens erzeugt den **kaudalen Teil** und das **große Horn (Cornu majus) des Zungenbeins** (Abb. 13–6).

An Muskulatur stammt aus diesem Bogen der **M. stylopharyngeus** und wahrscheinlich der **M. constrictor pharyngis superior.** Sie werden vom Nerv des dritten Kiemenbogens, dem **N. glossopharyngeus** innerviert (Abb. 13–5 A). Da ein Teil der Zunge auch aus dem dritten Bogen stammt, erfolgt ihre sensorische Innervation zum Teil ebenfalls über den N. glossopharyngeus.

Vierter und sechster Kiemenbogen

Die knorpeligen Anteile dieser Bögen verschmelzen zum **Schild-, Ring-** und **Aryknorpel** des Kehlkopfs (Abb. 13–5 B und 13–6).

Die Muskeln des vierten Bogens (**M. cricothyroideus** und die **Konstriktoren des Pharynx**) werden vom **R. laryngeus superior des N. vagus,** dem Nerven des vierten Kiemenbogens innerviert. Die inneren Kehlkopfmuskeln werden dagegen vom **N. laryngeus recurrens** versorgt, der ebenfalls vom Vagus abzweigt und der Nerv des sechsten Bogens ist (Abb. 13–5 A).

Die Schlundtaschen

Der menschliche Embryo hat auf jeder Seite fünf Schlundtaschen (Abb. 13–3 B und 13–4 A). Die letzte dieser Taschen ist atypisch und wird oft als Teil der vierten angesehen. Da die epitheliale entodermale Auskleidung der Taschen zur Entstehung einer Reihe wichtiger Organe führt, wird die Entwicklung jeder Tasche für sich besprochen.

Erste Schlundtasche

Die erste Schlundtasche bildet ein gestieltes Divertikel, das als **tubotympanaler Raum** mit dem Epithel der ersten Kiemenfurche in Verbindung tritt (Abb. 13–7 A, B). Der distale Abschnitt der Ausbuchtung erweitert sich sackförmig zur Anlage der **Paukenhöhle,** während der proximale Teil eng bleibt und die **Tuba Eustachii** bildet. Der entodermale Überzug der Paukenhöhle beteiligt sich später an der Bildung des **Trommelfells** (s. Kapitel 17, S. 374).

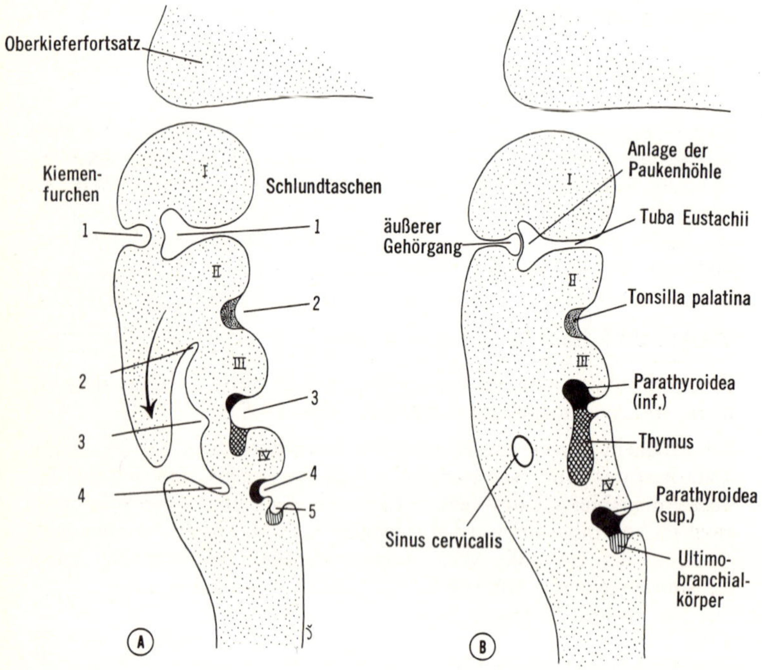

Abb. 13–**7** A, Schematische Darstellung der Entwicklung der Kiemenfurchen und -taschen. Der zweite Kiemenbogen überwächst den dritten und vierten, so daß die zweite, dritte und vierte Kiemenfurche zugedeckt werden. B, Die Überreste der zweiten, dritten und vierten Kiemenfurche bilden den Sinus cervicalis. Die weitere Differenzierung des Schlundtaschenentoderms ist angedeutet (modifiziert nach Starck).

Zweite Schlundtasche

Der größte Anteil dieser Tasche obliteriert. Das Epithel des verbleibenden Teils proliferiert und bildet zusammen mit dem sekundär einwandernden mesodermalen Gewebe die Anlage der **Gaumenmandel** (Abb. 13–7 A, B). Zwischen dem dritten und fünften Monat wird die Mandel allmählich von lymphatischem Gewebe infiltriert.

Dritte Schlundtasche

Die dritte und vierte Schlundtasche zeichnen sich durch eine dorsale und ventrale Ausstülpung an ihrem Endabschnitt aus. In der fünften Entwicklungswoche wandelt sich das Epithel der dorsalen Ausstülpung der dritten Tasche in **Nebenschilddrüsengewebe** um, während sich aus der ventralen Ausstülpung die **Thymusanlage** entwickelt (Abb. 13–7 A, B).

Das fortschreitende Wachstum des Thymus- und Nebenschilddrüsengewebes führt zu Obliteration der Tasche. In der sechsten Woche verlieren beide Drüsenanlagen ihre Verbindung mit der Pharynxwand. Der Thymus wandert dann in kaudaler und medialer Richtung und nimmt dabei die Nebenschilddrüse mit (Abb. 13–8). Während der Hauptanteil des Thymus rasch in seine endgültige Lage im Thorax wandert, um sich dort mit der Thymusanlage der Gegenseite zu vereinigen, wird der Schwanzteil immer länger und zerfällt schließlich in kleine Fragmente. Diese bilden sich normalerweise zurück, können aber manchmal in der Schilddrüse eingebettet oder als isolierte Thymusnester persistieren.

Das Nebenschilddrüsengewebe der dritten Schlundtasche findet schließlich seinen endgültigen Platz auf der dorsalen Fläche der Schilddrüse und bildet beim Erwachsenen die **Glandula parathyroidea inferior** (Abb. 13–8). Manchmal wird dieses Nebenschilddrüsengewebe zu weit nach unten mitgenommen und kann dann am unteren Pol der Schilddrüse oder sogar im Thorax in der Nähe des Thymus gefunden werden.

Vierte Schlundtasche

Das Epithel der dorsalen Ausstülpung dieser Tasche bildet die **Glandula parathyroidea superior.** Die Bedeutung des ventralen Teils der Tasche ist ungeklärt. Man nimmt an, daß daraus beim Menschen noch Thymusgewebe entstehen kann, das jedoch kurz nach seiner Bildung wieder verschwindet, ohne zum definitiven Thymus etwas beizutragen. Nach Ansicht einiger Embryologen steuert die vierte Schlundtasche auch etwas zur Schilddrüse bei, indem sie die sog. **laterale Thyroidea** bildet. Ein sicherer Beweis dafür, daß ein Teil der Schilddrüse von der vierten Schlundtasche abstammt, steht jedoch noch aus.

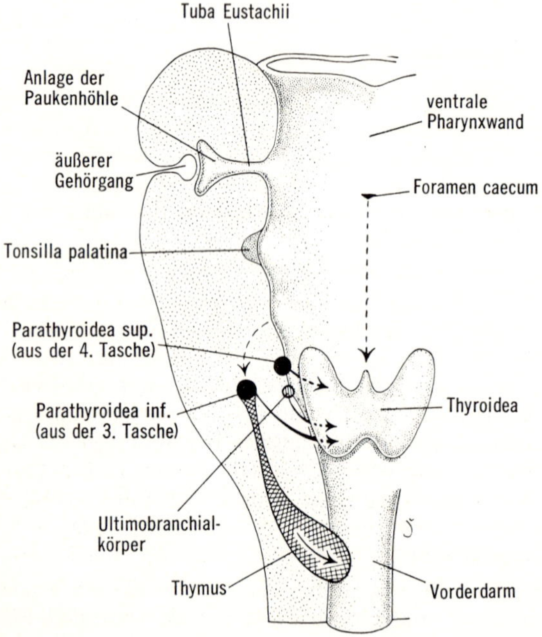

Abb. 13–**8** Schematische Darstellung der Wanderung des Thymus, der Nebenschilddrüsen und des Ultimobranchialkörpers (Ansicht von vorn). Die Schilddrüsenanlage entsteht ventral in der Wand des Schlunddarmes in Höhe des Foramen ceacum und steigt dann bis zum ersten Trachealknorpel herab (modifiziert nach Starck).

Wenn das Epithelkörperchen seine Verbindung mit der Pharynxwand verloren hat, heftet es sich an die nach kaudal wandernde Schilddrüse an und kommt schließlich auf der dorsalen Oberfläche der Drüse als **Glandula parathyroidea superior** zu liegen (Abb. 13–8).

Fünfte Schlundtasche

Diese Schlundtasche entwickelt sich zuletzt und wird gewöhnlich für einen Teil der vierten Tasche gehalten. Aus ihr entsteht der **ultimobranchiale Körper,** der später in die Schilddrüse einbezogen wird. Beim Erwachsenen lassen sich die Zellen des ultimobranchalen Körpers manchmal als Gruppen von großen, blassen Zellen erkennen. Über Funktion und späteres Schicksal dieses Organs sind viele Theorien aufgestellt worden, ohne daß eine allgemeine Übereinstimmung erreicht worden wäre.

Die Kiemenfurchen

Beim fünf Wochen alten Embryo sind vier Kiemenfurchen vorhanden, von denen nur die erste zur definitiven Gestalt des Embryos beiträgt. Der dorsale Abschnitt der Furche wächst durch das angrenzende Mesoderm auf die erste Schlundtasche zu und bildet den **Meatus acusticus externus** (Abb. 13–7 und 13–8). Das Epithel in der Tiefe des primitiven Gehörganges ist an der Bildung des **Trommelfells** beteiligt (s. Kapitel 17, S. 374).

Die lebhafte Proliferation des Mesoderms im zweiten Kiemenbogen führt dazu, daß dieser sich nach kaudal ausdehnt und den dritten und vierten Bogen überlappt. Schließlich verschmilzt der zweite Bogen mit der sog. **epikardialen Leiste** im unteren Halsabschnitt (Abb. 13–7 A, B). Infolge dieses Überlappens werden die zweite, dritte und vierte Kiemenfurche allmählich zugedeckt und verlieren die Verbindung mit der Oberfläche (Abb. 13–7 B). Die Furchen bilden vorübergehend eine von Ektoderm ausgekleidete Höhle, den **Sinus cervicalis,** der aber im Laufe der weiteren Entwicklung wieder völlig verschwindet.

Der Schlundboden

Zunge

Die Anlage der Zunge tritt in etwa vier Wochen alten Embryonen in Form von zwei **seitlichen Zungenwülsten** und einem medialen Höckerchen, dem **Tuberculum impar** auf (Abb. 13–9 A). Diese drei Wülste entstehen durch Proliferation von Mesoderm in den ventralen Abschnitten des Mandibularbogens. Ein zweiter Medianwulst, die **Copula** oder der **Hypobranchialhöcker,** wird durch Mesoderm des zweiten, dritten und teilweise des vierten Kiemenbogens gebildet.

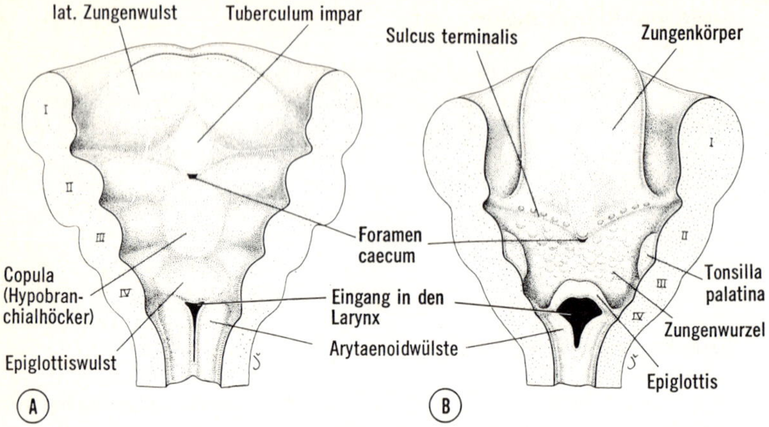

Abb. 13–**9** Ansicht der ventralen Abschnitte der Kiemenbögen von oben, zur Darstellung der Zungenentwicklung. Die Schnittfläche der Kiemenbögen sind mit den Zahlen I bis IV bezeichnet. A, Im Alter von 5 Wochen (etwa 6 mm). B, Im 5. Monat. Beachte das Foramen caecum als Ursprungsort der Schilddrüsenanlage sowie den Sulcus terminalis, der die Grenze zwischen dem ersten und zweiten Kiemenbogen darstellt.

Schließlich erscheint ein dritter medialer Wulst, der durch den hinteren Teil des vierten Kiemenbogens gebildet wird, als Anlage der **Epiglottis.** Unmittelbar dahinter beginnt, flankiert von den **Arytaenoidwülsten,** die **Tracheobronchialrinne** (Larynxabgang).

Durch die Proliferation und das Einwachsen von benachbartem Mesoderm vergrößern sich die lateralen Zungenwülste, verschmelzen miteinander und bilden so die **vorderen zwei Drittel der Zunge** (Abb. 13–**9** B). Die Schleimhaut für diesen Abschnitt stammt aus dem ersten Kiemenbogen und wird daher vom dritten Ast des Trigeminus über den N. lingualis versorgt. Zwischen den vorderen zwei Dritteln Zunge und dem hinteren Drittel liegt eine V-förmige Rinne, der **Sulcus terminalis** (Abb. 13–**9** B).

Der hintere Abschnitt, die **Zungenwurzel,** entwickelt sich aus dem zweiten, dritten und einem Teil des vierten Kiemenbogens. Da beim Erwachsenen die sensorische Innervation dieses Zungenabschnittes vom **N. glossopharyngeus** her erfolgt, hat sich wahrscheinlich Gewebe aus dem dritten Bogen über das Material aus dem zweiten geschoben. Der hinterste Abschnitt der Zunge und die Epiglottis werden vom **N. laryngeus superior** innerviert. Dies weist darauf hin, daß sie aus dem vierten Kiemenbogen entstanden sind.

Einige der Zungenmuskeln entwickeln sich wahrscheinlich **in situ,** während andere vom Mesoderm aus den okzipitalen Somiten abstammen sollen. Für diese Theorie spricht, daß die Zungenmuskulatur vom N. hypoglossus innerviert wird.

Schilddrüse

Die Anlage der Schilddrüse erscheint in der dritten Entwicklungswoche als Epithelknospe am Boden des Schlunddarmes zwischen dem Tuberculum impar und der Copula. Die Abgangsstelle ist später noch als **Foramen caecum** sichtbar (Abb. 13–**9** und 13–**10**). Die Schilddrüsenanlage dringt dann in das benachbarte Mesoderm ein und wandert vor dem Schlunddarm als zweizipfeliges Diverticulum nach kaudal (Abb. 13–**10**). Während dieser Wanderung bleibt die Drüsenanlage mit dem Boden des Schlunddarmes über einen engen Kanal, den **Ductus thyroglossus,** verbunden. Dieser Gang verliert später sein Lumen und bildet sich schließlich ganz zurück.

In der weiteren Entwicklung wandert die Schilddrüsenanlage am Zungenbein und an den Kehlkopfknorpeln vorbei weiter nach unten. In der siebten Woche erreicht sie ihre endgültige Lage vor der Trachea (Abb. 13–**13**). Sie besteht dann aus einem kleinen medialen Isthmus und zwei seitlichen Lappen. Ob ein Teil der Schilddrüse aus dem Epithel der vierten Schlundtasche entsteht, wird noch diskutiert. Die Schilddrüse nimmt etwa am Ende des dritten Monats ihre Funk-

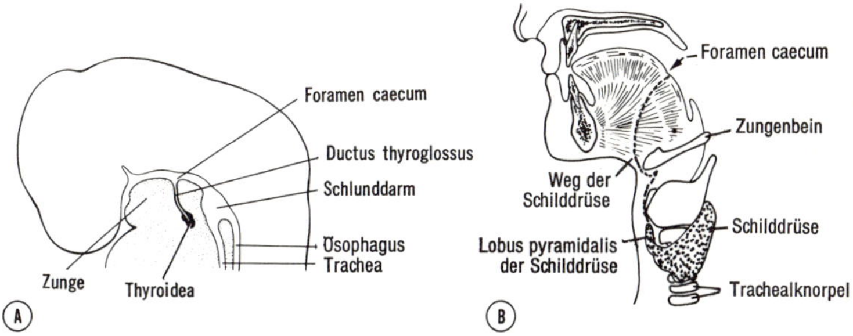

Abb. 13–**10** A, Die Schilddrüsenanlage entsteht als ein epitheliales Divertikel des Schlunddarmes in der Mittellinie direkt kaudal vom Tuberculum impar. Sie wandert dann im lockeren Mesenchym des Vorderdarmes nach kaudal, bleibt jedoch vorübergehend mit dem Vorderdarm über den Ductus thyroglossus verbunden. B, Definitive Lage der Schilddrüse. Der Abstiegsweg ist gestrichelt eingezeichnet.

tion auf. Zu diesem Zeitpunkt werden die ersten kolloidgefüllten Follikel sichtbar.

Aus der Beschreibung geht hervor, daß aus dem embryonalen Schlunddarm der größte Teil der Mundhöhle, die Zunge, die Schilddrüse und die einzelnen von den Schlundtaschen abstammenden Organe entstehen. Erst wenn diese Entwicklung abgeschlossen ist, läßt sich der Schlunddarm mit dem definitiven Pharynx vergleichen, der aus dem Naso- und Oropharynx besteht. Der Kehlkopfabschnitt des definitiven Pharynx liegt unmittelbar dorsal vom knorpeligen Larynxskelett.

Respirationstrakt

Beim drei Wochen alten Embryo (mit etwa 14 Somiten) erscheint die Anlage der Lungen als ein entodermales Divertikel, das von der ventralen Wand des Vorderdarmes kaudal vom Hypobranchialhöcker abgeht (Abb. 13–1 D und 13–9). Der Respirationstrakt ist somit entodermalen Ursprungs.

Ursprünglich steht das **Lungendivertikel** über seine ganze Länge in offener Verbindung mit dem Vorderdarm. Es wird jedoch bald von ihm durch das **Septum oesophagotracheale** abgeschnürt (Abb. 13–**11**). Die offene Verbindung zwischen der Anlage des Respirationstraktes und dem Vorderdarm bleibt nur im Bereich der späteren **Kehlkopföffnung** erhalten (Abb. 13–9 B). Der Vorderdarm zerfällt damit in einen ventralen Abschnitt, die Anlage des **Respirationstraktes** und einen dorsalen Abschnitt, die Anlage des **Ösophagus.**

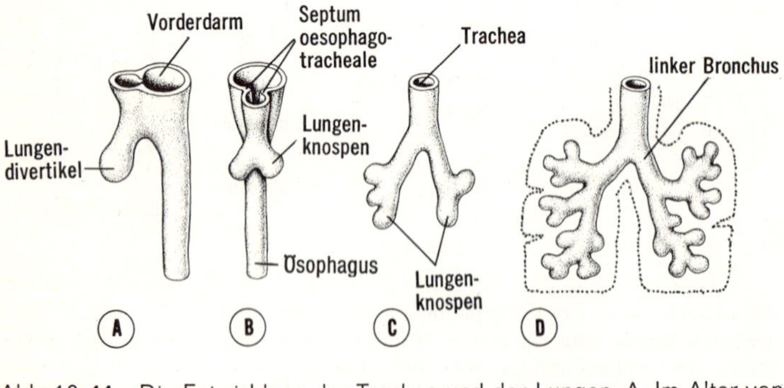

Abb. 13–**11** Die Entwicklung der Trachea und der Lungen. A, Im Alter von 3 Wochen, Ansicht von lateral; B, Mit 4 Wochen, Ansicht von ventral; C, Mit 5 Wochen; D, Im Alter von 6 Wochen (nach verschiedenen Quellen).

Trachea, Bronchien und Lungen

Während sich die Anlage des Respirationstraktes vom Vorderdarm abschnürt, wächst sie gleichzeitig nach kaudal und bildet in der Mitte die **Trachea** und nach lateral zwei Aussackungen, die **Lungenknospen** (Abb. 13–**11** B, C). Die rechte Lungenknospe teilt sich dann in drei Äste, die Anlagen der **Hauptbronchien.** Auf der linken Seite entstehen entsprechend zwei Hauptbronchien (Abb. 13–**11** C). Auf diese Weise kündigt sich bereits die Gliederung in drei Lappen auf der rechten Seite und in zwei auf der linken an (Abb. 13–**11** D). Die Lungenknospen wachsen nach lateral und nach kaudal in die Zölomhöhle vor. Sie schieben dabei die sie bedeckende viszerale Mesodermschicht vor sich her. Die Leibeshöhle wird in diesem Bereich als Pleuroperitonealkanal bezeichnet (Abb. 13–**12** A und 14–**1** A). Die Pleuroperitonealkanäle stehen oben mit der Perikardhöhle und nach unten mit der Peritonealhöhle in offener Verbindung. Durch den Verschluß dieser Öffnungen werden die Pleuroperitonealkanäle zu den Pleurahöhlen (s. Kap. 14, S. 302). Aus dem viszeralen Mesoderm entsteht die viszerale Pleura auf der Oberfläche der Lunge. Aus dem parietalen Mesoderm entsteht die parietale Pleura auf der Innenseite der Leibeswand (13–**12** B).

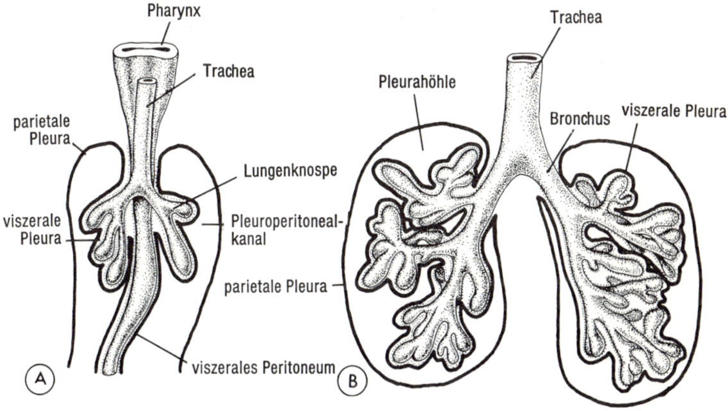

Ab. 13–**12** A, Einwachsen der Lungenknospen in die Pleuroperitonealkanäle beiderseits vom Ösophagus (vergl. auch Abb. 14–**1** A und 14–**2**). In diesem Stadium stehen die Pleuroperitonealkanäle in offener Verbindung mit der Peritonealhöhle. B, Die Lungenknospen in einem späteren Stadium. Die Pleuroperitonealkanäle sind gegen die Peritonealhöhle abgeschlossen. Sie bilden jetzt die Pleurahöhlen. Die viszerale Pleura geht an der Lungenwurzel in die parietale Pleura über.

Im weiteren Verlauf teilen sich die Hauptbronchien wiederholt dichotom. Am Ende des sechsten Monats sind annähernd 17 derartige Teilungsschritte abgelaufen. Bevor jedoch der Bronchialbaum seine endgültige Gestalt erreicht, laufen noch sechs weitere Teilungsschnitte ab. Sie finden erst nach der Geburt statt. Während ihrer Entwicklung wandern die Lungen kaudalwärts. Bei der Geburt liegt die Bifurkation der Trachea in Höhe des vierten Brustwirbels. Das Mesoderm, das den Bronchialbaum umgibt, differenziert sich zu Knorpel, Muskelgewebe und Blutgefäßen, so daß der entodermale Bronchialbaum schließlich von mesodermalen Geweben eingehüllt wird.

Alveolen

Im 7. Monat bilden sich an den Endverzweigungen der Lungenanlage die Alveolen. Die Zellen des Alveolarepithels lagern sich direkt an das Endothel der umgebenden Kapillaren an. Vom 7. Monat an sind genügend Alveolen und Kapillaren vorhanden, um bei einer Frühgeburt das Überleben zu ermöglichen.

Neben den dünn ausgezogenen Alveolarepithelzellen differenzieren sich in den Alveolen Zellen mit einem schaumigen Zytoplasma, die eine oberflächenaktive Substanz produzieren. Sie führt an der Grenzschicht zwischen Luft und Alveolarepithel zu einer Verminderung der Oberflächenspannung. Dadurch wird bei der Exspiration der Rückfluß von seröser Flüssigkeit in die Alveolen verhindert. Ein Restvolumen an Luft bleibt als Schaumpolster in der Lunge zurück. Die mangelhafte Differenzierung dieser Zellen ist wahrscheinlich die Ursache für das **Syndrom der hyalinen Membranen,** einer häufigen Todesursache bei frühgeborenen Kindern.

Obwol *in utero* respiratorische Brustkorbbewegungen vorkommen können, sind die Alveolen von totgeborenen Kindern kollabiert. Der Bronchialbaum ist mit Amnionflüssigkeit gefüllt. Normalerweise wird die Amnionflüssigkeit kurz nach der Geburt so schnell resorbiert, daß bereits am dritten postnatalen Tag sämtliche Alveolen geöffnet sind.

Angeborene Mißbildungen

Laterale Halszysten (branchiogene Zysten)

In der sechsten Entwicklungswoche wächst der zweite Kiemenbogen über den dritten und vierten Bogen hinweg und verschmilzt mit der Epikardialleiste im unteren Halsbereich. Auf diese Weise werden die zweite, dritte und vierte Kiemenfurche durch den zweiten Kie-

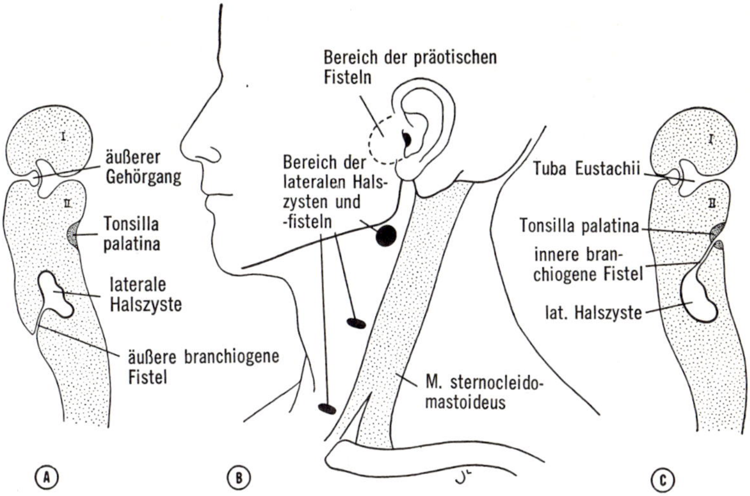

Abb. 13–**13** A, Schematische Darstellung einer lateralen Halszyste, die über eine Fistel mit der Körperoberfläche in Verbindung steht. B, Lage der lateralen Halszysten und Fisteln vor dem M. sternocleidomastoideus. Der Bezirk, in dem präotische Fisteln vorkommen, ist ebenfalls eingezeichnet. C, Laterale Halszyste, die im Bereich der Gaumentonsillen in den Pharynx mündet.

menbogen überdeckt (Abb. 13–7 B und 13–**13** A). Wenn diese Entwicklung gestört wird, können Überreste der Furchen mit der Körperoberfläche über einen engen Kanal in Verbindung bleiben. Es kommt zur Bildung einer **branchiogenen Fistel** (Abb. 13–**13** A). Diese Fistel liegt im lateralen Halsbereich am vorderen Rand des M. sternocleidomastoideus und steht in den meisten Fällen mit einer tiefer gelegenen **lateralen Halszyste** in Verbindung. Die Zysten sind Überbleibsel des Sinus cervicalis und liegen zumeist dicht unterhalb des Kieferwinkels (Abb. 13–**13** B). Sie können jedoch überall am vorderen Rand der Sternocleidomastoideus auftreten. Häufig wird eine laterale Halszyste bei der Geburt nicht entdeckt, sondern fällt erst auf, wenn sie sich im Laufe des Lebens vergrößert (Abb. 13–**14**). Die lateralen Halszysten enthalten oftmals Cholesterinkristalle und neigen zur karzinomatösen Entartung.

Eine seltene Anomalie ist die **innere branchiogene Fistel.** Der Sinus cervicalis steht dabei mit dem Pharynx über einen kleinen Gang in Verbindung, der in den meisten Fällen im Bereich der Tonsillen mündet (Abb. 13–**13** C). In diesem Fall muß die Membran zwischen

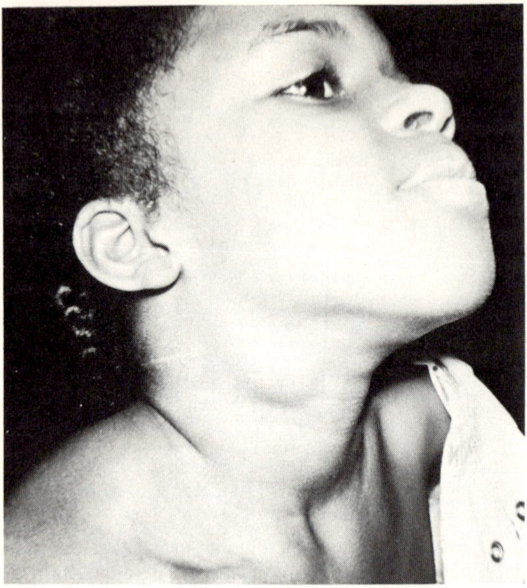

Abb. 13–**14** Patient mit lateraler (branchiogener) Halszyste. Die lateralen Halszysten liegen seitlich vor dem M. sternocleidomastoideus, häufig im Bereich des Kieferwinkels. Im Gegensatz dazu liegen die Thyroglossuszysten in der Mittellinie, häufig unter dem Zungenbein. (Dr. A. Shaw, Dept. of Surgery, University of Virgina).

der zweiten Kiemenfurche und Schlundtasche irgendwann im Laufe der Entwicklung eingerissen sein.

Manchmal wird eine branchiogene Fistel mit einer **präotischen Fistel** verwechselt. Diese Fisteln liegen direkt vor dem Ohr und stehen wahrscheinlich mit den branchiogenen Fisteln in keinem Zusammenhang (Abb. 13–**13** B). Man nimmt an, daß sie durch die unvollständige Rückbildung einer der Furchen zwischen den Ohrmuschelhöckerchen entstehen (s. Kapitel 17, S. 377).

Thyroglossuszysten und -fisteln

Eine Thyroglossuszyste kann überall auf dem Wege der Schilddrüsenanlage von ihrem Ursprungsort bis in ihre definitive Position auftreten. Sie liegt immer im Bereich der Mittellinie des Halses. Wie der Name sagt, handelt es sich um ein zystisches Überbleibsel des

Ductus thyroglossus, der beim Embryo die Schilddrüse mit dem Schlundboden verbindet. Etwa 50 % der Zysten liegen in der Nähe des Zungenbeines oder sogar auf seiner Rückseite (Abb. 13–15). Sie werden aber auch am Zungengrund oder in der Nähe des Schilddrüsenknorpels angetroffen.

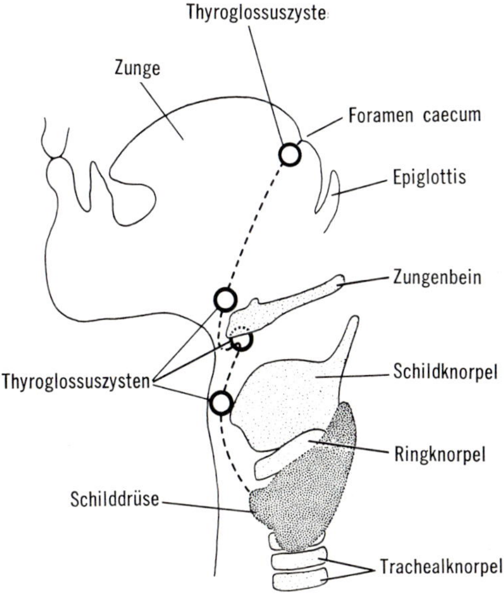

Abb. 13–**15** Die Lokalisation von Thyroglossuszysten. Die Zysten werden am häufigsten im Bereich des Zungenbeines angetroffen und sitzen immer in der Mittellinie. Der Weg der Schilddrüse bei ihrem Abstieg vom Foramen caecum bis in ihre definitive Lage vor der Trachea ist gestrichelt eingezeichnet.

Manchmal öffnet sich eine Thyroglossuszyste über einen Fistelkanal nach außen. Eine derartige **Thyroglossusfistel** entsteht gewöhnlich sekundär, wenn eine Zyste platzt. Sie kann schon bei der Geburt vorhanden sein.

Versprengtes Schilddrüsengewebe kann ebenfalls überall auf dem Weg der Schilddrüsenanlage angetroffen werden. Am häufigsten findet es sich am Zungengrund, direkt hinter dem Foramen caecum, und kann die gleichen Krankheitsbilder verursachen wie die Schilddrüse selbst.

Eine **kongenitale Hypoplasie** oder **Aplasie der Schilddrüse** kommt selten vor. In letzter Zeit wurde die Vermutung geäußert, daß Antikörper, die während der Schwangerschaft im mütterlichen Blut kreisen, eine Schilddrüsenhypoplasie beim Kind erzeugen können. Diese Autoimmuntheorie ist jedoch noch nicht ausreichend bewiesen.

Ösophagotrachealfistel und Ösophagusatresie

Bei der häufigsten Form dieser Mißbildung endet der proximale Abschnitt des Ösophagus als ein blinder Sack, während der distale Abschnitt über einen kleinen Gang mit der Trachea verbunden ist, der direkt oberhalb von der Bifurkation einmündet (Abb. 13–**16** A). Man nimmt an, daß diese Mißbildung durch eine spontane Deviation des Septum oesophagotracheale nach hinten zustande kommt oder daß die dorsale Wand des Vorderdarms durch mechanische Faktoren nach vorn gedrückt wird. In einigen Fällen findet sich anstelle des Fistelganges zwischen der Trachea und dem distalen Abschnitt der Ösophagus ein fibröser Strang (Abb. 13–**16** B). In seltenen Fällen öffnen sich sowohl der proximale als auch der distale Abschnitt des Ösophagus in die Trachea (Abb. 13–**16** C).

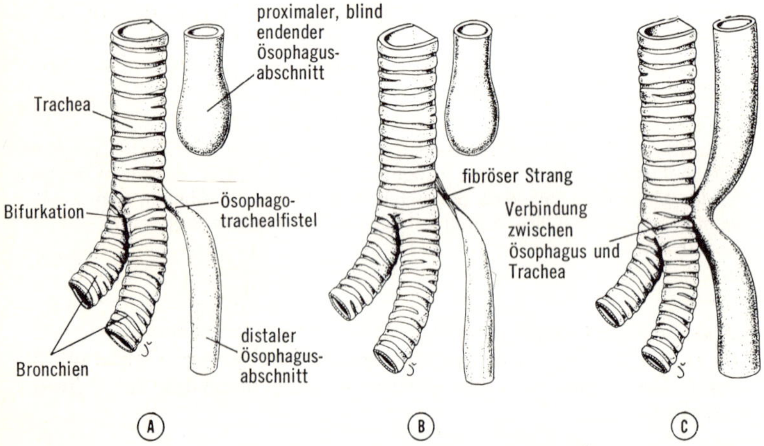

Abb. 13–**16** A, Ösophagusatresie mit Ösophagotrachealfistel. B, Ösophagusatresie. Der distale Ösophagusabschnitt ist mit der Trachea über einen fibrösen Strang verbunden. C, Der proximale und der distale Ösophagusabschnitt öffnen sich beide über einen engen Kanal in die Trachea.

Die Atresie des Ösophagus verhindert den normalen Abfluß der Amnionflüssigkeit in den Intestinaltrakt. Es kommt dadurch zu einer übermäßigen Flüssigkeitsansammlung in der Amnionhöhle und entsprechend zu einer Vergrößerung des Uterus. Ein Neugeborenes mit einer Ösophagusatresie kann anfangs normal erscheinen. Beim ersten Trinkversuch staut sich jedoch der proximale Abschnitt des Ösophagus rasch und die Milch dringt in die Trachea und die Lungen ein. Es kommt deshalb in den meisten Fällen zu einer Aspirationspneumonie. Wenn die Diagnose jedoch rechtzeitig gestellt wird, kann die Mißbildung mit Erfolg operiert werden.

Anomalien der Lungen

Obwohl viele Mißbildungen der Lunge und des Bronchialbaumes beschrieben wurden, z. B. blind endende Trachea mit fehlender Lunge oder Agenesie einer Lunge, sind die schweren Mißbildungen doch selten. Häufiger sieht man ungewöhnliche Teilungen des Bronchialbaumes, die manchmal mit überzähligen Lappen verbunden sind. Diese Variationen des Bronchialbaumes sind funktionell von geringer Bedeutung, können aber zu unerwarteten Schwierigkeiten bei der Bronchoskopie führen.

Von größerer Bedeutung sind **ektopische Lungenlappen,** die aus der Trachea oder dem Ösophagus entspringen. Man nimmt an, daß diese Lappen von zusätzlichen respiratorischen Knospen des Vorderdarmes gebildet werden, die sich unabhängig vom Hauptatmungssystem entwickeln.

Von großer klinischer Bedeutung sind die **angeborenen Lungenzysten.** Sie entstehen durch die Erweiterung von terminalen oder weiter zentral gelegenen Bronchien. Sie können multipel auftreten und der Lunge ein honigwabenartiges Aussehen im Röntgenbild verleihen, oder auch auf eine oder wenige größere Zysten beschränkt sein. Da zystische Gebilde in der Lunge gewöhnlich schlecht belüftet werden, sind sie oft die Ursache für chronische Infektionen. Mit der Erweiterung der thoraxchirurgischen Operationsmöglichkeiten sind viele der zystischen Lungenveränderungen heute operabel.

Kaudaler Abschnitt des Vorderdarms

Normale Entwicklung

Ösophagus

Die Anlage des Ösophagus erstreckt sich vom Abgang des Lungendivertikels bis zur spindelförmigen Erweiterung, aus der der Magen entsteht (Abb. 13–3 und 13–17). Ursprünglich ist die Ösophagusanlage recht kurz. Mit dem Deszensus des Herzens und der Lungen verlängert sie sich jedoch beträchtlich. Der Muskelmantel entwickelt sich aus dem umgebenden Mesenchym und besteht in den oberen zwei Dritteln aus quergestreifter und im unteren Drittel aus glatter Muskulatur.

Magen

Die Magenanlage wird in der fünften Entwicklungswoche als spindelförmige Erweiterung des Vorderdarmes sichtbar (Abb. 13–17). In den darauffolgenden Wochen verändern sich die Form und die Lage des Magens infolge der unterschiedlichen Wachstumsrate sei-

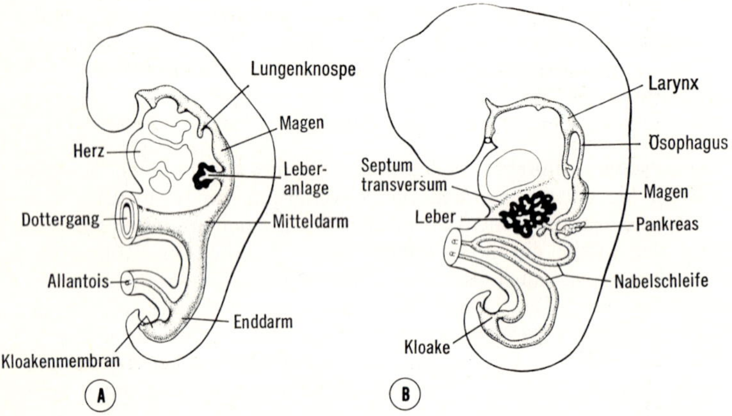

Abb. 13–**17** A, Primitiver Gastrointestinaltrakt bei einem 3-mm-Embryo (etwa 25 Tage alt). Beachte die Entwicklung des Leberdivertikels. Das Leberdivertikel wird vom Entoderm des unteren Vorderdarmabschnittes gebildet. B, Beim 5-mm-Embryo (etwa 32 Tage alt) dringen die epithelialen Leberstränge in das Mesenchym des Septum transversum ein. Beachte die Entwicklung der Nabelschleife.

ner einzelnen Wandabschnitte und durch Lageveränderungen der Nachbarorgane beträchtlich. Die Lageveränderungen des Magens sind am einfachsten zu verstehen, wenn man sich vorstellt, daß er sich um eine longitudinale und um eine dorsoventrale Achse dreht (Abb. 13–**18**).

Um seine longitudinale Achse führt der Magen eine 90 °-Drehung im Uhrzeigersinn aus, so daß seine linke Seite nach vorn und seine rechte Seite nach hinten sieht (Abb. 13–**18** A, B, C). Daher innerviert der linke Vagus, der ursprünglich auf der linken Seite des Magens verläuft, nun die Vorderwand. In gleicher Weise verschiebt

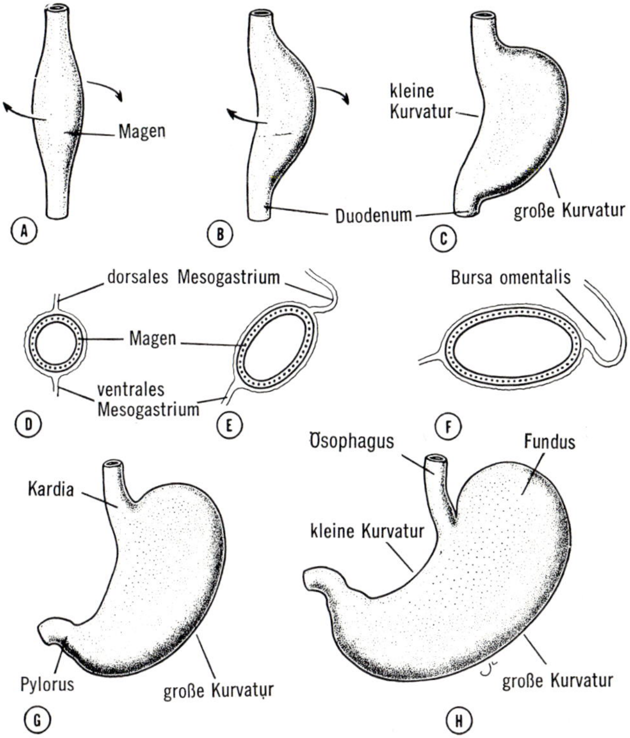

Abb. 13–**18** Schematische Darstellung der Lageveränderungen des Magens. A, B und C zeigen die Drehung des Magens um seine Längsachse von ventral gesehen; D, E und F zeigen im Querschnitt den Einfluß der Magendrehung auf das ventrale und dorsale Mesogastrium; G und H zeigen die Drehung des Magens um die dorsoventrale Achse (von ventral gesehen).

sich der rechte Vagus auf die Hinterwand. Im Verlauf dieser Drehnung wächst der ursprünglich hinten gelegene Magenanteil schneller als der ursprünglich vorn gelegene, so daß es zur Ausbildung einer **großen und kleinen Kurvatur** kommt (Abb. 13–18 C). Da in diesem Entwicklungsstadium der Magen durch das dorsale und ventrale Mesogastrium an der hinteren und vorderen Körperwand befestigt ist (s. Kap. 14, S. 307), wird das dorsale Mesogastrium durch die Drehung um die Längsachse nach links gezogen und trägt so zur Bildung der **Bursa omentalis,** einer Tasche des Peritoneums hinter dem Magen, bei (Abb. 13–18 D, E, F).

Das kraniale und kaudale Ende des Magens liegen ursprünglich in der Mittellinie. Während des weiteren Wachstums wandert jedoch der kaudale Abschnitt (**der Pylorus**) nach rechts und oben, der kraniale Anteil (**die Kardia**) nach links und etwas nach unten (Abb. 13–18 G, H). Der Magen gelangt auf diese Weise in seine definitive Position, in der seine Längsachse von oben links nach unten rechts verläuft. Die große Kurvatur ist damit nach unten und die kleine Kurvatur nach oben und rechts gerichtet (Abb. 13–8 und 14–10).

Duodenum

Das Duodenum wird vom Endabschnitt des Vorderdarms und vom oberen Abschnitt des Mitteldarms gebildet. Die Grenze zwischen beiden liegt direkt distal vom Abgang der Leberknospe (Abb. 13–17). Bei der Drehung des Magens bildet das Duodenum eine U-förmige Schlinge, dreht sich nach rechts und kommt schließlich retroperitoneal zu liegen (s. Kapitel 14, S. 309). Während des zweiten Monats kann das Lumen des Duodenums vorübergehend obliterieren. Es tritt jedoch unter normalen Bedingungen bald wieder auf. Das Duodenum wird von oben her von der Arterie des Vorderdarms, dem **Truncus coeliacus,** und von unten durch die Arterie des Mitteldarms, die **A. mesenterica superior,** versorgt.

Leber und Gallenblase

Die Leberanlage wird in der Mitte der 3. Woche als Ausbuchtung des Entoderms am distalen Ende des Vorderdarmes sichtbar (Abb. 13–1 D und 13–17 A, B). Aus dem Epithel der Leberbucht sprossen Leberzellbälkchen nach ventral in das lockere Mesoderm zwischen Perikardhöhle und Dottersackstiel aus. Das Mesoderm bildet hier eine breite, horizontale Platte, die als **Septum transversum** bezeichnet wird (Abb. 13–17 B, vgl. auch Abb. 5–4 A, B). Das Septum transversum ist ein Teil des oberhalb des Nabels gelegenen ventralen Mesenteriums (Abb. 14–4). Es entsteht durch die Verschmelzung der viszeralen Mesodermschichten bei dem von kranial nach kaudal fortschreitenden Darmrohrschluß (vgl. Kap. 5, S. 65).

Im Bereich des Septum transversum durchdringen sich die epithelialen Leberbälkchen mit den Sinusoiden aus den Dotter- und Nabelvenen, so daß typisches Leberparenchym entsteht. Die bindegewebigen Anteile der Leber werden dabei vom Mesoderm des Septum transversum geliefert. Durch Abschnürung vom Darmrohr entsteht aus der Leberbucht der **Ductus hepaticus** und der anschließende **Ductus choledochus.** Aus dem unteren Zipfel der Leberbucht entwickelt sich die **Gallenblase** und der **Ductus cysticus** (Abb. 13–**17** A und 13–**20**).

Infolge ihres raschen Wachstums überschreitet die Leber bald die Grenzen des Septum transversum und wölbt sich in die Leibeshöhle vor. Zwischen der ventralen Leibeswand und der Leber wandelt sich das Septum transversum sekundär zu einer dünnen Membran um, die als **Lig. falciforme** bezeichnet wird (Abb. 13–**19** A, B). Die ur-

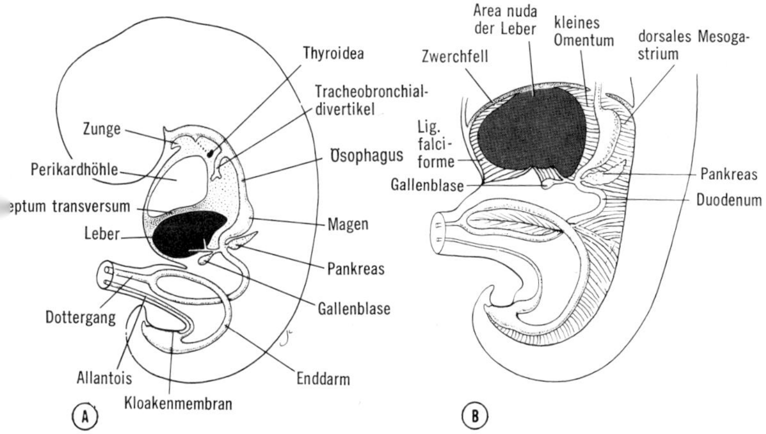

Abb. 13–**19** A, Zeichnung eines 9-mm-Embryos (etwa 36 Tage alt). Die Leber dehnt sich nach kaudal in den Bauchraum aus. Beachte die Verdichtung des Mesenchyms zwischen der Leber und der Perikardhöhle, die die Entwicklung des Zwerchfelles einleitet. B, Zeichnung eines etwas älteren Embryos. Das Lig. falciforme entsteht zwischen der Leber und der ventralen Leibeswand, das Omentum minus zwischen der Leber und dem Vorderarm (Magen und Duodenum). Die Leber ist bis auf die Anheftungsstelle am Zwerchfell überall von Peritoneum bedeckt. Dieser Bezirk wird als Area nuda der Leber bezeichnet.

sprünglich im Mesoderm des Septums gelegene Nabelvene verläuft jetzt am freien, kaudalen Rand des Lig. falciforme. In gleicher Weise wird das Septum transversum zwischen Leber und Vorderdarm (Magen und Duodenum) zu einer Membran ausgezogen und bildet das **Omentum minus.** Am kaudalen freien Rand des Omentum minus verlaufen dann der Gallengang, die V. portae und die Arteria hepatica. Während sich die Leber nach kaudal in die Leibeshöhle vorwölbt, wandelt sich also das Septum transversum, das zwischen Leber und Vorderdarm und zwischen Leber und ventraler Leibeswand liegt, zu einer dünnen Schicht um und bildet das **Omentum minus** und das **Lig. falciforme.** Zusammen stellen die beiden Gebilde die Verbindung zwischen dem Magen und der ventralen Leibeswand dar und werden deshalb als **ventrales Mesogastrium** bezeichnet. Das Mesoderm an der Oberfläche der Leber entwickelt sich in entsprechender Weise zum Peritonealüberzug mit Ausnahme der kranialen Leberoberfläche (Abb. 13–**19** B). In diesem Bereich bleibt die Leber mit dem kranialen Abschnitt des Septum transversum verbunden. Dieser Abschnitt des Septums besteht aus dichtem mesodermalen Gewebe und bildet später einen Teil des Zwerchfells. Der Oberflächenbezirk der Leber, der mit dem späteren Zwerchfell verbunden bleibt, erhält keinen peritonealen Überzug und heißt **Area nuda** der Leber.

In der zehnten Entwicklungswoche macht das Gewicht der Leber etwa 10 % des gesamten Körpergewichts aus. Das mag zum Teil an der großen Anzahl von Sinusoiden aus den Dotter- und Nabelvenen

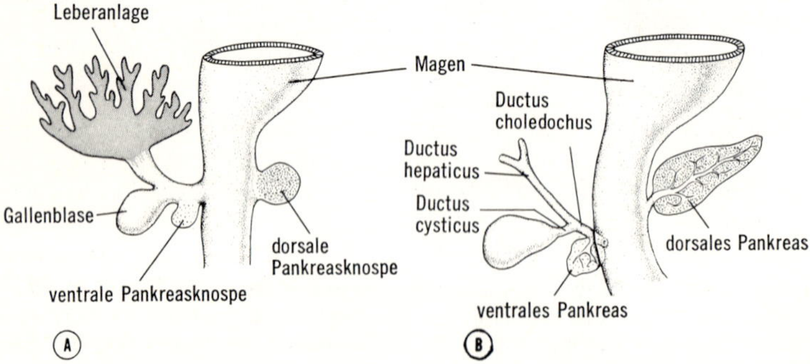

Abb. 13–**20** Aufeinanderfolgende Stadien bei der Entwicklung des Pankreas. A, Mit 30 Tagen (etwa 5 mm); B, Mit 35 Tagen (etwa 7 mm). Die ventrale Pankreasknospe liegt ursprünglich dicht neben dem Leberdivertikel. Sie wandert dann anschließend um das Duodenum herum nach dorsal auf die dorsale Pankreasanlage zu.

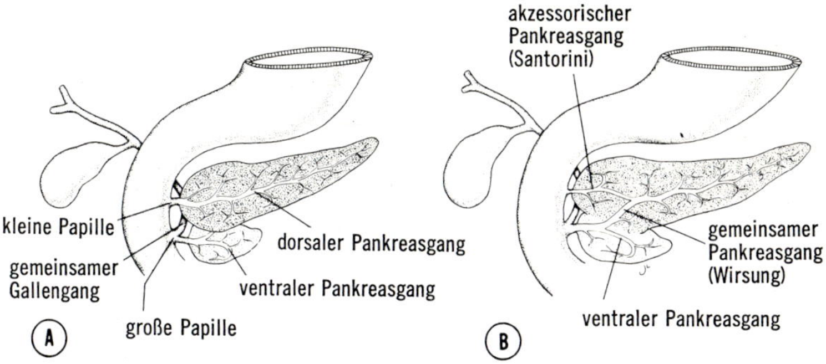

Abb. 13–**21** A, Die Pankreasanlage in der 6. Entwicklungswoche (etwa 10 mm). Die ventrale Anlage liegt dicht neben der dorsalen. Der dorsale Pankreasgang mündet auf der Papilla minor in das Duodenum ein, der ventrale Pankreasgang auf der Papilla major. B, Die Verschmelzung der Pankreasgänge. Der Hauptausführungsgang des Pankreas (Wirsung) mündet nun zusammen mit dem Ductus choledochus an der großen Papille in das Duodenum ein. Der akzessorische Pankreasgang (Santorini) endet an der kleinen Papille (modifiziert nach Starck).

liegen. Ein anderer wichtiger Faktor, der zu dem relativ hohen Lebergewicht in diesem Entwicklungsstadium beiträgt, ist die **Hämatopoese** in der Leber. Zwischen den Leberzellen und den Wänden der Blutgefäße sitzen große Nester proliferierender Zellen, die rote und weiße Blutkörperchen produzieren. Während der letzten zwei Monate des intrauterinen Lebens nimmt die Hämatopoese allmählich ab und bei der Geburt bestehen nur noch kleine hämatopoetische Inseln. Das Lebergewicht macht dann nur noch 5 % des gesamten Körpergewichts aus.

Inzwischen haben sich die **Gallenblase** und der **Ductus cysticus** weiterentwickelt. Der Ductus cysticus hat sich mit dem Ductus hepaticus zum **Ductus choledochus** vereinigt (Abb. 13–**19** B). Infolge der Lageveränderungen des Duodenums verschiebt sich die Einmündung des Ductus choledochus von vorn nach hinten, so daß der Gang schließlich hinter dem Duodenum verläuft (Abb. 13–**20** und 13–**21**).

Pankreas

Das Pankreas entsteht aus zwei entodermalen Knospen des Duodenums (Abb. 13–**20** A). Die **dorsale Pankreasknospe** liegt gegenüber und etwas oberhalb von der Leberanlage. Die **ventrale Pankreas-**

knospe entsteht unterhalb der Leberanlage in enger Beziehung zum Gallengang (Abb. 13–20 A). Sie besteht zunächst aus einer rechten und einer linken Knospe, die jedoch bald miteinander verschmelzen.

Die ventrale Pankreasanlage wandert dann auf die gleiche Weise wie die Einmündungsstelle des Ductus choledochus nach dorsal und kommt schließlich unmittelbar unter und hinter dem dorsalen Pankreas zu liegen (Abb. 13–20 B und 13–21).

Später vereinigen sich sowohl das Parenchym als auch die Ausführungsgänge der dorsalen und ventralen Pankreasanlagen (Abb. 13–21 B). Der gemeinsame **Ductus pancreaticus** (WIRSUNG) wird vom distalen Anteil des dorsalen Pankreasganges und dem gesamten ventralen Pankreasgang gebildet (Abb. 13–21 B). Dieser Gang wird zum Hauptausführungsgang des Pankreas, während der proximale Anteil des dorsalen Pankreasganges entweder obliteriert oder als kleiner, zusätzlicher Ausführungsgang (**Ductus pancreaticus accessorius** [SANTORINI]) erhalten bleibt. Der Ductus pancreaticus mündet auf der Papilla duodeni major, der Ductus pancreaticus accessorius auf der Papilla duodeni minor. In etwa 10 % der Fälle bleibt die Vereinigung des ursprünglich doppelten Ausführungsgangsystems aus.

Die endokrinen Zellen des Pankreas, die **Inselzellen,** sondern sich schon frühzeitig aus der epithelialen Knospe des Pankreas ab. Im 3. Monat des Fetallebens sind in allen Bereichen des Pankreas Inselanlagen vorhanden. Die Insulinsekretion setzt etwa im 5. Monat ein. Der Insulinspiegel im Fetus ist von dem der Mutter unabhängig. Daher ist es unwahrscheinlich, daß größere Insulinmengen die Plazenta passieren.

Angeborene Mißbildungen

Pylorusstenose

Bei der Pylorusstenose besteht eine Hypertrophie der zirkulären und zu einem geringen Grad auch der longitudinalen Muskelfasern des Magens im Pylorusbereich. Sie ist eine der häufigsten Erkrankungen des Magens beim Säugling. Man nimmt an, daß sich die Stenose während des Fetallebens entwickelt. Es besteht eine extreme Verengung des Pyloruslumens. Die Nahrungspassage ist blockiert und es kommt zum Erbrechen im Strahl. Einige wenige Fälle sind beschrieben worden, in denen der Pylorus überhaupt nicht durchgängig war.

Andere Mißbildungen des Magens, wie Verdoppelungen oder ein Septum praepyloricum, sind selten.

Atresie der Gallenblase und der Gallengänge

Ursprünglich ist die Anlage der Gallenblase ein Hohlorgan. Durch die Proliferation ihres Epithels verschwindet das Lumen vorübergehend. Das endgültige Lumen entwickelt sich durch Vakuolisierung der Epithelstränge. Wenn die Vakuolisierung nicht erfolgt, bleibt die Gallenblase atretisch und entwickelt sich nicht weiter.

Auch die intra- und extrahepatischen Gallengänge durchlaufen in ihrer Entwicklung ein solides, das heißt lumenloses Stadium. Wenn die endgültige Lumenbildung ausbleibt, bestehen die Gänge aus Strängen. Gelegentlich beschränkt sich eine derartige Atresie auf einen kleinen Abschnitt des Ductus choledochus (Abb. 13–**22** A). Die Gallenblase und der vor der Atresie gelegene Ductus hepaticus sind dann erheblich erweitert. Nach der Geburt tritt eine schwere, sich ständig verstärkende Gelbsucht auf.

Neben der Atresie ist auch die Verdoppelung, partielle Unterteilung und Divertikelbildung der Gallenblase häufig beschrieben worden (Abb. 13–**22** B).

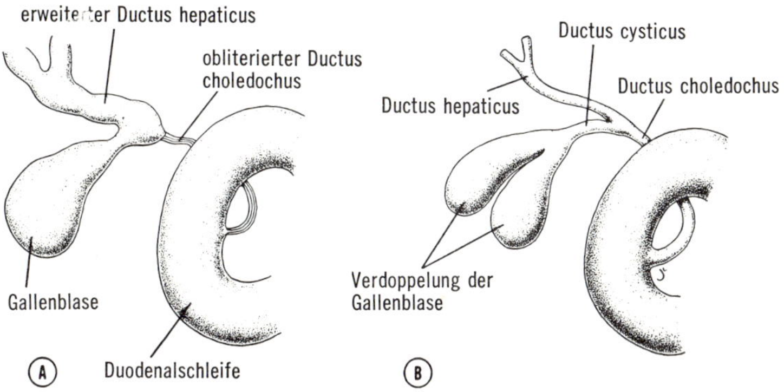

Abb. 13–**22** A, Obliteration des Ductus choledochus mit Erweiterung der Gallenblase und des Ductus hepaticus distal vom Verschluß. B, Verdoppelung der Gallenblase.

Pancreas anulare

In der normalen Entwicklung wandert die ventrale Pankreasanlage so weit um das Duodenum herum, daß sie schließlich unter die dorsale Anlage zu liegen kommt. Diese Entwicklung kann gestört sein. Ein Teil der ventralen Anlage wandert dann auf dem normalen Weg, während der andere Teil sich in entgegengesetzter Richtung in Bewegung setzt. Auf diese Weise wird das Duodenum vollständig von Pankreasgewebe umgeben und es entsteht eine **Pancreas anulare** (Abb. 13–23). Diese Mißbildung verursacht gewöhnlich keine Symptome. Sie kann jedoch manchmal das Duodenum einengen oder sogar zu einem vollständigen Verschluß führen.

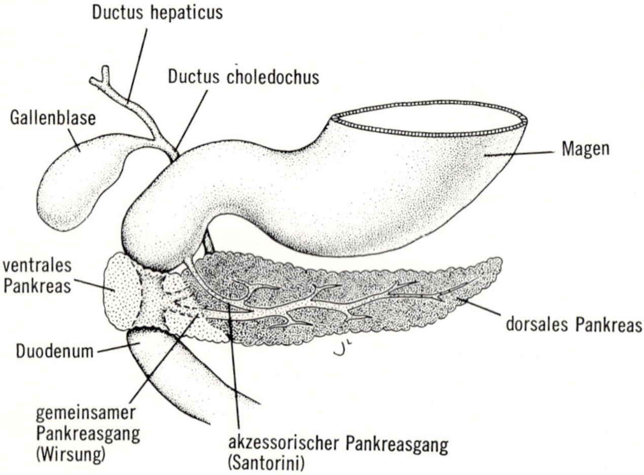

Abb. 13–**23** Pankreas anulare. Das ventrale Pankreas bildet einen Ring um das Duodenum, der zu einer Stenose des Duodenums führen kann,

Versprengtes Pankreasgewebe

Heterotopes Pankreasgewebe kann überall zwischen dem distalen Ende des Ösophagus und der Spitze der primären Darmschleife auftreten. Am häufigsten wird es in der Magenschleimhaut und im Meckel-Divertikel angetroffen. Hier kann es auch alle pathologischen Veränderungen aufweisen, die für das Pankreas selbst charakteristisch sind. Gelegentlich kann ein größerer Teil der ventralen Pankreasanlage mit der Leberanlage auswachsen und ein Pankreasknötchen oder eine **Pankreasblase** in der Nähe der Gallenblase bilden.

Mitteldarm

Normale Entwicklung

Beim 5-mm-Embryo liegt der Mitteldarm zwischen der **vorderen** und **hinteren Darmpforte** und steht über den Dottergang in offener Verbindung mit dem Dottersack (Abb. 13–**1** und 13–**17**). Obwohl beim Embryo die kraniale und kaudale Grenze des Mitteldarmes nicht so genau bestimmt werden können, geht man allgemein davon aus, daß beim Erwachsenen der Mitteldarm unmittelbar distal von der Einmündungsstelle des Gallenganges in das Duodenum beginnt und noch die proximalen zwei Drittel des Colon transversum umfaßt.

Die Entwicklung des Mitteldarmes ist durch rasches Längenwachstum gekennzeichnet, das zur Bildung der Nabelschleife führt (Abb. 13–**17** B, 13–**19** und 13–**24**). An ihrer Spitze bleibt die Schleife über den engen **Dottergang** oder **Ductus omphaloentericus** mit dem Dottersack verbunden. Der kraniale Schenkel der Schleife wird zum distalen Anteil des Duodenums, zum Jejunum und zu einem Teil des Ileums. Der kaudale Schenkel wird zum unteren Abschnitt des Ileums, zum Caecum mit der Appendix, zum Colon ascendens und zu den beiden proximalen Dritteln des Colon transversum. Die Grenze zwischen kranialem und kaudalem Schenkel ist beim Er-

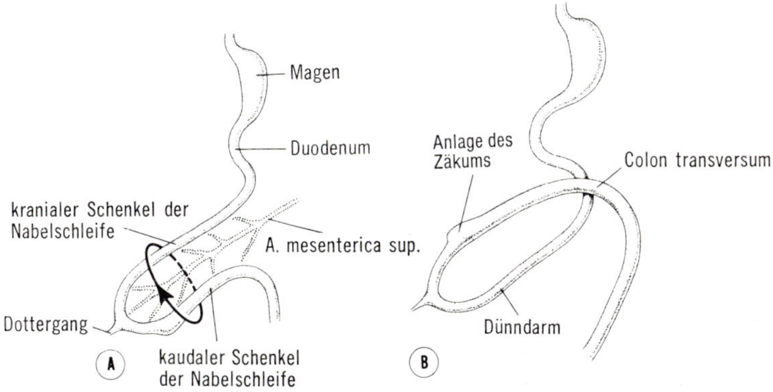

Abb. 13–**24** A, Schematische Darstellung der Nabelschleife vor der Drehung (Ansicht von lateral). Die A. mesenterica superior bildet die Achse der Schleife. Der Pfeil deutet die Drehung gegen den Uhrzeigersinn an. B, Die Nabelschleife nach der Drehung gegen den Uhrzeigersinn um 180 °. Das Colon transversum kreuzt von ventral das Duodenum (modifiziert nach Giroud).

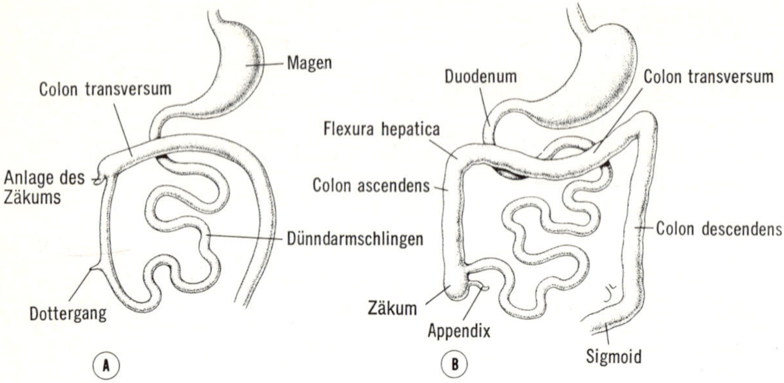

Abb. 13–**25** A, Ansicht der Darmschlingen von ventral nach der Drehung gegen den Uhrzeigersinn um 270 °. Beachte die Schlingenbildung im Bereich des Dünndarms und die Lage der Zäkum-Aussackung im rechten oberen Quadranten des Abdomens. B, Die Darmschlingen nehmen ihre endgültige Lage ein. Zäkum und Appendix liegen im rechten unteren Quadranten des Abdomens (modifiziert nach Giroud).

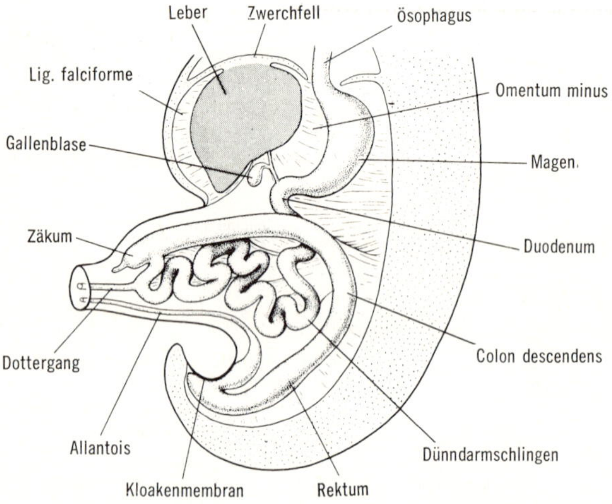

Abb. 13–**26** Physiologischer Nabelbruch bei einem etwa 8 Wochen alten Embryo (Scheitel-Steiß-Länge 35 mm). Die Schlingenbildung im Bereich des Dünndarms und die Entwicklung des Zäkums findet zur Zeit des physiologischen Nabelbruchs statt.

wachsenen nur zu erkennen, wenn ein Rest als **Meckel-Divertikel** erhalten geblieben ist (Abb. 13–25 und 13–28).

In der weiteren Entwicklung der Nabelschleife hält das rasche Längenwachstum, besonders im kranialen Schenkel, an. Die Leibeshöhle wird infolgedessen vorübergehend zu eng, um alle Darmschlingen zu beherbergen. In der sechsten Entwicklungswoche treten die Darmschlingen deshalb in das extraembryonale Zölom der Nabelschnur über (**physiologische Nabelhernie**) (Abb. 13–26).

Während ihres Längenwachstums führt die Nabelschleife eine Drehung um eine Achse aus, die von der **A. mesenterica superior** gebildet wird (Abb. 13–24 A). Von vorn gesehen erfolgt diese Drehung gegen den Uhrzeigersinn und beträgt im ganzen etwa 270 ° (Abb. 13–24 und 13–25). Der Dünndarm verlängert sich im Verlauf der Drehung noch weiter und das Jejunum und Ileum bilden eine Reihe von Schlingen. Der Dickdarm wächst ebenfalls noch beträchtlich in die Länge, nimmt aber nicht an der Schlingenbildung teil.

Gegen Ende des dritten Monats ziehen sich die Darmschlingen aus der physiologischen Nabelhernie wieder in die Leibeshöhle zurück. Die für diesen Vorgang verantwortlichen Faktoren sind nicht genau bekannt. Man nimmt an, daß die Rückbildung der Urnieren, die Verlangsamung des Leberwachstums und eine Vergrößerung der Leibeshöhle eine Rolle dabei spielen.

Der proximale Abschnitt des Jejunum tritt als erster wieder in die Leibeshöhle ein und kommt auf der linken Seite zu liegen. Die nachfolgenden Schlingen schließen sich der Reihe nach nach rechts an. Das **Zäkum**, das etwa im 12-mm-Stadium als kleine konische Erweiterung im kaudalen Schenkel der Nabelschleife sichtbar wird, ist der

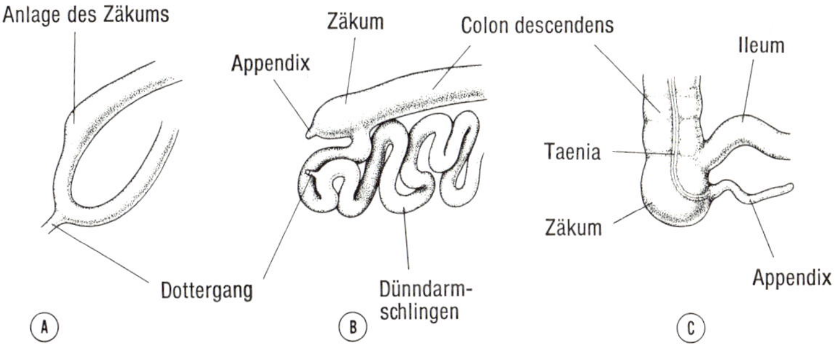

Abb. 13–**27** Aufeinanderfolgende Stadien bei der Entwicklung des Zäkums und der Appendix. A, Mit 7 Wochen; B, Mit 8 Wochen; C, Beim Neugeborenen.

letzte Abschnitt des Darmes, der in die Bauchhöhle zurückkehrt. Es liegt vorübergehend im rechten oberen Quadranten direkt unter dem rechten Leberlappen (Abb. 13–25 A). Von hier aus steigt es in die rechte Fossa iliaca herab, so daß das **Colon ascendens** und die **Flexura hepatica** entstehen (Abb. 13–25 B). Im Verlauf dieser Entwicklung entsteht am distalen Ende des Zäkums als enges Divertikel die **Appendix vermiformis** (Abb. 12–27). Mit der Rückkehr der Darmschlingen in die Leibeshöhle kommt es zu Verwachsungen der Mesenterien mit der hinteren Leibeswand (s. Kap. 14, S. 311).

Angeborene Mißbildungen

Überreste des Dotterganges

Meckel-Divertikel, Dottergangfistel, Enterokystom

Normalerweise bildet sich der Dottergang oder Ductus omphaloentericus zurück, wenn der Embryo etwa 6 Wochen alt ist. Manchmal bleibt ein kleiner Teil des Ganges erhalten und bildet dann eine Ausbuchtung des Ileums, das MECKEL-**Divertikel** (Abb. 13–28 A). Beim Erwachsenen liegt dieses Divertikel etwa 60–90 cm von der Ileozäkalklappe entfernt und verursacht im allgemeinen keine Beschwerden. Wenn ein Meckel-Divertikel jedoch versprengtes Pankreasgewebe oder Magenschleimhaut enthält, kann es ulzerieren, Blutungen verursachen oder sogar perforieren.

Der Dottergang kann über seine gesamte Länge offen bleiben und eine direkte Verbindung zwischen Nabel und Verdauungstrakt her-

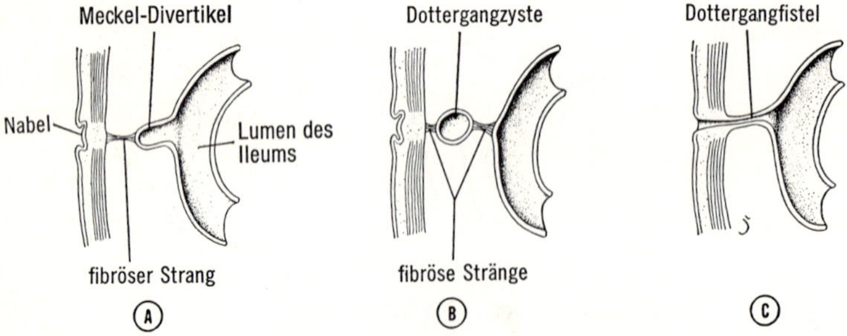

Abb. 13–**28** Überbleibsel vom Dottergang. A, Ein Meckel-Divertikel in Verbindung mit einem fibrösen Strang. B, Dottergangzyste, die mit dem Nabel und dem Ileum über fibröse Stränge verbunden ist. C, Dottergangfistel, die das Ileum mit dem Nabel verbindet.

stellen. Diese Anomalie heißt **Nabel-** oder **Dottergangfistel** (Abb. 13–**28** C). Es kann dann im Bereich des Nabels zum Austritt von Fäzes kommen. Gelegentlich prolabiert das Ileum durch die Fistel. Bei einer anderen Form haben sich beide Enden des Dotterganges in fibröse Stränge umgewandelt, während der Mittelabschnitt eine große Zyste bildet, die als **Enterozystom** oder **Dottergangzyste** bezeichnet wird (Abb. 13–**28** B). Da die fibrösen Stränge die Leibeshöhle durchqueren, können sie leicht eine Strangulation oder einen Volvulus des Darmes verursachen.

Omphalozele

Manchmal ziehen sich die Darmschlingen nicht aus der Nabelschnur in die Leibeshöhle zurück. Die Schlingen bleiben dann im extraembryonalen Zölom der Nabelschnur liegen. Bei der Geburt führen die ausgetretenen Darmschlingen zu einer starken Auftreibung der Nabelschnur. Sie werden nur von Amnion bedeckt. Eine derartige Auftreibung wird als **Omphalozele** bezeichnet (Abb. 13–**29**).

Angeborene Nabelhernie

Die angeborene Nabelhernie kommt durch den unvollständigen Schluß der Leibeswand zustande. Im Bereich des Nabels fehlen die Muskelschichten und die Haut. Die Oberflächenschicht wird vom

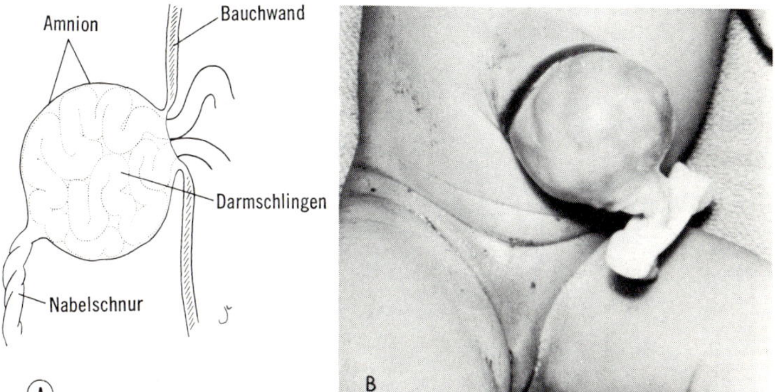

Abb. 13–**29** A, Omphalozele. Die Darmschlingen sind nicht in den Bauchraum zurückgekehrt. Der Bruchsack wird vom Amnion gebildet. B, Omphalozele beim Neugeborenen. (Dr. A. Shaw, Dept. of Surgery, University of Virginia).

Amnion gebildet. Die Darmschlingen ziehen sich aus dem physiologischen Nabelbruch zurück und treten sekundär durch den Defekt in der Bauchwand wieder aus. Sie sind von Peritoneum und Amnion bedeckt, jedoch nicht von Haut. Der Bruchsack ist daher äußerst dünn und reißt häufig bei der Geburt ein.

In einigen Fällen ist der Defekt so ausgeprägt, daß alle Eingeweide einschließlich der Leber außerhalb der Leibeshöhle liegen. Diese Form wird als **Eventeration der Baucheingeweide** bezeichnet. Sie kommt dadurch zustande, daß sich die vordere Leibeswand nicht schließt. Der Defekt ist zumeist mit Mißbildungen des Urogenitalsystems wie Ekstrophie der Blase kombiniert (s. Kap. 11, S. 204).

Störungen bei der Darmdrehung

Die Nabelschleife dreht sich normalerweise um 270 ° gegen den Uhrzeigersinn. Gelegentlich kommt es nur zu einer 90 °-Drehung. Dann kehren Kolon und Zäkum nicht zuletzt, sondern als erste Darmabschnitte aus dem physiologischen Nabelbruch in die Bauchhöhle zurück (vgl. Abb. 13–**26**). Sie bleiben auf der linken Seite liegen. Die nachfolgenden Dünndarmschlingen lagern sich nach rechts an den Dickdarm an (Abb. 13–30 A).

Bei der **entgegengesetzten Darmdrehung** (Abb. 13–30 B) dreht sich die Nabelschleife zunächst um etwa 90 ° im Uhrzeigersinn, d. h. in entgegengesetzte Richtung (vgl. Abb. 13–**24**). Dadurch kommt das Colon transversum hinter das Duodenum zu liegen.

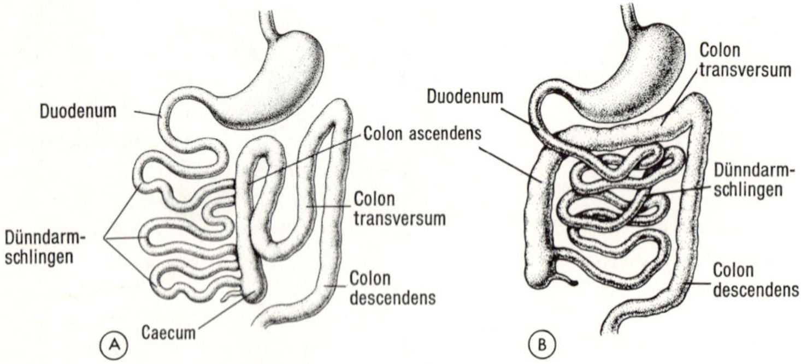

Abb. 13–**30** A, Anomalie bei der Darmdrehung. Anstatt um 270 ° dreht sich die Nabelschleife nur um 90 °. Das Kolon kommt links, die Dünndarmschlingen rechts zu liegen. B, Entgegengesetzte Darmdrehung. Die Nabelschleife hat sich um 90 ° im Uhrzeigersinn gedreht. Das Querkolon verläuft hinter dem Duodenum.

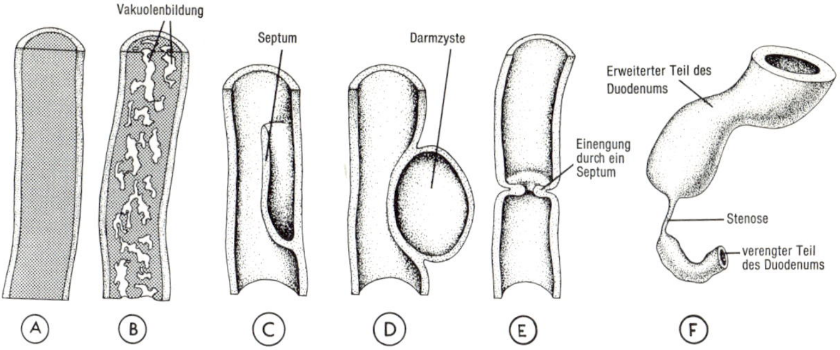

Abb. 13–**31** A, Dünndarmabschnitt mit obliteriertem Lumen. In der Normalentwicklung durchläuft der Darmkanal ein Stadium, in dem das Lumen vollständig durch Epithelzellen ausgefüllt wird. B, Durch Bildung von Vakuolen entsteht sekundär wieder ein Darmlumen. C, Dabei kann ein Septum zurückbleiben, das häufig zur Bildung eines Divertikels führt. D, Bildung einer Zyste nach dem gleichen Prinzip. E, Stenose bei lokal ungenügender Ausbildung des definitiven Darmlumens. Ein entsprechender vollständiger Verschluß heißt Atresie. F, Ausgedehnte Stenose im Duodenum. Vor der Stenose ist das Duodenum maximal erweitert, hinter der Stenose ist es verengt.

Verdoppelungen des Verdauungstraktes

Verdoppelungen von Darmschlingen können überall im Verdauungskanal vom Zungengrund bis zum Anus vorkommen. Am häufigsten sind sie im Bereich des Ileum anzutreffen. Sie sind in ihrer Form und Größe sehr variabel und können als kleines Divertikel oder als große Zyste auftreten. Darmverdoppelungen bleiben immer an ihrem Ursprungssegment angewachsen, ihre Schleimhaut kann jedoch ganz anders aussehen. Bei einer Verdoppelung des Rektums wurde eine Auskleidung mit Magenschleimhaut beobachtet. Die Verdoppelungen kommen dadurch zustande, daß Teile des Verdauungskanals ein solides Stadium durchlaufen, an das sich eine Wiederherstellung des Lumens durch Vakuolisierung anschließt (Abb. 13–31 A, B). Wenn isolierte Vakuolen sich dann nicht vollständig mit dem Hauptlumen vereinigen, können daraus Verdoppelungen entstehen (Abb. 13–31 C, D).

Atresie und Stenose des Darms

Atresie und Stenose können ebenfalls überall im Verlauf des Intestinaltraktes auftreten. Bei der **Atresie** verschließt ein in das Lumen hineinragendes Septum das Darmrohr vollständig, bei der

Stenose engt es nur das Lumen ein (Abb. 13–**31** E). Die Ursache besteht darin, daß sich im Anschluß an das solide Stadium das Lumen des Darmes nur unvollständig wiederhergestellt hat. Eine **Stenose** tritt besonders häufig im Duodenum auf. Die Stenose führt oft zu einer Erweiterung des proximalen Duodenumabschnittes und einer deutlichen Verschmälerung der Darmschlingen unterhalb der Stenose (Abb. 13–**31** F). Der proximale Teil des Duodenums kann in der Ausdehnung den Magen übertreffen.

Enddarm

Normale Entwicklung

Der Enddarm reicht beim Embryo von der **hinteren Darmpforte** bis zur **Kloakenmembran.** Aus ihm entstehen das distale Drittel des Colon transversum, das Colon descendens, das Sigmoid, das Rektum und der obere Abschnitt des Analkanals.

Der terminale Abschnitt des Enddarms mündet in die Kloake. Die Kloake wird von Entoderm ausgekleidet, das direkt dem Oberflächenektoderm anliegt. In der Kontaktzone entsteht die Kloakenmembran (Abb. 13–**32** A, B).

In der weiteren Entwicklung entsteht eine transversal verlaufende Leiste, das **Septum urorectale,** im Winkel zwischen der Allantois und dem Enddarm (Abb. 13–**32**). Dieses Septum wächst allmählich in kaudaler Richtung und unterteilt die Kloake in einen vorderen

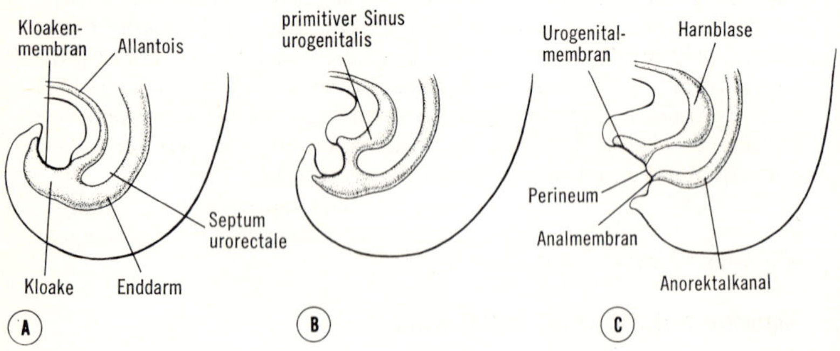

Abb. 13–**32** Die Entwicklung der Kloake in verschiedenen Entwicklungsstadien. Die Entwicklung des Septum urorectale führt zur Bildung des Anorektalkanals und des Perineums.

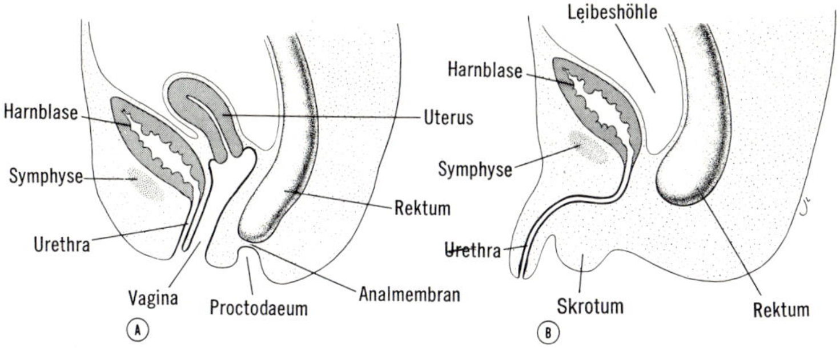

Abb. 13–**33** A, Atresie des Anus. Die Analmembran bleibt als Septum zwischen dem oberen und unteren Abschnitt des Analkanals erhalten. B, Atresie des Rektums. Die Rektumampulle hat sich nicht entwickelt und das Proctodaeum fehlt.

Abschnitt, den **primitiven Sinus urogenitalis**, und einen hinteren, den **Anorektalkanal** (Abb. 13–32). Wenn der Embryo sieben Wochen alt ist, erreicht das Septum urorectale die Kloakenmembran. An der Kontaktstelle entsteht das **primitive Perineum.** Die Kloakenmembran wird dadurch in die hinten liegende **Analmembran** und die vorne liegende **Urogenitalmembran** geteilt (zur weiteren Entwicklung des Sinus urogenitalis s. Kap. 11, S. 176).

Inzwischen entstehen am Rand der Analmembran Mesenchympolster. In der neunten Woche liegt die Analmembran am Boden einer Einsenkung des Ektoderms, dem **Proctodaeum** (Abb. 13–33 A). Die umgebenden Vorwölbungen heißen **Analfalten.** Bald danach reißt die Analmembran ein, und es entsteht eine offene Verbindung zwischen Rektum und der äußeren Oberfläche. Der obere Abschnitt des Analkanals ist also entodermalen Ursprungs und wird von der Enddarmarterie, der **A. mesenterica inferior** versorgt. Das untere Drittel des Analkanals stammt dagegen vom Ektoderm ab und wird von den unteren Rektalarterien (A. rectalis media und inferior), d. h. von Ästen der **A. iliaca interna** versorgt.

Angeborene Mißbildungen

Atresia ani, Atresia recti

Die **Atresia ani** (nicht perforierte Analmembran) ist eine der häufigsten Fehlbildungen des Enddarms. In einfachen Fällen endet der Analkanal blind an der Analmembran, die dann ein Diaphragma

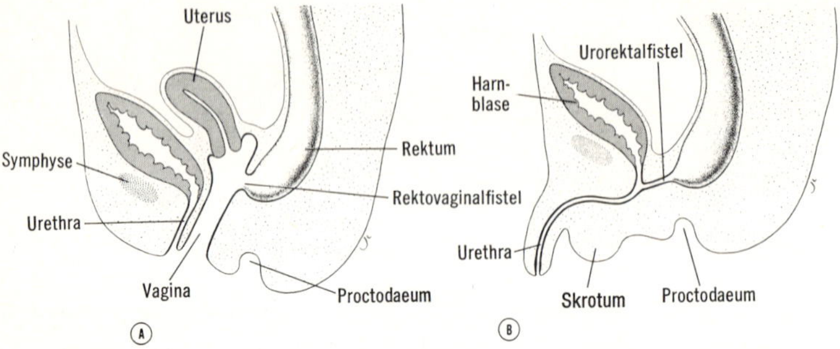

Abb. 13–**34** A, Rektovaginalfistel in Kombination mit einer Atresie des Rektums. Sie beruht auf einer Fehlentwicklung des Septum urorectale. B, Urorektalfistel in Kombination mit einer Atresie des Rektums.

zwischen den entodermalen und ektodermalen Abschnitten des Analkanals bildet (Abb. 13–33 A). In schwereren Fällen findet sich eine dickere Bindegewebsschicht zwischen dem Endabschnitt des Rektums und der Oberfläche. Sie entsteht, wenn sich kein Proctodaeum entwickelt hat oder wenn eine Atresie der Pars ampullaris recti vorliegt, die als **Atresia recti** bezeichnet wird (Abb. 13–33 B).

Rektalfisteln

Rektalfisteln treten häufig gemeinsam mit der Atresia ani auf. Sie können das Rektum mit der Vagina, der Harnblase oder der Urethra verbinden (Abb. 13–**34**). Gelegentlich kann eine solche Fistel an der Körperoberfläche in der Analregion münden.

Kapitel 14

Zölom und Mesenterien

Normale Entwicklung

Ausbildung und Gliederung

Am Ende der dritten Entwicklungswoche gliedert sich das intraembryonale Mesoderm beiderseits der Mittellinie in das paraxiale Mesoderm, das intermediäre Mesoderm und die Seitenplatte (Abb. 5–6). Anschließend treten zahlreiche Interzellularspalten in der Seitenplatte auf und unterteilen sie in zwei Schichten: in das **parietale Mesoderm,** das mit dem extraembryonalen Mesoderm der Amnionhöhle in Verbindung steht, und in das **viszerale Mesoderm,** das in das Mesoderm in der Dottersackwand übergeht. Der von diesen beiden Schichten begrenzte Raum stellt das **intraembryonale Zölom** dar (vgl. Kap. 5, S. 60).

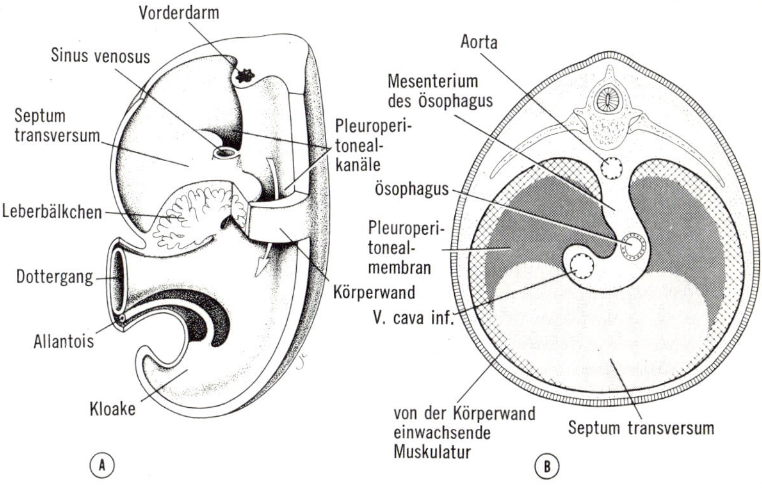

Abb. 14–1 A, Modell eines Embryos im Alter von etwa 5 Wochen. Teile der Körperwand und des Septum transversum sind entfernt, so daß die Pleuroperitonealkanäle freiliegen. Beachte die Lage und Ausdehnung des Septum transversum, in dessen Mesenchym die Leberzellbälkchen eindringen. B, Schematische Darstellung der einzelnen Komponenten, aus denen sich das definitive Zwerchfell zusammensetzt.

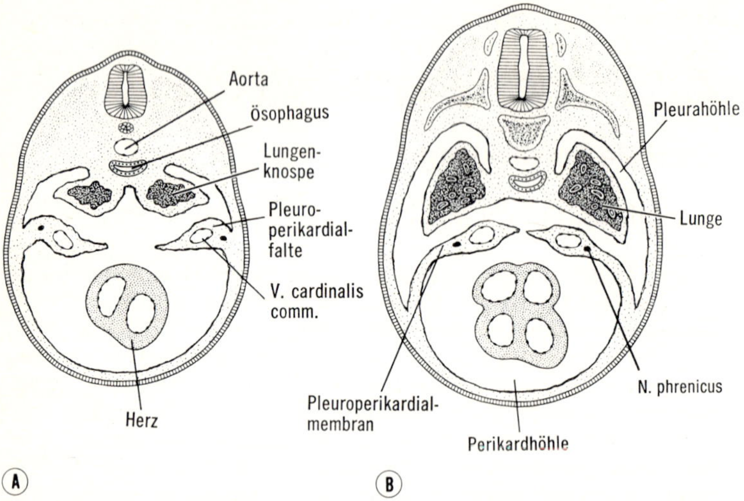

Abb. 14–**2** Die Entwicklung der Pleuroperitonealkanäle zu den primitiven Pleurahöhlen und die Ausbildung der Pleuroperikardialmembranen in zwei aufeinanderfolgenden Entwicklungsstadien. A, Der Stamm der Kardinalvenen verläuft innerhalb der Pleuroperikardialfalte. B, Durch die Ausweitung der Pleuroperitonealkanäle wird das Mesenchym der Körperwand in die Pleuroperikardialmembran und die definitive Körperwand aufgespalten.

Anfangs stehen die rechte und linke intraembryonale Zölomhöhle in offener Verbindung mit dem extraembryonalen Zölom. In der weiteren Entwicklung geht diese Verbindung jedoch im Zusammenhang mit der Krümmung des Embryonalkörpers und mit der seitlichen Abfaltung verloren (Abb. 5–**11**). Das Zölom stellt dann einen großen intraembryonalen Hohlraum dar, der sich von der Thorax- bis in die Beckenregion erstreckt.

Beim Menschen entsteht als erster Abschnitt des Zöloms in Verbindung mit der frühzeitigen Entwicklung des Herzens die einheitliche **Perikardhöhle** (vgl. S. 211). Durch die kraniokaudale Krümmung des Embryos wird sie unter den Vorderdarm verlagert. Die Perikardhöhle steht dann über die **Pleuroperitonealkanäle** mit der Peritonealhöhle in Verbindung (Abb. 14–**1**). Die Pleuroperitonealkanäle verlaufen beiderseits vom Vorderdarm hinter dem Septum transversum und der Leberanlage. Da unterhalb der Leber kein ventrales Mesenterium mehr vorhanden ist (Abb. 14–4), stellt die Peritonealhöhle ebenfalls einen einheitlichen Raum dar. Die Lungenknospen wachsen nach rechts und links in die Pleuroperitonealkanäle hinein

(Abb. 13–12). Die Pleuroperitonealkanäle werden damit zu den primitiven **Pleurahöhlen.** In der weiteren Entwicklung werden sie gegen die Peritonealhöhle durch das **Zwerchfell** und gegen die Perikardhöhle durch die **Pleuroperikardialmembranen** abgeschlossen (Abb. 14–2).

Aus dem intraembryonalen Zölom entstehen beim Erwachsenen drei gut gegeneinander abgegrenzte Räume: 1. die Perikardhöhle, die das Herz enthält, 2. die Pleurahöhlen mit den Lungen und 3. die Bauchhöhle mit den kaudal vom Zwerchfell liegenden Eingeweiden.

Zwerchfell

Der größte Teil des Zwerchfells entsteht aus dem **Septum transversum,** das zwischen der Perikardhöhle und dem Dottergang liegt (Abb. 13–17). Das Septum transversum trennt den Brustraum nicht vollständig von der Bauchhöhle, sondern es bleibt auf beiden Seiten neben dem Vorderdarm in Gestalt der **Pleuroperitonealkanäle** ein Durchgang frei (Abb. 14–1 A). Nach dem Einwachsen der Lungenknospen weiten sich die Pleuroperitonealkanäle zu den Pleurahöhlen aus.

Nach kaudal wird die Ausdehnung der Pleuroperitonealkanäle durch eine sichelförmige Falte, die **Pleuroperitonealfalte,** begrenzt. Diese Falte (sie wird ursprünglich durch das kraniale Urnierenband hervorgerufen) wölbt sich in den in der Bauchhöhle mündenden Abschnitt der Pleuroperitonealkanäle vor. In der weiteren Entwicklung dehnt sich die Falte nach medial und ventral aus, bis sie in der siebten Woche mit dem Mesenterium des Ösophagus und mit dem Septum transversum verschmilzt. Auf diese Weise wird die Verbindung zwischen den beiden Abschnitten der Zölomhöhle, dem Thoraxraum und der Bauchhöhle, durch die **Pleuroperitonealmembranen** verschlossen (Abb. 14–1 B). Die weitere Ausweitung der Pleurahöhlen im Mesenchym der Leibeswand führt dazu, daß die Pleuroperitonealmembranen noch um eine periphere Leiste vergrößert werden. Mit der Ausbildung dieser Leiste dringen Myoblasten aus der Körperwand in die Membranen ein und bilden den muskulären Anteil des Zwerchfells.

Ursprünglich liegt das Septum transversum in Höhe der zervikalen Somiten, so daß Anteile des 3., 4. und 5. Spinalnerven in das Septum einwachsen. Sie bilden zusammen den **N. phrenicus,** der in der Pleuroperikardialfalte verläuft (Abb. 14–2 A, B). Mit der weiteren Ausdehnung der Lungen und der Verlagerung des Zwerchfells nach kaudal kommt der N. phrenicus beiderseits in das Perikard zu

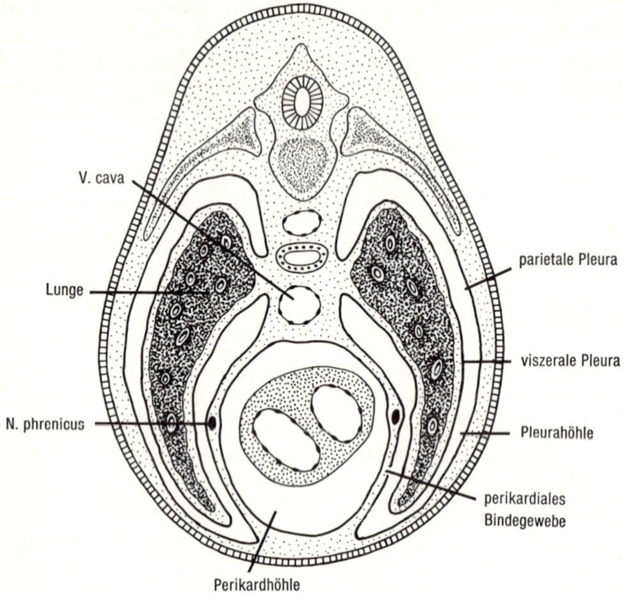

Abb. 14–**3** Querschnitt im Bereich des Thorax. Die Pleuroperikardialmembranen sind miteinander und mit der Lungenwurzel verschmolzen. Der N. phrenicus verläuft im Bindegewebe der Perikardbeutels.

liegen (Abb. 14–3). Bei der Ausdehnung der Pleurahöhlen in die Thoraxwand hinein vergrößert sich das Zwerchfell durch Einbeziehung von Material aus der Leibeswand. Die entsprechenden Muskelabschnitte des Zwerchfells werden von Interkostalnerven versorgt.

Das Zwerchfell des Erwachsenen entsteht also aus folgenden Gebilden: 1. dem Septum transversum, das zum **Centrum tendineum** wird, 2. den beiden Pleuroperitonealmembranen, die peripher noch durch Anteile aus der lateralen und dorsalen Körperwand verstärkt werden und 3. dem Mesenterium des Ösophagus, in dem sich die **Zwerchfellschenkel** entwickeln (Abb. 14–**1** B).

Die Pleuroperikardialmembranen

Der thorakale Anteil des Zöloms wird durch die Pleuroperikardialmembranen in die Pleurahöhlen und die Perikardhöhle unterteilt. Die Pleuroperikardialmembranen entwickeln sich aus den Pleuroperikardialfalten, in denen der Stamm der Kardinalvenen (vgl. Abb. 12–39) und der N. phrenicus verläuft (Abb. 14–2 B). Der Stamm der Kardinalvenen verlagert sich beiderseits in die Mittellinie. Die Verlagerung kommt durch den Deszensus des Herzens und die Verschiebung des Sinus venosus nach dorsal und kranial zustande. Dadurch werden die Pleuroperikardialfalten wie Mesenterien ausgezogen. Dieser Vorgang wird durch die Ausdehnung der Pleurahöhlen in die Leibeswand hinein noch verstärkt (Abb. 14–2 B). Die Pleuroperikardialfalten werden dadurch zu Pleuroperikardialmembranen. Sie verschmelzen schließlich mit dem dorsalen Mesokard und mit der Lungenwurzel (Abb. 14–3) und bilden beim Erwachsenen den Perikardbeutel. Da der Stamm der rechten Kardinalvene sehr viel größer ist als der der linken, tritt die Trennung zwischen der Pleurahöhle und der Perikardhöhle zuerst auf der rechten Seite ein. Wenn zwischen der Pleura- und der Perikardhöhle eine Verbindung bestehen bleibt, findet sie sich fast immer auf der linken Seite.

Mesenterien

Ursprünglich stehen der Vorderdarm, der Mitteldarm und der Enddarm über eine breite Ansatzfläche mit der hinteren Leibeswand in Verbindung (Abb. 5–**11**). Beim 8-mm-Embryo hat sich die Verbindung eingeengt, so daß der kaudale Abschnitt des Vorderdarms, der Mitteldarm und der größte Teil des Enddarmes über ein **dorsales Mesenterium** an der Leibeswand befestigt sind (Abb. 5–**11** C und 14–**4**). Dieses Mesenterium erstreckt sich vom unteren Ende des Ösophagus bis in die Kloakenregion des Enddarmes. Ein **ventrales Mesenterium** ist nur im Bereich des unteren Ösophagusabschnittes, des Magens und des oberen Duodenums vorhanden.

Entwicklung des ventralen Mesenteriums

Der Magen und der obere Teil des Duodenums stehen ursprünglich mit dem Septum transversum direkt in Verbindung und erleichtern so das Einwachsen der Leberbälkchen in das Mesenchym des Septums (Abb. 14–**1** und 13–**17**). Die Leber wächst so rasch, daß sie nicht länger im Septum transversum Platz findet und beginnt dann, sich nach kaudal in den Bauchraum auszudehnen. Dies ist nur möglich, da sich gleichzeitig mit der Vergrößerung der Leber auch der Bauchraum nach allen Seiten beträchtlich ausweitet. Das Mesenchym des Septum transversum, das zwischen der ventralen Leibeswand und der Leber liegt, zieht sich dünn aus und bildet so das **Lig. falciforme** (Abb. 14–**4** und 13–**19** B). In entsprechender Weise entsteht aus dem Mesenchym zwischen der Leber und dem ventralen Rand des Magens und des Duodenums eine dünne Schicht, die als **Omentum minus** bezeichnet wird. Der freie Rand des Ligamentum falciforme enthält die Nabelvene, die nach der Geburt obliteriert und sich in das **Lig. teres hepatis** umwandelt. Der freie Rand des kleinen Netzes enthält den Ductus choledochus, die V. portae und die A. hepatica. Beim Erwachsenen bildet der untere Rand des Omentum minus die obere Begrenzung des **Foramen epiploicum Winslowi.** Das Foramen stellt den Eingang zur Bursa omentalis hinter dem Magen dar (s. unten).

Die Leber ist damit zwischen dem Lig. falciforme und dem Omentum minus befestigt und vollständig von Peritoneum bedeckt, mit Ausnahme eines Bezirkes an der oberen Oberfläche, in dem die Verbindung mit dem dichten kranialen Abschnitt des Septums, dem späteren Centrum tendineum des Zwerchfells, erhalten bleibt (Abb. 14–4). Dieser serosafreie Bezirk heißt **Area nuda der Leber.** An den Umschlagsstellen, an denen der peritoneale Überzug der Leber in das Peritoneum der Zwerchfellunterseite übergeht, entstehen die **Lig. coronaria hepatis.**

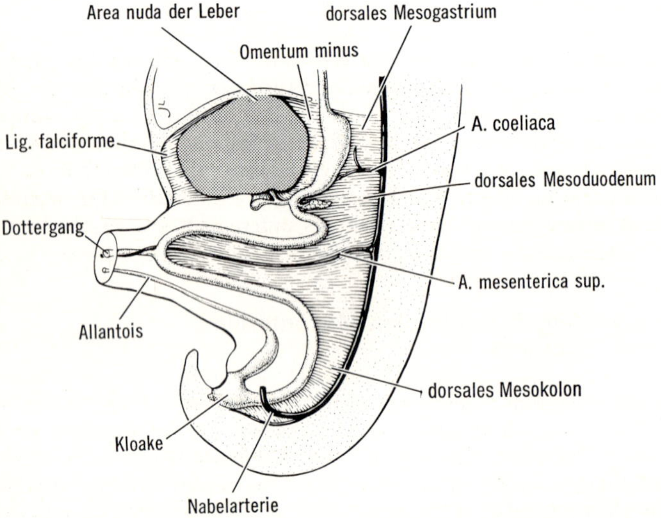

Abb. 14–4 Schematische Darstellung des primitiven dorsalen und ventralen Mesenteriums. Die Leber ist mit der ventralen Körperwand über das Ligamentum falciforme und mit dem Magen über das Omentum minus verbunden. Die A. mesenterica superior verläuft im eigentlichen Mesenterium und setzt ihren Weg als A. vitellina zum Dottersack fort.

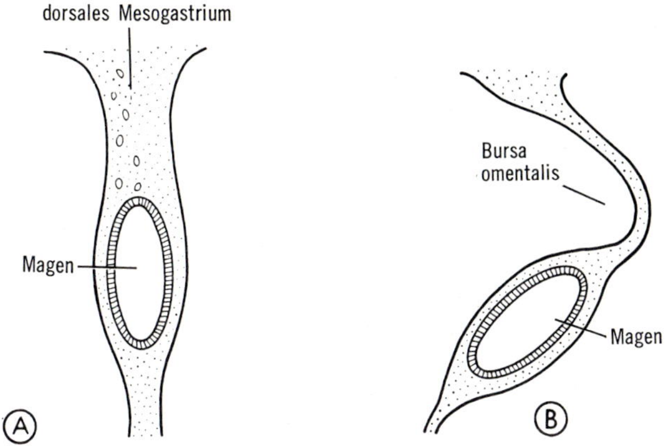

Abb. 14–**5** A, Beim 4 Wochen alten Embryo treten im dorsalen Mesogastrium Interzellularspalten auf. B, Sie verschmelzen miteinander und bilden den Ausgangspunkt für die Entwicklung der Bursa omentalis. Die Bursa omentalis ist eine Aussackung der rechten Zölomhöhle hinter dem Magen.

Dorsales Mesenterium

Das dorsale Mesenterium erstreckt sich vom unteren Ösophagusende bis in die Kloakenregion des Enddarmes. Im Bereich des Magens heißt es **dorsales Mesogastrium,** das teilweise zum **Omentum majus** ausgezogen ist, im Bereich des Duodenums **dorsales Mesoduodenum** und im Bereich des Kolons **dorsales Mesokolon.** Das dorsale Mesenterium der Jejunum- und Ileumschlingen wird als **eigentliches Mesenterium** bezeichnet. In seiner gesamten Länge enthält das Mesenterium die Blutgefäße, Nerven und Lymphgefäße, die den Intestinaltrakt versorgen (Abb. 14–4).

Bursa omentalis

In der vierten Entwicklungswoche besteht zwischen dem kaudalen Abschnitt des Vorderdarms und der hinteren Leibeswand noch eine breite Verbindungszone. In diesem Stadium treten kleine Interzellularspalten im Mesenchym hinter dem Magen auf. Diese Spalten verschmelzen rasch zu einer hinter dem Magen gelegenen Höhle, der späteren **Bursa omentalis** (Abb. 14–5). Auf der rechten Seite erstreckt sich die Höhle nach kranial bis zur rechten Lungenknospe. Mit der Entwicklung der Pleuroperitonealmembranen wird der Recessus oberhalb des Zwerchfells abgetrennt und bildet die **Bursa infracardiaca.** Beim Erwachsenen finden sich manchmal Reste dieser

Bursa als kleine, hinter der rechten Lungenwurzel gelegene Zysten. Inzwischen dehnt sich die Bursa omentalis weiter hinter dem Magen aus, so daß es zu einer Aussackung des dorsalen Mesogastriums nach links kommt (Abb. 14–6 A). Die weitere Ausdehnung der Bursa omentalis, bei der es sich eigentlich um eine Ausweitung der rechten Hälfte des Bauchraumes handelt, hat einen wesentlichen Einfluß auf die Lage des Magens, der Milz und des Pankreas (Abb. 14–6 B). Die Anlage der **Milz** wird in der fünften Entwicklungswoche als Proliferation des Mesenchyms zwischen den beiden Blättern des dorsalen Mesogastriums sichtbar. Bei der Bildung der Bursa omentalis verschmilzt der Abschnitt des dorsalen Mesogastriums, der zwischen der Milz und dem dorsalen Mesenterialansatz liegt, mit der hinteren Leibeswand (Abb. 14–6 B). Die Milz behält zeitlebens ihre intraperitoneale Lage bei. Sie ist mit der dorsalen Leibeswand im Bereich der linken Niere durch das **Lig. phrenicolienale** und mit dem Magen durch das **Lig. gastrolienale** verbunden.

Die Entwicklung der Bursa omentalis beeinflußt auch die Lage des Pankreas. Ursprünglich wächst dieses Organ in das dorsale Mesoduodenum hinein. Mit dem Pankreasschwanz dringt es später jedoch auch in das dorsale Mesogastrium vor (Abb. 14–6 A). Da das linke Blatt des dorsalen Mesogastriums in diesem Bereich mit dem Peritoneum der dorsalen Leibeswand verschmilzt, nimmt der Pankreasschwanz schließlich eine retroperitoneale Lage ein (Abb. 14–6 B und 14–8 A).

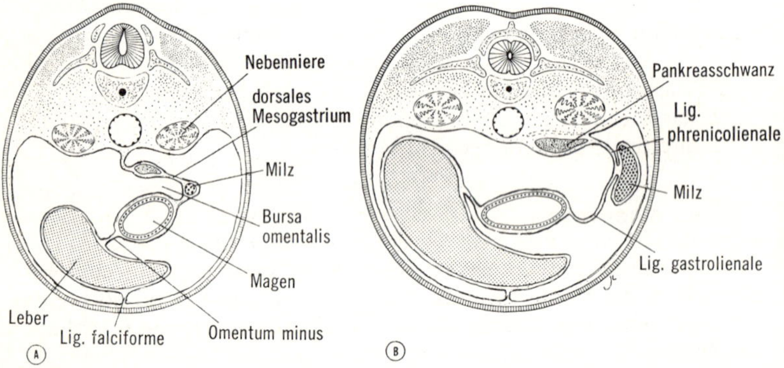

Abb. 14–**6** Querschnitte in Höhe des Magens, der Leber und der Milz, auf denen die Entwicklung der Bursa omentalis, die Drehung des Magens sowie die Lage der Milz und des Pankreasschwanzes zwischen den beiden Blättern des dorsalen Mesogastriums zu sehen sind. Im Laufe der Entwicklung kommt das Pankreas retroperitoneal zu liegen (nach verschiedenen Quellen).

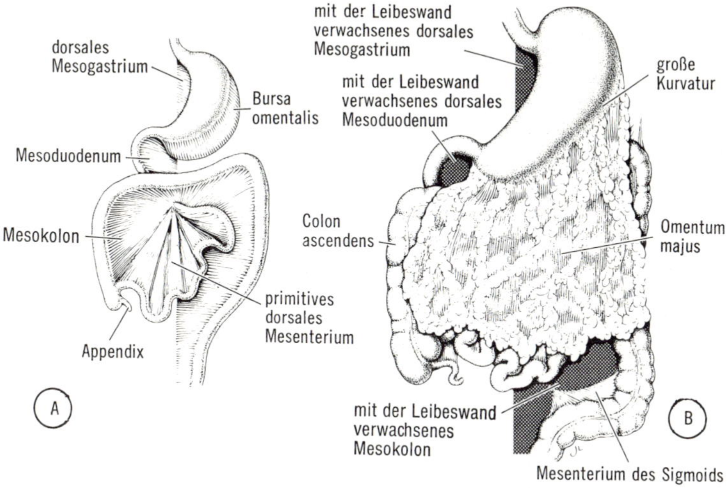

Abb. 14–**7** A, Schematische Darstellung des dorsalen Mesenteriums am Ende des dritten Monats. Das dorsale Mesogastrium wölbt sich links vom Magen bei der Entwicklung der Bursa omentalis vor. B, Beim Erwachsenen hängt das große Netz von der großen Kurvatur des Magens herab und bedeckt das Colon transversum und die Dünndarmschlingen. Die schraffierten Abschnitte des primitiven dorsalen Mesenteriums sind mit der Leibeswand verschmolzen (nach verschiedenen Quellen).

Infolge der Lageveränderungen des Magens bildet das dorsale Mesogastrium als linke Begrenzung der Bursa omentalis jetzt eine sich nach kaudal erstreckende Aussackung (Abb. 14–7 A). Mit dem weiteren Wachstum des dorsalen Mesogastriums entsteht eine Duplikatur, die wie eine Schürze vor dem Colon transversum und über die Dünndarmschlingen nach unten hängt (Abb. 14–7 B und 14–8). Diese aus zwei Blättern bestehende Schürze ist das **Omentum majus.** Später verschmelzen die Blätter und bilden eine einheitliche Platte, die von der großen Kurvatur des Magens herabhängt. Der obere Abschnitt des hinteren Blattes des großen Netzes verschmilzt mit dem Mesenterium des Colon transversum (Abb. 14–8 B).

Dorsales Mesoduodenum

Die Drehung des Magens und des Duodenums sowie das rasche Wachstum des Pankreaskopfes bewirken, daß das Duodenum aus seiner ursprünglich medialen Lage auf die rechte Seite der Bauch-

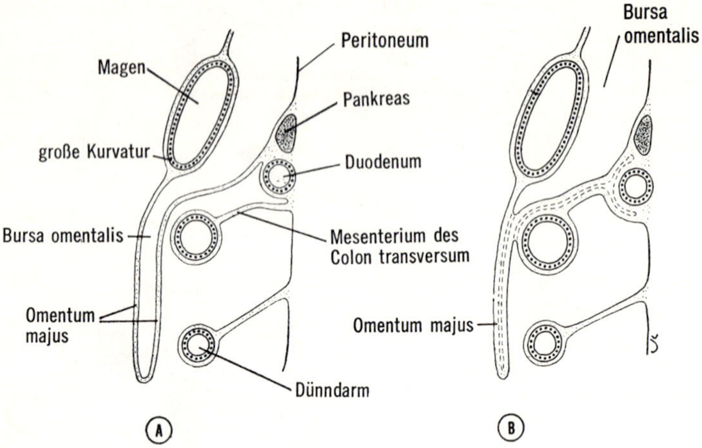

Abb. 14–**8** A, Schematischer Sagittalschnitt, der die Beziehungen zwischen dem großen Netz, dem Magen, dem Querkolon und den Dünndarmschlingen im vierten Monat verdeutlicht. Das Pankreas und das Duodenum liegen bereits retroperitoneal. B, Entsprechender Schnitt wie A beim Neugeborenen. Die beiden Blätter des großen Netzes sind miteinander und mit dem Mesocolon transversum verschmolzen. Das Mesocolon transversum bedeckt das bereits retroperitoneal gelegene Duodenum.

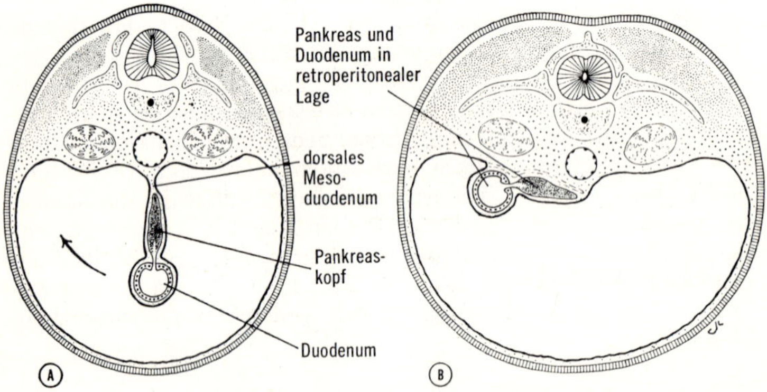

Abb. 14–**9** Querschnitte im Bereich des Duodenums in verschiedenen Entwicklungsstadien. Das Duodenum und der Pankreaskopf verlagern sich aus der Medianebene (A) nach rechts und kommen retroperitoneal zu liegen (B).

höhle wandert (Abb. 14–9). Duodenum und Pankreaskopf werden gegen die dorsale Körperwand gedrückt und die rechte Oberfläche des dorsalen Mesoduodenums verschmilzt mit dem benachbarten Peritoneum. Beide Schichten lösen sich anschließend auf, so daß Duodenum und Pankreaskopf in **retroperitonealer Lage** fixiert werden. Das dorsale Mesoduodenum verschwindet vollständig bis auf den Pylorusbereich des Magens, in dem ein kleiner Teil des Duodenums die intraperitoneale Lage beibehält.

Mesenterium der Nabelschleife oder Mesenterium im engeren Sinn

Das Mesenterium im Bereich der Nabelschleife macht infolge der Drehung und Schlingenbildung des Darmes tiefgreifende Veränderungen durch (Abb. 13–**24**, 13–**25**, 13–**26**). Wenn der untere Schenkel auf die rechte Seite der Bauchhöhle wandert, dreht sich das

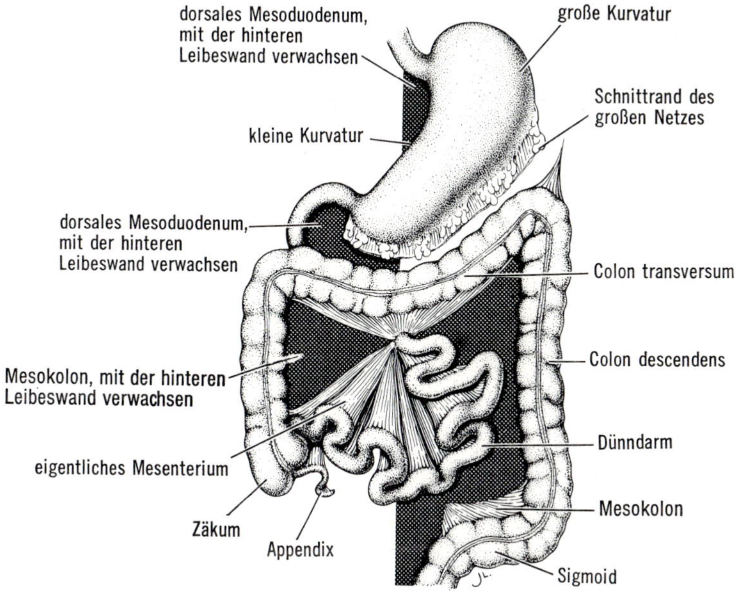

Abb. 14–**10** Frontalansicht der Darmschlingen nach Entfernung des großen Netzes. Die Abschnitte des dorsalen Mesenteriums, die mit der hinteren Leibeswand verwachsen, sind schraffiert. Beachte die Anheftungszone des eigentlichen Mesenteriums.

dorsale Mesenterium um die Abgangsstelle der A. mesenterica superior (Abb. 14–4 und 14–7 A). Später, wenn das Colon ascendens und Colon descendens ihre endgültige Lage eingenommen haben, werden ihre Mesenterien gegen das Peritoneum der Bauchwand gedrückt (Abb. 14–10). Nach Verschmelzung der beiden Blätter sind aufsteigender und absteigender Dickdarmschenkel dauernd in retroperitonealer Lage fixiert. Die Appendix und das untere Zäkumende behalten dagegen ihr freies Mesenterium.

Die Entwicklung des **Mesocolon transversum** geht einen anderen Weg. Zuerst bedeckt es das Duodenum als zusätzliche peritoneale Schicht (Abb. 14–8 A, B). Später verschmilzt es mit der Hinterwand der Bursa omentalis (Abb. 14–8 B). Seine Befestigungslinie reicht schließlich von der Flexura hepatica des Colon ascendens zur Flexura splenica des Colon descendens (Abb. 14–10).

Das Mesenterium der Jejunum- und Ileumschlingen geht anfangs in das des Colon ascendens über (Abb. 14–7 A). Wenn das Mesenterium des Colon ascendens mit der hinteren Leibeswand verschmilzt, erhält das Mesenterium der Jejunum- und Ileumschlingen eine neue Ansatzlinie, die sich vom intraperitoneal gelegenen Abschnitt des Duodenums bis zum Übergang des Ileums in das Zäkum erstreckt (Abb. 14–10).

Angeborene Mißbildungen

Zwerchfellhernie

Die Zwerchfellhernie ist eine der bekannteren Mißbildungen beim Neugeborenen. Ihre häufigste Ursache liegt darin, daß die Pleuroperitonealmembran den Pleuroperitonealkanal nicht verschlossen hat. Das Peritoneum und die parietale Pleura gehen dann an der hinteren Körperwand ohne Trennung ineinander über. Bei einem solchen Defekt, der **angeborenen Zwerchfellhernie von Bochdalek,** können die Baucheingeweide in die Pleurahöhle eintreten. In der Mehrzahl der Fälle befindet sich die Hernie auf der linken Seite, so daß Magen, Milz und ein Teil der Leber in die Thoraxhöhle eintreten können (Abb. 14–11 A, B). Die Baucheingeweide in der Brusthöhle drängen das Herz nach vorn, während die Lungen komprimiert werden und oft hypoplastisch sind. Die Atmung ist dadurch behindert und das Neugeborene stirbt zumeist kurz nach der Geburt. Manchmal wird der defekte Zwerchfellabschnitt von einer Membran, die aus Pleura und Peritoneum besteht, überdeckt. In sol-

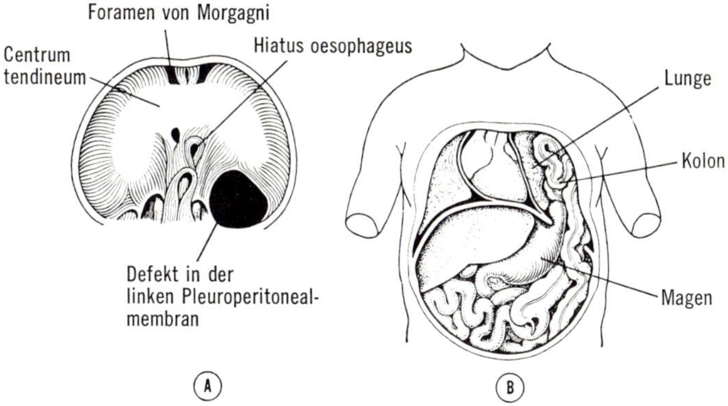

Abb. 14–**11** Angeborene Zwerchfellhernie. A, Kaudale Oberfläche des Zwerchfells mit einem großen Defekt in der Pleuroperitonealmembran auf der linken Seite. B, Hernie mit Darmschlingen und einem Teil des Magens in der linken Pleurahöhle. Es kommt häufig zur Kompression der linken Lunge und zur Verlagerung des Herzens und des Mediastinums nach rechts.

chen Fällen ist der Bauchinhalt, der in die Thoraxhöhle eindringt, in den serösen Häuten eingehüllt.

Gelegentlich unterbleibt die Entwicklung eines kleineren Teiles der Zwerchfellmuskulatur. Die Hernie kann unentdeckt bleiben, bis das Kind mehrere Jahre alt ist. Der Defekt kann im hinteren Zwerchfellabschnitt gelegen sein, häufiger jedoch wird er im vorderen Abschnitt beobachtet und heißt dann **parasternale Hernie von Morgagni** (Abb. 14–11 A). Eine solche Hernie liegt zwischen dem sternalen und sternokostalen Diaphragmaabschnitt. Eine kleine Peritonealtasche mit Darmschlingen kann dort in den Brustraum eindringen.

Eine weitere Form des Zwerchfellbruches ist die **Ösophagushernie.** Sie soll durch einen zu kurzen Ösophagus hervorgerufen werden. Kardia und oberer Abschnitt des Magens werden im Thorax zurückgehalten. Der Magen wird auf der Höhe des Zwerchfells eingeschnürt.

Die Ursache der Zwerchfellhernien ist unbekannt. Es konnte jedoch gezeigt werden, daß die Nachkommenschaft von Ratten, die mit einer Vitamin-A-Mangeldiät ernährt wurden, einen hohen Prozentsatz von Zwerchfelldefekten aufweist.

Caecum mobile und Colon mobile

Normalerweise ist das Colon ascendens, mit Ausnahme seines untersten Abschnittes (etwa 2–3 cm), mit der hinteren Leibeswand verwachsen und vorn und seitlich von Peritoneum überzogen. Bleibt ein Teil des Mesokolon bestehen, so kommt es zur Ausbildung eines **Caecum mobile.** In seiner extremsten Form wächst das Mesenterium des Colon ascendens nicht mit der hinteren Körperwand zusammen, so daß die Mesenterialwurzel auf ein kleines Gebiet um die Ursprungsstelle der A. mesenterica superior eingeengt ist. Ein derartig ungewöhnlich langes Mesenterium ermöglicht abnorme Bewegungen des Darmes und kann sogar zu einem Volvulus des Zäkum und Kolon führen. Entsprechend kann es zur retrokolischen Taschenbildung hinter dem Mesocolon ascendens kommen. Eine **retrokolische Hernie** entsteht dann durch die Einklemmung von Dünndarmschlingen hinter dem Mesokolon.

Kapitel 15

Zentralnervensystem

Das zentrale Nervensystem wird beim menschlichen Embryo zu Beginn der dritten Entwicklungswoche als längliche, pantoffelförmige Platte aus verdicktem Ektoderm angelegt. Diese **Neuralplatte** liegt auf der Dorsalseite im mittleren Abschnitt des Embryos vor dem **Primitivknoten.** Die seitlichen Ränder der Platte richten sich bald auf und bilden die **Neuralwülste.** Zwischen den Neuralwülsten entsteht die **Neuralrinne** (Abb. 15–**1**).

Mit fortschreitender Entwicklung richten sich die Neuralfalten noch weiter auf, wandern auf die Mittellinie zu und verschmelzen schließlich miteinander, so daß das **Neuralrohr** entsteht (Abb. 15–**2** und 15–**3**). Die Verschmelzung erfolgt zuerst im Bereich des vierten Somiten und schreitet von da aus gleichzeitig in kranialer und kaudaler Richtung fort (Abb. 15–**3** A). Am kranialen und kaudalen Ende des Embryos erfolgt die Vereinigung etwas später, so daß über

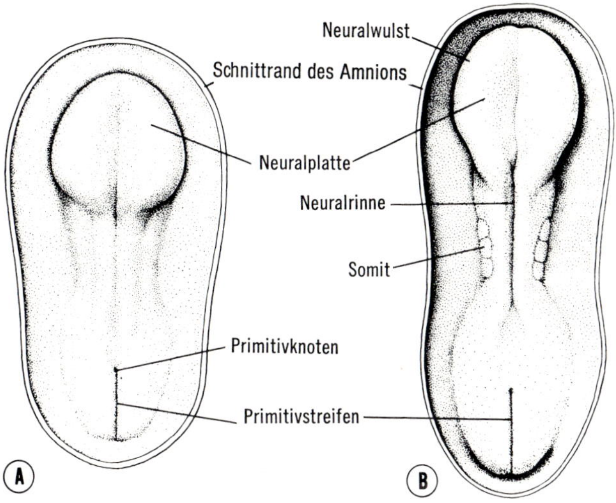

Abb. 15–**1** A, Dorsalansicht eines Embryos kurz vor der Somitenbildung (etwa 1,4 mm, Alter 18 Tage) (modifiziert nach Davis). Das Amnion wurde entfernt. Die Neuralplatte ist sichtbar. B, Dorsalansicht eines etwa 20 Tage alten menschlichen Embryos (modifiziert nach Ingalls). Beachte das Auftreten der Somiten und die Entwicklung der Neuralrinne und der Neuralfalten.

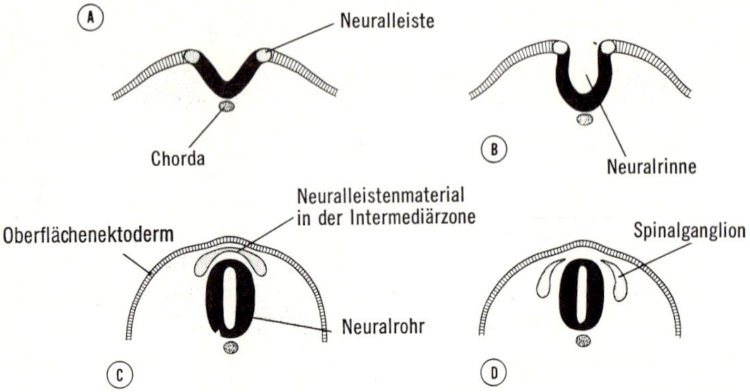

Abb. 15–**2** Die Entwicklung der Neuralfalten, der Neuralrinne, des Neuralrohres und der Neuralleiste in schematischen Querschnitten durch Embryonen in aufeinanderfolgenden Entwicklungsstadien. Die Neuralleistenzellen liegen vorübergehend in einer Intermediärzone zwischen Neuralrohr und Oberflächenektoderm (C). Nach ihrer Auswanderung bildet ein Teil der Neuralleistenzellen die Spinalganglien und die sensiblen Hirnganglien (D).

den **Neuroporus anterior** bzw. **posterior** vorübergehend eine offene Verbindung zwischen dem Lumen des Neuralrohres und der umgebenden Amnionhöhle besteht (Abb. 15–3 B). Der Verschluß des Neuroporus anterior findet im 18- bis 20-Somiten-Stadium (23. Tag) und der des Neuroporus posterior im 25-Somiten-Stadium (27. Tag) statt. Aus dem kaudalen Abschnitt des Neuralrohres entwickelt sich das **Rückenmark,** aus dem kranialen Abschnitt das **Gehirn.**

Das kraniale Ende des Neuralrohres weist schon frühzeitig drei deutliche Erweiterungen auf, die **primären Hirnbläschen.** Von vorn nach hinten werden diese Bläschen folgendermaßen benannt: 1. das **Prosenzephalon** oder **Vorderhirn;** 2. das **Mesenzephalon** oder **Mittelhirn** und 3. das **Rhombenzephalon** oder **Rautenhirn** (Abb. 15–4). Gleichzeitig mit der Anlage dieser Bläschen biegt sich das Neuralrohr nach ventral ein, so daß zwei Krümmungen entstehen: die **Nackenbeuge** an der Grenze zwischen Rautenhirn und Rückenmark und die **Scheitelbeuge** im Bereich des Mittelhirns (Abb. 15–4 A).

Aus dem Prosenzephalon stülpen sich die Augenbläschen aus (Abb. 15–4 A). Sie entwickeln sich zum Augenbecher weiter (Abb. 15–5 A, C). In der 5. Woche entstehen vor den Augenbläschen die

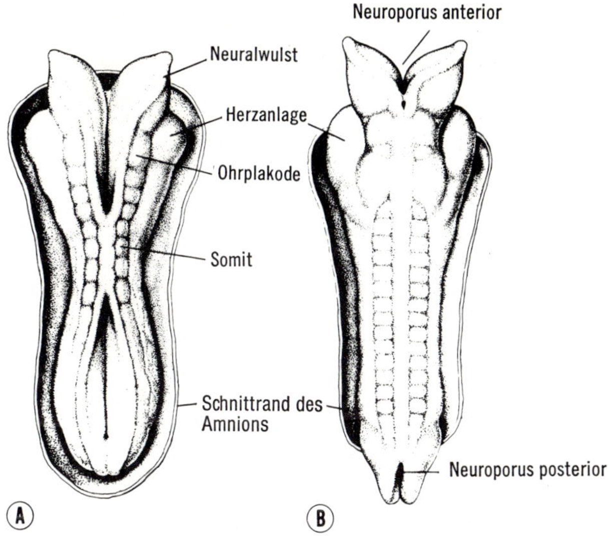

Abb. 15–**3** A, Dorsalansicht eines etwa 22 Tage alten menschlichen Embryos (modifiziert nach Payne). Auf jeder Seite des Neuralrohres lassen sich 7 Somiten erkennen. B, Dorsalansicht eines etwa 23 Tage alten menschlichen Embryos (modifiziert nach Corner). Im kranialen Abschnitt des Embryos wölbt sich beiderseits die Herzanlage vor. Die Neuralanlage steht über den vorderen und hinteren Neuroporus mit der Amnionhöhle in Verbindung.

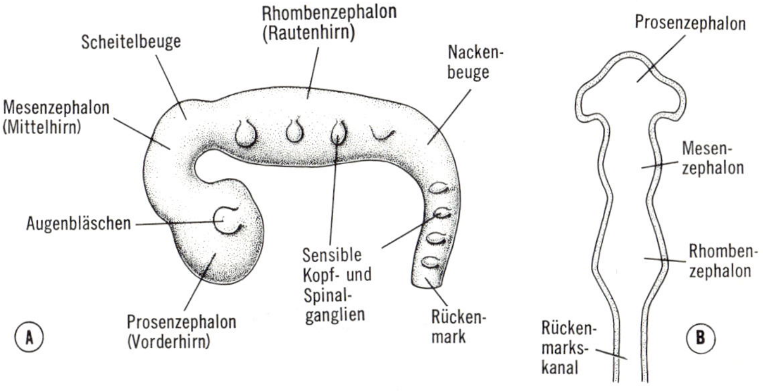

Abb. 15–**4** A, Lateralansicht der Hirnbläschen und des anschließenden Rückenmarks bei einem 4 Wochen alten Embryo (modifiziert nach Hochstetter). Beiderseits des Rhombenzephalon und des Rückenmarks liegen die von der Neuralleiste abstammenden sensiblen Ganglien. B, Das Hohlraumsystem der drei Hirnbläschen und des Rückenmarks.

Anlagen für die Großhirnhemisphären. Die Großhirnbläschen fassen die Vorderwand des ehemaligen Prosenzephalonbläschens als **Lamina terminalis** zwischen sich und bilden zusammen die Anlage des **Telenzephalons** oder **Endhirns.** Der Rest des Prosenzephalons wird damit zum **Dienzephalon** oder **Zwischenhirn** (Abb. 15–5 A).

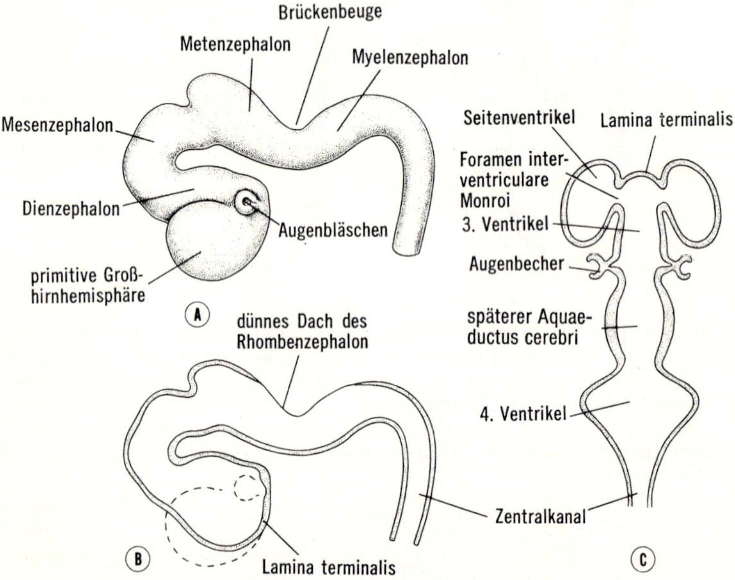

Abb. 15–**5** A, Lateralansicht der Hirnbläschen bei einem menschlichen Embryo zu Beginn der sechsten Woche (modifiziert nach Hochstetter). B, Medianschnitt durch die Hirnbläschen und das Rückenmark eines gleichalten Embryos wie in A. Das Dach des Rhombenzephalon ist dünn ausgezogen. C, Darstellung des Hohlraumsystems der Hirnbläschen und des Rückenmarks.

Im Bereich des **Rombenzephalons** knickt sich die Neuralanlage nach ventral ein. Es entsteht die **Brückenbeuge.** Das Dach des Rhombenzephalons zieht sich dünn aus (Abb. 15–5 B). Der vordere Abschnitt des Rhombenzephalons wird als **Metenzephalon** (**Nachhirn**) bezeichnet, der hintere als **Myelenzephalon** (**Markhirn**). Im Dach des Metenzephalons entwickelt sich später das Kleinhirn. Im Myelenzephalon liegen die zentralen Kerne für die Kiemenbogennerven.

Die embryonalen Gehirnbläschen bleiben als Gehirnventrikel erhalten (Abb. 15–5 C). Sie sind mit Zerebrospinalflüssigkeit (Liquor) gefüllt und stehen mit dem Zentralkanal des Rückenmarkes in direkter Verbindung. Die Großhirnhemisphären enthalten je einen **Seitenventrikel.** Die Seitenventrikel stehen über das **Foramen interventriculare** (Monroi) mit dem 3. Ventrikel in Verbindung. Der 3. Ventrikel ist die Höhle des Dienzephalons. Sie wird nach vorn durch die Lamina terminalis begrenzt. Im Bereich der späteren Sehnervenkreuzung besteht ursprünglich eine offene Verbindung zum Augenbläschen. Das Lumen des Mesenzephalons verengt sich zu einem Kanal, dem **Aquaeductus cerebri.** Die Zerebrospinalflüssigkeit fließt aus dem 3. Ventrikel durch den Aquaeductus cerebri in die Höhle des Rhombenzephalonbläschens, die als **4. Ventrikel** erhalten bleibt und kaudal in den Zentralkanal des Rückenmarks übergeht.

Rückenmark

Normale Entwicklung

Allgemeiner Aufbau

Neuroepithel, Mantelschicht und Marginalzone

Die Wand des Neuralrohres wird vom noch undifferenzierten **Neuroepithel** gebildet. Die Neuroepithelzellen erstrecken sich über die gesamte Breite der Neuralrohrwand und bilden ein dickes mehrreihiges Epithel (Abb. 15–6). Sie sind lumenwärts durch Desmosomen miteinander verbunden. Während der Interphase, in der die DNS-Synthese stattfindet, besitzen die Zellen eine keilförmige Gestalt. Ihr breites Ende enthält den Kern und sitzt in der äußeren Wandzone. Ein schlanker Zytoplasmafortsatz erstreckt sich bis zum Lumen. Im Anschluß an die DNS-Synthese wandert der Kern auf das Lumen zu, während sich der Zelleib gegen die Desmosomen hin kontrahiert. In der Metaphase runden sich die Zellen ab und sitzen breitbasig dem Lumen an. In dieser Lage keilen sie häufig den schmalen Zytoplasmafortsatz der benachbarten, sich gerade nicht teilenden Zellen ein. Im Stadium der Neuralrinne und kurz nach dem Neuralrohrschluß teilen sich die Neuroepithelzellen rasch, und es kommt zu einer starken Zellvermehrung.

Anschließend differenzieren sich aus den Neuroepithelzellen ein neuer Zelltyp mit einem großen runden Kern und blassem Kernplasma sowie mit einem dunkel gefärbten Nukleolus. Bei diesen

Zellen handelt es sich um primitive Nervenzellen, d. h. um **Neuroblasten** (Abb. 15–6). Ihre Anzahl nimmt ständig zu. Sie bilden dann eine Schicht, die sich an das Neuroepithel anlagert und als **Mantelschicht** bezeichnet wird (Abb. 15–7). Die Mantelschicht entwickelt sich **zur grauen Substanz des Rückenmarks.** In der im Querschnitt schmetterlingsförmigen grauen Substanz liegen die Zelleiber und Zellkerne der Nervenzellen.

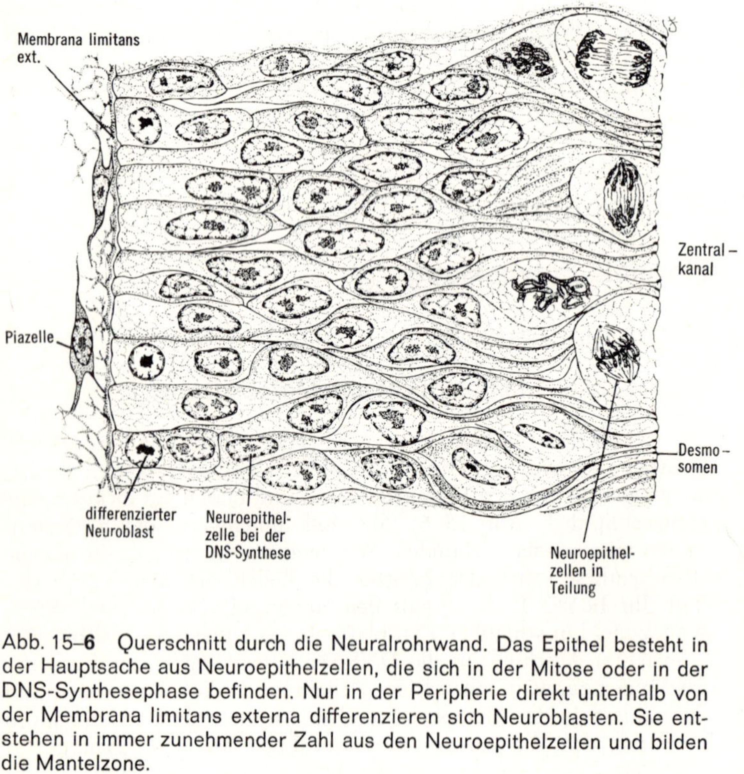

Abb. 15–**6** Querschnitt durch die Neuralrohrwand. Das Epithel besteht in der Hauptsache aus Neuroepithelzellen, die sich in der Mitose oder in der DNS-Synthesephase befinden. Nur in der Peripherie direkt unterhalb von der Membrana limitans externa differenzieren sich Neuroblasten. Sie entstehen in immer zunehmender Zahl aus den Neuroepithelzellen und bilden die Mantelzone.

Die äußerste Schicht des Rückenmarks enthält die Nervenfasern, die von den Neuroblasten in der Mantelschicht ausgehen und heißt **Marginalzone** (Randschleier). Die Myelinhülle der Nervenfasern läßt diese Schicht schließlich weiß erscheinen, so daß sie als **weiße Substanz des Rückenmarks** bezeichnet wird (Abb. 15–7).

Grund- und Flügelplatte, Deck- und Bodenplatte

Da fortwährend neue Neuroblasten in die Mantelschicht eintreten, entsteht auf jeder Seite des Neuralrohres eine ventrale und eine dorsale Verdickung. Die ventralen Verdickungen enthalten als **Grundplatten** die Zellen des motorischen Vorderhornes und entwickeln sich zum motorischen Areal des Rückenmarks, während aus den dorsalen Verdickungen, den **Flügelplatten**, die sensiblen Areale entstehen (Abb. 15–7 A). An der inneren Oberfläche des Neuralrohres erscheint beiderseits eine longitudinale Rinne, der **Sulcus limitans.** Er stellt die Grenze zwischen den vorderen motorischen und den hinteren sensiblen Arealen dar (Abb. 15–7 A). Die dorsal und ventral in der Mittellinie gelegenen dünnen Wandabschnitte des Neuralrohres heißen **Deckplatte** und **Bodenplatte.** Sie enthalten keine Neuroblasten und dienen in erster Linie als Durchgangsgebiet für Nervenfasern, die von einer Seite des Rückenmarks zur anderen kreuzen.

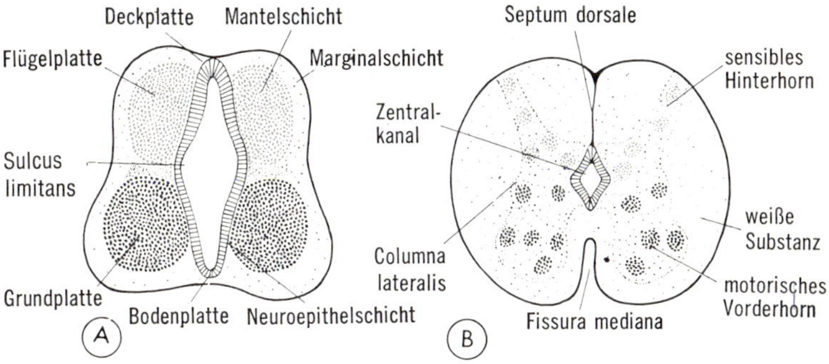

Abb. 15–**7** Die Entwicklung des Rückenmarks in zwei aufeinanderfolgenden Stadien. Beachte die Ausbildung des motorischen Vorderhorns, des sensiblen Hinterhorns, der Columna lateralis, der Fissura mediana und des Septum dorsale.

Durch die fortgesetzte Vermehrung der Neuroblasten wölben sich die Grundplatten beiderseits von der Mittellinie nach vorn, so daß eine tiefe longitudinale Rinne auf der Ventralseite des Rückenmarks entsteht (Abb. 15–7 B). In dieser Rinne, der **Fissura mediana,** verläuft später die vordere Rückenmarksarterie. Die Flügelplatten dehnen sich hauptsächlich nach medial aus und engen dabei den dorsalen Abschnitt der Neuralrohrlichtung ein. Die beiden Flügelplatten vereinigen sich schließlich in der Mittellinie. In der Verschmelzungsebene entsteht das **Septum dorsale.** Mit der Entwicklung der motorischen Vorderhörner, der sensiblen Hinterhörner und dem kleinen Lumen des **Zentralkanals** hat das Rückenmark seine definitive Form erhalten.

Histologische Differenzierung

Nervenzellen

Die **Neuroblasten** oder primitiven Nervenzellen entstehen ausschließlich durch Teilung aus den Neuroepithelzellen. Die Neuroblasten des Vorderhorns werden zuerst gebildet, und erst wenn der größte Teil von ihnen bereits in die Mantelschicht eingewandert ist, beginnt die Bildung der Nervenzellen für die Flügelplatte. Ursprünglich besitzen die Neuroblasten einen zentralen Fortsatz, der zum Lumen hin zieht (vorläufiger Dendrit). Wenn sie jedoch in die Mantelzone einwandern, verschwindet dieser Fortsatz und die Neuroblasten runden sich vorübergehend zu **apolaren Neuroplasten** ab (Abb. 15–8). Als nächster Schritt in der Differenzierung entwickeln sich zwei neue Zytoplasmafortsätze an den entgegengesetzten Zellpolen und es entstehen **bipolare Neuroblasten** (Abb. 15–8 B). Der eine Zellfortsatz verlängert sich rasch und wird zum **Axon,** während der andere am gegenüberliegenden Pol eine Reihe von Zytoplasmaverzweigungen entwickelt, die als **Dendriten** bezeichnet werden (Abb. 15–8 C). Die Zelle ist damit zum **multipolaren Neuroblasten** geworden und entwickelt sich zur Nervenzelle des Erwach-

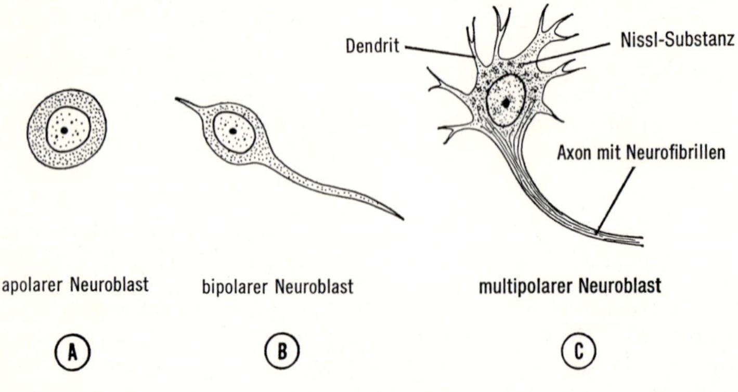

Abb. 15–**8** Verschiedene Entwicklungsstadien eines Neuroblasten. Als Neuron wird die strukturelle und funktionelle Einheit einer Nervenzelle mit allen ihren Fortsätzen bezeichnet.

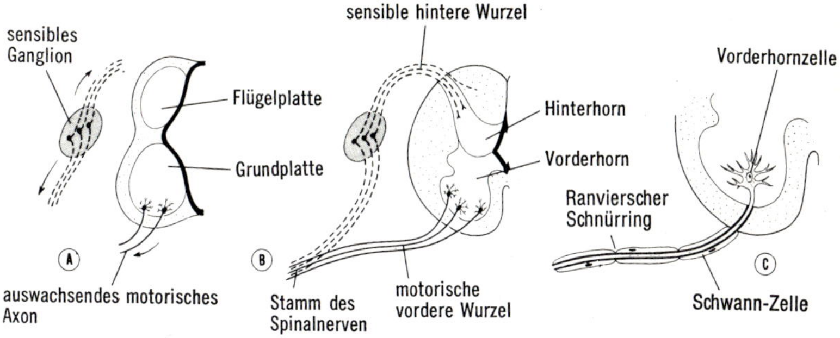

Abb. 15–**9** A, Darstellung der motorischen Axone, die aus der Grundplatte auswachsen, sowie der nach zentral und nach peripher ziehenden Fasern der Nervenzellen in den sensiblen Ganglien. B, Die Nervenfasern der ventralen motorischen und der dorsalen sensiblen Wurzel vereinigen sich zum Stamm des Spinalnerven. C, Darstellung einer Vorderhornzelle, deren Axon von Schwann-Zellen umgeben ist.

senen oder zum **Neuron** weiter. Mit der Differenzierung zum Neuroblasten verlieren die Zellen ihre Teilungsfähigkeit.

Die Axone der Neurone im sensiblen Hinterhorn verhalten sich anders als die im motorischen Vorderhorn. Sie dringen in die Marginalschicht des Rückenmarks ein, wo sie entweder zu einer höheren Ebene auf- oder zu einer tieferen absteigen. Die Axone des motorischen Vorderhorns durchqueren dagegen die Marginalzone und treten auf der Ventralseite des Rückenmarks aus, um gemeinsam die **vordere motorische Wurzel des Spinalnerven** zu bilden. Diese Fasern leiten die motorischen Impulse vom Rückenmark zu den Muskeln (Abb. 15–9).

Gliazellen

Der größte Teil der primitiven Stützzellen im Neuralrohr, die als **Glioblasten** bezeichnet werden, entsteht aus Neuroepithelzellen, nachdem die Bildung von Neuroblasten aufgehört hat. Aus der Neuroepithelschicht wandern die Glioblasten in die Mantelschicht. Man nimmt an, daß einige auch bis in die Marginalzone weiterwandern. In der Mantelschicht differenzieren sie sich zu **plasmatischen** und **fibrillären Astrozyten.**

Eine weitere Form der Stützzelle, die wahrscheinlich von den Glioblasten abstammt, ist die **Oligodendrogliazelle.** Dieser Zelltyp findet sich hauptsächlich in der Marginalzone und bildet die Myelinschichten um die aufsteigenden und absteigenden Axone in der Marginalzone. In neuerer Zeit wurde vermutet, daß er von Mesenchymzellen abstammt, die in das Zentralnervensystem eindringen, so daß seine Entwicklung aus dem Neuroepithel zur Zeit zweifelhaft ist.

In der zweiten Hälfte der Schwangerschaft tritt eine dritte Form der Stützzelle im Zentralnervensystem auf, die **Mikrogliazelle.** Man nimmt an, daß dieser Zelltyp vom Mesoderm, das das Neuralrohr umgibt, abstammt.

Wenn die Neuroepithelzellen aufgehört haben, Neuroblasten und Glioblasten zu bilden, entwickeln sie sich schließlich zu den Ependymzellen des Erwachsenen.

Neuere autoradiographische und elektronenmikroskopische Untersuchungen haben die Vorstellungen über die verschiedenen Entwicklungswege der einzelnen Gliazelltypen sehr viel komplizierter werden lassen. Da die verschiedenen einander gegenüberstehenden Theorien sehr kompliziert sind, ist eine Diskussion in diesem Kapitel nicht möglich. Einige strittige Punkte sind jedoch in dem Schema der Abb. 15–10 eingetragen.

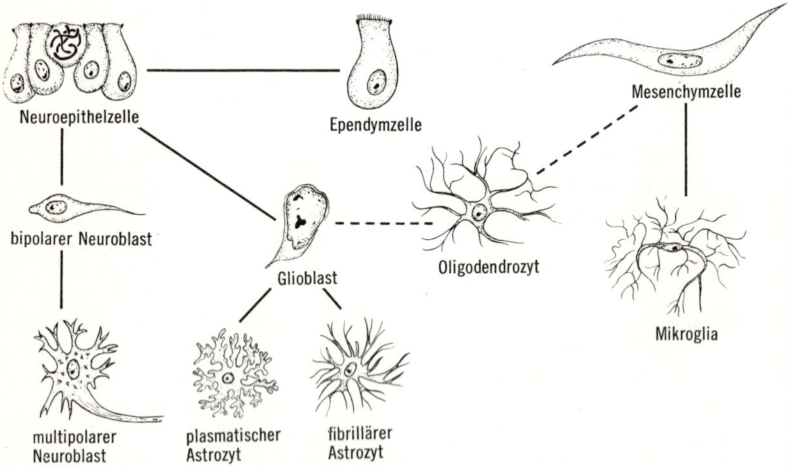

Abb. 15–**10** Schematischer Stammbaum der Nervenzelle und der einzelnen Gliazelltypen. Die Neuroblasten, die fibrillären und plasmatischen Astrozyten und die Ependymzellen stammen von den Neuroepithelzellen ab. Die Mikroglia entwickelt sich aus Mesenchymzellen. Die Abstammung der Oligodendrozyten ist noch ungeklärt.

Neuralleiste

Bei der Einsenkung der Neuralplatte tritt an beiden Wülsten der Neuralrinne eine charakteristische Gruppe von Zellen auf (Abb. 15–2 A). Diese Zellen stammen aus dem Ektoderm und werden als **Neuralleistenzellen** bezeichnet. Vorübergehend bilden sie eine Zwischenzone zwischen Neuralrohr und Oberflächenektoderm (Abb. 15–2 C). Die Neuralleiste erstreckt sich beiderseits vom Mesenzephalon bis in den Bereich der kaudalen Somiten. Wenn sich das Neuralrohr geschlossen hat, wandern die Neuralleistenzellen als Einzelzellen mit amöboiden Bewegungen aus dem Neuralleistengebiet aus und verteilen sich im gesamten Körper. Beiderseits vom Neuralrohr bilden sie segmental angeordnete Zellagregate, aus denen sich die sensiblen Ganglien entwickeln. Im Bereich des Rückenmarkes entsteht in Höhe eines jeden Somiten ein Spinalganglion. In entsprechender Weise entwickeln sich im Kopfbereich die sensiblen Ganglien für den 5., 7., 9. und 10. Hirnnerven (Abb. 15–2 und 15–4). Aus direkt unter der Ektodermschicht wandernden Neuralleistenzellen entwickeln sich die Pigmentzellen des Körpers. Außerdem stammen aus der Neuralleiste die Schwann-Zellen, die Sympathikoblasten und die übrigen Zellen für das periphere vegetative Nervensystem. Im Kopfbereich entsteht aus dem Neuralleistenmaterial Kopfmesenchym und die Knorpelzellen für die Kiemenbögen. In neueren Experimenten wurde beobachtet, daß die Exstirpation der Neuralleiste im Trigeminusgebiet zu Gesichtsmißbildungen führt, darunter auch zu Gaumenspalten (s. Kap. 18, S. 389).

Die Neuroblasten in den **Spinalganglien** bilden ein Axon aus, das sich sogleich nach seinem Abgang aus dem Zelleib in zwei Nervenfasern aufgabelt (Abb. 15–9 A). Eine der beiden Nervenfasern wächst nach zentral vor und dringt in den dorsalen Abschnitt des Neuralrohres ein. Dort endet sie entweder an einer Zelle in der Flügelplatte oder steigt in der Marginalschicht zu einem höheren Gehirnzentrum auf. Diese Fasern heißen in ihrer Gesamtheit **hintere sensible Wurzel des Spinalnerven** (Abb. 15–9 B). Die andere Nervenfaser der Spinalganglienzelle wächst nach peripher aus und vereinigt sich mit den Fasern der motorischen Vorderwurzel. Diese Fasern werden zum sensiblen Anteil des Spinalnerven. Sie enden in der Peripherie an den sensiblen Rezeptororganen.

Markscheidenbildung

Die Markscheiden der peripheren Nerven werden von den **Schwann-Zellen** gebildet. Die Schwann-Zellen stammen aus der Neuralleiste und wandern über das Spinalganglion entlang der Nervenfasern in die Peripherie. Sie umhüllen schließlich alle Axone, so daß diese nicht mehr mit anderen Zellen in Berührung kommen können. Die Axone verlaufen in Einbuchtungen der Zellmembran der Schwann-Zellen, die sich von der Oberfläche in das Zytoplasma absenken. Auf diese Weise können bis zu 20 Axone von einer Schwann-Zelle umhüllt werden. Dieser Zustand bleibt bei den markscheidenlosen, langsam leitenden Nervenfasern als Endzustand erhalten.

Vom 4. Monat an entwickeln sich die Schwann-Zellen der schnell leitenden Nervenfasern zu Markscheiden. Die Einsenkung der Oberflächenmembran der Schwann-Zelle, die das Axon enthält, wickelt sich spiralig mehrmals um das Axon herum. Dadurch wird das Axon von einer Vielzahl von Membranschichten umgeben. Da die Membranen aus Myelin bestehen, entsteht auf diese Weise eine isolierende Myelinschicht um das Axon, die als Markscheide bezeichnet wird (Abb. 15–**9** C).

Im Rückenmark ist die Myelinscheide der Nervenfasern völlig anderer Herkunft. Sie wird dort von den Oligodendrogliazellen gebildet. Die Markscheidenbildung der Nervenfasern im Rückenmark beginnt etwa im vierten Monat des intrauterinen Lebens. Einige motorische Fasern, die von höheren Gehirnzentren zum Rückenmark absteigen, erhalten jedoch erst im ersten Lebensjahr eine Markscheide. Wahrscheinlich werden die Bahnen im Nervensystem ungefähr in dem Entwicklungsstadium mit einer Markscheide versehen, in dem sie ihre Funktion aufnehmen.

Lageveränderungen des Rückenmarks

Im dritten Entwicklungsmonat, wenn die Scheitel-Steiß-Länge etwa 30 mm beträgt, erstreckt sich das Rückenmark über die gesamte Länge des Embryos. Die Spinalnerven treten durch die Foramina intervertebralia in der Höhe ihres Ursprungsegmentes aus (Abb. 15–**11** A). Mit zunehmendem Alter wächst die Wirbelsäule jedoch schneller in die Länge als das Neuralrohr; das untere Ende des Rükkenmarks verlagert sich immer weiter nach oben. Bei der Geburt liegt es in Höhe des dritten Lendenwirbels (Abb. 15–**11** C). Infolge dieses unterschiedlichen Wachstums verlaufen die Spinalnerven schräg von ihrem Ursprungssegment im Rückenmark zu dem entsprechenden Segment der Wirbelsäule.

Beim Erwachsenen endet das Rückenmark auf der Höhe von L_2. Unterhalb dieses Punktes besteht das Zentralnervensystem nur aus dem **Filum terminale internum,** das noch den Weg der Rückenmarksspitze erkennen läßt. Die Nervenfasern unterhalb des unteren Endes des Rückenmarks heißen insgesamt **Cauda equina.**

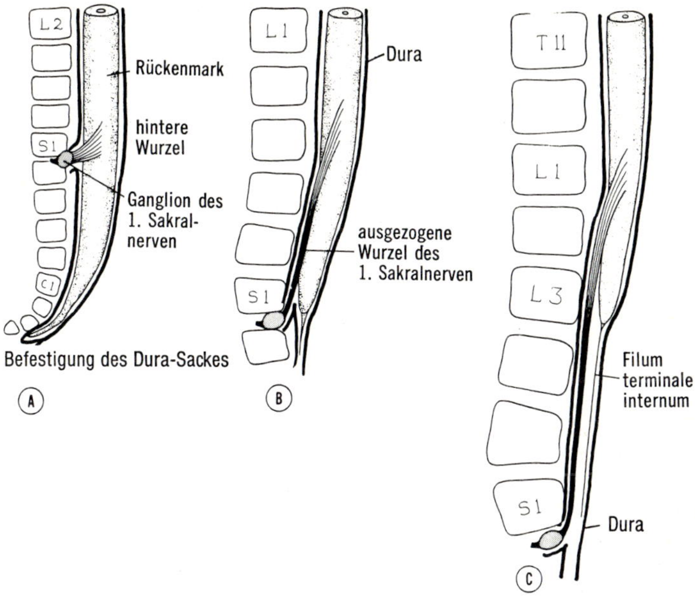

Abb. 15–**11** Schematische Darstellung des kaudalen Rückenmarks und seiner Beziehung zur Wirbelsäule in verschiedenen Entwicklungsstadien. A, Etwa im 3. Monat; B, Am Ende des 5. Monats; C, Beim Neugeborenen (modifiziert nach Streeter).

Angeborene Mißbildungen

Am Ende der vierten Woche ist das Zentralnervensystem ein geschlossenes röhrenförmiges Gebilde und hat sich vom darüberliegenden Ektoderm abgelöst. Gelegentlich unterbleibt jedoch der Neuralrohrschluß. Als Ursachen kommen Störungen bei der Induktion durch das darunterliegende Chordamesoderm in Frage oder teratogene Umweltfaktoren, die das Neuroepithel beeinflussen. Das neurale Gewebe bleibt dann entblößt an der Oberfläche liegen. Ein solcher Defekt kann sich über die gesamte Länge des Neuralrohres erstrecken oder auf ein kleines Gebiet beschränkt sein (**komplette** oder **partielle Rachischisis**). Findet sich die Mißbildung im Bereich des Rückenmarks, spricht man von **Spina bifida.** Wenn der Neuralrohrschluß in der Gehirnregion ausbleibt, kommt es zum **Anenzephalus.**

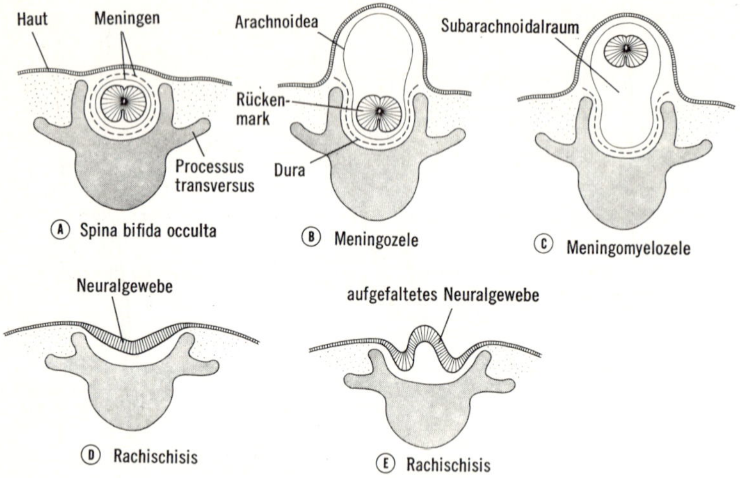

Abb. 15–**12** Die verschiedenen Formen der Spina bifida.

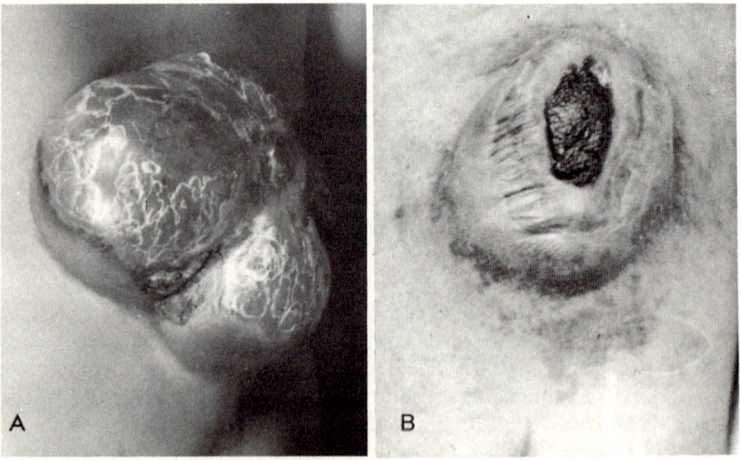

Abb. 15–**13** A, Von Haut bedeckte große Meningozele entsprechend dem Schema in Abb. 15–**12** B. Die Meningozele ist eine häufige Mißbildung. B, Große Meningomyelozele entsprechend Abb. 15–**12** C. Sie ist von einer leicht verletzbaren Membran bedeckt. (Aus Warkany, J: Congenital Malformations, 1971. Mit Erlaubnis der Year Book Medical Publishers, Inc., Chicago).

Spina bifida

Mit dem Ausdruck **Spina bifida** werden die verschiedensten Mißbildungen bezeichnet. Die wörtliche Übersetzung bedeutet gespaltenes Rückgrat. In seiner einfachsten Form ist die Verschmelzung der dorsalen Anteile der Wirbelbögen ausgeblieben. Diese Form der Mißbildung findet sich gewöhnlich in der Lumbosakralregion. Sie wird von der Haut bedeckt und ist von außen nicht zu erkennen. Über dem betroffenen Bereich kann gelegentlich ein kleines Haarbüschel sitzen (**Spina bifida occulta**) (Abb. 15–**12** A). Das Rückenmark und die Nerven sind gewöhnlich nicht betroffen.

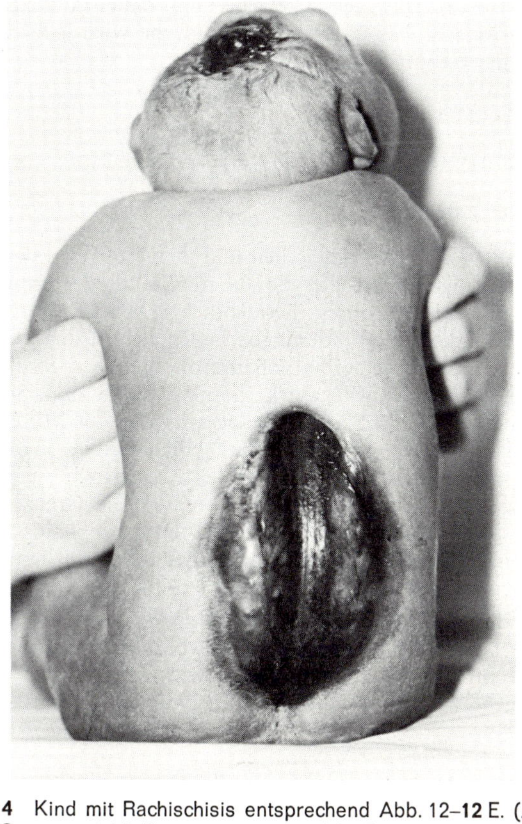

Abb. 15–**14** Kind mit Rachischisis entsprechend Abb. 12–**12** E. (Aus Warkany, J: Congenital Malformations, 1971. Mit Erlaubnis der Year Book Medical Publishers, Inc., Chicago.)

Sind mehr als ein oder zwei Wirbel an dem Defekt beteiligt, wölben sich die Meningen des Rückenmarks durch die Öffnung vor. Ein mit Haut überzogener Sack wird auf der Oberfläche sichtbar (**Meningozele**) (Abb. 15–**12** B und Abb. 15–**13** A). Dieser Sack kann so groß sein, daß er nicht nur die Meningen, sondern auch das Rückenmark und seine Nerven enthält. Dann heißt die Mißbildung **Meningomyelozele** und wird gewöhnlich nur von einer dünnen, leicht verletzbaren Membran bedeckt (Abb. 15–**12** C und 15–**13** B). In der Regel sind neurologische Ausfälle vorhanden.

Eine weitere Form der Spina bifida entsteht dadurch, daß das Neuralrohr selbst sich nicht geschlossen hat und das Nervengewebe dann offen zutage liegt (**Myelozele** oder **Rachischisis**) (Abb. 15–**12** D, E und 15–**14**). Das Nervengewebe kann dabei tumoröse Wucherungen aufweisen. Das überschüssige Gewebe wird jedoch kurz vor oder nach der Geburt nekrotisch.

Gehirn

Normale Entwicklung

Mit der Anlage der Gehirnbläschen und dem Auftreten der Nacken- und Scheitelbeuge ändert sich die äußere Gestalt des kranialen Abschnittes des Neuralrohres beträchtlich (Abb. 15–4, 15–5 und 15–15). Trotz dieser Veränderungen lassen sich in den meisten Gehirnbläschen noch eine Reihe von morphologischen Strukturen erkennen, die für das Rückenmark charakteristisch sind. So besitzen z. B. die meisten Gehirnbläschen beiderseits von der Mittellinie eine deutliche Unterteilung in Grund- und Flügelplatten, in denen entsprechend die motorischen und sensiblen Areale lokalisiert sind. Sogar der Sulcus limitans, der im Rückenmark die Grenze zwischen Flügel- und Grundplatte bildet, ist im Rhombenzephalon und Mesenzephalon vorhanden und stellt auch hier die Grenzlinie zwischen motorischen und sensiblen Arealen dar.

Im folgenden werden die Hauptbestandteile der fünf Gehirnbläschen kurz beschrieben. Auf eine Reihe von strukturellen Besonderheiten, die für das Verständnis der Entwicklung des Zentralnervensystems nicht von Bedeutung sind, wird in der Beschreibung verzichtet.

Myelenzephalon

Das Myelenzephalon ist der am weitesten kaudal gelegene Hirnabschnitt und erstreckt sich vom ersten Spinalnerven bis zur Brücken-

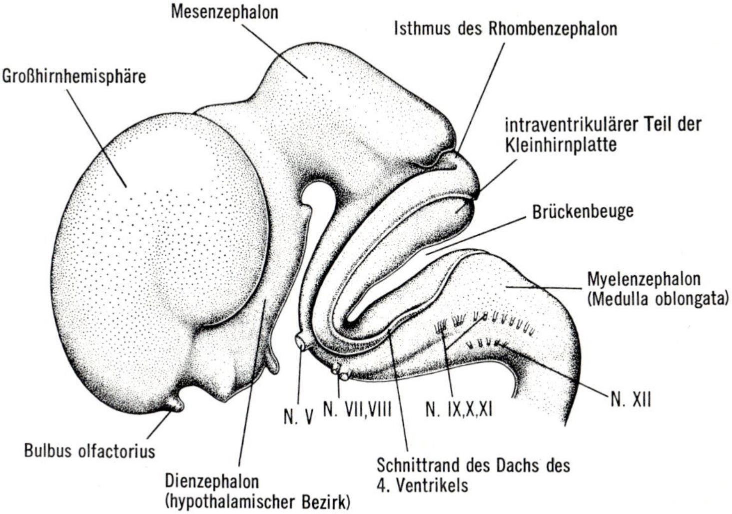

Abb. 15–**15** Seitenansicht der Hirnbläschen bei einem 8 Wochen alten Embryo (Scheitel-Steiß-Länge etwa 27 mm) (nach Hochstetter). Die Deckplatte des Rhombenzephalons wurde entfernt, so daß der intraventrikuläre Anteil der Kleinhirnplatte sichtbar ist. Beachte den Abgang der Hirnnerven.

beuge. Er entwickelt sich zur **Medulla oblongata** (Abb. 15–**15** und 15–**16** A). Die Medulla unterscheidet sich vom Rückenmark dadurch, daß ihre Seitenwände sich um eine gedachte Längsachse in der Bodenplatte drehen, eine Bewegung, die mit dem Öffnen eines Buches verglichen werden kann (Abb. 15–**16** B, C). Infolge dieser Bewegung streckt sich die Deckplatte und besteht dann aus einer einzigen Lage von Zellen. Der Aufbau der Seitenwände des Myelenzephalons gleicht weitgehend dem des Rückenmarks. Es lassen sich eine Flügel- und eine Grundplatte unterscheiden, die durch den Sulcus limitans getrennt sind (Abb. 15–**16** B, C).

Wie im Rückenmark enthält die Grundplatte motorische und die Flügelplatte sensible Kernareale. In der Grundplatte des Hirnstammes kommen jedoch zu den somatomotorischen Kernen, die dem motorischen Vorderhorn des Rückenmarkes entsprechen, viszeromotorische Kerne für die quergestreifte Muskulatur aus den Kiemenbögen und parasympathisch viszeromotorische Kerne für die unwillkürliche Muskulatur der Eingeweide hinzu. In der Flügelplatte des Gehirnstammes entstehen außer den somatosensiblen

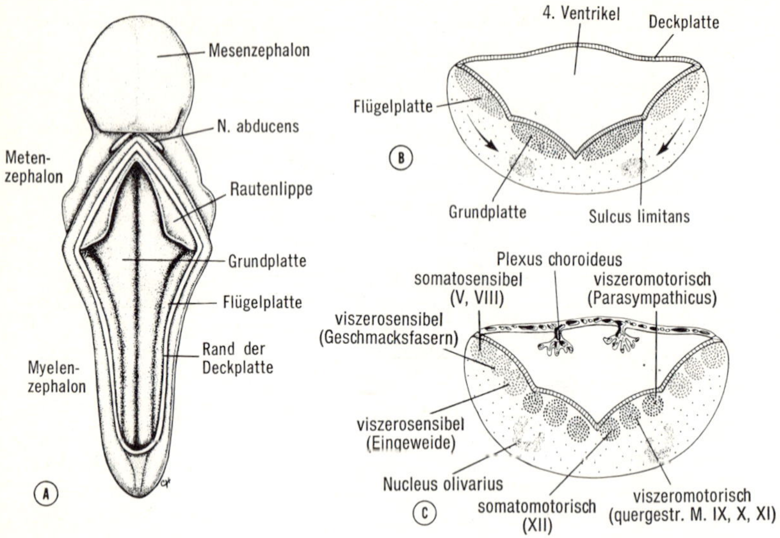

Abb. 15–**16** A, Blick von dorsal auf den Boden des 4. Ventrikels nach Entfernung der Deckplatte bei einem 10-mm-Embryo. Im Myelenzephalon sind die Grundplatte und die Flügelplatte und im Metenzephalon die Rautenlippe sichtbar. B und C zeigen die Lage und weitere Differenzierung der Grund- und Flügelplatten des Myelenzephalons in verschiedenen Entwicklungsstadien. Beachte die Ausbildung der Kerngruppen in den Grund- und Flügelplatten. Die Pfeile zeigen den Weg der Zellen aus der Flügelplatte in den Nucleus olivarius.

Kernen, die dem Hinterhorn im Rückenmark entsprechen, Kerngebiete, an denen die sensorischen Fasern der Sinnesorgane des Kopfes (Auge, Ohr, Geschmacksknospen) enden und Kerngebiete für die viszerosensiblen Fasern aus den Eingeweiden.

Motorische Grundplatte

Die Grundplatte im Myelenzephalon enthält wie im Rückenmark die motorischen Kernbereiche. Im Myelenzephalon gliedern sich die Kerne jedoch in drei Gruppen: 1. in eine mediale Gruppe aus **somatomotorischen Kernen,** 2. in eine intermediäre Gruppe aus **viszeromotorischen Kernen,** die von den Kiembögen abstammende quergestreifte Muskulatur versorgen und 3. eine laterale Gruppe von **parasympathisch viszeromotorischen Kernen** (Abb. 15–16 C).

Die **somatomotorische Kerngruppe** umfaßt die motorischen Neuronen, die die quergestreifte Muskulatur innervieren, die von den zephalen Myotomen abstammt. Sie stellen als solche die Fortsetzung der Vorderhörner im Kopfbereich dar. Da sich die somatomotorischen Kerne noch nach rostral über das Metenzephalon hinaus in das Mesenzephalon fortsetzen, wird diese Kerngruppe oft als **somatomotorische Säule** bezeichnet. Im Myelenzephalon besteht sie aus den Kernbereichen des **N. hypoglossus,** der die vier okzipitalen Myotome (die Zungenmuskulatur) versorgt. Im Metenzephalon und Mesenzephalon enthält die Säule die Kerne des N. abducens, des N. trochlearis und des N. oculomotorius. Sie versorgen die Augenmuskulatur, die von den präotischen Myotomen abstammen soll. Die **viszeromotorische Kerngruppe** erstreckt sich bis in das Metenzephalon hinein und bildet so eine viszeromotorische Säule im Hirnstamm. Sie enthält die motorischen Kerne, die die quergestreifte, aus dem Mesenchym der Kiemenbögen abstammende Muskulatur versorgen. Im Myelenzephalon besteht die Säule aus den Kernen des N. accessorius, N. vagus und N. glossopharyngeus. Beim Erwachsenen bilden die motorischen Neurone dieser Nerven den **Nucleus ambiguus** und das **Bulbusareal des N. accessorius.**

Die dritte, **parasympathische viszeromotorische Kerngruppe** enthält Nervenzellen, deren Axone als präganglionäre Fasern der parasympathischen Ganglien auswachsen, die ihrerseits die unwillkürliche Muskulatur des Respirationstraktes, des Magen-Darm-Kanals und des Herzens versorgen. Außerdem innervieren sie die Speicheldrüsen. Im Myelenzephalon ist diese Gruppe durch den **Nucleus dorsalis vagi,** und den **Nucleus salivatorius inferior** repräsentiert, von dem aus über den N. glossopharyngeus die Parotis innerviert wird.

Sensible Flügelplatte

Die Flügelplatte enthält die sensiblen Relaiskerne, die wie die Kerne in der Grundplatte in drei Gruppen angeordnet sind (Abb. 15–16 C). Die am weitesten lateral gelegene **somatosensible Kerngruppe** erhält Impulse über den **bulbospinalen Abschnitt des Trigeminus** von der Haut im Kopfbereich. An der breitesten Stelle der Rautengrube kommen die noch weiter lateral gelegenen **sensorischen Kerne** des N. vestibulocochlearis (VIII) hinzu.

Die intermediäre **viszerosensible Kerngruppe** erhält Impulse von den Geschmacksknospen der Zunge und aus dem Gaumen-, Oropharynx- und Epiglottisbereich. Diese Nervenzellen bilden später den Kern des **Tractus solitarius** (VII, IX, X).

Die **mediale viszerosensible Kerngruppe** ist durch den dorsalen sensiblen Vaguskern vertreten. Ihre Nervenzellen erhalten afferente Impulse aus dem Magen-Darm-Kanal und vom Herzen. Sie entsprechen den viszeromotorischen parasympathischen Kernen.

Die Zellen der Flügelplatte bilden nicht nur die sensiblen Relaiskerne, sondern wandern auch abwärts bis in ein Gebiet ventrolateral von der Grundplatte. Hier bilden sie einen Teil des **Olivenkernkomplexes** (Abb. 15–**16** B, C).

Deckplatte, Plexus choroideus und Foramina von Luschka und Magendie

Die Deckplatte des Myelenzephalons besteht aus einer einschichtigen Lage von Ependymzellen (Abb. 15–**16** B). Diese Schicht wird später von gefäßreichem Mesenchym der **Pia mater** überzogen. Beide Schichten zusammen werden als **Tela choroidea** bezeichnet. Durch die Proliferation des Gefäßmesenchyms entstehen eine Reihe von Aussackungen, die in den benachbarten Ventrikel im Bereich der Brückenbeuge hineinragen (Abb. 15–**16** C). Diese zottenartigen Einstülpungen bilden den **Plexus choroideus**, der die Zerebrospinalflüssigkeit des Zentralnervensystems abscheidet.

Im vierten Entwicklungsmonat treten in der Deckplatte des Rhombenzephalon lokalisierte, dünne Bezirke auf, die sich nach außen vorwölben und sich schließlich auflösen. Auf diese Weise entstehen Öffnungen – zwei laterale **Foramina von Luschka** und ein mediales **Foramen von Magendie** –, die es der Zerebrospinalflüssigkeit ermöglichen, frei zwischen dem Ventrikelsystem innerhalb der Hirnabschnitte und dem umgebenden Subarachnoidalraum zu zirkulieren (Abb. 15–**18** B).

Metenzephalon

Das Metenzephalon entwickelt sich aus dem vorderen Abschnitt des Rhombenzephalons und reicht von der Brückenbeuge bis zum Isthmus rhombencephali (Abb. 15–**4**, 15–**5**, 15–**15** und 15–**16**). Vom Myelenzephalon unterscheidet es sich dadurch, daß hier zwei neue Hirnabschnitte entstehen: 1. ein dorsaler Abschnitt, das **Cerebellum**, als Hauptkoordinationszentrum für Haltung und Bewegung, und 2. ein ventraler Abschnitt, die **Pons**, der als Verbindungsweg für Nervenfasern zwischen dem Rückenmark und den Rindenbezirken des Groß- und Kleinhirns dient.

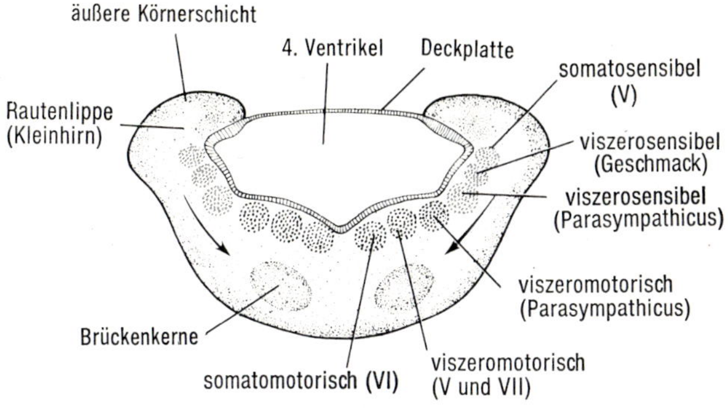

Abb. 15–**17** Querschnitt durch den kaudalen Abschnitt des Metenzephalons. Beachte die Entwicklung der einzelnen motorischen und sensiblen Kernareale in den Grund- und Flügelplatten. Ein Teil der Rautenlippe wölbt sich in den 4. Ventrikel vor, während der andere die Deckplatte noch überragt.

Grundplatte und Brücke

Die Seitenwände des Metenzephalons nähern sich einander wieder, ändern dabei jedoch nicht den ihnen zugrundeliegenden Aufbau. Eine motorische Grund- und eine sensible Flügelplatte sind auf beiden Seiten der Mittellinie leicht zu erkennen (Abb. 15–17). So wie im Myelenzephalon enthält jede Grundplatte drei Gruppen von motorischen Neuronen: 1. eine mediale **somatomotorische Gruppe,** die den Kern des **N. abducens** bildet, 2. eine **viszeromotorische Gruppe,** die die Kerne des **Trigeminus** und **Fazialis** umfaßt, von denen aus die Muskulatur des ersten und zweiten Kiemenbogens innerviert wird, und 3. eine **parasympathische viszeromotorische Gruppe,** die den **Nucleus salivatorius superior** enthält. Von diesem Kern ausgehende Fasern verlaufen im N. facialis und versorgen die Glandula submandibularis und sublingualis sowie die Tränendrüsen und die Drüsen der Nasenschleimhaut.

Im Metenzephalon breitet sich die Marginalschicht der Grundplatten stark aus, da sie als Brücke für die Nervenfasern dient, die die zerebralen und zerebellaren Rindenbezirke mit dem Rückenmark verbinden. Dieser Teil des Metenzephalons wird daher als **Pons** (Brücke) bezeichnet. Außer den genannten Nervenfasern enthält die Pons die Brückenkerne, die aus den Flügelplatten des Metenzephalons und Myelenzephalons stammen (Abb. 15–17). Die Axone dieser Kerne wachsen in das Kleinhirn ein und bilden die **Pedunculi cerebellares medii.**

Flügelplatte und Rautenlippe

Die Entwicklung der Flügelplatten des Metenzephalons ist sehr kompliziert. Der ventromediale Abschnitt der Flügelplatte enthält drei sensible Kerngruppen: 1. eine laterale **somatosensible** Gruppe, die die Nervenzellen des **pontinen Abschnitts des Trigeminus** und einen kleinen Anteil des **vestibulokochlearen Komplexes** enthält, 2. eine **viszerosensible** Gruppe, die aus dem kranialen Kern des **Tractus solitarius** besteht und 3. eine **parasympathische viszerosensible** Gruppe, die durch den kranialen Abschnitt des **dorsalen sensiblen Vaguskernes** repräsentiert ist (Abb. 15–17).

Die dorsolateralen Kanten der Flügelplatten krümmen sich nach medial und bilden die Rautenlippen (Abb. 15–16, 15–17 und 15–18). Die Rautenlippen ragen unten in den vierten Ventrikel hinein und erheben sich nach oben noch über das Niveau der Deckplatte hinaus (extraventrikulärer Abschnitt). Aus ihnen entsteht das Kleinhirn (Abb. 15–18).

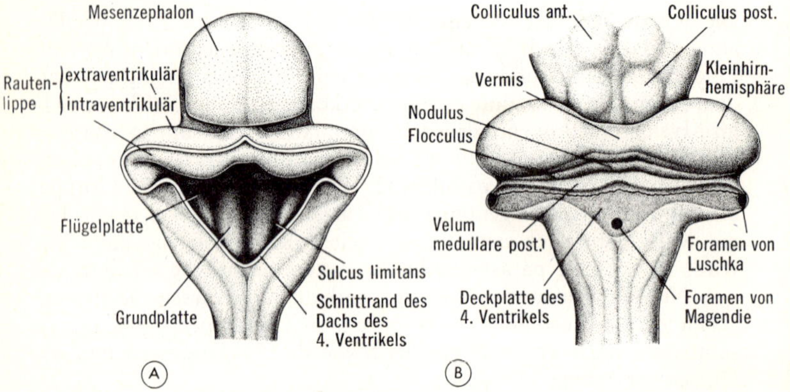

Abb. 15–**18** A, Dorsalansicht des Mesenzephalons und Rhombenzephalons bei einem 8 Wochen alten Embryo. Das Dach des 4. Ventrikels wurde entfernt, so daß der Boden des 4. Ventrikels sichtbar ist (modifiziert nach Hochstetter). B, Entsprechende Ansicht bei einem 4 Monate alten Embryo. Man beachte die Fissura choroidea sowie die laterale und die mediale Öffnung im Dach des 4. Ventrikels.

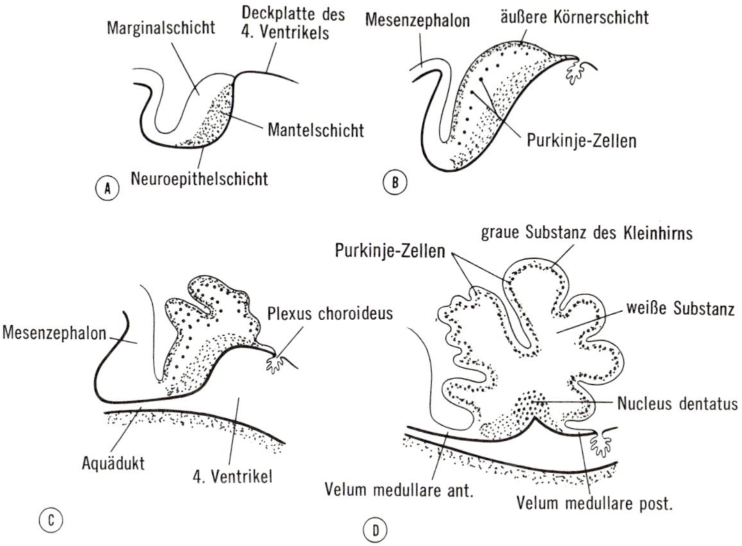

Abb. 15–**19** Sagittalschnitte durch das Dach des Metenzephalons, die die Entwicklung des Kleinhirns zeigen. A, Im Alter von 8 Wochen (etwa 30 mm); B, von 12 Wochen (70 mm); C, von 13 Wochen; D, von 15 Wochen (modifiziert nach Keibel und Mall). An der Oberfläche der Kleinhirnplatte entwickelt sich die äußere Körnerschicht (B und C). Später wandern die Zellen der äußeren Körnerschicht nach einwärts und bilden zusammen mit den Purkinje-Zellen die definitive Kleinhirnrinde. Der Nucleus dentatus ist einer der tiefen Kleinhirnkerne.

Kleinhirn

Im kaudalen Abschnitt des Metenzephalons liegen die Rautenlippen weit auseinander und laufen dann direkt unterhalb vom Mesenzephalon in der Mittellinie zusammen (Abb. 15–16). Die Brückenbeuge senkt sich noch weiter ein, so daß die Rautenlippen in zephalokaudaler Richtung zur **Kleinhirnplatte** zusammengedrückt werden (Abb. 15–18 A, B). Bei einem zwölf Wochen alten Embryo kann man an dieser Platte einen kleinen mittleren Abschnitt, die **Vermis,** und zwei laterale Bezirke, die **Hemisphären,** unterscheiden. Ein transversal verlaufender Spalt trennt dann bald den **Nodulus** von der Vermis und lateral den **Flocculus** von den Hemisphären ab (Abb. 15–18 B). Dieser **Flocculus-Nodulus-Lappen** ist phylogenetisch der älteste Abschnitt des Kleinhirns und behält seine Verbindung zum Vestibularisgebiet bei. Später treten noch viele weitere Querfurchen auf und geben dem Kleinhirn sein für den Erwachsenen charakteristisches Aussehen (Abb. 15–19).

Anfänglich setzt sich die **Kleinhirnplatte** aus dem Neuroepithel sowie aus einer Mantel- und einer Marginalschicht zusammen (Abb. 15–19 A). In der weiteren Entwicklung wandern eine Reihe von Neuroblasten aus dem Neuroepithel durch die Marginalschicht an die Oberfläche des Kleinhirns und bilden die **äußere Körnerschicht.** Auf der Innenseite differenzieren sich die **Purkinje-Zellen** (Abb. 15–19 B). Die äußere Körnerschicht bildet eine Proliferationszone an der Oberfläche des Kleinhirns. Anders als bei den Neuroblasten im Neuroepithel der übrigen Gehirnabschnitte bleibt bei den Zellen dieser Schicht die Fähigkeit zur Zellteilung erhalten.

Im 6. Schwangerschaftsmonat wandern Zellen aus der äußeren Körnerschicht nach einwärts und umgeben die Purkinje-Zellen (Abb. 15–20 A). Auf diese Weise entstehen aus der äußeren Körnerschicht nacheinander die Körnerzellen, die Korbzellen und die Sternzellen (kleine Ausbreitungszellen). Die Bildung und Wanderung dieser kleinen Nervenzellen hält bis zum Alter von $1^1/_2$ Jahren nach der Geburt an. Daher erreicht die Kleinhirnrinde aus Purkinje-Zellen, Golgi-II-Neuronen und den Nervenzellen, die von der äußeren Körnerschicht gebildet werden, erst lange nach der Geburt seine defini-

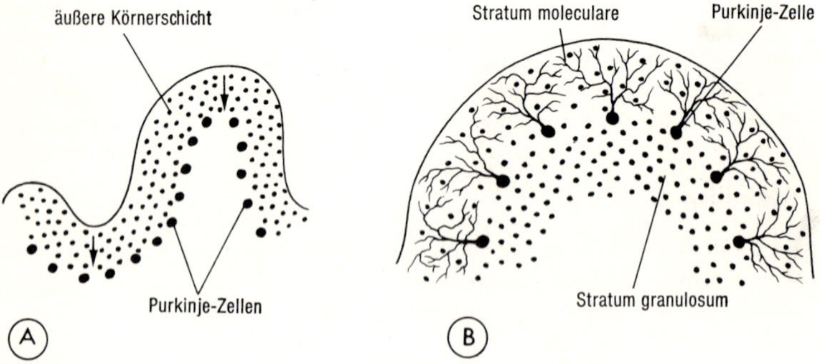

Abb. 15–**20** Verschiedene Stadien in der Entwicklung der Kleinhirnrinde. A, Die äußere Körnerschicht an der Oberfläche des Kleinhirns stellt eine Proliferationszone dar, aus der die Körnerzellen, die Korbzellen und die Sternzellen hervorgehen. Die Pfeile deuten die Wanderungsrichtung dieser Zellen an. B, Nach der Geburt bilden die Zellen das Stratum moleculare an der Oberfläche und das Stratum granulosum unterhalb der Ganglienzellschicht mit den Purkinje-Zellen.

tive Ausformung (Abb. 15–**20** B). Die tiefen Kleinhirnkerne wie der Nucleus dentatus werden von den Neuroblasten der Mantelschicht gebildet und nehmen ihre definitive Lage bereits lange vor der Geburt ein (Abb. 15–**19** D).

In den letzten Jahren sind Kleinkinder mit Virusinfektionen (Zytomegalie-Virus) mit verschiedenen Medikamenten behandelt worden, die die DNS-Synthese blockieren. Da die DNS-Synthese bei der Bildung der Nervenzellen aus der äußeren Körnerschicht des Kleinhirnes in diesem Lebensalter noch nicht abgeschlossen ist, hat diese antivirale Therapie möglicherweise schwere Schäden in der Entwicklung der Kleinhirnneurone erzeugt.

Der größte Teil der ursprünglichen Deckplatte des vierten Ventrikels bildet die Pia mater auf der Kleinhirnoberfläche. Die vor und hinter dem Kleinhirn gelegenen Abschnitte differenzieren sich zum **vorderen** und **hinteren Velum medullare** (Abb. 15–**18** D).

Mesenzephalon

Grundplatte und Hirnschenkel

Das Mesenzephalon stellt morphologisch gesehen das primitivste der Gehirnbläschen dar (Abb. 15–**15** und 15–**16**). Auf Querschnit-

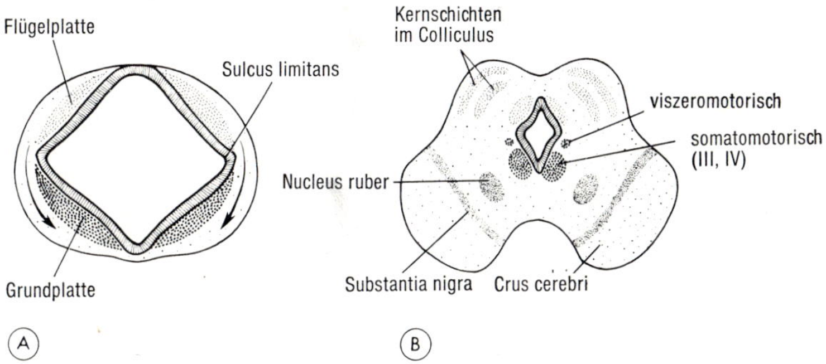

Abb. 15–**21** Darstellung der Lage und Differenzierung der Grund- und Flügelplatten im Mesenzephalon in verschiedenen Entwicklungsstadien. Die Pfeile in A geben die Wanderungsrichtung der Zellen aus der Flügelplatte an, die den Nucleus ruber und die Substantia nigra bilden. B, In der Grundplatte entstehen die Kerne für die Innervation der Augenmuskeln und der viszeromotorische Nucleus Edinger-Westphal, sowie in der Marginalschicht die Hirnschenkel. In der Flügelplatte entwickeln sich die Vierhügel.

ten sind die Grund- und die Flügelplatten, getrennt durch den Sulcus limitans, leicht zu erkennen (Abb. 15–21 A). Jede Grundplatte enthält zwei Gruppen von motorischen Kernen: 1. eine mediale **somatomotorische Gruppe** in Gestalt der **Okulomotorius- und Trochleariskerne**, von denen aus die präotischen Myotome versorgt werden (die Augenmuskulatur) und 2. eine kleine **parasympathische viszeromotorische** Kerngruppe, verkörpert durch den **Nucleus von Edinger-Westphal,** von dem aus der **M. sphincter pupillae** innerviert wird (Abb. 15–**21** B).

Die Marginalschicht jeder Grundplatte vergrößert sich und bildet einen Hirnschenkel oder ein **Crus cerebri.** Die Crura dienen als Durchgangsweg für die Nervenfasern, die aus der Hirnrinde in die unteren Zentren in der Brücke und im Rückenmark absteigen. Beim Erwachsenen bilden diese Fasern die **kortikospinalen, kortikobulbaren** und **kortikopontinen Bahnen.**

Flügelplatte und Vierhügel

Die Flügelplatten des Mesenzephalon bilden zuerst zwei longitudinale Erhebungen, die durch eine seichte Eindellung voneinander getrennt sind (Abb. 15–**18** A, B). Durch eine querverlaufende Furche entstehen dann die **Vierhügel.** Die Kerne in den vorderen Vierhügeln dienen als synaptische Relaisstationen für visuelle Impulse, die im Mittelhirn in motorische Impulse für automatische Kopf- und

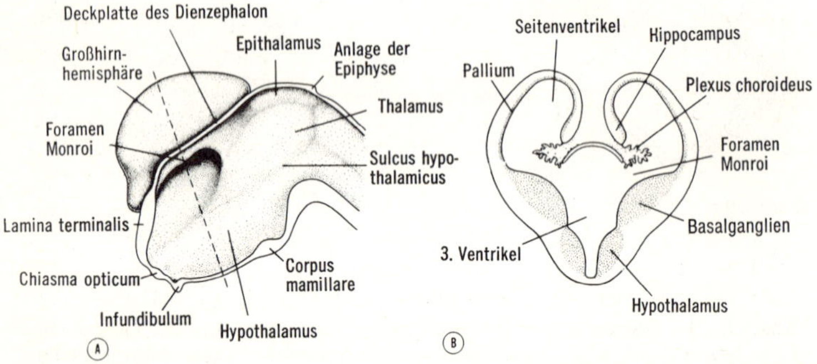

Abb. 15–**22** A, Medialansicht der rechten Hälfte des Prosenzephalons bei einem 7 Wochen alten Embryo (modifiziert nach Hochstetter). B, Schematischer Querschnitt durch das Prosenzephalon in Höhe der gestrichelten Linie in A. Das Corpus striatum wölbt sich in den Seitenventrikel und das Foramen Monroi vor.

Augenbewegungen umgesetzt werden, mit denen die Augen z. B. einem sich bewegenden Gegenstand nachgeführt werden. Entsprechend werden in den hinteren Vierhügeln Informationen aus dem Hör- und Gleichgewichtsorgan (N. VIII) in motorische Stell- und Lageimpulse umgewandelt.

Die Vierhügel entstehen durch mehrere Proliferationsschübe im darunterliegenden Neuroepithel. Die Neuroblasten wandern in die Marginalzone ein und ordnen sich dort in mehreren Schichten an (Abb. 15–21 B). Neben den Vierhügeln sollen nach Ansicht einiger Autoren die Zellen der Flügelplatte auch den **Nucleus ruber** und die **Substantia nigra** bilden. Andere sind dagegen der Auffassung, daß diese Kerne sich *in situ* differenzieren.

Dienzephalon

Deckplatte und Epiphyse

Das Zwischenhirn entwickelt sich aus dem mittleren Abschnitt des Prosenzephalon und besteht aus einer Deckplatte und zwei Flügelplatten (Abb. 15–5 und 15–15), während Boden- und Grundplatten fehlen. Nach hinten wird es durch eine Ebene begrenzt, die hinter der Epiphyse und den Corpora mamillaria verläuft. Seine vordere Begrenzung verläuft knapp rostral vom Chiasma opticum und den **Foramina Monroi** (Abb. 15–22 A). Die Lamina terminalis ist ein Teil des Telenzephalon.

Die Deckplatte des Dienzephalons besteht aus einer einzigen Schicht von Ependymzellen, die von gefäßreichem Mesenchym bedeckt ist. Die beiden Schichten zusammen bilden später den **Plexus choroideus** des dritten Ventrikels (Abb. 15–25 B). Der kaudalste Teil der Deckplatte beteiligt sich nicht an der Bildung des Plexus choroideus, sondern wird zur **Epiphyse** (Corpus pineale). Die Anlage besteht zuerst in einer Epithelverdickung in der Medianlinie und beginnt dann in der siebten Woche sich auszustülpen (Abb. 15–22 A und 15–23 A). Schließlich entwickelt sie sich zu einem soliden Organ auf dem Dach des Mesenzephalons (Abb. 15–27). Über seine funktionelle Bedeutung sind viele Theorien aufgestellt worden. Im Bereich der Epiphyse liegen vegetative Zentren, über die beim Tier die von der Tag- und Nachtlänge abhängigen jahreszeitlichen Rhythmen gesteuert werden. Es handelt sich daher möglicherweise ursprünglich um ein sensibles Organ für Lichtreize. Beim Menschen wird häufig Kalk in der Epiphyse abgelagert. Deshalb kann sie als Orientierungspunkt bei einer Röntgenaufnahme des Schädels benutzt werden.

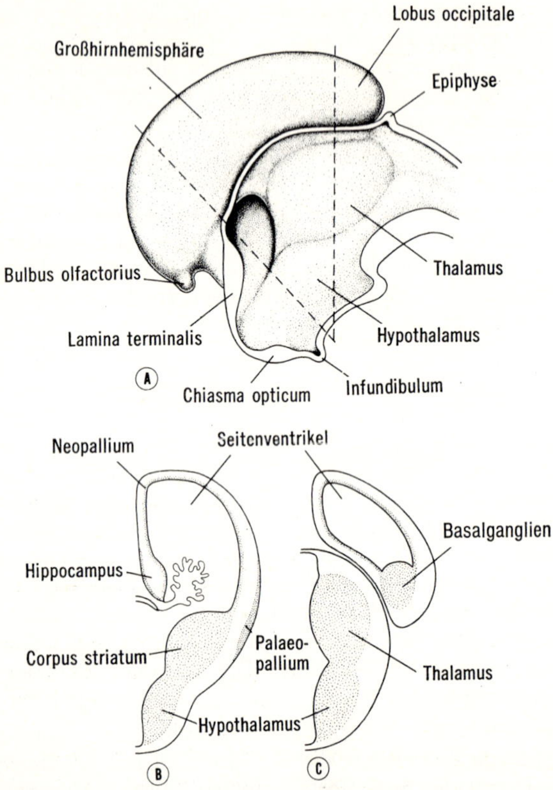

Abb. 15–**23** A, Die rechte Hälfte des Telenzephalons und Dienzephalons von medial gesehen bei einem 8 Wochen alten Embryo (modifiziert nach Hochstetter). B und C, Schematische Querschnitte durch die rechte Hälfte des Telenzephalons und Dienzephalons in Höhe der in A eingezeichneten gestrichelten Linie.

Manchmal bildet die Deckplatte des Dienzephalons eine weitere Ausstülpung in der Nähe des Foramen interventriculare, die als **Paraphyse** bezeichnet wird. Gelegentlich persistiert dieses Organ bis ins postnatale Leben und führt zur Bildung von kleinen Zysten.

Man nimmt an, daß aus der Deckplatte nicht nur der Plexus choroideus und die Epiphyse entstehen, sondern auch der **Epithalamus.** Derselbe besteht aus einer Gruppe von Kernen, die beiderseits der Mittellinie in der Nähe der Epiphyse liegen (Abb. 15–**22** A). Ob diese Theorie richtig ist oder ob der Epithalamus von der Flügelplatte abstammt, ist ungewiß. Das epithalamische Gebiet ist anfangs ziemlich groß, bildet sich aber später zu einem kleinen Areal zurück, in dem die **Nuclei habenulares** liegen. Diese Kerne bilden ein Verbindungsglied in der Riechbahn und sind durch ein Nervenfaserbündel, die **Commissura habenularis,** über die Mittellinie hinweg miteinander verbunden. Diese Kommissur liegt genau rostral vom Epiphysenstiel (Abb. 15–25 und 15–27). Direkt kaudal vom Epiphysenstiel befindet sich die **Commissura posterior,** die ebenfalls zwei Kerngebiete über die Mittellinie hinweg miteinander verbindet.

Thalamus und Hypothalamus

Die Flügelplatten bilden nicht nur die Seitenwände, sondern auch den Boden des Zwischenhirns. Auf der dem Lumen zugewandten Seite erscheint eine deutliche Längsrinne. Diese Rinne, der **Sulcus hypothalamicus,** unterteilt die Flügelplatte in einen dorsalen und einen ventralen Bereich, den **Thalamus** und den **Hypothalamus** (Abb. 15–22, 15–23 und 15–25). Der Sulcus hypothalamicus ist mit dem Sulcus limitans verglichen worden. Da er jedoch nicht die Grenze zwischen sensiblen und motorischen Arealen darstellt, kann er nicht als homologe Bildung angesehen werden.

Infolge seines lebhaften Wachstums wölbt sich der Thalamus allmählich in die Lichtung des Dienzephalons vor. Der Thalamus dehnt sich häufig so stark aus, daß die Anlagen der rechten und linken Seite miteinander in der Mitte verschmelzen und auf diese Weise die **Adhaesio interthalamica** bilden. Im Thalamus werden alle sensiblen und sensorischen Impulse (mit Ausnahme der Riechbahn) umgeschaltet, bevor sie die Großhirnrinde erreichen. Schmerz und unbestimmte Berührungsreize können im Thalamus selbst wahrgenommen werden.

Der Hypothalamus im unteren Abschnitt der Flügelplatte zerfällt ebenfalls in eine Reihe von einzelnen Kernen. Diese Kerngebiete dienen als Steuerungszentren für vegetative Funktionen wie Schlaf, Verdauung, Körpertemperatur und emotionelles Verhalten. Die **Corpora mamillaria** fallen unter diesen Kernarealen besonders ins Auge, da sie sich auf der ventralen Oberfläche des Hypothalamus beiderseits der Mittellinie vorwölben (Abb. 15–22 A und 15–25 A).

Hypophyse

Die Hypophyse entwickelt sich aus zwei völlig verschiedenen Anteilen: 1. einer ektodermalen Ausstülpung des Stomodaeum, die unmittelbar vor der Rachenmembran (Abb. 13–2) liegt und als **Rathke-Tasche** bezeichnet wird, und 2. einer nach unten gerichteten Erweiterung des Zwischenhirns, dem **Infundibulum** (Abb. 15–24 A).

Bei drei Wochen alten Embryonen tritt die RATHKE-Tasche als Ausstülpung des Stomodaeum auf und wächst nach dorsal auf das Infundibulum zu. Am Ende des zweiten Monats verliert sie ihre Verbindung mit der Mundhöhle und steht dann mit dem Infundibulum in enger Berührung. Gelegentlich persistiert ein kleiner Teil der Tasche in der Pharynxwand (**Rachendachhypophyse**).

In der weiteren Entwicklung vermehren sich die Zellen in der Vorderwand der Rathke-Tasche lebhaft und bilden den **Hypophysenvorderlappen** (Abb. 15–24 B). Später wächst ein kleiner Fortsatz dieses Lappens, die **Pars tuberalis,** an dem Infundibulumstiel hoch und umschließt ihn (Abb. 15–24 C). Die Hinterwand der Rathke-Tasche entwickelt sich zur **Pars intermedia,** die beim Menschen wenig Bedeutung zu haben scheint. Beim Erwachsenen obliteriert das Lumen der Tasche. Es kann jedoch gelegentlich ein enger Spalt erhalten bleiben.

Aus dem Infundibulum entstehen der **Hypophysenstiel** und der **Hypophysenhinterlappen** (Neurohypophyse) (Abb. 15–24 C). Der Hinterlappen besteht aus Gliazellen, die sich später zu Pituizyten differenzieren.

Die Ausschüttung der Hormone des Hypophysenvorderlappens (ACTH, LH, FSH, TH, STH und Prolaktin) wird vom Hypothala-

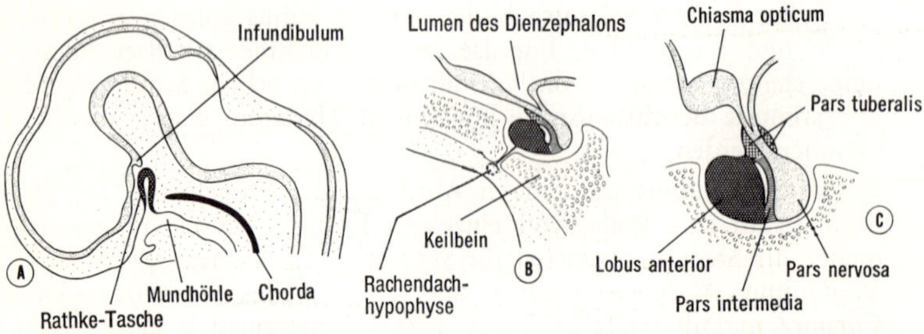

Abb. 15–**24** A, Sagittalschnitt durch den Kopfteil eines 6 Wochen alten Embryos, der die Rathke-Tasche als dorsale Aussackung der Mundhöhle und das Infundibulum als Verdickung am Boden des Dienzephalons zeigt. B und C, Sagittalschnitte durch die Anlage der Hypophyse in der 11. bzw. 16. Entwicklungswoche. Beachte die Entwicklung der Pars tuberalis, die den Stiel der Pars nervosa umgibt. Manchmal bleibt ein Rest der Rathke-Tatsache zurück, der als Rachendachhypophyse funktionell aktiv werden kann.

mus aus gesteuert. Die Nervenzellen im Hypothalamus produzieren Releasing-Faktoren, die als Neurosekret in den Axonen der Nervenzellen zum Hypophysenstiel transportiert werden und von dort über venöse Kapillaren (Portalkreislauf der Hypophyse) zum Hypophysenvorderlappen gelangen. Die Hormone des Hinterlappens (Oxytozin, Vasopressin) werden ebenfalls im Hypothalamus gebildet und in den Axonen zur Hypophyse geleitet. Aus dem Hinterlappen werden sie jedoch direkt in den großen Kreislauf sezerniert.

Wenn bei Säugerfeten die Hypophyse operativ entfernt wird, sind die Entwicklung der Schilddrüse und der Kohlenhydratstoffwechsel gestört. Eine Wachstumsverzögerung wurde jedoch nicht beobachtet.

Das **Kraniopharyngiom** ist ein Tumor, der sich von der Rathke-Tasche ableitet. Er liegt innerhalb der Schädelkapsel und verursacht ähnliche Symptome wie ein Tumor des Hypophysenvorderlappens. Die Symptome treten zumeist vor dem 15. Lebensjahr auf.

Telenzephalon

Das Telenzephalon besteht aus zwei lateralen Ausstülpungen des vordersten Hirnbläschens, den **Großhirnhemisphären,** und einem medialen Anteil, der **Lamina terminalis** (Abb. 15–4, 15–5, 15–22 und 15–23). Die Höhlen des Endhirns sind die Seitenventrikel. Sie kommunizieren mit dem Lumen des Dienzephalons durch die **Foramina interventricularia Monroi.**

Großhirnhemisphären

Die Großhirnhemisphären entstehen zu Beginn der fünften Entwicklungswoche als bilaterale Aussackungen der lateralen Wand des Prosenzephalons. Wie in den übrigen Gehirnabschnitten findet die Zellproliferation hauptsächlich im Neuroepithel statt, in dem eine große Zahl an Neuroblasten für die Mantelschicht gebildet werden. Um die Mitte des zweiten Monats beginnt die Mantelschicht im basalen Abschnitt der Hemisphären sich zu vergrößern (das heißt, der Abschnitt, der ursprünglich die nach vorn gerichtete Fortsetzung des Thalamus bildet) (Abb. 15–22 A). Infolgedessen wölbt sich dieses Gebiet in das Lumen des Seitenventrikels und in den unteren Abschnitt des Foramen Monroi vor (Abb. 15–22 B und 15–23 B, C). Am Boden der Seitenventrikel entstehen so zum Großhirn gehörige motorische Kerne, die als **Basalganglien** bezeichnet werden. Als Teil des extrapyramidalen Systems dienen sie der Regulation unbewußter Mitbewegungen.

Die übrige Hemisphärenwand bleibt noch eine Zeitlang recht dünn. Sie stellt die Anlage der **Großhirnrinde** dar und wird als **Pallium** bezeichnet (Abb. 15–22 B). Im Bereich, in dem die Hemisphärenwand am Dach des Zwischenhirns befestigt ist, entwickeln sich keine Neuroblasten. An dieser Stelle bleibt die Hemisphärenwand ganz dünn (Abb. 15–22 B). Sie besteht aus einer Lage von Ependymzellen, die von Gefäßmesenchym überzogen ist und bildet den **Plexus choroideus.** Seine Lage an der medialen Oberfläche der Hemisphäre kommt durch das unterschiedliche Wachstum der einzelnen Hemisphärenabschnitte zustande. Er ist entlang der **Fissura choroidea** befestigt und ragt von dort aus in den Seitenventrikel vor (Abb. 15–22 B, 15–23 B und 15–25 B). Eigentlich stellt der Plexus choroideus das Dach der Hemisphären dar. Direkt oberhalb der Fissura choroidea verdickt sich die Wand des Palliums und bildet den **Hippocampus** (Abb. 15–22 B und 15–23 B). Der Hippocampus gehört zum Riechhirn. Er wölbt sich in den Seitenventrikel vor.

Die Hemisphären dehnen sich immer weiter aus und bedecken schließlich die seitlichen Abschnitte des Dienzephalons, Mesenzephalons und den kranialen Anteil des Metenzephalons (Abb. 15–15 und 15–26). Durch die Wachstumsbewegung der Großhirnhemisphären werden auch die Basalganglien am Boden der Seitenventrikel ausgezogen (Abb. 15–23). Mit der Entwicklung der Hirnrinde verbinden immer mehr afferente und efferente Axone die Rinde mit dem Gehirnstamm und dem Rückenmark. Die Fasern nehmen jeweils den kürzesten Weg und durchbrechen dabei die Grenze zwischen der medialen Wand des Seitenventrikels und dem Dienzephalon (Abb. 15–25). Sie durchdringen dabei die Zone der Basalganglien. In ihrer Gesamtheit werden sie als **Capsula interna** bezeichnet. Die graue Kernmasse der Basalganglien erhält durch die hindurchtretenden Fasern (weiße Substanz) ein gestreiftes Aussehen. Sie wird daher als **Corpus striatum** bezeichnet. Die Capsula interna unterteilt das Corpus striatum in den Schweifkern (**Nucleus caudatus**) am Boden des Seitenventrikels und den Linsenkern (**Nucleus lentiformis**) (Abb. 15–25).

Die aus der Hirnrinde absteigenden Fasern gelangen durch die Capsula interna direkt in die Hirnschenkel am Boden des Mesenzephalons und von dort in den Bereich der Brücke (Abb. 15–25 und 15–27). Die mediale Wand der Seitenventrikel verschmilzt mit der Wand des Dienzephalons. Dadurch kommt der Nucleus caudatus neben den Thalamus zu liegen (Abb. 15–23 C und 15–25).

Die Großhirnhemisphären dehnen sich nach vorn, hinten und unten weiter aus und bilden dort die Stirn-, Schläfen- und Hinterhauptslappen. Der Bereich über dem Corpus striatum bleibt dabei im

Wachstum zurück, so daß das Areal zwischen Frontal- und Temporallappen schließlich eine Einsenkung bildet, die als **Insel** bezeichnet wird (Abb. 15–**26** A). Das Gebiet wird später von den benachbarten Lappen überwachsen und ist bei der Geburt fast völlig von ihnen bedeckt. Gegen Ende des Fetallebens vergrößert sich die Oberfläche der Großhirnhemisphären so rasch, daß eine große Zahl von Windungen (**Gyri**) auftreten, die durch Furchen (**Sulci**) voneinander getrennt sind (Abb. 15–**26** B).

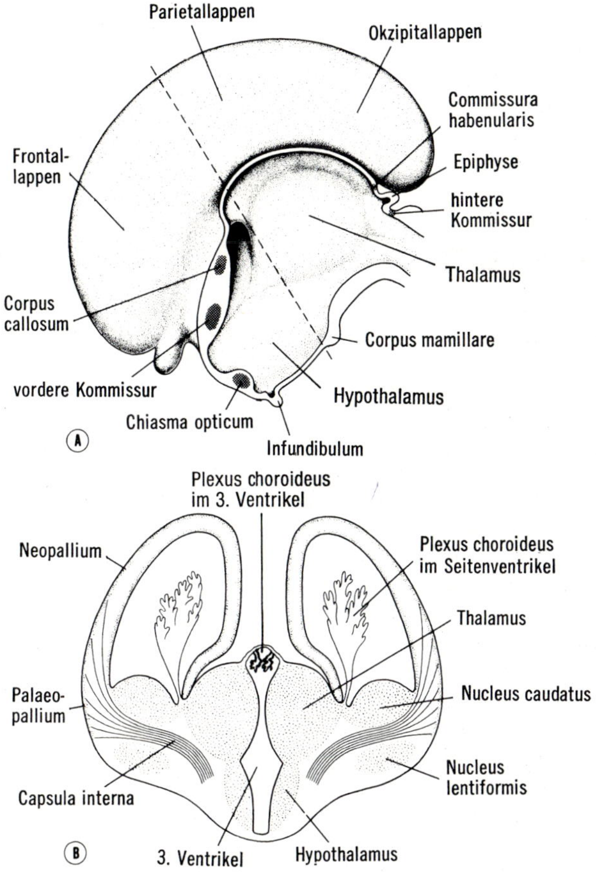

Abb. 15–**25** A, Die rechte Hälfte des Telenzephalons und Dienzephalons bei einem 10 Wochen alten Embryo von medial gesehen (modifiziert nach Hochstetter). B, Schematischer Querschnitt durch die Hemisphäre und das Dienzephalon in Höhe der in A eingezeichneten gestrichelten Linie.

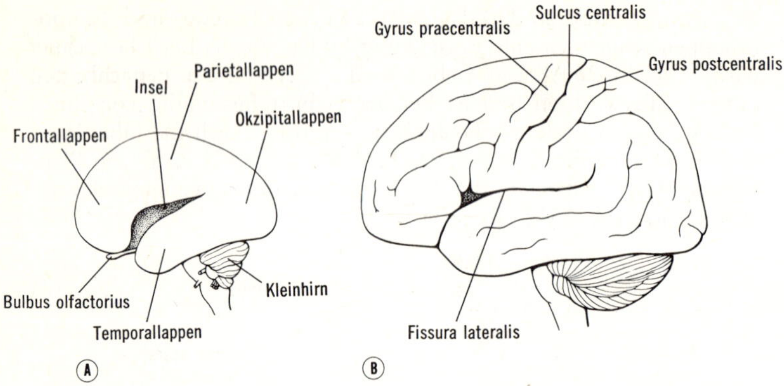

Abb. 15–**26** Die Entwicklung der Gyri und Sulci auf der lateralen Oberfläche der Großhirnhemisphäre. A, im 7. Monat; B, im 9. Monat (modifiziert nach Hochstetter).

Entwicklung der Großhirnrinde

Die Großhirnrinde entwickelt sich aus dem Pallium und läßt sich in zwei Regionen einteilen: 1. das **Palaeopallium,** ein Areal, das unmittelbar lateral vom Corpus striatum liegt und 2. das **Neopallium,** das die übrige Hemisphärenoberfläche zwischen Hippocampus und Palaeopallium umfaßt (Abb. 15–23 B und 15–25 B).

Das Palaeopallium tritt in der siebten Entwicklungswoche auf und besteht aus einer Ansammlung von Zellen, die aus der Mantelschicht in die Marginalzone abwandern. Hier bilden die Zellen an der Oberfläche eine dünne kernhaltige Schicht, die als Relaisstation für olfaktorische Impulse dient.

Kurz nach dem Auftreten des Palaeopallium beginnen auch die Zellen der Mantelschicht des Neopallium in die Marginalzone abzuwandern, in der sie eine oberflächliche Rindenschicht bilden (Abb. 15–25 B). Bei der Geburt hat diese Zone ein mehrschichtiges Aussehen, da in mehrfach aufeinanderfolgenden Wellen Zellen aus der Mantelschicht einwandern und Zellen im Kortex selbst sich differenzieren. Verschiedene Rindengebiete bilden spezielle Zellarten aus. Z. B. sind im motorischen Kortex (Gyrus praecentralis) eine große Anzahl von **Pyramidenzellen** und in den sensiblen Arealen (Gyrus postcentralis) sehr viele **Körnerzellen** vorhanden.

Kommissuren

Beim Erwachsenen sind die rechte und die linke Hemisphäre durch Faserstränge miteinander verbunden, die die Mittellinie überkreu-

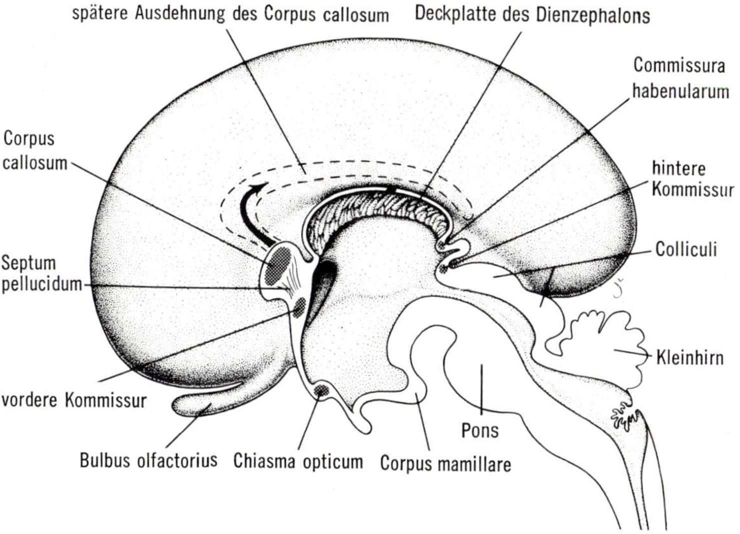

Abb. 15–**27** Die rechte Hälfte des Gehirns bei einem 4 Monate alten Embryo von der medialen Schnittfläche her gesehen mit den einzelnen Kommissuren. Die gestrichelte Linie deutet die spätere Ausdehnung des Corpus callosum an (modifiziert nach Hochstetter).

zen und als **Kommissuren** bezeichnet werden. Die wichtigsten dieser Querverbindungen benutzen als Weg die **Lamina terminalis,** die als zentraler Teil des Telenzephalons von der Deckplatte des Dienzephalons bis zum Chiasma opticum reicht (Abb. 15–**22** und 15–**27**). Als erste von den Querverbindungen tritt die **Commissura anterior** auf. Sie wird im dritten Entwicklungsmonat sichtbar und besteht aus Fasern, die den Bulbus olfactorius und die benachbarten Gehirnareale einer Hemisphäre mit den entsprechenden Bezirken der Gegenseite verbinden (Abb. 15–**25** und 15–**27**).

Die wichtigste Kommissur ist das **Corpus callosum.** Es tritt in der zehnten Entwicklungswoche auf und verbindet die nichtolfaktorischen Gebiete der rechten und linken Großhirnrinde miteinander. Anfänglich bildet es ein kleines Bündel in der Lamina terminalis. Mit der fortgesetzten Vergrößerung des Neopallium dehnt es sich sehr bald zuerst nach vorn und dann nach hinten aus und überbrückt die dünne Decke des Dienzephalons (Abb. 15–**27**).

Mit der Vergrößerung des Corpus callosum nach vorne wird ein Teil der Lamina terminalis ganz dünn ausgezogen, so daß das **Septum**

pellucidum entsteht. Häufig findet sich im Septum pellucidum eine kleine Höhle, die aber zu den Hirnbläschen in keiner Beziehung steht. Man hat daran gedacht, daß die zweite Lamelle des Septums durch die Aneinanderlagerung der Hemisphärenwände vor der Lamina terminalis zustande gekommen sein könnte.

Außer den genannten Kommissuren, die sich innerhalb der Lamina terminalis entwickeln, treten noch drei weitere auf. Zwei von ihnen, die **Commissura posterior** und **Commissura habenularum,** befinden sich unmittelbar hinter bzw. vor dem Epiphysenstiel. Die dritte, das **Chiasma opticum,** tritt in der rostralen Wand des Dienzephalons auf und enthält Fasern aus den medialen Hälften der Retinae, die die Mittellinie auf ihrem Weg zum lateralen Corpus geniculatum und zum Colliculus anterior kreuzen (Abb. 15–27).

Angeborene Mißbildungen

Meningozele, Meningoenzephalozele, Meningohydroenzephalozele

Allen diesen Mißbildungen liegt eine Störung bei der Ossifikation der Schädelknochen zugrunde. Am häufigsten ist die Pars squamosa des Hinterhauptbeines betroffen. Diese kann teilweise oder ganz fehlen. Der entstehende Defekt steht häufig mit dem Foramen magnum in Verbindung. Wenn die Öffnung in der Schädelkapsel klein ist, wölben sich nur die Meningen vor (**Meningozele**). Wenn der Defekt jedoch größer ist, kann auch ein Teil des Gehirns oder sogar ein Teil des Ventrikels durch die Öffnung in den Meningeal-

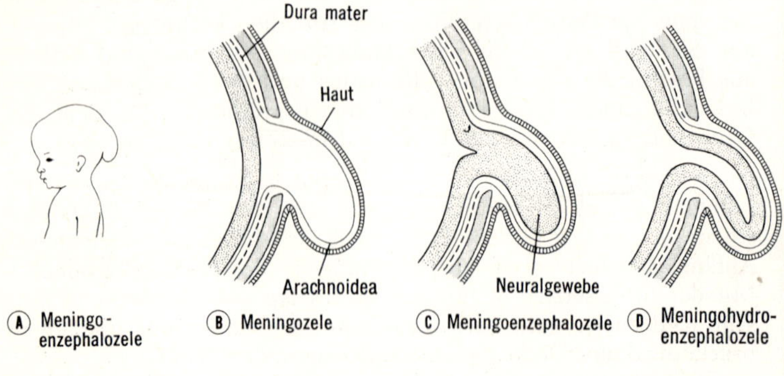

Abb. 15–**28** Schematische Darstellung der einzelnen Formen von Gehirnhernien bei gestörter Ossifikation des Schädels.

sack austreten (Abb. 15–28 und 15–29). Die Mißbildung wird dann als **Meningoenzephalozele** oder entsprechend als **Meningohydroenzephalozele** bezeichnet.

Anenzephalus

Beim Anenzephalus schließt sich der zerebrale Abschnitt des Neuralrohres nicht. Bei der Geburt findet man anstelle des Gehirns eine degenerierende Gewebsmasse, die an der Oberfläche bloßliegt (Abb. 15–30). Der Defekt setzt sich fast immer in ein nichtgeschlossenes Rückenmark im Zervikalbereich fort. Da das Schädeldach fehlt, erhält der Kopf ein charakteristisches Aussehen: die Augen treten stark hervor, der Hals fehlt, Gesicht und Brust bilden eine einheitliche Fläche. Da bei dem Fetus die Reflexmechanismen für den Schluckakt fehlen, tritt in den beiden letzten Monaten der Schwangerschaft ein **Hydramnion** auf. Auf dem Röntgenbild kann die Mißbildung leicht diagnostiziert werden, da das Schädeldach fehlt.

Der Anenzephalus ist eine relativ häufige Mißbildung (1 : 1000). Sie tritt bei weiblichen Feten etwa viermal so häufig auf als bei männlichen. Ebenso kommt sie in der weißen Bevölkerung viermal so oft vor als bei Farbigen.

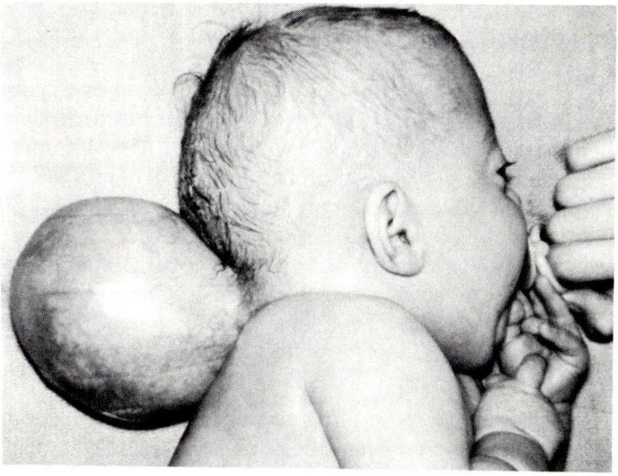

Abb. 15–**29** Kind mit Meningozele, einer relativ häufigen Mißbildung, die operativ mit gutem Erfolg behandelt werden kann. (Aus Warkany, J., Congenital Malformations, 1971; mit Erlaubnis der Year Book Medical Publishers. Inc., Chicago.)

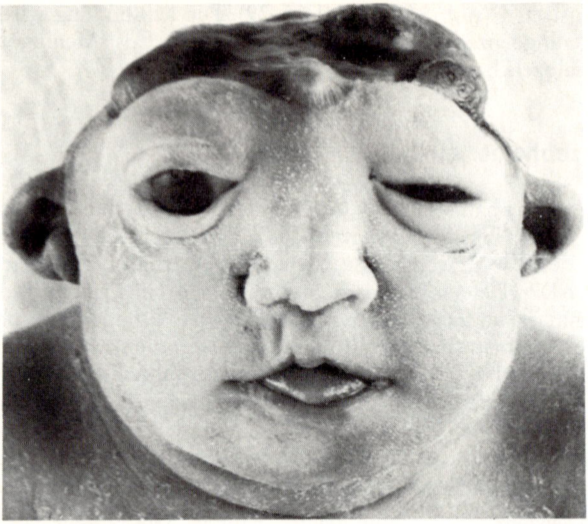

Abb. 15–**30** Anenzephalus. In der Regel sterben die Kinder wenige Tage nach der Geburt. (Aus Warkany, J., Congenital Malformations, 1971; mit Erlaubnis der Year Book Medical Publishers, Inc., Chicago.)

Hydrozephalus

Beim Hydrozephalus ist abnorm viel Liquor cerebrospinalis innerhalb des Ventrikelsystems oder, wie beim Hydrocephalus externus, zwischen Gehirn und Dura mater vorhanden. Man nimmt an, daß der Hydrozephalus des Neugeborenen in der Mehrzahl der Fälle auf einem **Verschluß des Aquaeductus cerebri** beruht. Dadurch wird die Zerebrospinalflüssigkeit daran gehindert, aus den Seitenventrikeln und dem dritten Ventrikel in den vierten Ventrikel und von dort aus in den Subarachnoidalraum abzufließen. Diese Mißbildung geht oft mit einer Erweiterung der Schädelnähte einher. Die Knochen selbst werden dabei immer dünner. In extremen Fällen kann sich der Schädel auf das Dreifache vergrößern.

Es ist offensichtlich, daß die oben genannten Mißbildungen in dieser Form nur in schweren Fällen auftreten und meist mit dem Leben nicht vereinbar sind. Viele andere Defekte des Zentralnervensystems machen sich äußerlich kaum bemerkbar. So kann zum Beispiel das **Corpus callosum** teilweise oder vollständig fehlen, ohne dabei größere Funktionsstörungen hervorzurufen. Auch das teilweise oder vollständige **Fehlen des Kleinhirns** ruft manchmal nur geringe Koordinationsstörungen hervor. Andererseits gibt es Fälle von ausgeprägtem Schwachsinn oder von Idiotie, bei denen kaum morphologische Abweichungen am Gehirn festzustellen sind.

Umwelt- und chromosomale Faktoren

Um die Teratogenität eines Umweltfaktors zu beweisen, muß man die Exposition von mißgebildeten und nichtmißgebildeten Kindern statistisch miteinander vergleichen. Da Mißbildungen beim Menschen zumeist Einzelereignisse sind, war der Nachweis bisher nur selten möglich.

Es gilt heute als sicher, daß Mißbildungen des Zentralnervensystems durch fetale Infektion mit dem Toxoplasmose-Erreger auftreten können. Das betroffene Kind kann Verkalkungsherde im Gehirn, Schwachsinn, Hydrozephalus oder Mikrozephalus zeigen. Auch Bestrahlung während der Frühentwicklung kann zu Mikrozephalus führen. Ob Viruserkrankungen, die den Fetus im ersten Entwicklungstrimenon befallen, Gehirnmißbildungen erzeugen können, bedarf noch weiterer Klärung. Einige Autoren haben behauptet, daß mütterliche Infektion mit asiatischer Grippe in den Frühstadien der Schwangerschaft gelegentlich zu Anenzephalus führen kann, daß jedoch das Risiko gering sei; andere wiederum berichten, daß die Grippe bei der Mutter mit keiner signifikanten Erhöhung der Mißbildungsrate verbunden ist. Das Rötelnvirus kann Mißbildungen am Herzen, am Auge und am Ohr erzeugen. Mißbildungen des Zentralnervensystems sind jedoch nur vereinzelt beschrieben worden.

Die Entdeckung, daß angeborene Mißbildungen durch Chromosomenanomalien hervorgerufen werden können, ist für das Problem des Schwachsinns von Bedeutung gewesen. Daß ein Defekt beim Menschen durch unbalancierte Chromosomen hervorgerufen werden kann, wurde zuerst durch die Entdeckung bewiesen, daß Kinder mit Mongolismus 47 Chromosomen haben, wobei das Chromosom 21 dreimal statt zweimal vorhanden ist (Trisomie 21). Auch bei Patienten mit Klinefelter-Syndrom wurden 47 Chromosomen gefunden, wobei das Extrachromosom in einem X-Chromosom besteht. Dieses Syndrom ist für etwa 1 % der schwachsinnigen Kinder verantwortlich. In neuerer Zeit wurde bekannt, daß außer dem Klinefelter-Syndrom viele andere Geschlechtschromosomenanomalien mit Schwachsinn einhergehen. Auch die kongenitalen Stoffwechselanomalien, wie die Phenylketonurie, führen zu Schwachsinn, wenn sie nicht diätetisch behandelt werden können.

Über die Ätiologie der Mißbildungen des Zentralnervensystems beim Menschen ist noch wenig bekannt. In den vergangenen Jahren sind jedoch eine große Zahl von Teratogenen bekannt geworden, die Mißbildungen des Zentralnervensystems in der Nachkommenschaft von Versuchstieren erzeugen. Anenzephalus, Hydrozephalus, Spina bifida, Cranium bifidum, Exenzephalus, Meningozele, Mikrozephalus und Kleinhirndefekte konnten durch eine Vielzahl von teratogenen Faktoren (Vitamin A-, Riboflavin-, Folsäure-, Pantothensäure-, Vitamin E- und Nikotinsäureamid-Mangel; Hungern des Muttertieres: A-Hypervitaminose; Trypanblau; Hypoxie; Röntgenbestrahlung; und Behandlung mit Antikörpern) erzeugt werden. Im Hühnerembryo gelang es, verschiedene Mißbildungen des Neuralrohres durch Virusinokulation und Antikörperbehandlung zu erzeugen.

Der größte Teil der Mißbildungen des Zentralnervensystems wurde durch die Behandlung trächtiger Tiere in den frühen Schwangerschaftsstadien erzeugt. In neuerer Zeit beobachtete man jedoch auch Anomalien in der Großhirnrinde bei Mäusen, nachdem in der späten Schwangerschaft hohe Dosen von Vitamin A verfüttert worden waren. Die Anomalien konnten nur mit dem Mikroskop erfaßt werden und betrafen die Degeneration oder abnorme Differenzierung der Neuroblasten in bestimmten Großhirnarealen.

Durch die Behandlung mit spezifischen Drogen in der späten Schwangerschaft konnten bei Mäusen abnorme Verhaltensmuster erzeugt werden.

Autonomes Nervensystem

Funktionell lassen sich am autonomen Nervensystem zwei Komponenten unterscheiden: ein **sympathischer Anteil,** der in der Thorakolumbalregion lokalisiert ist, und ein **parasympathischer Anteil,** der im Kopf- und Sakralbereich liegt.

Sympathisches Nervensystem

In der fünften Entwicklungswoche wandern Zellen aus der Neuralleiste der Thorakalregion als **Sympathikoblasten** beiderseits des Rückenmarks in einen Bezirk unmittelbar hinter der dorsalen Aorta ein (Abb. 15–31). Hier bilden sie auf beiden Seiten eine Kette von segmental angeordneten sympathischen Ganglien, die durch longitudinal verlaufende Nervenfasern miteinander verbunden sind. Diese Kette wird als **Grenzstrang** bezeichnet. Aus ihrer Lage im Thorax wandern die Sympathikoblasten in die Zervikal- und Lum-

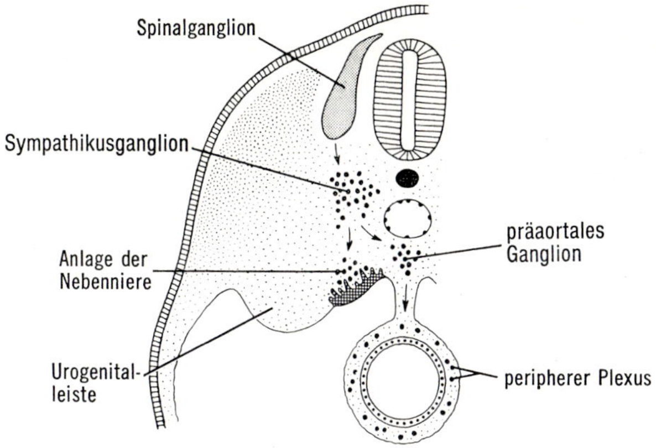

Abb. 15–**31** Schematische Darstellung der Entwicklung der sympathischen Ganglien. Ein Teil der Sympathikoblasten wandert auf das proliferierende Zölomepithel zu und entwickelt sich zum Nebennierenmark (modifiziert nach Giroud).

bosakralregion, so daß der Grenzstrang seine definitive Länge erhält. Ursprünglich sind die Ganglien segmental angeordnet. Diese Anordnung verwischt sich später, besonders im Zervikalbereich, durch die Verschmelzung von Ganglien.

Einige der Sympathikoblasten wandern auf die Vorderfläche der Aorta und bilden dort die **präaortalen Ganglien,** wie z. B. das **Ganglion coeliacum** und **mesentericum,** die an den Abgangsstellen der großen Aortenäste liegen. Andere Sympathikoblasten wandern zum Herzen, zu den Lungen und in den Verdauungstrakt, wo sie die **sympathischen Nervenplexus** der einzelnen Organe bilden (Abb. 15–31).

Im Anschluß an die Bildung des Grenzstranges dringen Nervenfasern, die aus der viszeromotorischen Säule des Thorakolumbalsegmentes des Rückenmarks stammen, in die Ganglien des Grenzstranges ein und bilden Synapsen an den dort liegenden Neuroblasten (Abb. 15–32). Ein Teil der Nervenfasern zieht zu höheren oder tieferen Ganglien des Grenzstranges oder zu den **präaortalen** oder **kollateralen Ganglien,** bevor sie Synapsen bilden. Sie heißen **präganglionäre Fasern,** besitzen eine Myelinscheide und stimulieren die sympathischen Ganglienzellen zur Tätigkeit. In ihrem Verlauf von den Spinalnerven zu den sympathischen Ganglien bilden sie die sogenannten **Rr. communicantes albi.** Da sich die viszeromotorische

Säule nur vom ersten Thorax- bis zum zweiten Lumbalsegment des Rückenmarks erstreckt, finden sich Rr. communicantes albi nur in diesem Bereich.

Die Axone der sympathischen Ganglienzellen werden **postganglionäre Fasern** genannt und haben keine Myelinscheide. Sie verlaufen entweder zu anderen Ganglien des Grenzstranges oder zum Herzen, zu den Lungen und dem Verdauungstrakt (Abb. 15–32). Andere Fasern, die sogenannten **Rr. communicantes grisei** verlaufen vom Grenzstrang zu den Spinalnerven und von dort zu den peripheren Blutgefäßen, Haaren und Schweißdrüsen. Die Rr. communicantes grisei finden sich entlang des gesamten Rückenmarkes.

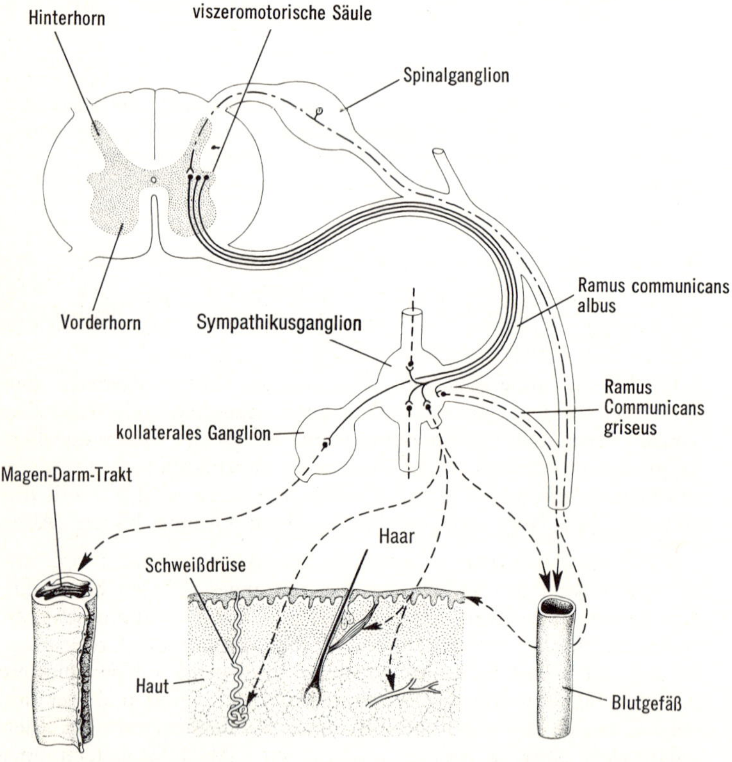

Abb. 15–**32** Schematische Darstellung der Beziehung der präganglionären und postganglionären Nervenfasern des Sympathikus zu den Spinalnerven. Die präganglionären Fasern entspringen in der viszeromotorischen Säule des Rückenmarks.

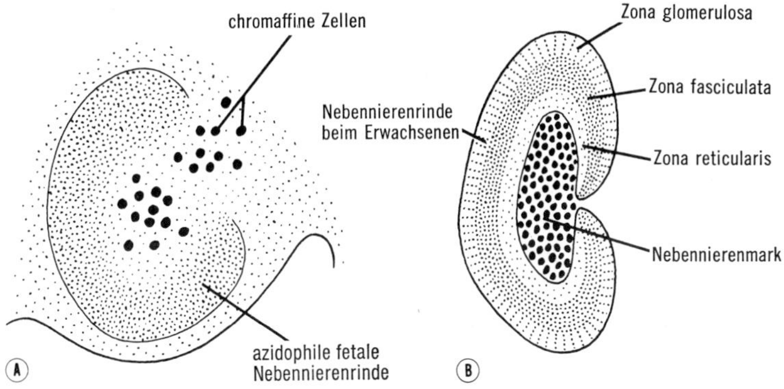

Abb. 15–**33** A, Das Eindringen der chromaffinen Zellen (Sympathikoblasten) in die fetale Rinde der Nebenniere B, In einem späteren Entwicklungsstadium umgibt die definitive Nebennierenrinde vollkommen den Markanteil.

Nebenniere

Die Nebenniere entwickelt sich aus zwei Komponenten: 1. einem mesodermalen Anteil, der zur **Nebennierenrinde** wird, und 2. einem ektodermalen Anteil, der das **Nebennierenmark** bildet. Die Nebennierenrinde bildet Steroidhormone, die chemisch eng mit den Steroidhormonen der benachbarten Gonadenanlage verwandt sind. Das Nebennierenmark ist ein Teil des Sympathikus, dessen Zellen aus der Neuralleiste stammen (Abb. 15–**31**). Es gehört zu den sympathischen Paraganglien, die Adrenalin als Hormon direkt in das Blut ausschütten.

In der fünften Entwicklungswoche proliferieren die Zölomepithelzellen zwischen Mesenterialwurzel und der Gonadenanlage und dringen in das benachbarte Mesenchym ein (Abb. 15–**31**). Hier differenzieren sie sich zu großen azidophilen Zellen, die die **fetale Nebennierenrinde** bilden (Abb. 15–**33** A). Kurz danach dringt ein zweiter Schub von Zellen aus dem Zölomepithel in das Mesenchym ein und umwächst die erste azidophile Zellmasse. Diese Zellen sind kleiner als die des ersten Schubes und bilden später die **definitive Nebennierenrinde** (Abb. 15–**33** A, B). Nach der Geburt bildet sich die fetale Rinde schnell zurück, mit Ausnahme ihrer äußersten Schicht, die sich in die Zona reticularis umwandelt. Der definitive Aufbau der Nebennierenrinde des Erwachsenen ist erst kurz vor der Pubertät abgeschlossen.

Während sich die fetale Rinde entwickelt, wandern Zellen, die im sympathischen Nervensystem ihren Ursprung haben, von der medialen Seite her ein, wo sie sich in Strängen und traubenförmig anordnen. Diese Zellen, aus denen das Nebennierenmark entsteht, bilden keine Nervenfortsätze, färben sich aber mit Chromsalzen braun, weshalb sie **chromaffine Zellen** genannt werden (Abb. **15–31** und **15–33**). Diese Färbeeigenschaft wird wahrscheinlich durch das Adrenalin und Noradrenalin in den Zellen hervorgerufen. Während der Embryonalzeit ist paraganglionäres Gewebe vor der Aorta im gesamten Bauchraum vorhanden. Beim Erwachsenen ist es auf das Nebennierenmark beschränkt.

Parasympathisches Nervensystem

Die Abstammung der parasympathischen Ganglien im Kopfbereich, nämlich des Ganglion ciliare, pterygopalatinum, oticum und submandibulare, ist umstritten. Einige glauben, daß die Zellen dieser Ganglien aus dem Zentralnervensystem an den präganglionären Fasern der entsprechenden Nerven entlangwandern, während andere der Meinung sind, daß sie von Neuroblasten der sensiblen Ganglien des fünften, siebten und neunten Hirnnerven abstammen.

Die postganglionären Fasern der parasympathischen Ganglien im Kopfbereich versorgen den M. constrictor pupillae, die Tränendrüse, die Drüsen im Nasen- und Rachenbereich, sowie die Speicheldrüsen. Der N. vagus führt präganglionäre parasympathische Fasern, die als Antagonisten des Sympathikus die Eingeweide versorgen. Die entsprechenden postganglionären Fasern entspringen von Ganglien, die im Bereich der Organe selbst liegen. Der Beckenanteil des Darmkanals sowie die Urogenitalorgane werden entsprechend vom parasympathischen Plexus versorgt, der aus den sakralen Segmenten des Rückenmarkes S2–S4 entspringt.

Glomus caroticum

Dieses Organ entsteht aus einer Zellverdichtung um die Abgangsstelle der A. carotis interna und wird von Ästen des N. glossopharyngeus versorgt. Nachdem Zellen aus den benachbarten autonomen Ganglien eingedrungen sind, entwickelt es sich zu einem Chemorezeptor und dient über ein Reflexsystem zur Steuerung des Blutdruckes.

Kapitel 16

Auge

Normale Entwicklung

Augenbecher und Linsenbläschen

Als erste Anlage der Augen treten beim 22 Tage alten Embryo zwei flache Furchen auf jeder Seite des noch nicht geschlossenen Vorderhirns auf (Abb. 16–**1** A). Mit dem Neuralrohrschluß werden diese Furchen zu Ausbuchtungen des Vorderhirns, die als **Augenbläschen** dem Oberflächenektoderm anliegen (Abb. 16–**1** B). Während der nun folgenden Periode des innigen Kontaktes zwischen den beiden Zellschichten induziert das Augenbläschen die Entwicklung der **Linsenplakode.** Kurz darauf beginnt das Augenbläschen sich einzustülpen und bildet den doppelwandigen **Augenbecher** (Abb. 16–**1** C und 16–**2** A). Die innere und äußere Wand des Augenbechers sind anfangs durch ein Lumen, den **Sehventrikel,** voneinander getrennt. Im Laufe der weiteren Entwicklung verschwindet dieses Lumen und die beiden Schichten liegen direkt aufeinander. Die Invagination beschränkt sich nicht auf den zentralen Anteil des Augenbechers, sondern bezieht auch seinen ventralen Rand mit ein (Abb. 16–**2** A).

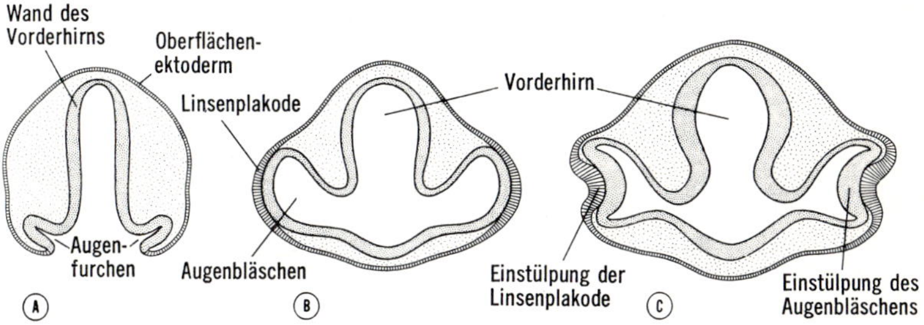

Abb. 16–**1** A, Querschnitt durch das Vorderhirn eines 22 Tage alten Embryos (etwa 14 Somiten), auf dem die Augenfurchen zu sehen sind. Das Neuralrohr ist noch offen. Im Horizontalschnitt erscheint die Öffnung auf der Ventralseite (vgl. Abb. 5–**3** und 5–**4**) (nach Heuser). B, Querschnitt durch das Vorderhirn eines 4 Wochen alten Embryos. Die Augenbläschen berühren das Oberflächenektoderm. Beachte die leichte Verdickung des Ektoderms (Linsenplakode). C, Querschnitt durch das Vorderhirn eines 5-mm-Embryos. Das Augenbläschen und die Linsenplakode stülpen sich ein (nach Mann).

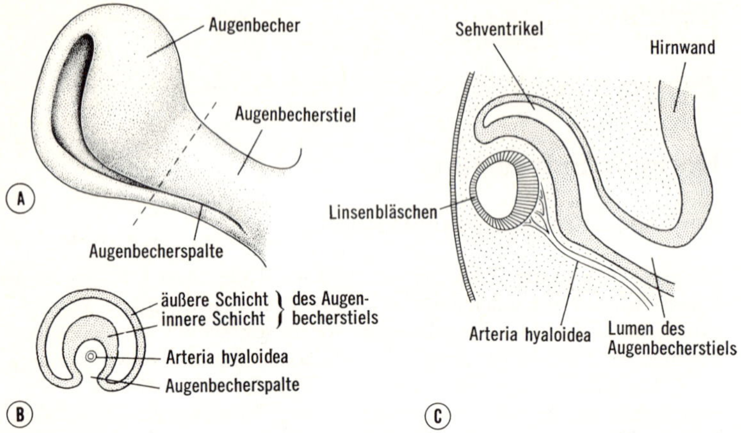

Abb. **16–2** A, Ventrolateralansicht des Augenbechers und des Augenbecherstieles bei einem 6 Wochen alten Embryo. Die Augenbecherspalte verläuft ein Stück weit auf der Unterseite des Augenbecherstieles und endet dann flach. B, Querschnitt durch den Augenbecherstiel im Bereich der gestrichelten Linie in A mit der A. hyaloidea in der Augenbecherspalte. C, Sagittalschnitt durch das Linsenbläschen, den Augenbecher und den Augenbecherstiel in der Ebene der Augenbecherspalte (nach Mann).

Dadurch entsteht die **Augenbecherspalte,** die ein Stück weit an der Unterseite des Augenbecherstiels verläuft und dann flach endet. Sie ermöglicht der **A. hyaloidea,** die während der Embryonalzeit die Linse und den Glaskörper versorgt, den Zutritt zum Augenbecher (Abb. 16–2 B, C). In der 7. Woche verschmelzen die Ränder der Augenbecherspalte und die Öffnung des Augenbechers rundet sich zur Pupille ab.

Die **Linsenplakode** ist eine Verdickung des Oberflächenektoderms über dem Augenbläschen (Abb. 16–1 B). Während sich das Augenbläschen zum Augenbecher entwickelt, stülpt sich die Linsenplakode zum Linsengrübchen ein, das sich schließlich in der 5. Woche als **Linsenbläschen** vom Ektoderm abschnürt (Abb. 16–1 C und 16–2 C). Das Linsenbläschen kommt in die Austrittsöffnung des Augenbechers zu liegen. Das Oberflächenektoderm über der Linsenanlage entwickelt sich zur durchsichtigen Hornhaut weiter.

Retina, Iris und Ziliarkörper

Die Entwicklung der **äußeren Schicht des Augenbechers** ist durch das Auftreten kleiner Pigmentgranula gekennzeichnet, die in der fünften Entwicklungswoche in den Zellen entstehen. Diese Schicht wird zum **Pigmentepithel der Retina** (Abb. 16–3 und 16–6).

Die Entwicklung der **inneren Schicht des Augenbechers** entspricht im Prinzip der Entwicklung des Gehirns. Der Spaltraum zwischen innerem und äußerem Blatt des Augenbechers ist ursprünglich als

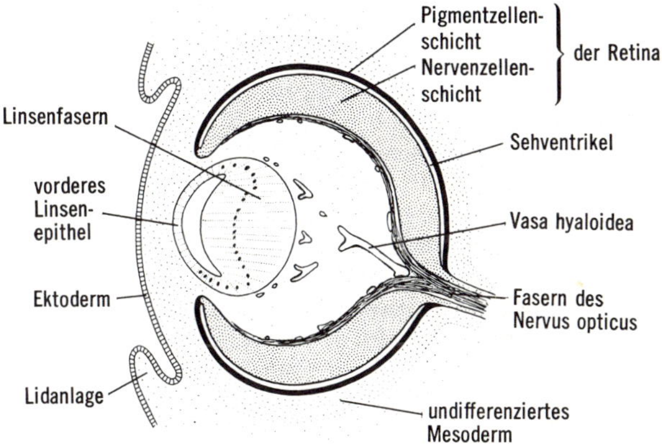

Abb. 16–**3** Längsschnitt durch das Auge eines 7 Wochen alten Embryos. Die Augenanlage ist vollständig in Mesenchym eingebettet. Die Nervenfasern der Retina laufen auf den N. opticus zu (modifiziert nach Mann).

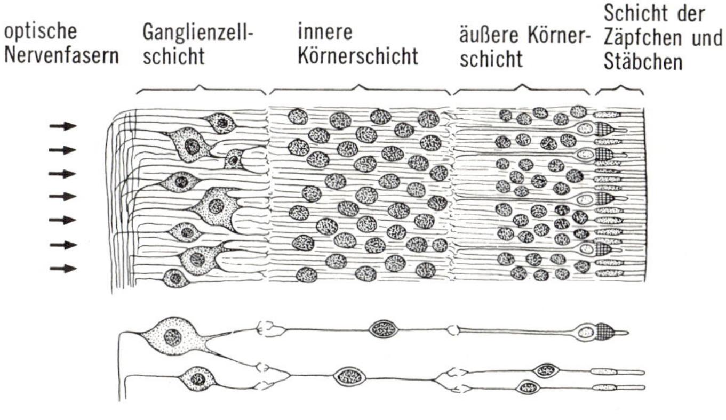

Abb. 16–**4** Schematische Darstellung der einzelnen Schichten der Pars optica retinae bei einem etwa 25 Wochen alten Fetus (modifiziert nach Mann). Die Pfeile geben die Richtung des Lichteinfalls an.

Sehventrikel ein Teil des Ventrikelsystems des Gehirns (Abb. 16–1 und 16–3). Die Neuroepithelzellen in der inneren Schicht des Augenbechers bilden wie im Zentralnervensystem eine Mantelschicht und eine Marginalzone aus. **Die Mantelschicht ist dem ursprünglichen Ventrikellumen zugewandt und enthält die Zelleiber und Zellkerne der Neuroblasten; die Marginalzone ist dem Innern des Augenbechers zugewandt und enthält die Axone der Nervenzellen, die durch den Augenbecherstiel zum Gehirn ziehen** (Abb. 16–3). In der Mantelschicht entwickeln sich die Sinneszellen, die Neurone und die Stützzellen der Retina. Die Lichtrezeptoren entwickeln sich aus einem Zellfortsatz der Sinneszellen, der wie bei anderen Sinnesorganen einem Zilium analog ist. Sie sind dem Pigmentepithel der Retina zugewandt (Abb. 16–4). Die Zellkerne der Sinneszellen liegen in der **äußeren Körnerschicht** der Retina. Auf die Sinneszellen folgt eine Schicht mit kurzen bipolaren Nervenzellen, deren Kerne die **innere Körnerschicht** bilden. Die bipolaren Nervenzellen leiten die in den Sinneszellen entstehenden Impulse an die großen Nervenzellen in der **Ganglienzellschicht** der Retina weiter. Die Axone dieser Ganglienzellen konvergieren an der Ober-

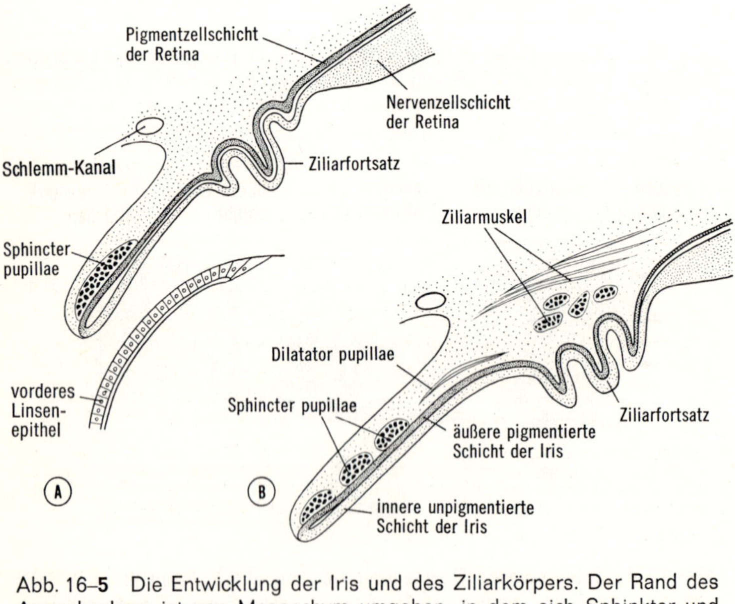

Abb. 16–**5** Die Entwicklung der Iris und des Ziliarkörpers. Der Rand des Augenbechers ist von Mesenchym umgeben, in dem sich Sphinkter und Dilator pupillae entwickeln.

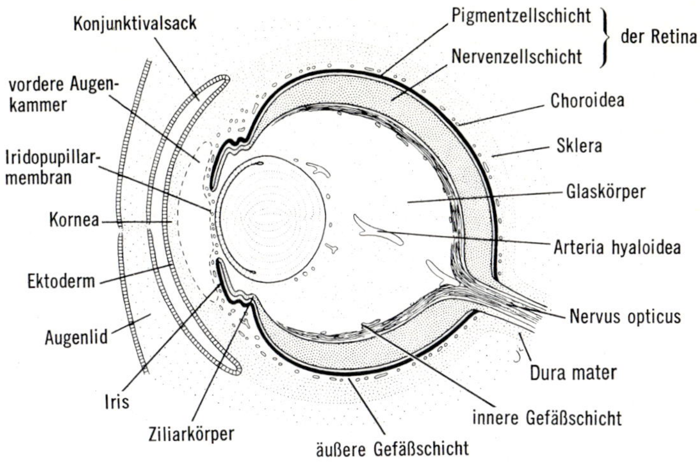

Abb. 16–**6** Sagittalschnitt durch das Auge eines 16 Wochen alten Embryos. Beachte die vordere Augenkammer, die Iridopupillarmembran, die äußere und innere Gefäßschicht, die Choroidea und die Sklera, die im Bereich des N. opticus in die Dura mater übergeht.

fläche der Retina zum Augenbecherstiel und ziehen als N. opticus zum Gehirn.

Das vordere Fünftel der inneren Schicht des Augenbechers, die **Pars caeca retinae,** verändert sich kaum und bleibt eine einzellige Schicht. Sie teilt sich später in die **Pars iridica retinae,** die die Innenschicht der Iris bildet, und die **Pars ciliaris retinae,** die an der Bildung des Ziliarkörpers beteiligt ist (Abb. 16–5).

Inzwischen füllt sich die Region zwischen dem Augenbecher und dem darüberliegenden Oberflächenepithel mit lockerem Mesenchym, in dem sich der **M. sphincter** und **M. dilatator pupillae** entwickeln (Abb. 16–3 und 16–5). Ob beim menschlichen Embryo sich diese Muskelfasern aus den Mesenchymzellen oder aus den darunterliegenden Epithelzellen des Augenbechers entwickeln, wie es für die niederen Tiere gezeigt werden konnte, ist noch unbekannt. Beim Erwachsenen besteht die Iris aus der inneren und äußeren Schicht des Augenbechers und aus einer gefäßreichen Bindegewebsschicht, welche die Pupillenmuskeln enthält (Abb. 16–5).

Die **Pars ciliaris retinae** ist an ihrer tiefen Faltenbildung leicht zu erkennen (Abb. 16–5 B und 16–6). Außen wird sie von einer Mesenchymschicht bedeckt, die den **Ziliarmuskel** bildet. Innen ist sie mit der Linse durch lockeres Mesenchym verbunden, aus dem die **Zonula ciliaris** entsteht. Die Kontraktion des Ziliarmuskels verändert die Spannung der Aufhängefasern und verändert damit den Grad der Linsenkrümmung.

Linse

Kurz nach der Bildung des Linsenbläschens (Abb. 16–2 C) verlängern sich die Zellen an der Hinterwand und wandeln sich in **Linsenfasern** um, die allmählich das Lumen des Bläschens ausfüllen (Abb. 16–3). Die Zellen produzieren dabei spezifische Eiweißkörper, die **Linsenkristalline,** die intrazellulär abgelagert werden, und die Brechungseigenschaften der Linse bestimmen. Die in der Hinterwand des Linsenbläschens entstehenden Linsenfasern erreichen schließlich das vordere kubische Linsenepithel und bilden in ihrer Gesamtheit den **Linsenkern** (Abb. 16–3 und 16–6). Zu diesem Zeitpunkt ist das Wachstum der Linse jedoch noch nicht abgeschlossen, sondern neue (sekundäre) Linsenfasern werden noch fortwährend an den Linsenkern angelagert. Diese neuen Fasern stammen von den Zellen der Äquatorialzone ab. Man nimmt an, daß dieser Vorgang bis zum 20. Lebensjahr andauert.

Choroidea, Sklera und Kornea

Am Ende der fünften Woche, wenn der Augenbecher und das Linsenbläschen gebildet sind, ist die Augenanlage überall von lockerem Mesenchym umgeben (Abb. 16–3). Dieses Gewebe wandelt sich bald in eine innere Schicht, die der Pia mater des Gehirns vergleichbar ist, und eine äußere Schicht, die der Dura mater entspricht, um. Während die innere Schicht sich zur gefäßreichen, pigmentierten **Choroidea** entwickelt, wird aus der äußeren Schicht die Sklera, die sich in die Dura mater des N. opticus fortsetzt (Abb. 16–6).

Die Entwicklung der mesenchymalen Schichten, die über dem vorderen Augenabschnitt liegen, verläuft etwas anders. Hier entsteht ein Spaltraum, die **vordere Augenkammer,** der das Mesenchym in eine innere dünne Schicht, die unmittelbar vor der Linse und der Iris liegt und **Membrana iridopupillaris** heißt, und eine dicke äußere Schicht, die in die Sklera übergeht, unterteilt. Die vordere Augenkammer selbst wird von abgeflachten Mesenchymzellen ausgekleidet, die den hinteren Überzug der Hornhaut und den vorderen der Iridopupillarmembran bilden (Abb. 16–6). Von außen nach innen besteht die **Kornea** somit aus folgenden Schichten: 1. einer epithelialen Schicht aus der Oberflächenektoderm; 2. einer Schicht dichten

Bindegewebes, der Substantia propria, die in die Sklera übergeht und transparent ist; und 3. einer Epithelschicht, die an die vordere Augenkammer angrenzt. Die Membrana iridopupillaris vor der Linse verschwindet normalerweise völlig.

Das Mesenchym umgibt die Augenanlage nicht nur von außen, sondern dringt auch durch die Augenbecherspalte in den Augenbecher ein. Hier beteiligt es sich an der Bildung der **Vasa hyaloidea,** die während des intrauterinen Lebens die Linse versorgen und die Gefäßschicht an der inneren Oberfläche der Retina bilden (Abb. 16–6). Außerdem entsteht ein zartes Netz von Fasern zwischen der Linse und der Retina. Die interstitiellen Räume dieses Netzwerkes füllen sich später mit einer transparenten gallertigen Substanz und bilden so den **Glaskörper** (Abb. 16–6).

Nervus opticus

Anfänglich ist der Augenbecher mit dem Gehirn durch den Augenbecherstiel verbunden, der auf seiner ventralen Seite eine Furche, die **Augenbecherspalte,** besitzt (Abb. 16–2). In dieser Furche liegen die Vasa hyaloidea. Die Nervenfasern, die von der Retina zum Gehirn ziehen, verlaufen zwischen den Zellen des inneren Blattes des Augenbecherstiels (Abb. 16–7 A). In der siebten Woche schließt sich die Augenbecherspalte, so daß ein schmaler Kanal im Augenbecherstiel entsteht (Abb. 16–7 B). Infolge der stetig wachsenden Zahl von Nervenfasern verdickt sich die Innenschicht des Augenbecherstieles und die innere und äußere Wand verschmelzen miteinander (Abb. 16–7 C). Die Zellen der Innenschicht liefern ein Netz von Neurogliazellen, die den Sehnervenfasern Halt geben.

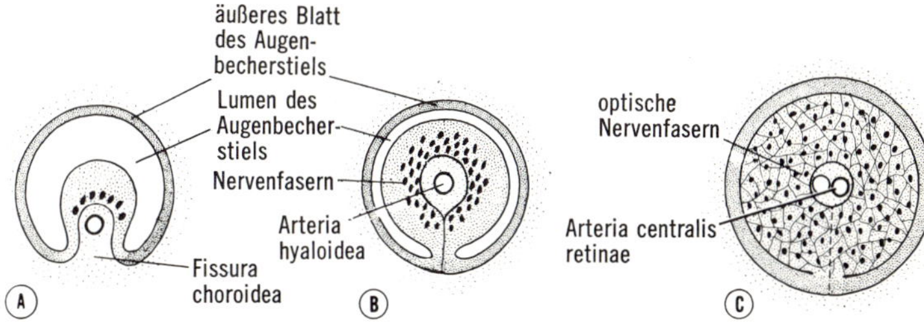

Abb. 16–**7** Die Umwandlung des Augenbecherstieles zum N. opticus. A, in der 6. Woche (9 mm); B, in der 7. Woche (15 mm); C, in der 9. Woche. Die Zentralarterie der Retina verläuft innerhalb des N. opticus (nach verschiedenen Quellen).

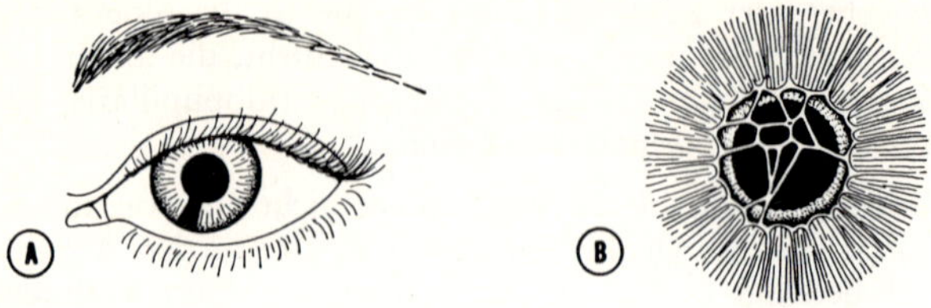

Abb. 16–8 A, Iriskolobom. B, Teilweise persistierende Iridopupillarmembran.

Der Augenbecherstiel verwandelt sich auf diese Weise in den **N. opticus.** In seinem Zentrum enthält er die **A. hyaloidea,** die später **A. centralis retinae** genannt wird.

Angeborene Mißbildungen

Iriskolobom

Normalerweise schließt sich die Augenbecherspalte in der siebten Entwicklungswoche (Abb. 16–7). Ist diese Entwicklung gestört, bleibt eine Spalte bestehen. Eine derartige Spalte ist gewöhnlich nur in der Iris lokalisiert und heißt dort **Iriskolobom** (Abb. 16–8 A). Sie kann sich jedoch auch bis in den Ziliarkörper, die Netzhaut, die Choroidea und den N. opticus fortsetzen. Eine solche Anomalie tritt häufig zusammen mit anderen Augenmißbildungen auf.

Persistenz der Membrana iridopupillaris

Gewöhnlich bildet sich die Iridopupillarmembran während des intrauterinen Lebens völlig zurück. Manchmal jedoch, wenn die Resorption nicht vollständig ist, liegt vor der Pupille ein bindegewebiges Netz (Abb. 16–8 B). Zumeist behindert diese Anomalie die Sicht nur wenig.

Mikrophthalmie

Bei dieser Anomalie ist die Gesamtgröße des Auges vermindert. Der Augapfel kann auf zwei Drittel seiner Größe reduziert sein. Die Mikrophthalmie ist häufig mit anderen Augenanomalien verbunden. Sie kann nach einer intrauterinen Infektion durch Toxoplasmose oder mit dem Zytomegalie-Virus entstehen.

Anophthalmie

Manchmal fehlt das Auge vollständig und es ist unmöglich, irgendeine Spur des Augapfels zu entdecken, es sei denn mit histologischen Methoden. Die Anophthalmie ist gewöhnlich mit anderen schweren kraniozerebralen Mißbildungen verbunden.

Zyklopie

Hierbei sind beide Augenhöhlen vereinigt und es ist nur ein einziges, in der Mitte gelegenes Auge vorhanden. Diese seltene Mißbildung tritt häufig mit einer **Rüsselnase** und anderen kraniozerebralen Mißbildungen auf.

Angeborener Katarakt

Beim angeborenen Katarakt ist die Linse bereits während des intrauterinen Lebens trübe geworden. Diese Anomalie ist gewöhnlich genetisch bedingt, kann aber auch durch Umweltfaktoren hervorgerufen werden. 1941 beobachtete GREGG, daß Kinder von Müttern, die während der vierten bis siebten Schwangerschaftswoche an Röteln erkrankt sind, oft angeborene Mißbildungen aufweisen, am häufigsten Katarakt. Erkrankt die Mutter nach der siebten Schwangerschaftswoche, bleibt die Linsentrübung aus, das Kind kann jedoch infolge unvollständiger Differenzierung der Kochlea taub auf die Welt kommen. Diese Beobachtung deutet darauf hin, daß die Organanlagen des Embryos auf dem Höhepunkt ihrer Entwicklung am empfindlichsten sind. Tatsächlich durchläuft die Linse in der sechsten Woche ein sehr aktives Entwicklungsstadium, in dem die primären Linsenfasern gerade das Lumen des Linsenbläschens ausfüllen.

Experimentelle Befunde

Im Experiment hat sich die Augenanlage als eines der empfindlichsten Organe in der embryonalen Entwicklung erwiesen. Eine große Anzahl von Augenmißbildungen, die mit denen beim Menschen verglichen werden können, sind erzeugt worden. So konnte gezeigt werden, daß ein Virus Augenmißbildungen hervorrufen kann. Aber genau wie beim Menschen im Falle des Rötelvirus war das Auge nur während gewisser Entwicklungsstadien empfindlich. Andere teratogene Stoffe, mit denen Augenmißbildungen erzeugt werden konnten, sind: Hypoxie, Vitaminmangel, A-Hypervitaminose, Schilddrüsenunterfunktion und Röntgenbestrahlung. Überraschend war die Feststellung, daß bestimmte Stoffe (Zysteamin) die Empfindlichkeit gegen Röntgenbestrahlung vermindern, andere sie noch verstärken (Kortison).

Kapitel 17

Ohr

Normale Entwicklung

Das Ohr des Erwachsenen, das als eine anatomische Einheit zugleich Gehör- und Gleichgewichtsorgan enthält, entwickelt sich im Embryo aus drei verschiedenen Anteilen: 1. dem **äußeren Ohr,** das als Schallaufnahmeorgan dient und das sich aus dem dorsalen Abschnitt der ersten Kiemenspalte und aus sechs mesenchymalen Höckern entwickelt; 2. dem **Mittelohr,** das als Schalleitungsorgan das äußere Ohr mit dem Innenohr verbindet und aus der ersten Schlundtasche entsteht; und 3. dem **Innenohr,** das die Schallwellen in Nervenimpulse verwandelt und Gleichgewichtsveränderungen registriert und vom ektodermalen Ohrbläschen abstammt.

Innenohr

Ohrbläschen

Die erste Anlage des Ohres läßt sich bei Embryonen von etwa 22 Tagen als Verdickung des Oberflächenektoderms beiderseits des Rautenhirns erkennen (Abb. 17–**1** A und 5–4 B). Diese Verdickungen, die **Ohrplakoden,** stülpen sich schnell ein und bilden die **Ohr-**

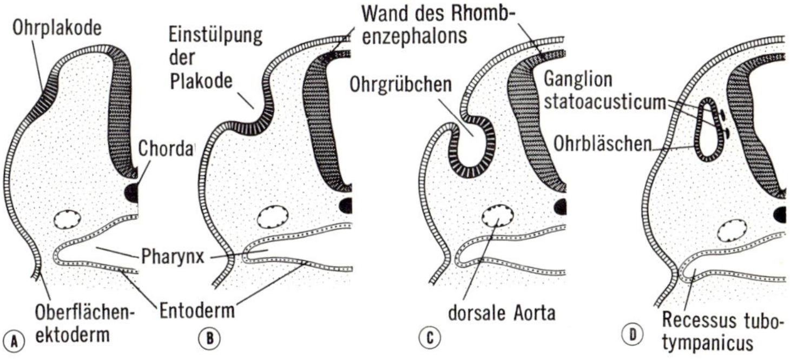

Abb. 17–**1** Schematische Querschnitte im Bereich des Rhombenzephalons in verschiedenen Entwicklungsstadien, die die Entwicklung der Ohrbläschen zeigen. A, Im Alter von 22 Tagen; B, 24 Tagen; C, 27 Tagen; D, im Alter von $4^1/_2$ Wochen. Beachte das Auftreten des Ganglion statoacusticum.

bläschen (Abb. 17–1 B, C, D). In der weiteren Entwicklung teilt sich jedes Bläschen in 1. eine ventrale Komponente, aus der **Sacculus** und **Schneckengang** mit dem Corti-Organ werden und 2. eine dorsale Komponente, die den **Utrikulus,** die **Bogengänge** und den **Ductus endolymphaticus** bildet (Abb. 17–2 bis 17–5). Die so entstandenen epithelialen Gebilde heißen in ihrer Gesamtheit das **häutige Labyrinth.** Anfänglich ist dieses komplizierte Röhrengebilde im Mesenchym eingebettet. Mit der Zeit verwandelt sich das umgebende Mesenchym in eine knorpelige Schale, die verknöchert und das **knöcherne Labyrinth** bildet. Das häutige Labyrinth ist dann völlig im knöchernen Labyrinth eingekapselt. Beide sind lediglich durch enge perilymphatische Räume voneinander getrennt.

Während der Bildung des Ohrbläschens sondert sich eine kleine Zellgruppe von dessen Wand ab und bildet das **Ganglion statoacusticum** (Abb. 17–1 D). Ein anderer Teil der Zellen in diesem Ganglion stammt wahrscheinlich aus der Neuralleiste. Das Ganglion spaltet sich dann in kochleare und vestibulare Anteile auf, welche die sensiblen Zellen des Corti-Organs (Gehör) bzw. des Sacculus, Utrikulus und der Bogengänge (Gleichgewicht) versorgen.

Sacculus, Kochlea und Corti-Organ

In der sechsten Entwicklungswoche bildet der Sacculusanteil des Ohrbläschens eine schlauchförmige Ausstülpung an seinem unteren Pol, den **Ductus cochlearis** (Abb. 17–2 C). Dieser dringt in das um-

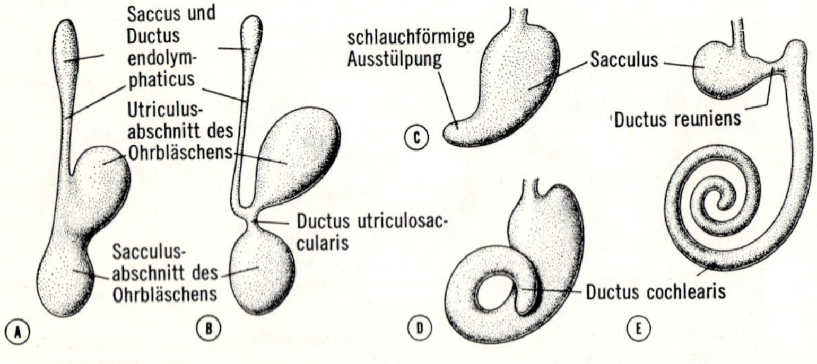

Abb. 17–**2** A und B, Die weitere Entwicklung des Ohrbläschens in der fünften Entwicklungswoche. Es läßt sich ein dorsaler Utrikulus-Abschnitt mit dem Ductus endolymphaticus und ein ventraler Sacculus-Abschnitt unterscheiden. C, D und E, Die Entwicklung des Ductus cochlearis in der 6., 7. und 8. Woche. Beachte die Ausbildung des Ductus reuniens und des Ductus utriculosaccularis.

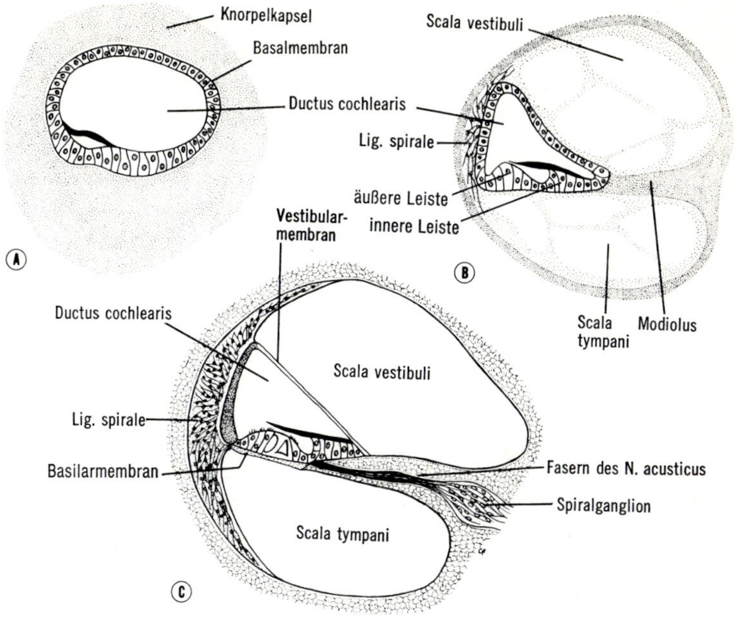

Abb. 17–**3** Schematische Darstellung der Entwicklung der Scala tympani und Scala vestibuli. A, Der Ductus cochlearis wird von einer fibrösen Basalmembran und einer Knorpelkapsel umgeben. B, In der 10. Woche treten weite perilymphatische Räume in der Knorpelkapsel auf. C, Der Ductus cochlearis (Scala media) wird von der Scala tympani und der Scala vestibuli durch die Basilar- und Vestibularmembran getrennt. An seiner Lateralseite ist er über das Lig. spirale mit der knöchernen Schnecke verbunden. Beachte die Fasern des N. acusticus und das Spiralganglion.

gebende Bindegewebe spiralenförmig vor, bis er am Ende des achten Monats zweieinhalb Drehungen vollzogen hat (Abb. 17–**2** D, E). Seine Verbindung mit dem Rest des Sacculus ist dann auf einen engen Kanal, den **Ductus reuniens,** beschränkt (Abb. 17–**2** E).

Das den Ductus cochlearis umgebende Mesenchym differenziert sich bald zu einer dünnen fibrösen Basalmembran an der Außenseite des Ganges sowie zu einer dicken Knorpelkapsel (Abb. 17–**3** A). In der Knorpelkapsel treten in der zehnten Entwicklungswoche Hohlräume auf, aus denen sich zwei perilymphatische Räume, die **Scala vestibuli** und **Scala tympani,** entwickeln (Abb. 17–**3** B, C). Der Ductus cochlearis wird dann von der Scala vestibuli durch die **Vestibularmembran** oder **Reissner-Membran** und von der Scala tympani durch die

Basilarmembran getrennt (Abb. 17–3 C). Die Seitenwand des Ductus cochlearis bleibt durch das **Lig. spirale cochleae** am umgebenden Knorpel befestigt, während sein medialer spitzwinkliger Abschnitt einem langen knorpeligen Fortsatz aufliegt, der als **Modiolus** bezeichnet wird und die zukünftige Achse der knöchernen Schnecke darstellt (Abb. 17–3 B).

Die Epithelzellen des Ductus cochlearis sind anfänglich gleichartig. In der weiteren Entwicklung bilden sie zwei Leisten (Abb. 17–3 A). Die größere ist nahe dem Zentrum der Kochlea gelegen und heißt **innere Leiste** (der spätere Limbus spiralis), die andere wird als **äußere Leiste** bezeichnet (Abb. 17–3 B). Die letztere bildet eine Reihe von inneren und drei oder vier Reihen von äußeren **Haarzellen,** den Sinneszellen des Gehörorgans (Abb. 17–4 B, C). Sie werden von der **Membrana tectoria** bedeckt, einer ursprünglich fibrillären gallertigen Substanz, die vom Limbus spiralis getragen wird und mit ihrer Spitze auf den Haarzellen aufliegt (Abb. 17–4). Die Neuroepithelzellen und die darauf ruhende Membrana tectoria heißen zusammen **Corti-Organ** und stellen das eigentliche Hörorgan dar. Die Impulse, die dieses Organ aufnimmt, werden zum Ganglion spirale und über die Hörfasern des achten Hirnnerven ins Zentralnervensystem weitergeleitet (Abb. 17–3 und 17–4).

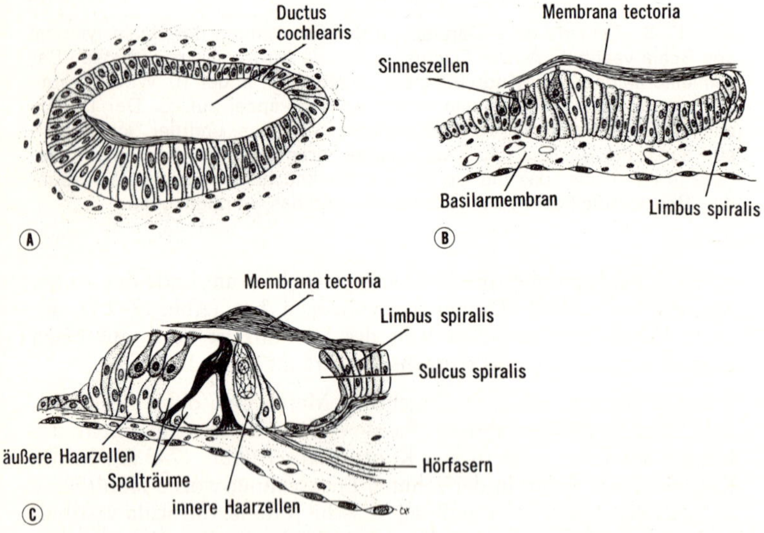

Abb. 17–**4** Die Entwicklung des Corti-Organs. A, Im Alter von 10 Wochen; B, etwa im 5. Monat; C, bei der Geburt. Beachte das Auftreten von Spalträumen zwischen den Sinneszellen.

Utrikulus und Bogengänge

In der sechsten Entwicklungswoche treten die Bogengänge als abgeflachte Ausstülpungen des Utrikulusanteils des Ohrbläschens auf (Abb. 17–5 A, B). Die zentralen Wandabschnitte dieser Aussackungen legen sich dann aneinander und verschwinden, so daß die drei Bogengänge entstehen (Abb. 17–5 E, F). An jedem dieser Kanäle weitet sich das eine Ende aus und bildet das **Crus ampullare,** während das andere Ende, das sich nicht weitet, zum **Crus nonampullare** wird (Abb. 17–5 E). Von den letzteren verschmelzen zwei, so daß nur fünf Crura, drei mit einer Ampulle und zwei ohne Ampulle, in den Utrikulus einmünden.

In der siebten Woche bilden die Zellen im Crus ampullare der Bogengänge eine Leiste, die **Crista ampullaris,** die die Sinneszellen zur Aufrechterhaltung des Gleichgewichts enthält. Ähnliche sensorische Areale entstehen in den Wänden des Utrikulus und Sacculus, die als **Maculae staticae** bezeichnet werden. Reize, die in den Sinneszellen der Cristae und Maculae durch Lageveränderungen des Körpers entstehen, werden durch die Vestibularisfasern des achten Hirnnerven zum Gehirn geleitet.

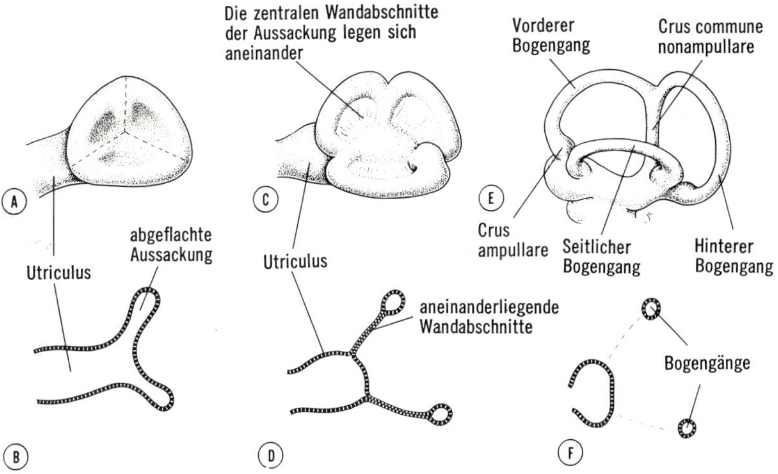

Abb. 17–**5** Schematische Darstellung der Entwicklung der Bogengänge und des distalen Utrikulus-Abschnittes. A, In der 5. Woche; C, in der 6. Woche; E, in der 8. Woche. B, D und F zeigen schematisch die Aneinanderlagerung, Verschmelzung und Auflösung der zentralen Wandabschnitte der Aussackungen. Beachte die Entwicklung der Ampullen in den Bogengängen.

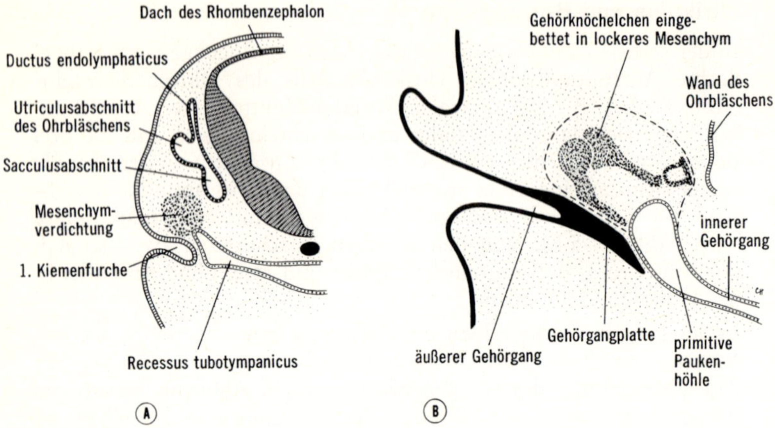

Abb. 17–**6** A, Querschnitte im Bereich des Rhombenzephalons bei einem 7 Wochen alten Embryo. Die Gehörknöchelchen entstehen aus einer Mesenchymverdichtung zwischen Ohrbläschen und primitiver Paukenhöhle. B, Schematische Darstellung des Mittelohres mit den in lockeres Bindegewebe eingebetteten knorpligen Vorläufern der Gehörknöchelchen. Die gestrichelte Linie zeigt die spätere Ausdehnung der primitiven Paukenhöhle. Die Gehörgangplatte liegt zwischen dem primitiven äußeren Gehörgang und der späteren Paukenhöhle.

Mittelohr

Paukenhöhle und Tuba auditiva

Im Gegensatz zum ektodermalen Ursprung des häutigen Anteils des Innenohrs leitet sich die Paukenhöhle vom Entoderm ab. Sie entsteht in erster Linie aus der ersten Schlundtasche, die eine Ausstülpung des Schlunddarmes darstellt (Abb. 17–**1** und 17–**6**). Diese Schlundtasche tritt beim etwa 3 Wochen alten Embryo auf, wächst rasch in lateraler Richtung und kommt vorübergehend mit dem Boden der ersten ektodermalen Kiemenfurche in Berührung. Der distale Teil der Tasche, der **Recessus tubotympanicus,** erweitert sich und wird zur **primitiven Paukenhöhle,** während der proximale Teil schmal bleibt und die **Eustachi-Röhre** oder **Tuba auditiva** bildet (Abb. 17–**6** B). Die Tube verbindet als Gang Paukenhöhle und Epipharynx miteinander. Ihre pharyngeale Öffnung ist von einer größeren Menge lymphatischen Gewebes umgeben, der **Tubentonsille.** Besonders bei kleinen Kindern führen Naseninfektionen, die mit einer Schwellung der Tubentonsille einhergehen, häufig zum Tubenverschluß und zur Entzündung der Paukenhöhle (**Otitis media**).

Gehörknöchelchen

Am Ende der siebten Woche zeigt das Mesenchym, das direkt über der primitiven Paukenhöhle liegt, eine Anzahl von Verdichtungen, die durch Proliferation der dorsalen Spitzen des ersten und zweiten Kiemenbogens entstanden sind (Abb. 17–6). Mit der Zeit werden aus diesen Verdichtungen die knorpeligen Vorläufer der **Gehörknöchelchen,** des **Malleus (Hammer), Incus (Amboß)** und **Stapes (Steigbügel)** (Abb. 17–7 B). Der Malleus und Incus sollen aus dem Knorpel des ersten Kiemenbogens stammen und der Stapes aus dem des zweiten Kiemenbogens (Abb. 17–7 A). Die Gehörknöchelchen treten schon in der ersten Hälfte des fetalen Lebens auf, bleiben jedoch bis zum achten Monat in Mesenchym eingebettet, das sich dann auflöst (Abb. 17–7 B). Die entodermale epitheliale Auskleidung der primitiven Paukenhöhle breitet sich dann allmählich entlang der Wand des neu entstandenen Raumes aus und überzieht die Gehörknöchelchen. Wenn alles Mesenchym verschwunden ist, bildet

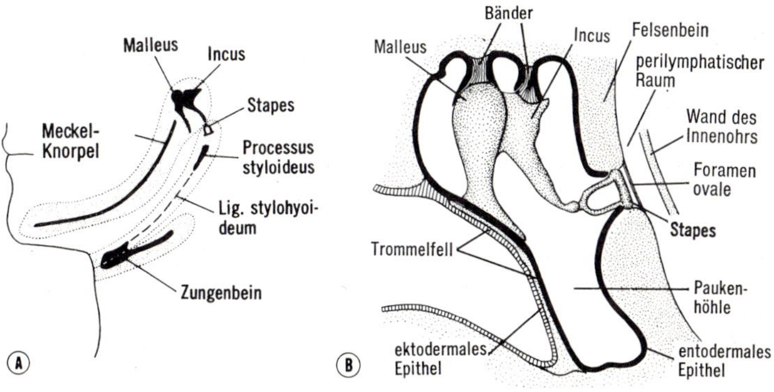

Abb. 17–**7** A, Die Entwicklung der knorpeligen Komponenten der ersten drei Kiemenbögen in schematischer Darstellung. Malleus und Incus liegen in der Fortsetzung des ersten Kiemenbogens und der Stapes in der Fortsetzung des zweiten. B, Schematische Darstellung des Mittelohres. Der Griff des Hammers berührt das Trommelfell. Der Steigbügel legt sich an die Membran im ovalen Fenster an.

das Epithel nicht nur den Schleimhautüberzug der Gehörknöchelchen, sondern verbindet sie auch wie ein Mesenterium mit der Wand der Paukenhöhle. Die Stützbänder der Gehörknöchelchen entwikkeln sich später in diesen „Mesenterien".

Da der Malleus aus dem ersten Kiemenbogen stammt, wird sein Muskel, der **Tensor tympani,** vom N. mandibularis innerviert. Entsprechend wird der **M. stapedius,** der am Stapes befestigt ist, vom Nerven des 2. Kiemenbogens, dem N. facialis, versorgt.

Kurz vor der Geburt dehnt sich die Paukenhöhle nach dorsal aus. Es entsteht das **Antrum mastoideum.** Die Wand des Antrums wird von entodermalem Epithel ausgekleidet. Nach der Geburt entwickelt sich der Warzenfortsatz (Processus mastoideus). In den ersten Lebensjahren wird der Warzenfortsatz pneumatisiert. Es entstehen die Warzenfortsatzzellen (**Cellulae mastoideae**). Sie sind ebenfalls mit Epithel entodermaler Herkunft ausgekleidet und stehen direkt oder indirekt mit dem Antrum und der Paukenhöhle in offener Verbindung. Das Übergreifen einer Mittelohrentzündung auf das Antrum und die Warzenfortsatzzellen ist eine häufige Komplikation.

Äußeres Ohr

Äußerer Gehörgang

Der äußere Gehörgang entwickelt sich aus dem dorsalen Anteil der ersten Kiemenfurche, die als trichterförmige Röhre nach innen wächst, bis sie die entodermale Auskleidung der Paukenhöhle erreicht (Abb. 17–6 A). Zu Anfang des dritten Monats beginnen die Epithelzellen am Boden des Gehörganges zu proliferieren und bilden eine dichte epitheliale Platte, die als **Gehörgangplatte** bezeichnet wird (Abb. 17–6 B). Im siebten Monat löst sich diese Platte auf und die Epithelauskleidung am Boden des erweiterten Gehörganges beteiligt sich an der Bildung des endgültigen Trommelfells. Gelegentlich persistiert die Gehörgangplatte bis zur Geburt und ruft eine angeborene Taubheit hervor.

Trommelfell

Das Trommelfell besteht aus 1. der ektodermalen epithelialen Auskleidung am Grund des Gehörganges, 2. der entodermalen Epithelauskleidung der erweiterten Paukenhöhle und 3. einer Zwischenschicht von lockerem Bindegewebe (Abb. 17–7 B). Der Hauptteil des

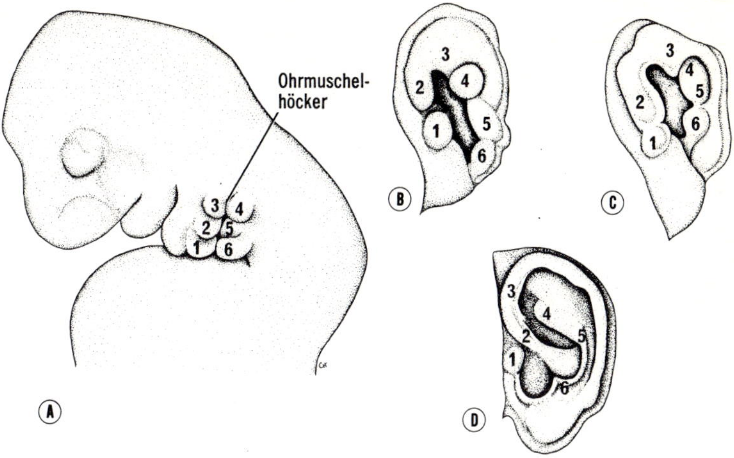

Abb. 17–**8** A, Die Lage der sechs Ohrmuschelhöcker und ihre Beziehung zur ersten Kiemenfurche. B, C und D zeigen die Verschmelzung der Hökker und ihre weitere Entwicklung zur Ohrmuschel des Erwachsenen.

Trommelfells ist fest mit dem Griff des Malleus verbunden und entsteht erst nach der Auflösung des Mesenchyms, in das die Gehörknöchelchen eingebettet sind (Abb. 17–6 B und 17–7 B). Der verbleibende, wesentlich kleinere Teil des Trommelfells stellt die Trennwand zwischen dem äußeren Gehörgang und dem ursprünglichen Recussus tubotympanicus dar.

Ohrmuschel

Die Ohrmuschel entwickelt sich aus einer Anzahl von Mesenchymverdichtungen, die an den dorsalen Spitzen des ersten und zweiten Kiemenbogens auftreten und die erste Kiemenfurche umgeben (Abb. 17–8 A). Diese Höcker, drei an jeder Seite des äußeren Gehörganges, treten während der sechsten Entwicklungswoche auf und werden allmählich in die definitive Ohrmuschel umgewandelt. Da die Verschmelzung der Ohrmuschelhöcker sehr kompliziert ist, sind Anomalien bei der Entwicklung der Ohrmuschel nicht selten.

Angeborene Mißbildungen

Angeborene Taubheit

Angeborene Taubheit, die gewöhnlich mit Taubstummheit verbunden ist, kann durch abnorme Entwicklung des häutigen und knöchernen Labyrinths hervorgerufen werden, aber auch durch Mißbildungen der Gehörknöchelchen und des Trommelfells. In den schwersten Fällen können die Paukenhöhle und der äußere Gehörgang völlig fehlen.

Bisher wurde angenommen, daß angeborene Taubheit hauptsächlich hereditäre Ursachen hat. Während der letzten Jahre hat sich jedoch gezeigt, daß Umweltfaktoren, denen die Mutter in der frühen Schwangerschaft ausgesetzt ist, ebenfalls die normale Entwicklung des Innen- und Mittelohrs stören können. Heute steht fest, daß das Rötelvirus, wenn es den Embryo in der siebten oder achten Entwicklungswoche befällt, schwere Schäden am Corti-Organ hervorrufen kann. Es wurde vermutet, daß Poliomyelitis, Erythroblastose, Diabetes und Toxoplasmose in gleicher Weise angeborene Taubheit hervorrufen können, doch sind diese Beobachtungen noch zu wenig gesichert.

Vor kurzem konnten durch Röntgenbestrahlung bei der Ratte Ohrmißbildungen hervorgerufen werden, die zur Taubheit führen. Haltungs- und Bewegungsstörungen bei Tieren sind auch durch Verfütterung manganfreier Nahrung während der Schwangerschaft erzeugt worden.

Abnorme Ohrmuscheln an sich haben keine klinische Bedeutung. Sie sind jedoch manchmal eine Begleiterscheinung ernsterer innerer Mißbildungen, z. B. der Nieren. Als charakteristisches Symptom kommen sie bei Chromosomenanomalien vor, z. B. als tiefsitzende Ohren bei der Trisomie 18 (vgl. Abb. 8–2).

Kapitel 18

Gesicht, Nase und Gaumen

Normale Entwicklung

Gesichtswülste und Entwicklung der Oberlippe

Die ersten Anlagen für die Gesichtsstrukturen sind um die ektodermale Mundbucht, das **Stomodaeum,** angeordnet (Abb. 13–2). Beim etwa 4½ Wochen alten Embryo treten eine Reihe von Erhebungen auf, die durch Proliferation des Mesenchyms entstehen. Kaudal vom Stomodaeum kann man die **Unterkieferwülste** erkennen, seitlich die **Oberkieferwülste** und kranial eine leichte runde Erhebung, den **Stirnfortsatz** (Abb. 18–1 A). Auf beiden Seiten des Stirnfortsatzes liegt über dem Stomodaeum eine Verdickung des Oberflächenektoderms, die **Riechplakode** (Abb. 18–1 A).

In der fünften Woche wird die Riechplakode von zwei schnellwachsenden Leisten, dem **lateralen** und **medialen Nasenwulst,** umgeben. Die Riechplakode selbst bildet dann den Boden einer Einsenkung, der **Riechgrube** (Abb. 18–1). Die lateralen Wülste werden später zu den Nasenflügeln. Aus dem medialen Wulst entsteht der mittlere Abschnitt der Nase, der Oberlippe und des Oberkiefers sowie der gesamte **primäre Gaumen.** In der Zwischenzeit nähern sich die Oberkieferwülste sowohl den medialen, als auch den lateralen Nasenwülsten, bleiben aber von diesen durch deutliche Furchen getrennt (Abb. 18–1 B).

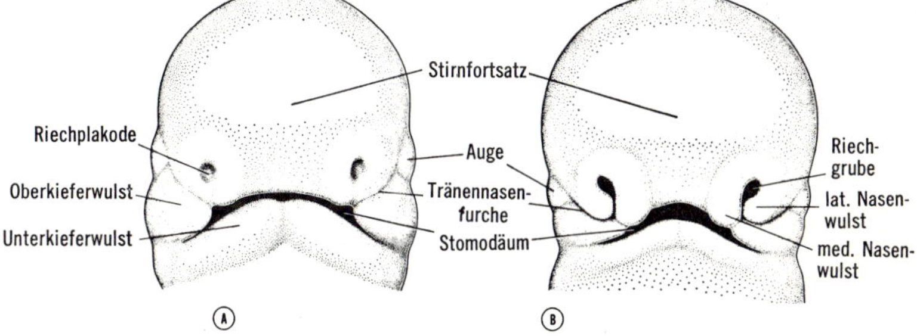

Abb. 18–**1** Frontalansicht des Gesichtes. A, Bei einem 5 Wochen alten Embryo. Die Nasenwülste grenzen sich allmählich vom Oberkieferwulst durch tiefe Furchen ab. In der normalen Entwicklung kommt es im Bereich der Furchen nicht zu einer Spaltbildung.

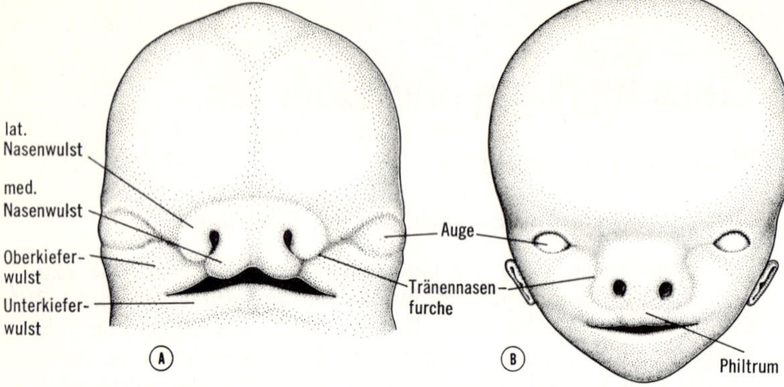

Abb. 18–**2** Frontalansicht des Gesichtes. A, Bei einem 7 Wochen alten Embryo; B, in der 10. Woche. Die Oberkieferwülste verschmelzen wieder mit den Nasenwülsten. Die Furchen füllen sich allmählich mit Mesenchym.

Während der nun folgenden zwei Wochen verändert sich das Aussehen des Gesichtes sehr stark. Die Oberkieferwülste wachsen in medialer Richtung weiter und drücken die medialen Nasenwülste gegen die Mittellinie. Anschließend verschmelzen die letzteren miteinander – das heißt, die Furche, die sie trennt, füllt sich mit Mesoderm, das von den benachbarten Wülsten einwandert. Gleichzeitig vereinigen sie sich seitlich mit den Oberkieferwülsten. Die Oberlippe entsteht somit aus den beiden medialen Nasenwülsten und den beiden Oberkieferwülsten (Abb. 18–2 A). **Bei normaler Entwicklung treten im Bereich der Oberlippe zu keinem Zeitpunkt Spalten auf.**

Die Verkleinerung der Mundspalte und die Entwicklung der Wangen ist ein wesentlicher Schritt in der Entwicklung eines Säugetierembryos. Dadurch werden die Voraussetzungen für den Saugakt geschaffen. Diese Entwicklungsvorgänge sind eng mit der Verlagerung des **primären Kiefergelenkes** in die Gehörknöchelchenkette und der Ausbildung eines **sekundären Kiefergelenkes** verbunden. Beim menschlichen Embryo spielt dabei die Verschmelzung des Oberkiefer- und Unterkieferfortsatzes keine wesentliche Rolle. Wichtiger sind die Verlagerung der Zunge und des Mundbodens sowie das Größenwachstum des Unterkiefers selbst.

In die Wangen und Lippen dringt sekundär mesenchymales Gewebe aus dem 2. Kiemenbogen ein. Aus diesen Zellen entwickeln sich die Muskeln der Wangen und Lippen. Sie werden entsprechend vom Nerven des 2. Kiemenbogens, dem N. facialis, innerviert.

Der Oberkieferwulst und der laterale Nasenwulst sind ursprünglich durch eine tiefe Furche, die **Tränennasenfurche,** voneinander getrennt (Abb. 18–1 und 18–2). Das Ektoderm am Boden der Furche bildet einen soliden epithelialen Strang, der sich vom darüberliegenden Ektoderm ablöst. Durch sekundäre Kanalisation entsteht daraus der **Tränennasengang.** Nachdem sich die Anlage des Tränennasenganges abgesenkt hat, verschmelzen der Oberkieferwulst und der laterale Nasenwulst miteinander, d. h. die Furche wird unter dem Epithel durch Mesenchym aufgefüllt.

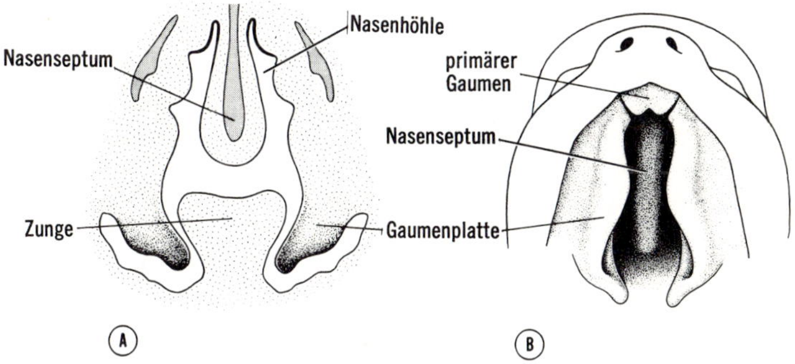

Abb. 18–**3** A, Frontalschnitt durch den Kopf eines 6½ Wochen alten Embryo. Die Gaumenplatten nehmen beiderseits von der Zunge eine vertikale Lage ein. B, Ansicht der Gaumenplatten von ventral nach Entfernung des Unterkiefers und der Zunge. Beachte die Spalten zwischen dem dreieckigen primären Gaumen und den noch vertikal stehenden Gaumenplatten.

Das Zwischenkiefersegment

Die beiden medialen Nasenwülste vereinigen sich nicht nur an der Oberfläche, sondern auch in der Tiefe. Die Gebilde, die aus den miteinander verschmolzenen Wülsten entstehen, entwickeln sich zusammen zum **Zwischenkiefersegment.** Dieses umfaßt: 1. einen **Lippenanteil,** der das Philtrum der Oberlippe bildet; 2. einen **Oberkieferanteil,** in dem die vier Schneidezähne sitzen, und 3. einen **Gaumenanteil,** der den dreieckigen **primären Gaumen** bildet (Abb. 18–3 B und 18–7). Kranial geht das Zwischenkiefersegment in den rostralen Anteil des Nasenseptums über, das aus dem Stirnfortsatz entsteht.

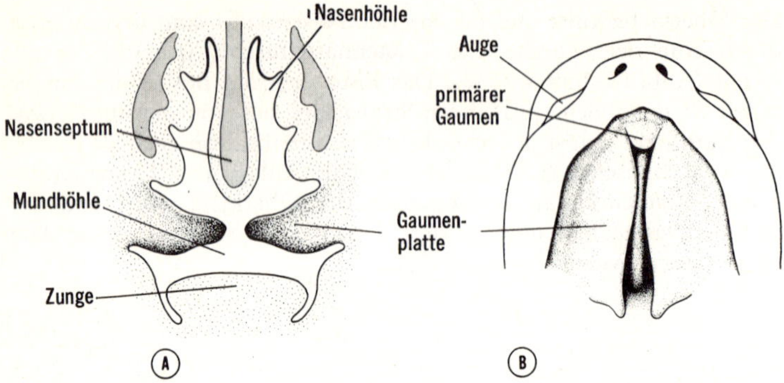

Abb. 18–**4** Frontalschnitt durch den Kopf bei einem 7½ Wochen alten Embryo. Die Zunge hat sich nach unten verlagert und die Gaumenplatten nehmen eine horizontale Lage ein. B, Ansicht der Gaumenplatten von ventral nach Entfernung des Unterkiefers und der Zunge. Die Gaumenplatten liegen horizontal.

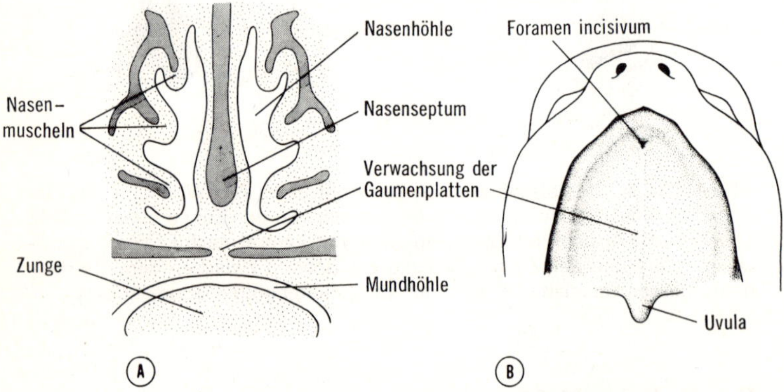

Abb. 18–**5** A, Frontalschnitt durch den Kopf eines 10 Wochen alten Embryo. Die beiden Gaumenplatten sind miteinander und mit dem Nasenseptum verwachsen. B, Ventralansicht des Gaumens. Das Foramen incisivum markiert in der Mittellinie die Stelle, an der primärer und sekundärer Gaumen aneinanderstoßen.

Sekundärer Gaumen

Es wurde bereits darauf hingewiesen, daß der primäre Gaumen aus dem Zwischenkiefersegment stammt (Abb. 18–3 B). Der Hauptanteil des definitiven Gaumens wird jedoch von zwei simsähnlichen

Fortsätzen des unteren Abschnittes der Oberkieferwülste gebildet. Diese Fortsätze, die **Gaumenplatten,** treten in der sechsten Entwicklungswoche auf und sind beiderseits schräg nach abwärts gerichtet (Abb. 18–3 A). In der siebten Woche verlagert sich die Zunge nach unten. Die Gaumenplatten richten sich auf und nehmen dann eine horizontale Lage ein (Abb. 18–4 A, B). Sie vereinigen sich miteinander in der Mittellinie und bilden so den **sekundären Gaumen** (Abb. 18–5 A, B, 18–6 D).

Vorn verschmelzen die Gaumenplatten mit dem dreieckigen primären Gaumen. Das **Foramen incisivum** liegt etwa an der Stelle, an der primärer und sekundärer Gaumen zusammenstoßen. Während die Gaumenplatten miteinander verschmelzen, wächst das Nasenseptum nach unten und vereinigt sich von kranial mit dem neu geformten Gaumen (Abb. 18–5 A).

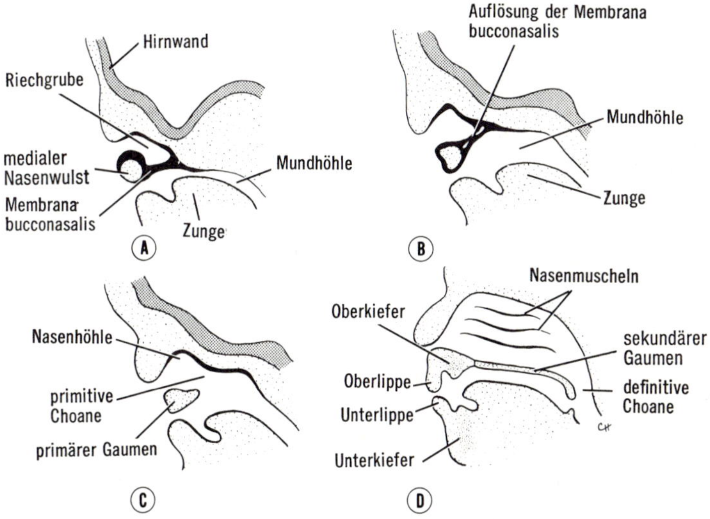

Abb. 18–**6** A, Schnitt durch die Riechgrube und den unteren Rand des medialen Nasenwulstes bei einem 6 Wochen alten Embryo. Zwischen der primitiven Nasenhöhle und der Mundhöhle liegt die Membrana bucconasalis. B, Entsprechender Schnitt wie A. Durchbruch der Membrana bucconasalis. C, In der 7. Woche steht die primitive Nasenhöhle mit der Mundhöhle in offener Verbindung. D, Sagittalschnitt durch das Gesicht eines 9 Wochen alten Embryos mit dem Zwischenkiefersegment. Es setzt sich aus einem Lippenabschnitt, einem Abschnitt des Oberkiefers und aus dem primären Gaumen zusammen (modifiziert nach Clara).

Nasenhöhlen

In der sechsten Woche vertiefen sich die Riechgruben beträchtlich, teils bedingt durch das Wachstum der benachbarten Nasenwülste, aber auch dadurch, daß sie selbst in das darunterliegende Mesenchym eindringen (Abb. 18–**6** A). Zuerst trennt die **Membrana bucconasalis** die Gruben von der primitiven Mundhöhle. Diese Membran reißt dann ein, so daß sich die primitiven Nasenhöhlen durch die neu gebildeten **primitiven Choanen** in die Mundhöhle öffnen (Abb. 18–**3** B und 18–**6** C). Diese Choanen liegen beiderseits der Mittellinie und unmittelbar hinter dem primären Gaumen. Später, wenn der sekundäre Gaumen und die definitiven Nasenhöhlen gebildet werden (Abb. 18–**6** D), liegen die **definitiven Choanen** am Übergang der Nasenhöhle in den Pharynx.

Die **Nasennebenhöhlen** entstehen als Aussackungen der lateralen Nasenwand. Sie wachsen in den Oberkiefer sowie in das Sieb-, Stirn- und Keilbein vor und erreichen ihre definitive Ausdehnung erst während der Pubertät.

Angeborene Mißbildungen

Lippenspalte und Gaumenspalte

Man kann das **Foramen incisivum** als Grenzlinie zwischen den vorderen und hinteren Spaltenmißbildungen betrachten. Diejenigen, die vor dem Foramen incisivum liegen, beruhen auf einer ungenügenden Mesodermeinwanderung und einem echten Gewebsabbau im Bereich der Furchen zwischen den medialen Nasenwülsten und

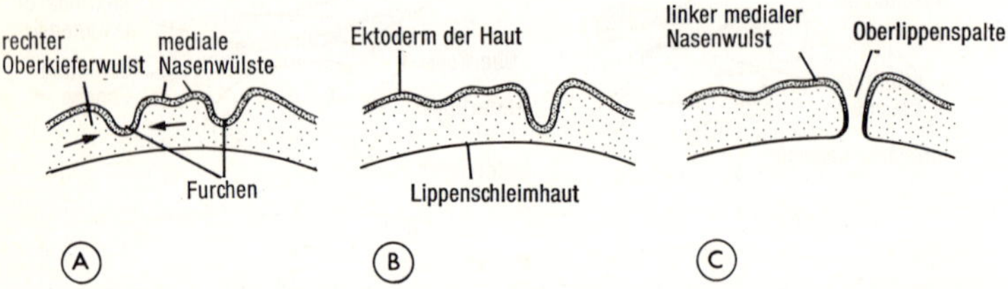

Abb. 18–**7** Schematische Horizontalschnitte durch die Oberlippe eines 6 Wochen alten Embryos. A, Die Pfeile zeigen die Wanderungsrichtung der Mesenchymzellen bei der Auffüllung der Furche zwischen rechtem Oberkieferwulst und den medialen Nasenwülsten an. B, Auf der rechten Seite hat sich die Furche zwischen Oberkieferwulst und medialem Nasenwulst aufgefüllt, auf der linken Seite ist die Furche erhalten geblieben. C, Durch zusätzlichen Gewebsuntergang entsteht eine Oberlippenspalte. (Vgl. Abb. 18–**2** A und 18–**8** C).

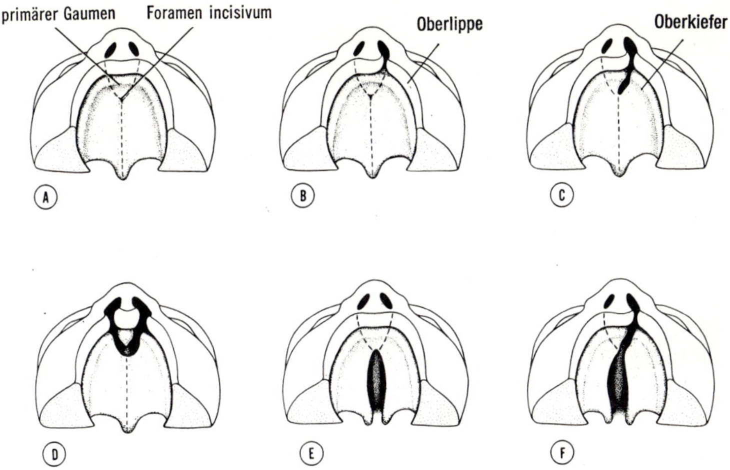

Abb. 18–**8** Ventralansicht von Gaumen, Gingiva, Lippe und Nase. A, Normale Verhältnisse; B, Einseitige bis in die Nase reichende Lippenspalte; C, Einseitige bis zum Foramen incisivum reichende Spaltbildung der Lippe und des Oberkiefers; D, Beidseitige Lippen-Oberkiefer-Spalte; E, Isolierte Gaumenspalte in Kombination mit einer einseitigen Lippen-Oberkiefer-Spalte.

den Oberkieferwülsten (Abb. 18–7). Es sind: die **laterale Lippenspalte,** die **Oberkieferspalte** und die **Spalte zwischen primärem und sekundärem Gaumen** (Abb. 18–8 B, C, D und 18–9 A, B). Diejenigen, welche hinter dem Foramen incisivum liegen, entstehen, wenn die Gaumenplatten sich nicht vereinigen. Dabei handelt es sich um die (sekundäre) **Gaumenspalte** und die **gespaltene Uvula** (Abb. 18–8 E). Die dritte Kategorie betrifft Spalten, die sowohl vor als auch hinter dem Foramen incisivum liegen (Abb. 18–8 F und 18–9 C). Da die Gaumenplatten etwa eine Woche nach der Ausbildung der Oberlippe sich aneinanderlegen, und da der Verschlußmechanismus der Lippe (Verschmelzung zu dem einheitlichen Zwischenkiefersegment) ein ganz anderer als beim sekundären Gaumen ist (Nahtbildung), müssen vordere und hintere Spalten als voneinander unabhängige Mißbildungen angesehen werden.

Die vorderen Spalten können in ihrer Ausprägung sehr verschieden sein. Es gibt kaum sichtbare Defekte im Lippenwulst, aber auch Spalten, die bis in die Nase hineinreichen (Abb. 18–8 B und 18–9 A). In schweren Fällen reicht die Spalte sehr tief und bezieht auch den Oberkiefer ein. Der Oberkiefer ist dabei zwischen lateralem

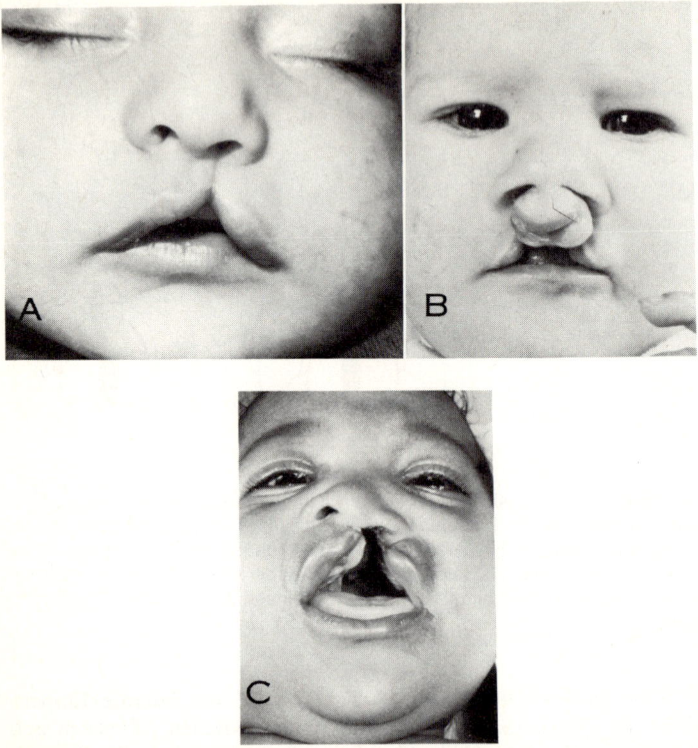

Abb. 18–**9** A, Patient mit geringgradiger Lippenspalte. B, Beidseitige Lippenspalte. C, Gaumenspalte in Kombination mit einer einseitigen Lippen-Oberkiefer-Spalte. (Dr. M. Edgerton, Department of Plastic Surgery, University of Virginia.)

Schneidezahn und Eckzahn gespalten. Häufig reicht eine solche Spalte bis zum Foramen incisivum (Abb. 18–8 C, D und 18–10 B). Die hinteren Spalten können ebenfalls verschieden stark ausgeprägt sein. Sie können den gesamten sekundären Gaumen betreffen oder auch nur die Uvula.

Mediane Oberlippenspalte

Die mediane Oberlippenspalte ist eine seltene Mißbildung und soll durch eine unvollständige Vereinigung der beiden medialen Nasenwülste entstehen. Bei dieser Anomalie besteht gewöhnlich eine tiefe Furche zwischen rechter und linker Nasenhälfte (Abb. 18–10 D).

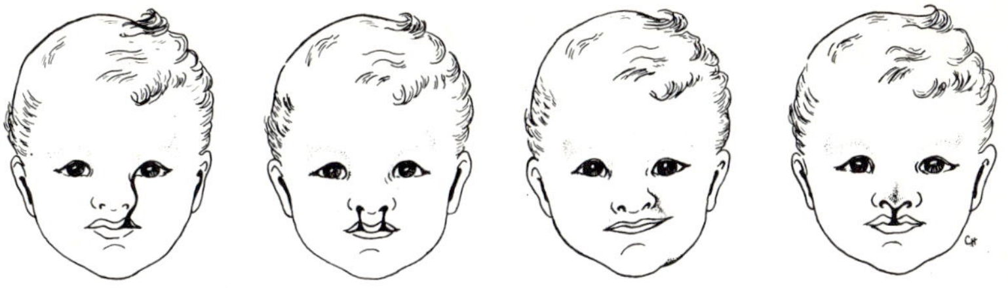

Abb. 18–**10** A, Schräge Gesichtsspalte; B, Bilaterale Lippenspalte; C, Einseitige Makrostomie; D, Mediale Oberlippenspalte, die sich in den Bereich der Nase fortsetzt.

Schräge Gesichtsspalte

Wenn der Oberkieferwulst mit dem ihm entsprechenden lateralen Nasenwulst nicht zusammenwächst, entsteht eine schräge Gesichtsspalte. Dabei liegt der Ductus nasolacrimalis gewöhnlich an der Oberfläche (Abb. 18–10 A).

Makrostomie und Mikrostomie

Entwicklungsstörungen bei der Verkleinerung der Mundspalte und der Entwicklung der Wangen können zu einer symmetrischen oder asymmetrischen abnorm großen (**Makrostomie**) oder einer abnorm kleinen Mundöffnung (**Mikrostomie**) führen (Abb. 18–10 C, D).

Erbfaktoren

Es herrscht heute Übereinstimmung darüber, daß der wesentlichste ätiologische Faktor der Lippen- und Gaumenspalte genetischer Natur ist. Es besteht jedoch keine genetische Beziehung zwischen einer Lippenspalte und einer isolierten Gaumenspalte. Die Lippenspalte (etwa 1: 1000 Geburten) wird häufiger bei männlichen als bei weiblichen Individuen beobachtet. Die Häufigkeit steigt mit dem Alter der Mutter und ist in verschiedenen Bevölkerungsgruppen unterschiedlich.

Über die Wahrscheinlichkeit für das Auftreten einer Lippenspalte gibt es einige Angaben: Bei normalen Eltern, die bereits ein Kind mit einer Lippenspalte haben, beträgt sie 4 %. Wenn zwei Kinder des gleichen Elternpaares befallen sind, steigt das Risiko für das nächste Kind auf 9 %. Liegt bei einem Elternteil eine Lippenspalte vor und ist schon ein Kind mit dem gleichen Defekt geboren worden, so erhöht sich die Wahrscheinlichkeit für das nächste Kind auf 17 %.

Die Gaumenspalte tritt wesentlich seltener auf als die Lippenspalte (1 : 2500 Geburten). Sie kommt beim weiblichen Geschlecht häufiger als beim männlichen vor, und es besteht keine Beziehung zum Alter der Mutter. Sind die Eltern normal und haben ein Kind mit einer Gaumenspalte, ist die Wahrscheinlichkeit für das nächste Kind, mit dem gleichen Defekt behaftet zu sein, etwa 2 %. Wenn in der Familie eines betroffenen Kindes ein Verwandter oder ein Elternteil mit einer ähnlichen Mißbildung vorhanden ist, beträgt die Wahrscheinlichkeit für ein weiteres Kind 7 bzw. 15 %.

Umweltfaktoren

Es ist vermutet worden, daß Kortison im ersten Schwangerschaftstrimenon Gaumenspalten hervorrufen kann. Die Beweise für die Behauptung reichen jedoch nicht aus. So ist in letzter Zeit in einer Reihe von Fällen berichtet worden, daß, obwohl die Mutter Kortison in der Frühschwangerschaft erhielt, ein normales Kind geboren wurde. Eine antikonvulsive Therapie während der Schwangerschaft bei Epilepsie der Mutter soll das Risiko für eine Gaumenspalte ebenfalls erhöhen.

Bisher ist es nicht möglich gewesen, irgendeinen Umweltfaktor als Ursache für die Gaumenspalte beim Menschen verantwortlich zu machen. Das gleiche gilt für die Ätiologie der Lippenspalte. Nach einer neueren Untersuchung soll sich bei weiblichen Feten der Gaumen etwa eine Woche später schließen als bei männlichen. Dies ist möglicherweise der Grund für das gehäufte Vorkommen der Gaumenspalte beim weiblichen Geschlecht.

Experimentelle Befunde

Im Tierexperiment sind Gaumenspalten in der Nachkommenschaft von Ratten und Mäusen durch eine Vielzahl von teratogenen Substanzen erzeugt worden. Besonders mit drei experimentellen Anordnungen ist es möglich gewesen, in fast 100 % der Fälle diese Mißbildung bei der Nachkommenschaft zu erzeugen. Es handelt sich um Kortisoninjektionen bei empfindlichen Mäusestämmen, A-Hypervitaminose bei Ratten und Folsäuremangel bei Ratten. Aus diesen Untersuchungen hat sich ergeben, daß angeborene Gaumenspalten auf verschiedene Weise erzeugt werden können, wobei eine Vielzahl von Erb- und Umweltfaktoren eine Rolle spielen. Darüber hinaus waren diese Untersuchungen von großem Wert für die Analyse des Schließungsvorganges beim Gaumen und die Rolle, die die Zunge und das Wachstum des Unterkiefers und des Kopfes sowie die Eigenbewegung der Gaumenplatten dabei spielen.

Kürzlich konnte JOHNSTON zeigen, daß die Neuralleistenzellen, die oberhalb und unterhalb vom Augenbecher in die Gesichtsregion einwandern, in hohem Maße zur Bildung der Gesichtswülste beitragen. Die einseitige Exstirpation der Neuralleiste im Bereich des Prosenzephalons führt häufig zur Spaltenbildung im primären Gaumen auf der gleichen Seite. Es ist daher möglich, daß eine Störung bei der Wanderung der Neuralleistenzellen, lange bevor die Gesichtswülste auftreten, zu einer Lippenspalte in einem späteren Entwicklungsstadium führen kann.

Kapitel 19

Haut und Anhangsgebilde

Haut

Die Haut entwickelt sich aus zwei Komponenten: Die oberflächliche Schicht, die **Epidermis,** entsteht aus dem Oberflächenektoderm und die tiefe Schicht, die **Dermis,** aus dem darunterliegenden Mesoderm.

Epidermis

Ursprünglich wird die Oberfläche des Embryos von einer einzelligen Ektodermschicht gebildet (Abb. 19–**1** A). Am Anfang des zweiten Monats bildet das Epithel an seiner Oberfläche eine zweite Schicht aus abgeflachten Zellen, das **Periderm** oder **Epitrichium** (Abb. 19–**1** B). Die basalen Zellen proliferieren weiter, und es entsteht eine dritte, mittlere Zellage, die sogenannte Intermediärzone (Abb. 19–**1** C). Schließlich zeichnet sich am Ende des vierten Monats innerhalb der Epithellagen der Epidermis die definitive Gliederung ab. Es können dann vier Schichten unterschieden werden (Abb. 19–**1** D). Die basale Schicht, die einen kontinuierlichen Strom neuer Zellen zur Peripherie hin erzeugt, heißt **Stratum germinativum** oder **Stratum basale.** Diese Schicht bildet später Leisten und Furchen, die von dem darunterliegenden Mesoderm ausgefüllt werden. Im Fingerabdruck spiegelt sich das so gebildete Muster auf der Oberfläche der Haut wieder. Über dem Stratum germinativum liegt ein dickes **Stratum spinosum,** das aus großen polyedrischen Zellen besteht, die durch feine Tonofibrillen miteinander verbunden sind. Auf diese Schicht folgt ein **Stratum granulosum,** dessen Zellen als erste Zeichen der Verhornung kleine keratohyaline Granula enthalten. Eine äußerste Schicht, das **Stratum corneum,** bildet die feste, schuppenförmige Oberfläche der Epidermis und besteht aus mehreren Schichten eng gepackter, toter, mit Keratin beladener Zellen. Die flachen Zellen der Peridermschicht werden gewöhnlich während des zweiten Teils des intrauterinen Lebens abgestoßen.

Innerhalb der ersten drei Entwicklungsmonate wandern Zellen aus der Neuralleiste in die Epidermis ein. Sie synthetisieren Melaninpigment, das auch an andere Zellen der Epidermis über feine zytoplasmatische Fortsätze übertragen werden kann. Als **Melanozyten** sind sie für die Pigmentierung der Haut nach der Geburt verantwortlich (Abb. 19–**1** D).

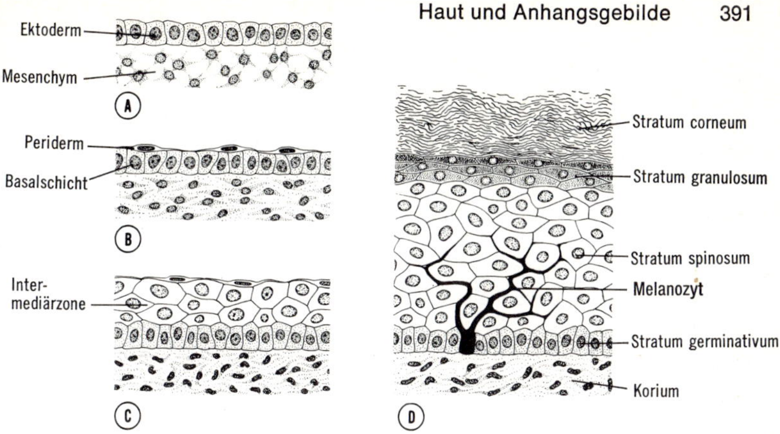

Abb. 19–**1** Die Entwicklung der Haut in verschiedenen Entwicklungsstadien in schematischer Darstellung. A, In der 5. Woche; B, in der 7. Woche; C, im 4. Monat; D, bei der Geburt.

Die Hautleisten bilden an den Fingerspitzen, in der Handfläche und an der Fußsohle charakteristische Muster, die genetisch determiniert sind. Sie spielen in der Genetik und bei der Identifizierung einzelner Personen eine Rolle. Bei Kindern mit Chromosomenaberrationen kann das Muster der Hautleisten zur Diagnose mitverwandt werden.

Dermis

Die Dermis oder Lederhaut stammt vom Mesoderm ab. Während des dritten und vierten Monats bildet dieses Gewebe viele kollagene und elastische Fasern. Gleichzeitig entwickeln sich in der oberen Schicht der Dermis, dem Korium, unregelmäßige papilläre Strukturen, die **Papillen,** die in die Epidermis hineinragen. Diese Papillen enthalten gewöhnlich eine kleine Kapillare und ein sensibles Nervenendorgan. Auf das Korium folgt als weitere Schicht der Dermis das **Subkorium,** das viel Fettgewebe enthält.

Bei der Geburt ist die Haut von einer weißlichen, schmierigen Masse, der **Vernix caseosa,** bedeckt. Es handelt sich dabei um Sekrete der Hautdrüsen, vermischt mit zugrunde gegangenen Epidermiszellen und Haaren. Man nimmt an, daß die Haut dadurch gegen die mazerierende Wirkung der Amnionflüssigkeit geschützt wird.

Die Haut des Neugeborenen kann verschieden stark verhornt sein. Manchmal jedoch zeigen die oberflächlichen Schichten eine außergewöhnliche Verhornung, die der Haut ein schuppenartiges Aussehen verleiht. Man spricht dann von **Ichthyosis.**

Haare

Die Haaranlagen treten als solide epidermale Knospen auf, die in das darunterliegende Mesenchym eindringen (Abb. 19–2 A). An ihren Endabschnitten stülpen sich die Haarknospen ein. Die Einbuchtungen füllen sich rasch mit Mesoderm, in dem sich Gefäße und Nervenendigungen entwickeln (Abb. 19–2 B, C).

Die Zellen im Innern der Haarfollikel verhornen. Sie werden von den in der Haarwurzel neu entstehenden und ebenfalls verhornen-

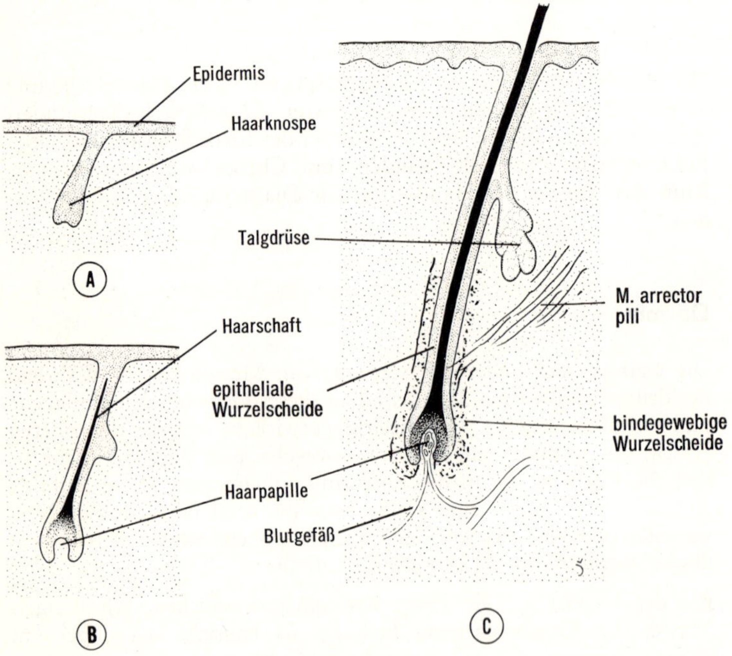

Abb. 19–2 Die Entwicklung des Haares und einer Talgdrüse in schematischer Darstellung. A, Im 4. Monat; B, im 6. Monat; C, beim Neugeborenen.

den Zellen nach oben geschoben. Auf diese Weise entsteht der **Haarschaft.** Die äußeren Zellen der Haarfollikel bilden die aus mehreren Schichten bestehende **epitheliale Wurzelscheide** (Abb. 19–2 C). Aus der Wand der epithelialen Wurzelscheide sproßt die Anlage der **Talgdrüsen** aus. Die zentral gelegenen Talgdrüsenzellen gehen zugrunde und setzen eine fettähnliche Substanz frei, die in den Haarbalg hinein sezerniert wird. Die gesamte Haaranlage ist von der **bindegewebigen Wurzelscheide** umgeben, die vom Mesenchym gebildet wird. In der bindegewebigen Wurzelscheide setzt ein kleiner glatter Muskel an, der M. arrector pili, der ebenfalls aus dem Mesenchym entsteht.

Am Ende des dritten Entwicklungsmonats treten die ersten Haare im Bereich der Augenbrauen und der Oberlippe an die Oberfläche. Diese erste Behaarung besteht aus Wollhaaren (**Lanugo**). Sie wird vom 8. Monat an bis zur Geburt abgestoßen und durch eine zweite Generation von Haaren ersetzt, die aus neuen Haarfollikeln entstehen. Im Bereich des Kopfes, der Lider und der Augenbrauen sind diese Haare als festere **Terminalhaare** ausgebildet, während sie am übrigen Körper der Lanugobehaarung entsprechen. In der Pubertät treten in der Schamgegend und der Achselhöhle sowie am übrigen Körper weitere Terminalhaare auf. Sie führen zur Ausbildung eines männlichen oder eines weiblichen Behaarungstyps.

Eine ungewöhnlich starke Behaarung wird als **Hypertrichose** bezeichnet und entsteht durch die vermehrte Bildung von Haarfollikeln. Sie kann sich auf bestimmte Körpergebiete beschränken (dorsaler Medianbereich) oder sich über den ganzen Körper erstrekken. Das kongenitale Fehlen der Behaarung, die **Atrichie,** ist gewöhnlich mit Anomalien der übrigen ektodermalen Anhangsgebilde, wie der Zähne und Nägel, verbunden.

Brustdrüse

Die ersten Anlagen der Milchdrüsen bestehen in einer streifenförmigen Verdickung der Epidermis, die als **Milchleiste** bezeichnet wird. Bei einem sieben Wochen alten Embryo erstreckt sich diese Leiste auf beiden Seiten des Körpers von der Abgangsstelle der oberen bis in die Gegend der unteren Extremität (Abb. 19–3 C). Der größte Teil der Milchleiste verschwindet kurz nach ihrer Bildung. Ein kleiner Teil in der Brustregion bleibt bestehen und dringt in das darunterliegende Mesenchym ein (Abb. 19–3 A). Hier bilden sich 16 bis 24 Aussprossungen, von denen jede wiederum kleine solide

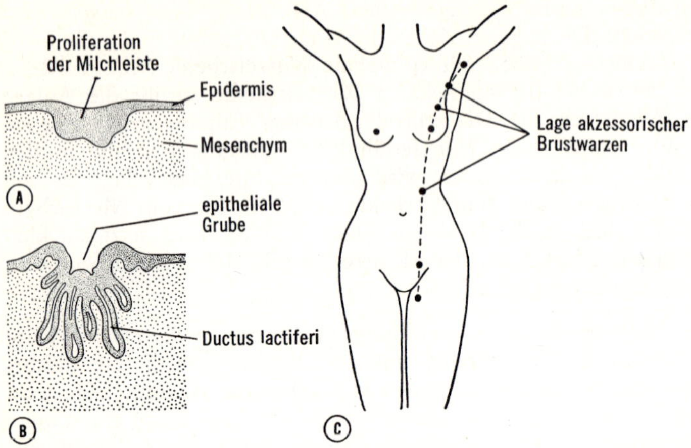

Abb. 19–**3** A und B, Schnitte durch die Anlage der Milchdrüse im 3. bzw. im 8. Monat. C, Die Lage von akzessorischen Brustwarzen. Der Verlauf der Milchleiste ist gestrichelt eingezeichnet.

Knospen erzeugt. Am Ende des intrauterinen Lebens werden die epithelialen Zellstränge kanalisiert und bilden die Milchgänge (**Ductus lactiferi**). Die Endknospen bilden die kleinen Gänge und Alveolen der Drüse. Die Milchgänge münden zuerst in eine kleine epitheliale Grube (Abb. 19–3 B). Kurz nach der Geburt wird diese Grube durch Proliferation des darunterliegenden Mesenchyms in die Brustwarze umgewandelt.

Normalerweise bleibt nur ein kleiner Teil der Milchleiste in der mittleren Thoraxregion bestehen. Gelegentlich aber persistieren noch weitere Abschnitte und führen zur Entstehung akzessorischer Brustwarzen. Eine solche Anomalie heißt **Polythelie.** Akzessorische Brustwarzen können an jeder Stelle der ursprünglichen Milchleiste entstehen, finden sich aber am häufigsten in der Axillarregion (Abb. 19–3 C). Manchmal kann sich ein abnorm lokalisiertes Überbleibsel der Milchleiste zu einer vollständigen Brustdrüse entwickeln. Eine solche Fehlbildung wird **Polymastie** genannt.

Gelegentlich münden die Milchgänge in die ursprüngliche epitheliale Grube, bei der jedoch die Eversion zur Warze ausgeblieben ist. Ein solcher Zustand ist zumeist angeboren und wird als **Hohlwarze** bezeichnet. Er kann aber auch durch Retraktion der Warze infolge eines schnellwachsenden Drüsentumors verursacht werden.

Zähne

In der sechsten Entwicklungswoche proliferiert das Stratum basale der epithelialen Auskleidung der Mundhöhle lebhaft und bildet über dem Ober- und Unterkiefer eine bandförmige Struktur, die **Zahnleiste.** Aus dieser Leiste sprossen dann eine Anzahl von Knos-

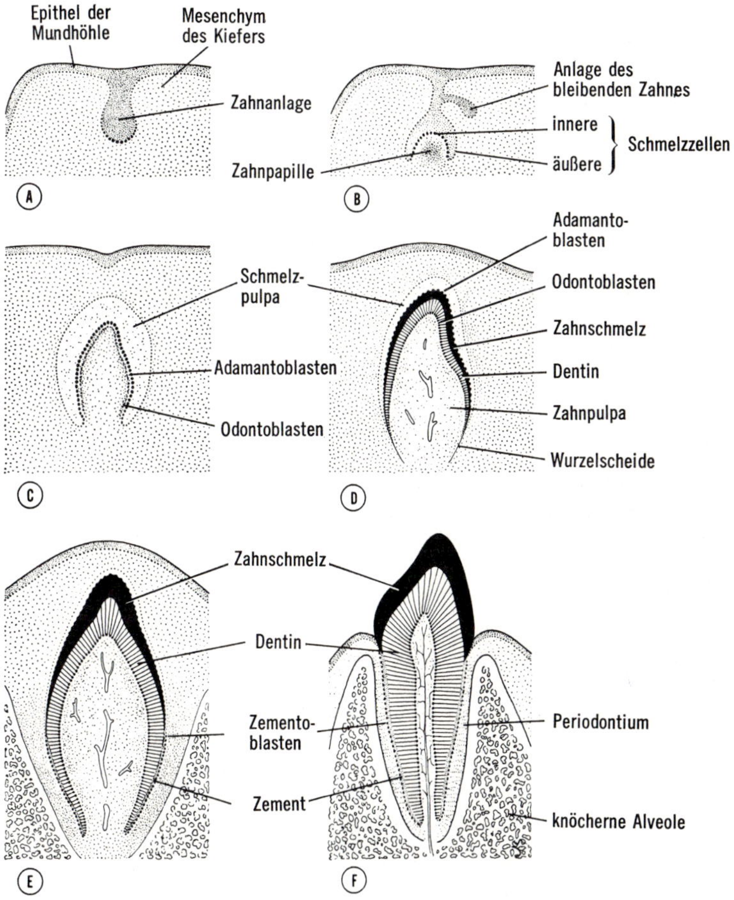

Abb. 19–**4** Schematische Darstellung der Zahnentwicklung in aufeinanderfolgenden Entwicklungsstadien. A, In der 8. Woche; B, in der 10. Woche; C, im 3. Monat; D, im 6. Monat; E, im 8. Monat; F, nach dem Zahndurchbruch.

pen aus, die in das darunterliegende Mesenchym eindringen (Abb. 19–4 A). Diese Knospen, in jedem Kiefer zehn, bilden die Anlage für die ektodermale Komponente der Zähne. Bald stülpen sich die Knospen unten ein, und es entsteht das sogenannte **Kappenstadium** der Zahnentwicklung (Abb. 19–4 B). Eine solche Kappe besteht aus einer äußeren Schicht, den **äußeren Schmelzzellen,** einer inneren Schicht, den **inneren Schmelzzellen,** und einem zentralen Kern von lose verflochtenem Gewebe, der **Schmelzpulpa.** Das in der Einsenkung liegende und von dem inneren Zahnepithel begrenzte Mesenchym proliferiert und verdichtet sich zur **Zahnpapille** (Abb. 19–4 B).

Mit dem weiteren Wachstum der Zahnkappe und der Vertiefung der Einsenkung nimmt die Zahnanlage die Form einer Glocke an (**Glockenstadium**) (Abb. 19–4 C). Die Mesenchymzellen der Papille, die dem inneren Schmelzepithel anliegen, wandeln sich dann in **Odontoblasten** um. Diese Zellen erzeugen das **Prädentin,** das unmittelbar unter den inneren Schmelzzellen abgelagert wird. Mit der Zeit verkalkt das Prädentin und wird zum definitiven **Dentin.** Die Dentinschicht wird dauernd dicker und die Odontoblasten ziehen sich in die Zahnpapille zurück, lassen jedoch im Dentin noch einen dünnen Zytoplasmafortsatz (**Tomes-Fasern**) liegen (Abb. 19–4 D). Die Odontoblastenschicht bleibt, solange der Zahn lebt, erhalten und scheidet dauernd Prädentin ab, das dann zu Dentin umgewandelt wird. Die übrigen Zellen der Zahnpapille bilden die **Zahnpulpa** (Abb. 19–4 D).

Währenddessen haben sich die inneren Schmelzzellen in **Adamantoblasten** (Schmelzbildner) verwandelt. Diese Zellen erzeugen lange Schmelzprismen, die über dem Dentin abgelagert werden (Abb. 19–4 D).

Der Schmelz wird zuerst an der Zahnspitze abgelagert und breitet sich von dort allmählich gegen den Zahnhals aus, bis ein vollständiger Schmelzüberzug entstanden ist. Wenn durch Apposition neuer Schichten der Schmelz sich verdickt, ziehen sich die Adamantoblasten in die Schmelzpulpa zurück, bis sie schließlich die äußeren Schmelzzellen erreichen. Hier findet ihre Rückbildung statt, wobei vorübergehend eine dünne Membran, das **Schmelzoberhäutchen,** auf der Schmelzoberfläche zurückbleibt. Nach dem Zahndurchbruch löst sich diese Membran Stück für Stück ab.

Die Zahnwurzel entsteht kurz vor dem Durchbruch der Krone. Die inneren und äußeren Schmelzzellen, die im Bereich des Zahnhalses aneinanderliegen, dringen tiefer in das darunterliegende Mesenchym ein und bilden die **epitheliale Wurzelscheide** (Abb. 19–4 D). Die der Epithelscheide benachbarten Zellen der Zahnpapille wandeln sich in Odontoblasten um und lagern eine Dentinschicht ab, die sich an die Zahnkrone anschließt (Abb. 19–4 E, F). Immer mehr Dentin wird auf die Innenseite der bereits bestehenden Schicht abgelagert, so daß der Pulparaum sich verengt und schließlich ein Kanal entsteht, der die Blutgefäße und Nerven des Zahnes enthält.

Die an der Außenseite des Zahnes gelegenen, an das Wurzeldentin angrenzenden Mesenchymzellen differenzieren sich zu **Zementoblasten** (Abb. 19–4 E). Die Zellen produzieren eine Hartsubstanz, den **Zement,** der als eine dünne Schicht über dem Wurzeldentin abgelagert wird. Über dieser Zementschicht bildet das Mesenchym den bindegewebigen Halteapparat, das **Periodontium** (Abb. 19–4 E, F). Die Fasern dieses Bandapparates sind einerseits mit einem Ende im Zement und mit dem anderen in der knöchernen Wand der Alveole befestigt. Dieser Aufhängeapparat hält somit den Zahn fest in seiner Lage und wirkt gleichzeitig als Stoßdämpfer.

Mit dem weiteren Längenwachstum der Wurzel wird die Krone allmählich durch die darüberliegenden Gewebsschichten in die Mundhöhle vorgeschoben (Abb. 19–4 E). Der Durchbruch der **Milchzähne** findet 6 bis 24 Monate nach der Geburt statt.

Die Anlagen für die bleibenden Zähne liegen an der der Zunge zugewandten Seite der Milchzähne und entstehen während des dritten Entwicklungsmonats (Abb. 19–4 B). Die Anlagen, die sich in ähnlicher Weise wie die der Milchzähne entwickeln, ruhen bis etwa zum sechsten postnatalen Lebensjahr. Dann beginnen sie zu wachsen, während gleichzeitig die Wurzeln der entsprechenden Milchzähne von unten her durch Osteoklasten abgebaut werden.

Gelegentlich sind die zwei unteren mittleren Schneidezähne bei der Geburt schon durchgebrochen. Sie sind dann zumeist anormal geformt und haben wenig Schmelz und keine Wurzeln. Mißbildungen der Zähne sind im wesentlichen erblich. Es wurden aber auch Umweltfaktoren, wie Röteln, Syphilis und Bestrahlung als Ursache für Zahnanomalien beschrieben.

Sachverzeichnis

E

F

G

H

L

M

N

O

P

T

U

Y

Z

Schlüssel zum Gegenstandskatalog

G K 1, 2. Auflage

Physiologie

3.8 Fetaler und plazentarer Kreislauf

3.8.1 Fetaler Kreislauf 256 ff; fetale Kurzschlüsse 256; Umstellung nach der Geburt 258

3.8.2 Plazentarer Kreislauf 86 f

Biologie für Mediziner

1.1 Reifeteilung (Meiose)

1.1.1 S-Phase 5

1.1.2 Verlauf der 1. Reifeteilung 5 ff; homologe Chromosomen 5; Chromatide 5; crossing-over 6; Reduktion der Chromosomen 1, 7

1.1.3 Verlauf der 2. Reifeteilung 7 f

1.1.4 Funktion der Reifeteilung 1

1.2 Chromosomenfehlverteilung

1.2.1 Trisomie, Monosomie 8 f

1.2.2 Fehlverteilung von Autosomen 105 ff; Down-Syndrom (Trisomie 21) 9, 105

1.2.3 Fehlverteilung von Gonosomen (Geschlechtschromosomen) 109 ff; Turner-Syndrom (XO) 111; Klinefelter-Syndrom (XXY) 109

2.5 Evolution eines Organsystems am Beispiel des Blutkreislaufes bei Vertebraten

Vgl. Entwicklung von Herz- und Gefäßsystem beim Menschen 209 ff; Herzschlauch 211; Aortenbögen 239; Sinus venosus 216; Foramen ovale 222, 230, 258; Ductus arteriosus (Botalli) 243, 258

3.1 Zellbewegung

3.1.1 Amöboide Zellbewegung embryonaler Zellen 127

3.2 Gewebsentstehung und Zelldifferenzierung

Vgl. morphologische und biochemische Differenzierung 125; Genregulation in der Zelle 135; Entstehung von Knorpelgewebe 139, 151

3.5 Entwicklung des Bewegungsapparates der Vertebraten

Vgl. Muskelsystem 162 ff; Metamerie (segmentale Gliederung) und intersegmentale Entstehung der Wirbelkörper 156; Gliedmaßenbildung 165

Gemeinsamer Teil Anatomie–Biologie

7.3 Zellteilung

7.3.1 Mitose 2 ff; Zellzyklus 137

Anatomie

8.4 Knorpelgewebe

8.4.3 Wachstum des Knorpelgewebes 139, 151; knorpelige Epiphysenfuge 154

8.5 Knochengewebe

8.5.3 Bildung des Knochengewebes 146 ff; Osteoblast-Osteoklast 147, 153; Osteoid 146; desmale Knochenbildung 146; chondrale (enchondrale) Knochenbildung 152; Epiphysenfuge 154; Knochenkern 154

8.7 Nervengewebe

8.7.5 Grundzüge der Neurohistogenese 322 f; Nervenzellen 322; Gliazellen 323

9. Allgemeine Entwicklungsgeschichte und Plazentation

9.1 Keimzellen und Keimzellbildung

9.1.1 Urkeimzelle (Dottersack bis Gonadenanlage) 10; Oogonie (Stammzelle der Oogenese) 10; Spermatogonie (Stammzelle der Spermatogenese) 16; Gameten (differenzierte Keimzellen) 1; Keimbahnlehre (Hypothese über die von den somatischen Zellen abgetrennte Entwicklung der Keimzellen; vgl. jedoch die Induktion von Keimzellen 124)

9.1.2 Oogenese und Bau der Eizelle 10 ff; Vermehrungs- und Wachstumsperiode der Oogonien (pränatal) 11, 185; primäre Oozyte 11; sekundäre Oozyte 15; Ovum (reife Oozyte) 15; Follikelreifung 13; Ovulation 19; Follikelatresie 19

9.1.3 Spermatogenese und Bau der Samenzelle 16 ff; Vermehrung der Spermatogonien (nach der Pubertät) 16; primäre Spermatozyte 16; sekundäre Spermatozyte 16; Spermatide 17; Spermiogenese 17; Spermatozoon 17

9.2 Befruchtung, Furchung, Implantation

9.2.1 Besamung (Imprägnation, Eindringen des Spermiums in die Eizelle) und Befruchtung (Vereinigung der Zellkerne) 22 ff; Akrosomreaktion 23; Reaktion der Zona pellucida 24; Bildung der Vorkerne 24; Zeitdauer der Befruchtungsfähigkeit der Gameten (nach neueren Untersuchungen bei der Oozyte 6–12 Std., beim Spermatozoon ca. 48 Std.): Oozyte 15; Spermatozoon 78; Imprägnationsort 22; Konzeptionsoptimum (Zeitpunkt der Ovulation) 20, 78

9.2.2 Furchung 26 ff; Morula 27; Tubenwanderung 30

9.2.3 Blastozyste 28 ff; Trophoblast 28; Embryoblast 28

9.6 Mehrlingsbildungen, Mißbildungen

9.6.1 Mehrlinge (s. Zwillinge) 92 ff; eineiige – mehreiige Mehrlinge 92; Häufigkeit von Mehrlingen 95; Doppelmißbildungen 95

9.6.2 Mißbildung einzelner Körperabschnitte 96 ff; Grundvorstellung über mögliche Ursachen 97; teratogenetische Determinationsphase (empfindliche Phase einer Organanlage) 115; teratogenetische Terminationsphase (ohne Sinn)

10.2 Allgemeine Anatomie des Bewegungsapparates

10.2.4 Knochenwachstum 152 ff; Längenwachstum (Epiphysenfugen) 154; Knochenkerne 154; Dickenwachstum 154; Knochenumbau 154

10.3 Allgemeine Anatomie des Kreislaufsystems

10.3.1 Unterschied zwischen prä- und postnatalem Kreislauf 256; Umstellung des Kreislaufs nach der Geburt 258

10.8 Haut und Hautanhangsgebilde

10.8.1 Epidermis, Schichtenbau 390; Pigmentierung (Melanozyten) 390

10.8.2 Behaarung 392; Lanugo-, Terminalhaar 393

13.2 Gesichtsteil des Kopfes

13.2.7 Grundkenntnisse der Zahnentwicklung 395; Durchtrittszeiten der Zähne und Zahnwechsel 397

13.3 Der Schädel als Ganzes

13.3.2 Anenzephalus 351

13.3.3 Grundkenntnisse der Entwicklung 146 ff; Chondro- und Osteokranium (Deckknochen) 146

13.4 Mundhöhle

13.4.1 Gesichtsentwicklung 379 ff; Lippen-, Kieferspalten 384

13.4.9 Grundkenntnisse der Gaumenentwicklung 381, Gaumenspalte 384

14.4 Rachen und Halsteil der Speiseröhre

14.4.5 Übersicht über die Entwicklung des Kiemendarms (Schlunddarm) 261 ff; Kiemendarmderivate 267; Thymus 269; Epithelkörperchen (Glandulae parathyroideae) 269; Glandula thyroidea (Schilddrüse) 270, 273; entwicklungsgeschichtliche Grundlagen der Halsfisteln 276

15.2 Rücken

15.2.1 Spaltbildungen (spina bifida) 329

15.3 Brustwand

15.3.6 Zwerchfell 303; muskelschwache Stellen (Bedeutung für Zwerchfellhernien) 312

19.1 Entwicklung und Gliederung des Zentralnervensystems

19.1.1 Herkunft des Baumaterials 315 ff; Neuralplatte 315; Neuralleiste 325; Mesektoderm (Mesenchym aus der Neuralleiste) 325; periphere Glia (Schwann-Zellen) 325; Sympathicoblasten 354; Melanoblasten 325, 390

19.1.2 Formale Genese und Gliederung des Zentralnervensystems 315 ff; Medulla spinalis (Rückenmark) 316, 319; Rhombenzephalon 316, 318; Medulla oblongata (Myelenzephalon) 331; Pons (Brücke) 334; Cerebellum (Kleinhirn) 337; Mesenzephalon 339; Prosenzephalon 316, 318; Dienzephalon 341; Telenzephalon 345; Gliederung des Ventrikelsystems: Canalis centralis, Ventriculus quartus, Aquaeductus cerebri, Ventriculus tertius, Ventriculi laterales 319; Entwicklung der Adenohypophyse (Hypophysenvorderlappen) und der Neurohypophyse 343

20. Sehorgan

20.1.4 Grundkenntnisse der Augenentwicklung und ihre Bedeutung für die Entstehung von Mißbildungen 359 ff; Derivate des Augenbechers 360; Interpretation des Koloboms als Entwicklungsstörung 366 (vgl. Augenbecherspalte 360); Linsenentwicklung 359, 364

21. Hör- und Gleichgewichtsorgan

21.3.4 Grundkenntnisse der Entwicklung des Hörorgans 369 ff; Labyrinthplakode (Ohrplakode) 369; Labyrinthbläschen (Ohrbläschen) 370; Beziehung des Gehörorgans zum Kiemendarm 268, 374